思維之翼

徐文新／著

中国发展出版社
CHINA DEVELOPMENT PRESS

图书在版编目（CIP）数据
思维之翼 / 徐文新著. -- 北京 : 中国发展出版社, 2017.8
ISBN 978-7-5177-0744-8

Ⅰ. ①思… Ⅱ. ①徐… Ⅲ. ①思维科学—通俗读物 Ⅳ. ①B80-49

中国版本图书馆 CIP 数据核字 (2017) 第 186747 号

书　　名：思维之翼
著　　者：徐文新
责任编辑：孙　勇
装帧设计：北京中源太行文化创意有限公司·茹玉霞
出版发行：中国发展出版社
（北京市西城区百万庄大街 16 号 8 层　100037）
标准书号：978-7-5177-0744-8
经 销 者：各地新华书店
印 刷 者：北京科信印刷有限公司
开　　本：710×1000mm　1/16
印　　张：23
字　　数：350 千字
版　　次：2017 年 8 月第 1 版
印　　次：2017 年 8 月第 1 次印刷
定　　价：69.00 元
联系电话：（010）88913231 68990692
购书热线：（010）68990682 68990686
网络订购：http://zgfzcbs.tmall.com//
网购电话：（010）68990639 88333349
本社网址：http:www.develpress.com.cn
电子邮件：sunyongcdp@126.com

说在前头

虽是“说在前头”，却写于结尾。

因为这本书从写作提纲，到完成最后一稿，用了六年多时间。最初只想写个“随笔”，就易经方法论的所思所想，发心而论，无须考虑各章节的逻辑关系。但写着写着，发现并非这么简单。易经作为一种符号哲学，其内涵和逻辑关系非常复杂，“随笔”并不合适。于是，我不得不推倒重写，反复修改，几次近乎放弃。

支撑我写下去的唯一动力，就是易经作为“群经之首，百家之源”，除了卜筮之用，对今天的我们，究竟还有没有普遍而现实的价值和意义？如果有，是什么？读了三十多年易经的书，我必须给自己一个交待，否则便无法心安。

这三十多年来，我对易经的兴趣，主要在于它观察、分析和判断问题的方法。我想探究的，不是卜筮的方法，也不是每个卦爻所给出的结论，而是它背后的东西，即为什么、又怎么会得出这样的结论，以及它所持的立场、观察问题的角度、分析事物的方法、判断问题的依据；我要寻找的，是易经究竟具有怎样的思维方式和思维规律，与现在的思维方式究竟有何不同，了解易经的思维方式对我们究竟有何现实价值和意义；我要把握的，是如何运用易经的立场、观点和方法，来认识和判断人生的基本问题和现实问题，以及运作中的“决疑断事”。我觉得，掌握这些东西即易经方法论，远比知道它的卜筮方法和结论更有价值。

要实现这个目的，我们就要站在“百家之源”的历史高度，而不局限于易经和易传本身。既要忠实于易经，又要从六十四卦中跳出来，把探索的视野放在中华传统文化的大格局之中，充分借鉴和吸收诸子百家及佛学的思想观点，广泛参考国内外的参研成果，以及近现代的哲学方法论，从自然的、普遍的意义上，去探究易经观察、分析和判断事物的立场、观点和方法，从中把握适用于当今社会的思维方法和思维规律，让更多的人，尤其是不了解易经的人从中受益。

人类生存发展的经验告诉我们，思维方式无论对一个民族、一个国家，还是对一个人，都是极其重要的。这正如恩格斯所说："一个民族想要站在科学的最高峰，就一刻也不能没有理论思维。"在现实中，人的思维方式方法不对头，无论我们多么努力、多么善良，其结果往往是事倍功半或事与愿违；好心办错事，好心办坏事；越是努力，问题越多，越是追求，结果越糟。对此，人们更习惯于从客观上找原因，从别人身上找问题，求助于外力的支持，或期待环境的改变。而较少向内反观、自我反思，看看是不是自己的思维方式出了问题。假如我们对易经方法论的探究，能不断有所收获，也许会促进更多的人自觉优化和改善思维方式，让人生活得更明白、更透彻，也更有价值和意义。

我深知，包括易经在内的古代哲学思想，博大精深。以我这个易经爱好者的学识和功底，要想把易经的方法论搞清楚，是非常困难的。从理论发展的规律上说，这也非一人之力、一时之功所能成就的。而我之所以要把自己的思考发表出来，套用一句"抛砖引玉"的老话，就是希望有更多的专家学者和易经爱好者，更多地从方法论的视角来参研易经，能有更多的、更有价值和意义的成果出来，把易经这个卜筮工具中的哲学思想和方法论挖掘出来，"转识成智"，使之成为一门普遍适用于人类社会的基础思维科学。

应当说，从易经产生到今天，历朝历代都有大师和巨著出现，参研成果非常丰富。无论是已失传的《连山易》、《归藏易》，还是传承至今的《周易》；无论是象数、术数的参研成果，还是义理和规律的参研成就，尤其是近代以来的众多参研成果，都为我们探索易经方法论，奠定了坚实基础，使之成为可能。而这个可能，应该在这个伟大的时代中得以实现。

有朋友对我说，你要有心理准备，这本书出版后，很可能会引起学术界的不同意见。我期待，真的很期待。如果这本书真的能引起学术界对易经方法论的关注和探讨，哪怕是批评或否定，那么它也算是有价值了。因为人类的思想尤其是哲学，正是这样从远古走到了今天。

非常感谢孙勇和周树兴编辑对本书的精心修改。在本书写作过程中，徐辛酉、韩文坤给予我很多具体帮助，在此深表谢意！但愿他们的付出，能够在阅读本书中得到补偿。

作 者

2016年12月于北京

目　录

第一章
易经价值

对于今天的我们，易经究竟有什么价值和意义？参研易经究竟有什么实际功用？仅仅是卜筮工具吗？如果不是，那卜筮的背后是什么？

这几乎是所有喜欢易经的人，都会碰到并首先要搞清楚的问题。因为不搞清楚这个问题，你就没有了价值取向和目标，就会失去啃这块“硬骨头”的动力和信心，因而也就无法真正掌握易经的历史意义和现实价值。

一、贵在方法论

易经是一部卜筮之书，这是没有争议的，很多考古发现和传世经典都证明了这一点。但问题的关键是，卜筮过程同时也是一种思维活动过程，是思维活动，就必然有其观点、方法和规律。更何况，易经作为当时的卜筮之书，并非今天所理解的迷信工具；当时用易经卜筮，也并非今天所理解的迷信活动。这是首先必须澄清的基本问题。

为什么要澄清这个问题呢？因为古人发明的占卜预测方法很多，诸如鸡卜、鸟卜、虎卜、兽骨卜、龟骨卜、竹卜、筮占、樗蒲卜、星占、相风、望气、相地、梦占、相面、摸骨、镜卜、围棋占卜，以及至今仍在流行的推背图、麻衣相、相手术、风水术等。这里面，大部分方法根本与易经无涉，既不是易经本身，也不是易经的延伸或演化。它们之所以和易经扯在一起，无非是为了显示正统而打着易经的旗号而已；有些方法虽然源于易经，但也不过是后人参研易经的"成果"，实为一家之说，而非易经本身。至于这些"成果"是否有价值，也是个"仁者智者"的事了。因为真正的易经，就是那六十四卦、三百八十四爻。所以，任何参研"成果"都不能代替易经本身，包括我这本书也是一样。至于近代以来出现的什么"八卦教""八卦派""八卦门"等，更是与易经一点不沾边，切不可与易经混为一谈。

如果再作进一步分析，那就必须把易经放在相应的历史条件下来认识。

首先，正如人类神话、占卜、宗教和哲学的产生那样，易经也是时代的产物，其立场、观点和方法，也是由当时的生产力水平和生产方式决定的；他们所探究和表达的，也都是那个时代对自然法则和客观规律的认识和理解，既有其时代性，也有其历史局限性。

就伏羲画八卦的时代条件而言，不要说笔和纸，就连文字都没有，更不要说今天普遍使用的观测技术、通信技术和信息工具。我们祖先所拥有的，只是一双眼睛和智慧；他们所能做的，只是仰观天宇、俯察大地；他们的唯一目的，只是为自己找到一个相对可靠的预测和决策工具。因为当时有太多的未知和不测，生存下去是他们的最大愿望。所以，就当时的具体条件而言，用易经去迷信什么人或什么部落，根本不可能成为他们的选择或目的。

就当时的决策者来说，他们不仅没有今天这么多的工具和手段，甚至连决策所必需的信息，也是极度缺乏的。在这种条件下，我们的祖先为寻求选择和决策的正确，只能借助当时主要的求证工具——易经。而由于易经本身的结构和规则，也就决定了他们只能用卜筮的方法，来获取他们所需要的决策信息。实际上，这同今天在决策之前需要论证一样，在当时用易经卜筮也是顺理成章的选择，其行为本身并非今天所认为的迷信活动。

虽然可证史料有限，但在许多古籍中依然不难发现，在当时用易经卜筮，更多的是一种“国家行为”或“政府行为”，是为部落或国家重大决策服务的。《周礼》有载：“凡国之大事，先筮而后卜。”比如遇有战争、邦交、自然灾害、王室婚丧等大事，通常会运用易经占卜，以获取决策所需要的参考意见。据清代学者章学诚考证：易经与礼乐刑罚一样，都是先王的政典，相辅而行。他在《文史通义》中说：“《易》以道阴阳，愿闻所以为政典，而与史同科议焉。”因此，运用易经占卜是一个相当庄严的过程，不仅有极为严格的规定和程序，而且必须有专司官员来执行，其占卜结果，也必须由专司官员来解释。《周官》规定“太卜掌三《易》之法”，“则因有官守而列于掌故矣。”并不是随便什么人都可以操作和解释的。

如果我们来个“穿越式”思考，这与今天的论证和预判是一样的，只是方式方法不同。无论是国家还是地方，亦或某个单位，有了需要决策的重大问题，总要有一个研究论证和分析预判的过程，总需要有相应的辅助工具和参考信息，以便为决策层提供咨询。古今之不同，无非是各自使用的方式方法和概念词汇不同而已。比如易经用“吉凶悔咎”来表示相应的预判性意见，而今天则用成功、失败、有利、不利、收益、风险等来表达。从本质上说，意思是一样的。异同的重点不在于内容，而在于获取信息的方式和渠道。

其次，易经的卦爻虽然几千年来没有变，但它并不是僵化的，而是随着时代的发展不断完善和提升。特别是经过周文王和孔子的丰富与发展，易经已走出单一卜筮的历史局限，逐步进入“天人之际”的学术领域，并以现象界（物质的和精神的）为依据，以数理推演为手段，承担起探索宇宙、社会和人事变化规律的历史重任。

春秋以降，易经大师层出不穷，参究成果汗牛充栋，从未在任何一个朝代中断过，至今亦然。与此同时，由于参研者的思想基础、宗旨目的和方式方法的不同，也逐步形成了众多门派，有的偏重于数，有的偏爱于象，有的侧重于理，有的偏重于象数，有的侧重于数理，有的则走向算命和风水，五花八门，各领风骚，不一而足。

这表明，易经从产生到今天，并非为某一人、某一家所独有，而是古圣先贤乃至中华民族的共同智慧。因为当初伏羲画出的只是八个卦图，没有任何文字注释和理论阐述，“有象无文”，就是一部无字天书。这不仅给后人出了一个天大的难题，也为后人留下了巨大的认知和参研空间。这之后，虽然出现过“连山易”、“归藏易”，但由于失传，今天已无法窥其全貌。而周文王不仅把八卦演绎为我们看到的六十四卦，而且也做了他那个时代所能做的阐释，故称之为《周易》。孔子参研易经时，已过了知天命之年。他对这部经典爱不释手，以至“韦编三绝”。他曾感慨曰：“加我数年，五十以学易，可以无大过矣。”可见他的崇敬之心和重视程度。孔子对易经的贡献并不在卦爻上，也主要不是在经文上，而在于对易学精义的阐述上，并由此奠定了《易传》学术思想体系的基础，对后世的易经研究产生了极其深远的影响。

经过孔子的发展，《周易》已经相当丰富了。除卦爻之外，还包括了十种论著：《彖》上、下，《象》上、下，《系辞》上、下，《文言》，《说卦》，《序卦》，《杂卦》。汉代大儒郑玄把这十种论著称之为“十翼”。“翼者，羽也”。这表明，这十部论著并不是易经本身，它和后代的众多论著一样，都是参研易经的体会和成果，或者说是孔子等圣贤为易经插上的翅膀，提供的十种辅助论著，其功用就是为后人参研易经提供帮助和参考。至于这十部论著是否出于孔子之手，亦或他的学生所作，其实已经不重要了。

对于这十部论著及其思想观点，我们既不能轻视，也不可盲从，同样必须把它放在相应的历史背景中加以考察，以便更好地理解和把握“十翼”的精要，为我们参研易经提供科学帮助。正如《周易·系辞下传》所言：“易之为书也不可远，为道也屡迁，变动不居，周流六虚，上下无常，刚柔相易，不可为典要，唯变所适。”

对此，有两个问题值得思考：

一是孔子参研易经的时候，其儒学思想和价值体系已基本形成，在诸子百家中，其思想倾向和价值追求已相当明确了。心理学研究表明，当一个人面对一种新知识、新理论时，总是习惯地运用已有的知识和理论，对其加以评价、分析和判断；其内在的价值取向，总是希望外在的知识或理论，能符合已有追求的需要；其外在的价值追求，又总是期望这些新知识、新理论，能够成为自己的一部分。这是人类普遍的心理价值取向。那么，对于儒学已成的孔子而言，其对易经的参研，无论是在思想理论基础上，还是在阐释的立场、观点和方法上，都无法跳出儒学固有的思维模式和价值体系。或者说，他主要是运用儒学的观点来参研易经的。我们从这十种论著中不难发现，其儒学烙印是相当明显的，以至后代大儒也就顺理成章地把易经作为儒家经典。如果再把这十种论著与卦爻比较来看，应当说，这里面既有对易经的丰富与发展，也有对卦爻的误解和偏释；既充分体现了儒学的精思要义，也表现出儒学自身的历史局限和价值局限。这是我们在参研易经时，应当特别注意的一个问题。

二是在汉武帝“罢黜百家、独尊儒术”之前，中华民族曾拥有过“百家争鸣”的历史时期，而且这一时期长达数百年之久。这期间参研易经的，儒家并非唯一，也不是最早的，诸子百家都有相应的参研成果，而且是多元而丰富的。只是由于历史上多次焚书，加上后来儒学的“独尊”地位，使诸子百家参研易经的成果，大都没有完整地保存下来，或散落在其他典籍之中，难以自成体系，又没有被收录《周易》之中。这就很容易使后人觉得，易经只有《周易》，《易传》只有“十翼”，参研易经的成果只属于儒家。客观地说，这并不是易经发展的全部历史。事实上，易经之所以被历代推为“群经之首，百家之源”，就已经表明：《周易》虽为儒家经典，但易经却非儒家所独有。现在虽然难以看到诸子百家参研易经的完整成果，但只要多看些书，还是可以找到很多对易经的精妙阐述。

对于易经的参研成果，我无意褒贬某家。我想表达的是，参研易经不能拘泥于一书一家，更不能搞独崇独尊，而应当广纳博采；既要忠实于《周易》原著，也要参阅其他学派的论著，包括现代的和境外的参研成果。这样既可以开阔视野，博采众长，也可以避免为一家之言所误，从而形成自己独立的认知和判断，把握易经的真正价值。

在此基础上，我们要把握易经的真正价值，还有两个问题需要探究：

第一，易经虽然与其他传世经典一样，都是相应时代的产物，也都有其相应的历史局限性，但易经与其他经典的主要不同之处，就是易经本身不具有“教化”功能。它既没有发凡起例的介绍，也没有思想主旨的陈说。按照南宋大儒朱熹所说：易自是一个道理，不是教人的书。至于为什么，朱熹没有直接回答。我的体会是，易经本身是一个内含变化之道的符号系统，是一种工具，它既不主张什么，也不弃绝什么；既不赞同什么，也不反对什么。就连元亨利贞和吉凶悔咎都是相对的、有条件的。易经的全部价值就在这三百八十四个符号之中，因而它本身并不具有意识形态的意义，也不是用来教化人的。至于说包括《易传》在内的所有文字，都是后人参研易经的注释、体会或成果，本质上与今天的学习心得差不多。这些体会和成果虽然很有价值，尤其是某些“教化”作用，但依然不能等同于易经本身的教化功用。毫无疑问，我们在参研易经时，要认真学习和领会前人的参研成果，但也不能局限于此，而应当基于易经卦爻本身，结合现实情况对具体问题进行具体分析。

第二，易经虽被列为魏晋玄学的“三玄”（即《老子》、《庄子》和《易》）之一，并成为其主要的思想源泉和基础，但易经本身并非玄学，亦或说不能把易经混同于玄学，二者有着本质区别。那么，玄学是个什么样的学问呢？汤用彤在《言意之辩》一文中认为：“夫玄学者，谓玄运之学。学贵玄运，则略于具体事物而究心抽象原理。”而宋定国先生在《国学探疑》一书中作了更为通俗的阐释：“玄学思潮的中心议题是‘名教’与自然之辩，而围绕诸如所谓‘本末’、‘有无’、‘体用’、‘心性’、‘言意’、‘意象’、‘宗意’和‘才性’等概念所进行的讨论，则都是对这一论题的展开、深化。”“所引用的又大都是上述‘三玄’及佛学章句，带有浓郁的玄想、思辨等抽象色彩”。[①] 由此可见，无论是从内容上看，还是从形式上看，易经与玄学都是不同的。虽然说玄学的某些思想观点，如人与自然的融合、对生命意义的追问等，确与易经有其渊源，但这既不能当作易经本身，也不是对易经的延伸。当然，我不否认玄学在中国思想史上应有的地位和作用。正如徐复观先生在《中国艺术精神》一书中所指出的：玄学对中国艺术精神和美学思想的形成，产生了重要影响。

那么易经的价值究竟是什么？从主旨上说，《周易·系辞下传》有曰

① 宋定国：《国学探疑》，首都师范大学出版社 2013 年第 1 版，第 234 页。

"易之兴也，其当殷之末世，周之盛德邪？当文王与纣之事邪？是故其辞危。危者使平，易者使倾，其道甚大，百物不废，惧以终始，其要无咎，此之谓易之道也。”从实际功用上说，易经就是一种古代的卜筮工具，它的主要功用就是“决疑断事”，并具有一定的预测性。这是比较清楚的。

但问题的关键在于，任何决疑断事的过程，都必然是一个思维活动的过程，即对所疑之事进行认识、分析和判断的过程，古人今人、中国人外国人概莫能外。那么主导这一过程的中介和秩序又是什么呢？就是它的方法论，即易经决疑断事的立场、观点和方法。这表明，易经留给我们的真正价值之一，主要并不在于它的工具形态、使用这种工具的方法及由此得出的判断，而在于它背后的方法论，以及它的思维方式和思维规律。如果能以此为重点参研易经，那收获的肯定不仅仅是结论，还会有思维方式的不断优化。而思维方式的优劣，无论是对一个人，还是对一个民族、一个国家，都是基础性的决定因素。

比如在历代文献中，易经素有“群经之首、百家之源”之称。其中，这个“首”好理解，是中华民族有文字（符号）记载以来，最早的一部经典。那么这个“源”怎么理解呢？

我认为，这个“源”主要不是指诸子百家的理论来源，也不是指诸子百家的思想之源，更多的是指百家的方法论之源，亦或思维方式和思维逻辑之源，即观察分析和判断事物的立场、观点和方法之源。如果我们把易经与百家经典对比着读，这一点是显而易见的。也就是说，无论诸子百家在价值目标和思想理论，以及研究对象和服务对象上有多大差别，但在方法论和思维逻辑上，无不受到易经的深刻影响，充盈着易经的智慧，以及它所蕴含的思维方式和思维规律。所以，许多古圣先贤的大作，虽然没有引用易经一个字，但他们依然以易经为源，以易经为宗，道理就在这里。从这个意义上说，易经作为中华民族思维科学和方法论的开源之作，是当之无愧的。因为无论把它放在诸子百家之中，还是从那个时代的天下来看，易经不仅是“源”，而且是唯一的。只是它的方法论价值，至今尚未被充分开发而已。

那么，什么是方法论呢？方法论既是一个哲学命题，也是一种中介理论。古今中外任何一种哲学都有自己的方法论。对于我们这一代人来说，比较熟悉的是马克思主义哲学方法论。“文革”那阵子，包括后来“上山下乡”，无书可读，都被“封资修”了，就反复读《马恩选集》《毛泽东选集》，无意之中却也受益非浅，奠定了自己一生的哲学基础。

从一般意义上说，方法论是关于方法规律的专门学说或理论体系。这表明，方法论不同于平时所说的具体方法，与西方流行的方法学和工具论，也不是一回事。方法论的作用，不在于直接告诉我们用什么方法来解决现实中的问题，而是为我们揭示出众多方法在应用中的普遍规律，以及某些方法在应用中的特殊规律；方法论所给予我们的，不是怎么做，而是怎么想，即正确认识事物的立场、观点和方法，以及在一定思维逻辑基础上的综合运用。比如，当你面临一个苦思不解的问题，一时又难以找到直接有效的解决办法，这时你便可以从方法的规律上，反思一下自己所持的立场或角度，是否有问题；自己在苦思中的那些观点，是否有失客观；那些熟悉并经常应用的方法，是否有失恰当；或者转变一下立场，尝试站在别人的角度或第三方立场，再重新思考一下；或换一个思路，更新一下观念，调整一下方法，也许你会豁然醒悟，从苦思中解脱出来，找到新的途径和办法。通俗地说，这就是方法论。

从性质上说，方法论属于中介性学说。所谓“中介性”，就是当我们对事物进行分析和判断时，方法论既不是理论本身，也不属于实践范畴，而是处于理论与实践、原则与现实、主体与客体的中间位置，发挥着中介、桥梁、手段和途径的作用。因为无论什么理论或思想，都具有抽象性和与实际的隔离性；也无论这种理论或思想多么强大，都无法直接应用于具体实际问题的解决，也不能直接提供在实践中“怎么做”的方式方法。它需要一种中介或桥梁，来实现从理论到实践、从原则到现实、从主体到客体的“功能”转换。没有这种转换，理论就无法指导实践，主体便无法实现与客体的统一。

因此，在现实工作中，我们要真正发挥理论对实践的指导作用，真正实现理论与实践的统一、原则与现实的统一、主体与客体的统一，就必须借助于方法论这个中介“软件”。其实，在现实工作和生活中，我们每天都在应用，只不过没有意识到而已。

比如道与德的关系，一般认为道为本、德为用。如果再进一步探究，道是如何作用于物的，又是怎样显现它的功能，尤其是在人生层面上，道显现为德，而德又是如何显现的，怎样的显现才能称之为德。亦或说，在道显现为德、德转化为行的过程中，是什么东西在起作用，是什么作用实现了这种显现和转化。虽然我们可以说出许多因素，但方法论必是一个基础性条件。因为从人生层面上说，如果没有方法论这个中介条件，没有人的思维活动和判断，那么人既无法认识和把握道，道也无法显现为德，德也无法转化为行。

我们再从另一个视角看。大家经常说要理论联系实际、一切从实际出发，那么究竟什么是实际？理论怎样联系实际，怎样做才是从实际出发？

也许我们会说，主体之外的一切都是实际。这虽然不错，但并不全面。从方法论的角度看，这个实际不仅包括认识对象或客观实在，也包括认识主体自身所具有的实际情况。这表明，联系实际和一切从实际出发，不能仅仅理解为一切从客观对象出发，也包括从主体自身实际情况出发，也应当联系主体的实际。道理很简单，如果离开了认识主体的需求、目的、素质和条件这些实际，那么理论所要联系的实际，就会因失去依托而陷入空洞和盲目；这个联系的过程，也就没有任何现实意义了。而事实上，忽视主体自身这个实际，恰恰是一个普遍存在的问题。每临大事需要决策，什么实际都想到了，唯独忘了自己本身这个实际，随之而来的就是盲目冲动、大干快上、跨越发展、人定胜天等。把事情搞砸了，还不知道原因在哪里，不是怨理论不好，就是怪老天爷不帮忙，或运气不好，唯独不从自己身上找找原因。殊不知，抛开理论应用者这个实际去盲目行动，理论也就无法发挥应有的指导作用。不信你看，古今中外有那么多好理论，当老总的又天天看文件，得空了还要去听听讲座，亦或学个博士什么的，不能说理论水平不高，也不能说不想出业绩。可为什么往往事与愿违或事倍功半呢，原因之一就是缺乏方法论素养，而缺乏这个素养，理论就会脱离实际，或者不知道怎样去认识实际、把握实际和联系实际。如此，再多再好的理论恐怕也难以发挥应有的作用。

其实，任何一种理论要联系任何一种实际，甚至包括精神的、心理的实际，都是有条件的。理论虽然来源于实践，但它既不会自发地还原于实际，也不会自发地作用于实际。理论的全部价值，在于主体的实践和应用；实践虽然是理论的基础，但它也不会自发地去寻找和对应某种理论。它之所以能得益于某种理论的指导，归根结底还在于主体的需要和能动作用。而无论是主体的客观需要，还是理论的应用，乃至主体的能动作用，都离不开相应的方法论。这已被多种学科和实证研究所证明。

再引申一步说，知识和力量的关系也是如此。绝大多数人对知识是重视的，因为大家都知道“知识就是力量”。多学习、多掌握知识，无论从什么角度说，都应当鼓励。但真正的问题是，知识并不直接或必然等于力量，知识要转化为一种力量，也是有条件的。这里面同样有个方法论问题。

首先，任何一种知识要成为实践的力量，都离不开人的主观能动作用。因为掌握知识的主体是人，运用知识的主体也是人；知识既是为人的实践活动服务的，也是为人的自身发展服务的。如果离开了人的能动作用，知识也就失去了依托，所谓的知识不过是一本书，一堆文字和数据，也就失去了应有的力量。这就给我们提出了一个方法论问题，作为知识主体的人，如何才能更有效地学到更多知识，如何才能在实践中最科学、最大化地把知识转化为力量，又如何在转化中正确运用这些力量，并产生应有的效用。比如同一本书，不同的人读，会有不同的心得和体会、不同的收获，在实践中所形成的力量也各有大小，有的甚至完全无法形成力量。这是非常普遍的现实问题。一个大学生学到并掌握的知识，究竟有多少能在工作中转化为现实力量，这是很多人都有体会的。这里面，主要不是知识的多寡或高低问题，而是方法论问题。

其次，知识要作用于实践并形成力量，二者之间必须有一个中介或桥梁，来沟通、协调和融合知识与实践的互动，使人们运用知识的过程，更加符合实际和客观规律。因为知识与实践之间并不是“直通车”关系，也不是学到了就能成为力量。事实上，如果离开相应的方法论这个中介作用，以及由此进行的分析判断等思维活动，我们既无法正确转化和运用知识，也无法进行科学的实践活动。尤其是需要整合运用多种知识于一体的时候，没有相应的方法论支持，不仅难以使多种知识形成统一的正能量，有时甚至会成为反向力量，转化为一种破坏力。这样的案例在现实生活中并不少见。从这个意义上说，知识不过是力量的基础，而非力量本身。有了知识，不一定有力量，因为它需要条件；但没有知识肯定不会有力量，因为它失去了基础。当然，这里所说的知识，并非仅仅是书本上的知识，也包括在实践中形成的知识和经验。比如同样的事情、同样的条件，不同的人去做，效果往往会有很大差别。这不仅仅是知识差异所造成的，更多的也不是人的思想品德问题，主要是方法论问题。

其三，只有在实践中不断创造新知识，并努力促进知识向智慧转化和提升，才能实现力量的最大化。也就是说，知识与智慧是不同的。有知识的人，不一定有智慧；没有知识（主要指书本知识）的人，也不一定没有智慧。这其中的关键不取决于知识的多寡，而取决于实践的广度与深度，取决于人们对实践经验的领悟、总结、把握和运用，也就是人们常说的“悟性”。而优化这一过程的，主要是方法论。我们说易经是智慧宝库，首先在于它的方法论本身。

从具体层面说，知识是分学科、分专业、分领域的，乃至具体到一部车床、一片药、一种农作物，都有相应的专门知识。而智慧是不分专业、不分学科的。智慧是一种高度的综合，它是抽象的，又是具体的；它是无形的，又是可应用的；它是人类的，又是个体的。我们虽然无法具体描述智慧是什么样子，但它就存在于社会实践和思想意识之中。这表明，智慧以实践和知识为基础，但它又超越一切实践和知识而存在，并发挥着知识所无法替代的作用。

知识是可传授或自学的。有老师可以学到知识，没有老师也可以学到知识。可以肯定地说，中华民族是人类最善于自学的。在“西式教育”进入中国之前的几千年中，无论是私塾，还是太学、国子监等，老师教给学生的大都是基础知识，如识字、讲解经文等。我们出了那么多大政治家、大文豪、大哲学家和发明家，其主体知识都是自学的。比如老子、孔子、墨子等先哲的学问，大都是在自学的基础上创建的。尤其是墨子在几何学、数学、光学、力学和建筑学等方面的发明创新，更是如此。墨子理应成为中华民族的科技之祖，受到祭奠。还有，诗仙李白是赵蕤的学生，但赵蕤却没有诗词传世；我们都知道李白是大诗人，而他的主要学问和抱负是“王霸之学”。所以，学校和老师如何提高学生的自学能力，也许更具长远意义，尤其是他们走向社会之后。

但智慧是无法传授的，无论是老师亦或什么高人，都无法把自己的智慧传授给别人。在现实生活中我们常常看到，父亲很有智慧，但儿子却很平庸。假如智慧是可以传授的，那么父亲肯定首先把它传授给自己的儿子。父亲可以教儿子很多知识，但却无法把自己的智慧传给他。因为知识是共性的，只要知了、识了，就是你的。而智慧是个性的，除了一定的先天条件和知识基础，主要靠个人在学习和实践中“悟”，谁能“悟”到就是谁的。

包括一本书、一件事，里面都有智慧，关键看能不能“悟”得到，而“悟”的过程恰恰是方法论运用的过程。

知识是会陈旧，也会过时的。因为知识是人类在实践中所获得的认识和经验的总和。这一本质属性就决定了，随着人类认识世界和改造世界实践活动的不断深入和丰富，已有的认识和经验，必然被新的认识和经验所取代，与其相关的知识也会随之淡出人们的视野。但智慧则不会陈旧，也不会过时，而是“愈老弥坚”，随着人类实践活动的发展和深入，已有智慧也会随之丰富和提高。比如《易经》《论语》《老子》《庄子》《孙子兵法》等，这些充满中华民族智慧的大作，依然闪烁着智慧的光芒，在改革开放和经济社会发展中发挥着各自作用。

从以上三个方面可以看到，方法论与智慧有着极为密切的内在联系。那么究竟什么是智慧？在古希腊哲学的语境中，智慧是属于神明的，是一种“灵性”的东西；智慧的获得和发挥，是借助于神明的，是“神灵”的作用；在近现代西方哲学中，也往往把智慧看作是一种“天才”的思维。我不否认人的遗传因素和先天条件的差异，但所谓“天才”者的背后，都有着常人难以承受的刻苦艰辛。我是这样理解的，所谓智慧，不过是一种科学的思维能力，或者说是一种极强的发现、辨析和综合创新的思维能力，以及对方法论的熟练使用。这种能力并非神明所赐，也不是什么“天才”所独有，而是人人皆可拥有的。因为它就源于长期学习和实践的积累，以及此中所“悟”，亦或说源于“生命的试炼”。

对于有智慧的人来说，他总是能够在错综复杂、动止纷繁和瞬息万变中，充分调动与整合已有的知识和经验，迅速作出明确的辨析和判断，抓住主要矛盾和矛盾的主要方面，并提出相应的对策；或者从青萍之末的动变中，发现新的机遇，提出新的创意或战略，指出正确的方向和思路。

如今的人大多不缺乏知识，即使是没正经上过学的人，如果想了解什么知识，“百度”一下，也就知道了，并不是什么难事。但是，面对海洋般的知识和不断“爆炸”的信息，如何能迅速找到那些有用的知识，并按照新的目的把它们整合为一个体系，应用于自己的实践，并在重大和关键问题上，迅速作出判断，这种能力是普遍缺乏的。因为当一个人面对多种信息、现象和问题时，总是希望能够通过综合、分析、推理和判断等思维活动，从有中看到无，从无中看到有；从衰中看到兴的苗头，从兴中看到衰的趋势；从发展中看到问题，从问题中看到机遇，并从中找到症结所在，结合一定的背景和条件，提出并制定相应的对策。而支持这一系列思维活动的“软件”，就是方法论。亦或说，没有相应的方法论支持，便无法构成科学的思维能力。虽然我们至今尚未完全掌握人类大脑的运行原理，但这一点已被众多的科学实验所证明。

大家在现实生活中，或多或少都会有这样的体会，对有些事说不清什么道理或原因，就是感觉对或不对，就是想做或不想做，而事后证明你当时的感觉是正确的。这不是什么先知先觉，而是实践经验的长期积累，以及这种积累所形成的“复议”机制和“直觉”能力。那么，又应该怎样理解这个经验呢？所谓“经”，就是经历过了；所谓“验”，就是验证了。无论成功或失败，这些被验证过的经历积累多了，就会在大脑中形成记忆，如同我们把文件刻在硬盘上的道理一样。当现实中类似的事情发生时，你无须特意去思考或判断什么，大脑中的“复议”机制便会被自动激活，并以“直觉”的方式告诉你应当怎么做。隐藏在这种机制和直觉背后的，便是已经具有惯性能动作用的方法论。而方法论的这种惯性能动作用，同样是主体长期实践活动的结果。有兴趣的读者不妨看些“脑科学”方面的文章和著作，可以深化对智慧的认识。

由此可见，方法论及其在现实生活中的价值和意义，应当成为我们参研易经的重中之重。

二、象数义理

那么，易经究竟具有怎样的方法论？这一方法论又具有怎样的特征和价值？

长沙马王堆汉墓出土的帛书《周易》之《要》篇中，对《易》的价值进行了如下概述：“故《易》又（有）天道焉，而不可以日月生（星）辰尽称也，故为之以阴阳；又（有）地道焉，不可以水火金木土尽称焉，故律之以柔刚；又（有）人道焉，不可以父子君臣夫妇先后尽称也，故为之以上下；又（有）四时之变焉，不可以万物尽称也，故为之以八卦。故《易》

之为书也，一类不足以亟（极）之，变以备其请（情）者也。故谓之《易》。”

这个《要》篇，在现今的《周易》中是没有的，而这恰恰是理解易经价值及其方法论的关键，也可以说是打开易经宝库的一把钥匙。这里面的枢机就是：不能孤立、片面地把易经理解为某一类或某一学科的书，因为“一类不足以亟（极）之”。而应当从宇宙、自然和人类的整体上，全面系统地来理解和把握它。也就是说，既不能简单地把易经看成是以日月星辰为对象的天文学，也不能单纯地把易经理解为以金木水火土为对象的五行之说；既不能把易经简单地等同于儒学，也不能把易经单纯当作自然之学。正如余世存先生在《大时间》一书中所说：“易经思维是一种宇宙演进的模式思维，它是通感的、是全息的，从一花一沙粒中把握世界。”[①] 所谓演进，也就是变化。这种变化不仅是宇宙的，也是自然的，乃至一花一沙，而人作为自然的一部分，以及由人组成的社会，也就在其中了，所以它又是全息的。总体而言，易经之所以是易经，“变以备其请（情）者也”，亦或说，易经就是一部关于宇宙、自然和人类社会变化的“悉备之道”。也就是南怀瑾先生所说的，是日月系统以内人生与事物变化的大法则。

从这个意义上说，易经方法论就是观察、分析和判断变化的立场、观点和方法。它的基础就是“三易”，即简易、变易、不易。

所谓简易，就是天地自然变化的法则本来就是简朴而平易的，是自为自化的，是自然而然的，大道至简，妙在自为。即不可以人力勉为之，亦不可以人为而复杂化，它们原本就是那样变化的，如四季更替、昼夜相分、风雨雷电、春荣秋枯等。《系辞上传》有曰：“易则易知，简则易从。”“易简而天下之理得矣，天下之理得，而成位乎其中矣。”

所谓变易，就是天地自然万物及人事，无时不处在交互变化与循环往复之中，永无休止。这些变化与循环又是有规律、有法则的，而不是混乱无章的。人类虽然每时每刻都处于各种变化之中，但对大部分变化早已习以为常了，而适应这些变化的行为，也大都是无意识的，较少有人自觉认真地对待身边的变化，更不要说去探究它的规律和法则了。这恰恰是变易的普遍价值。

所谓不易，就是天地自然万物及人事，虽然随时处于变化之中，但对

---

① 余世存：《大时间——重新发现易经》，生活读书新知三联书店2015年第1版，第153页。

于这些变化也要区别现象与本质、局部与整体、个别与一般，以及原因与结果等。亦或说，在任何一种变化之中都存在着相对不变的东西，或相对稳定的东西，而任何相对稳定和不变的东西，又都存在着变化的必然性。因为任何意义上的变化，都是一个渐进的过程，即使看似突然的变化，也有我们未曾注意的渐变过程。所以，任何意义上的变化，都不可能是一下子全变的。而能变化的，却本自不易。

关于"三易"的关系，考虑到《周礼·大卜》篇有"连山易""归藏易""周易"的"三易"之说，那么上述所说的"三易"，便首先不是"易"的分类，亦或说简易、变易、不易并不是三种不同的"易"。又考虑到这"三易"之说最早出自西汉末的《易纬·乾凿度》，那么它只能是指周易的三大要义了。其次，从易经的本质属性看，上述所说的"三易"也不是并列的、彼此孤立的，或相互割裂的。在一定条件下，它们不仅具有主次之分，而且也具有不可分割的内在联系和严谨的逻辑关系。所以，我们应当把"三易"作为一个整体来对待，并在实践中给予科学运用，不可抓其一点不及其余。

在此基础上，易经在观察、分析和判断变化上，又具有怎样的立场、观点和方法？由于本书后面八章都是阐述这个问题的，所以这里只从总体上作一个概述。具体的立场、观点和方法，将在后八章分述。

一是人本自然的基本立场。所谓立场，在方法论中是指：人在观察、分析和判断变化时，所处的地位和所抱的态度。如阶级立场、国家立场、个人立场、敌对立场等。这里的"场"，既不是时空范畴的"场"，也不是物理学上的"场"，而是基于信仰、信念和利益的一种价值定位和基本态度，也可以说是基于某种价值追求的立足点和基本取向。我们在现实生活中不难发现，在对待同一变化上，不同的人由于地位和利益上的不同，其立场就会有所不同；其立场不同，所持的基本态度和价值定位也就会不同。那么在这些不同的立场中，有没有共同的要素呢？从普遍意义说，人处于天地之间，生于自然而归于自然，生活中也无不受到自然条件的影响和制约。所以，易经主张：人们在观察、分析和判断变化时，应取自然的立场，自觉遵循自然法则和自然规律。

立场是双向的，即所谓立场都是对象化的，总是基于一定的对象而成立。主体作用于对象而形成相应的立场，而对象又作用于主体，也可以强化或弱化相应的立场。主体条件的改变或对象条件的改变，都会使其立场发生相应的变化。因此从根本说，它必然是由主体的经济政治社会利益和地位决定的。在这个错综复杂的互动过程中，既包括主体自身所处的地位和所持态度，也包括客体所固有的地位和性质；既包括自己的立场，也包括与之相关的他人立场。现实中比较普遍的问题是，重视自己的立场，忽视事物固有的地位及他人的立场。尤其突出的是，经常想当然地把主观立场认定是客观地位，把自己的立场认定为唯一正确的立场，从而歪曲了事物固有的客观性质。经济社会发展中的很多问题，同事之间的很多误会，大都是这样造成的。假如我们能稍微考虑一下别人的立场，或换个角度，站在别人的立场上想一想，很多问题和误会便不会发生。

立场不是一成不变的。随着一个人信仰、地位、角色、价值追求和利益关系的变化，其认识和判断事物的立场，也会发生部分或根本的改变。这就如同在国际关系上，“没有永远的敌人，也没有永远的朋友”一样，人在不同的事物面前，或在不同的人际关系中，出于其自身经济政治社会利益和地位的考量，其立场也会有所不同。相比较而言，易经主张的人本自然的基本立场，则是相对稳定和普遍的。因为自然法则和规律，不会因贵贱贫富或利益得失而厚此薄彼，所有人在自然规律面前，都是平等的、非功利的。所以，站在自然的立场上认识和判断变化，会更客观、更有效、更长久一些。当然，这并不否认国家、阶级乃至群体之间的客观差别。

更为重要的是，人的立场是有局限性的。这是由人的生理局限、时空局限和理性有限所决定的。所以，中华民族自古以来就强调“换位思考”“移位断事”“时过刮目”。尤其在面临重要问题时，最好多换几个角度思考一下，或站在别人的立场想一想，比如对立方、合作方等；多听听持不同态度或不同立场人的意见。这样就会有效克服自身立场的局限性和本位主义，有利于决策的科学性。

二是阴阳观、天人合一观和“三才”观。所谓观点，在方法论中是指：人在观察、分析和判断事物时所持的理念、所运用的理论、知识和经验的总和。

阴阳观是易经的核心观点之一。对此，有些学者认为，易经中并未使用阴阳概念，或只偶尔出现阴阳二字，似应存疑。这就需要作进一步分析了。

首先，从人类发展史来看，相应观念的产生与文字的出现并不是同步的，观念往往早于文字，有观念无文字的历史时期是漫长的，如“结绳记事”“刻木为契”等。但我们不能说没有文字的时代，人们便没有观念，就像说一个文盲便没有思想一样，这是说不通的。而易经恰恰产生于一个没有文字的时代，它的阴阳观不是体现在文字上，而是隐含在符号中。正因为这样，对易经的阴阳观不应局限于文字的有无上，而应当透过它的符号体系，深入挖掘它的内在要义，并从整体上给予理解和把握。

其次，人类历史已经证明，符号同样具有表意或诠释观点的功能，就像今天广泛使用的标识和 logo 一样。否则，便无法想象在漫长的无文字时代，我们的祖先是怎样生产生活的。而易经作为一个符号体系，只有两个符号元素，那就是“--”和“—”，即“一阴一阳之谓道”。正是这一阴一阳的错综交互和变化，才生成了六十四卦和三百八十四爻，并由此揭示出自然万物和人事的变化规律与趋势，也为我们认识和把握这些规律，提供了相应的立场、观点和方法。正如宋定国先生在《国学探疑》一书中所指出的：“阴阳观点被认为是人类这种最高级动物，所具有的最直观、最起初的基本观念。”“它形象化地表达了阴阳轮转、两者相反相成，既相互对立，又相互依存，既相互区别，又相互渗透，乃天地万物生成变化之根源的哲理。”

其三，阴与阳的关系，除了上面说的相互对立、相互依存、相互区别和相互渗透、阴中有阳和阳中有阴，二者因一定条件合和一体，以生万物，也是一个极重要观点。故曰：独阳不生，孤阴不长。这是从一般意义上说的。在实际应用中，应特别注意：阴阳分判，言其异也；阴阳交易，言其同也。这其中，分判阴阳是为了识别事物的不同性质，把握问题的本质，抓住主要矛盾和矛盾的主要方面，即相互对应的一面；阴阳交易是为了认识事物产生的动因，把握事物运动、发展、变化的规律，从而在整体上掌握并运用，即相互统一的一面。

有朋友说，学易经难就难在阴阳这两个符号上。说简单也算是最简单了，就这两个符号变来变去；说复杂也是最复杂了，两个符号变化多端，把人搞得头昏眼花，但又不知所云何谓。我也有这样的经历。其实，这个问题的症结并不在这两个符号上，而在于参研的思路上。也就是把注意力过度地放在这些符号上，反而影响了对象数义理的理解和把握。

比如计算机编程，源代码也只有两个元素，0 和 1，这和易经的表达符号是一样的，0 是偶数，为阴，1 是奇数，为阳。也正是这两个数字，编制出各种各样的程序，让计算机得以广泛应用，成为时代的标志。但是我们可以看一下，有谁在使用某种程序时，还要去后台研究一下它的源代码呢？当然没有。因为是否知道或懂得源代码，并不会影响我们对程序的使用。同样的道理，学易经不懂得这些符号的基本原理，肯定是不行的。但如果把注意力全部放在这些符号上，也就钻进了牛角尖，无法从这些符号中跳出来。因为易经要表达的道理，并不在阴阳这两个符号本身上，而是在这些符号的变化和推演中，它是动态的、交互的、系统的。因而也只有在阴阳的演变中才能把握它的道理。正如计算机程序的价值在于应用，而不在于源代码的符号。

还有天人合一和“三才”观，也是易经的核心观点之一。《易传•文言》曰：“夫大人者，与天地合其德，与日月合其明，与四时合其序，与鬼神合其凶。先天而无弗违，后天而奉天时。”《系辞下传》也说：“《易》之为书也，广大悉备，有天道焉，有人道焉，有地道焉。兼三才而两之，故六，六者，非它也，三才之道也。”老子、庄子等对这两个观点，都有过形象而深刻的阐述。

关于这个问题，在参研和实际运用中最容易混淆的，就是汉代大儒董仲舒提出的“天人感应”说，虽然与天人合一只有两字之差，却有本质不同，而有些人却常常把它们看作一回事。这是一定要区分清楚的。

“天人感应”是儒学与阴阳五行结合的产物，而非对天地自然法则和规律的总结与概括。它的核心思想是“天制群物”“君权神授”，而非天地可参、天地人一体互动。这就从根本上否定了人的主体性，以及人类认识自然和改造自然的能动作用，一切听从天的安排或只能任由天的安排。董仲舒认为，人世间的一切都是“天”有目的的安排，“天者，为神之大君也”，“群物之祖也”。天按照自己的样子创造人，人从形体到精神都是天的副本，并由此引申出“王道之三纲”（即“三合”），君为臣纲，父为子纲，夫为妻纲，为“君权神授”制造了理论依据。这套理论对汉武帝及历代帝王影响很大，奉为不可微辞的信条和戒律。所以，他们都把自己当作天子，尽管连他们自己都知道是假的。

天与人是怎么感应的呢？董仲舒在《春秋繁露》中的说法是：帝王将兴，吉祥先见；将亡，妖孽亦先见。“国家之失乃始于萌芽，而天出灾害以谴告之。谴告之而不知变，乃见怪异以惊骇之。惊骇之尚不知畏恐，其殃咎乃至。”并在此基础上，提出“三统”说的历史循环论，认为历史就是在黑、白、赤三统中循环。

对易经稍有了解的人都不难看出，无论从理论基础和立论宗旨看，还是从立场、观点和方法看，“天人感应”与天人合一都是不同的。

那么天人合一是什么意思呢？从基本层面上说，天人合一表达的是天地人“三才”一体同构，人与天地共存，即人本身就是自然的一部分，源于自然，归于自然，并进而引申出天时、地利、人和的人事三法则。也就是说，人类并非天地自然之外的存在，人类社会也非超越天地自然的形态，他们不仅生存于天地自然之中，而且必然要受天地自然法则和规律的制约。因而，作为天地自然一部分的人类，应树立人本自然的基本立场，像尊重人类自身一样尊重天地自然，像爱护自身一样去保护天地自然。

从一体互动的层面说，人类既然是自然的一部分，那么人类就不仅受天地自然法则和规律的制约，也必然具有认识、利用乃至改造自然的能动性。与西方某些哲学观点不同的是，天人合一思想主张以自然的立场和观点，去认识天地自然，而非仅仅出于人类的主观意愿。要在自然万物的运动规律中，找到人类生存发展的基本理念和观点，用于人类生存发展的分析和判断；主张以自然之力去利用自然和改造自然，诸如风雨雷电、山川河湖、地力矿藏等，并强调尊天以利地、利地以养物、节制以均衡，循环以往复。

从主体性层面说，天地人“三才”观所表达的，既有人处于天地之间的客观位置，也有人与天地合一而成的“中和”之道，即人的主体性。所谓“中和”，古今有多种解释，如果从卦爻所呈现的原本意义，和卦爻序位上说，“中和”就是人和。那么人与谁和呢？人与天地和，即人作为认识和改造自然的主体，与天地和合而一，以成天下。什么是天下，天下就是天地之中；什么是和合，和合就是人事；故曰：“中和”之道，要在人事。人与天之和，人与地之和，人与天地之和，归根结底都是人和。这显然与“天人感应”是完全不同的。

关于这个观点，易经卦爻显现的非常清晰。我们看每卦六爻，从下到上每两爻为一组，依次代表地、人、天，人处于天地之间，即为“中”。如果阴爻居第二位或第五位，是为柔中；如果阳爻居第二位或第五位，是为刚中。而失中则不吉，或凶或悔或咎。由此可见，无论是阴爻还是阳爻，下接地，上通天，是故居中而正，行中而通，建中而成。由此，“中和”之中人的价值和意义也就呈现出来了。我即自然，自然即我，和合为一。但是这种“为一”并不是混沌的、不分主次的，亦或天地人不可分的，而是尊天敬地以利人事，滋养万物以利人生；我为然后天地之可为，我无为则天地之自为；天地在则我存，万物灭则我亡；我不在则天地依然。其落脚点还是人本身，离开了人的生存发展而谈天地自然，是没有意义的。因为天地自然先于人类而存在，也必将超越人类而存在。我们对天地自然的认识，都是人类本身所能达到的认识，也都是为人类生存发展服务的。

同时，这个观点也从另一个侧面告诉我们，人虽然生活在天地之间，上受天滋，下受地养，但天并非人类的主宰，人亦并非天的奴隶；君权并非神授，人事也并非任由天命；天灾地害乃自然之变，我们虽然可以借其象以观人事、以释人道，但决定人事的力量还在于人类本身，而非人类之外的其他力量。这同样是天人合一与“三才”观的应有之意。

三是象数义理一体分析的方法。所谓方法，在方法论中是指：人们在观察、分析和判断事物过程中的路径、手段和程序。易经在这方面的独到之处，就在于它把象数义理作为一个不可分割的整体，统一用于对事物的分析之中。万物各有其象，万象各有其数，万数各有其理，万理各有其义。这是普遍的，浩瀚宇宙和普天之下，无一例外，包括我们看不见的暗物质。因此，观其象，演其数，推其理，知其义，察其变，而断凶吉。这就是易经观察、分析和判断事物的基本方法。这个方法的基本原则，就是它的一体运用，它们既是相对独立的，各有各的功能，又是过程的统一体，不可分割，不可偏废。在实际应用中，既不可以象代数，也不可以数代理，亦不可以理代义，而必须一体化运用。因为它们有着严格的内在逻辑程序，即由内而外，由表及里，由浅入深，循序渐进，相反相成，切不可直取结论而舍其过程。所以，没有对过程的把握，就不会有象数义理的一体运用。

那么，什么是象数义理呢？《说卦传》有曰：“参天两地而倚数，观变于阴阳而立卦，发挥于刚柔而生爻，和顺于道德而理于义，穷理尽性以至于命。”南怀瑾先生在《周易》一书中，把其中的理象数称之为唐宋以后易学研究的新“三易”。他认为：“综罗易学‘理、象、数’的内涵，无非教人知变与适应而已。知变是‘理、智’的结晶，适变是‘象、数’的明辨。”“易理”之学是属于哲学性的；“象数”之学是属于科学性的。

"完整的易学，它必须要由'象、数'科学的基础而到达哲学的最高境界。"①

基于此，南怀瑾先生认为：所谓"象"，就是从现实世界万有现象的观察和分析中，寻求其变化的原则和规律；所谓"数"，就是由现象界中形下的数理，演绎推详出变化的过程，由此而知人事与万物的前因后果。反之，也可由数理的归纳法，了解形而上的原始之本能；所谓"理"，便是类似于哲学思想的范畴，它是探讨宇宙人生形上、形下的能变、所变与不变之原理。南怀瑾先生这个阐释的过人之处，就在于他突破了以往的诸多局限，从动态和交互的意义上，赋予象数理以丰富的内涵，使之具有了他所强调的哲学境界。

在实际运用中，对象数理的把握，还需要注意这样三个问题：

第一，从象数理各自的含义上说，易经的"象"，首先是卦象，就是六十四卦所象征的事物及运动状态。如"吉凶者失得之象也。悔吝者忧虞之象也。变化者进退之象也。刚柔者昼夜之象也。"从一般意义上说，卦象具有形象、象征的含义。象与形不可分，有象必有形，有形必成象，都是万物存续的外在状态。从认知和运用的角度说，卦象又具有达意、法式的含义。即观象是认知的第一步，由观象而知意，由观象而系辞（即抽象），由观象而入数理，并效法或取法象意象辞，以断凶吉。在佛学中，"象"也是达意的符号，即获得意义，切入真理。象以尽意，得意而忘象。

所以说，易经里的象不仅包括"物象"，即宇宙万物之象，也包括"人象"，即人类社会的万有现象。用今天的话说，象就是信息，就是事物存在方式或运动状态的直接或间接表达。至于说彖辞和象辞中多以"物象"、"兽象"来表达，比如龙、牝马、飞鸟、风雨雷电、山川河泽等，这一方面与周文王"拘而演"有关系，在监狱里推演易经，就不能不有所顾忌、有所规避。另一方面，也与当时文王可参照的信息和经验有关。需要注意的是，这些"象"本身，虽然并不等于物或人的本质，而是一种喻体，类似今天的比喻、借喻，其目的是为阐释义理服务的，但事物的外部形态和外部联系，又总是与其内部矛盾运动和内部联系相对应，亦即事物的本质反应。以象喻理喻义和由象致本，是易经分析方法的特点之一。至于说爻象，比较好理解，就是前面所说的阴爻和阳爻。

① 南怀瑾、徐芹庭：《周易》，重庆出版社 2009 年第 1 版，第 11、第 406 页。

易经的“数”，首先是卦数和爻数。如“参天两地而倚数”。“参天”是指一、三、五，相加为九，故为阳数，阳数奇；“两地”是指二、四，相加为六，故为阴数，阴数偶；“倚数”就是计算数字，阳爻用九，阴爻用六，如初、二、三、四、五、上等。

从总体上说，这些“数”虽然也有“实数”的含义，一极就是一极，两仪就是两仪，但更多的是“活数”含义，如“三生万物”等，表达的是事物存在变化的相对状态。这种“活数”，既是对事物存在变化阶段性的表达，也是对事物存在变化连续性的表述。这些“数”，如同天地自然和人事变化一样，也是充满变化的“数”。就是说，如果不把这些“数”作为“活数”来对待，便无法把握万物和人事的定数、常数；不了解这些定数和常数，也就无法正确分析和判断事物。

所谓定数，就是万物和人与生俱来的数；所谓常数，就是万物和人在变化中的均衡数，通常表现为一种数值或指标。定数与人的基本形态大体一致，常数与常态总是密不可分。比如我国中医就非常讲究这个常数：和而为雨，怒而为风，散而为露，乱而为雾，凝而为霜雪，张而为虹霓，此天之常数也。人有四肢五脏，一觉一寐，呼吸吐纳，精气往来，流而为荣卫，彰而为气色，发而为声音，此亦人之常数也。但更为重要的是，这些定数和常数都不是“死数”，而是“活数”。那么这些活数如何变化、如何把握呢？虽然有规律可循，但又总是充满着未知数和不确定性。因此，我们在参研和运用易经方法论时，切不可把“数”仅仅看作是现实生活中的数，或直接等同于某种实数，如一支笔、两本书、三把椅子等。这是要闹出笑话的。

有个记载说，某大人患了重病，请先生算其寿。这位先生折腾了一番，留下了“后天亡”三字，便拿着银子回家喝小酒去了。这位病人和家属一看，顿时合府上下失声痛哭。可是哭归哭，还是赶紧准备后事吧。可是到了后天，这病人不仅没亡，而且身子“稍感轻松”。家人不解，又把那算命先生请来，但他还是那三个字：“后天亡”。结果后天还是没亡。这就恼了人家，把算命先生告上县衙。可这算命先生一番话，让县太爷也只能判其无罪。他说，人都是“后天亡”，有谁是“先天亡”的。就是说，这里的“后天”并不是“实数”，不是指哪一天，而是指从出生到死亡的过程。这也是古代数字的奇妙之处。还有像算命先生常用的“父在母先亡”，无论你怎么回答，他都是对的。比如你说我父亲还健在呀，他会说，对呀，“父在，母先亡”。如果你说我父亲已不在了，他会说，对呀，你父亲已经在你母亲前面走了。如此等等。

至于说象与数谁先谁后的问题，古来一直有“象本论”与“数本论”之争。其实这不过是学派之侧重不同而已。从认识主体的角度看，大都以象为先，这是大家都有经验的。而从客体存在上说，象与数则是一体共存的，不分先后，只分内外。象是事物的外在形态，包括运动的、变化的；数是事物内部的要素与结构，也是运动变化的。实无争论之必要。

易经中的“理”，也首先是卦理爻理，即卦爻象数所蕴含和反映的法则和规律，也就是我们通常所说的易理、变化的道理，是属于形上的。但易经中的理，其重点并不在一事一物的道理上，而在于它对天地万物和人事变化之法则和趋势的推演和阐释上，其目的是知凶吉、懂悔咎、趋利避害、明理顺势，落脚点是为人事服务的。因此，这个“理”，既是普遍的，又是个别的。天有天理，地有地理，生有生理，心有心理，物有物理，事有事理，情有情理，法有法理，公有公理。宇宙万物，人生百态，有其物必有其理，有其事必有其理，有什么样状态或趋势，就必有相应的道理。但这个“理”又不是空泛的、虚幻的，它总是以一事一物为依据，以具体可见的象数表现出来，并彰显出规律和法则的巨大力量。只是由于我们的智慧不够，知其事而不知其理，知其理而不知其事的问题，是比较普遍的。

那么，易经中的“理”是否具有哲学意义和现实价值呢？宋定国先生在《国学纵横》一书已讲得分明：“从哲学方法上讲，它符合从具体（个别）到抽象（一般），再从抽象（一般）到具体（个别）的认识规律。”“《系辞上》说：‘易与天地准，故能弥纶天地之道。’这‘弥纶’二字比较准确地概括了制卦成易和用易占卦这两个方向相逆的过程。制卦成易是前人观察、认识天地万物，对其进行归纳、概括、抽象、简化而‘合万为一’的‘弥’的过程；而用易占卦则是后人在易的宇宙图式上，对具体事物进行分析、演绎而‘由万知一’的‘纶’的过程。显而易见，制卦成易反映了人的认识从具体（个别）到抽象（一般）的归纳过程，而用易占卦则体现了人的认识从抽象（一般）到具体（个别）的演绎过程。”[①] 应当说，

---

① 宋定国：《国学纵横》，首都师范大学出版社 2013 年第 1 版，第 131 页。

读了这段论述，似乎已没必要再说什么了。

第二，从象数义理的关系上说，就是前面提到的整体性和一体运用。因为天地万物都有它相对应的时空条件，以及一定条件下所呈现的象和形，而这些象和形本身及内部，无论是点线面还是长宽高，都有其相应数量要素和结构，这种数量关系又是按相应的程序和机制构成的，并以相应的法则和规律运动和变化着，表达出相应的价值和意义，以及与外部事物的联系与互动。

因此，如果把这四个要素连起来看，也就大体上了解了易经方法论分析判断事物的基本思路：首先针对某种（或多种）现象，或借助某种（或多种）现象，对事物或人事进行仔细充分的观察，然后将观察得到的信息，进行相应的量化分析，并按照卦爻的程式和数理关系，去分析推演它的要素、结构和机制，从而发现和把握它的运行原理，找到事物或人事之间的异同，以及彼此相互依存相互作用的内在联系，得出吉凶悔咎的趋向性判断。

这就再一次表明，象理数义是一个不可或缺、不可割裂的整体。如果离开了具体的“象”，就失去了认识客体的基本依据，或者说失去了对象或客体，“数”和“理”也就没有了来源。同样，没有对“数”的科学推演，“象”也就失去了实际意义而变得毫无价值。易经本身就是观物取象、观象系辞的结晶。反之亦然，没有对“理”的分析、概括与抽象，也就无法得出相应的判断和结论，“象”和“数”也就失去了自身的价值。这是总起来说的。

如果就一个具体事物或人事的过程而言，它的整体性还在于，象数理都不是绝对的，也不是相互隔绝的，而是象中有数，数就在象中；数中有象，象就在数中；象数中有理，理就在象数之中。象以尽意，得意而忘象，数以证理，得理而忘数，义也就在其中了。亦或说，我们必须在相互联系、相互依存和相互作用的运动变化中，来认识和把握这四个要素。

这种象数义理一体分析的方法，在实际工作和生活中也是简洁而实用的。无论遇到什么问题，首先都要搞清楚，是表象、现象、征象或假象，还是实质或本质的反映，并尽可能通过量化分析，把握内部要素和结构的关系，抓住其价值和意义，按照相关规律和法则去解决问题。也就是说，当你诸事顺达、春风得意、名利双收的时候，就应当按照易经“物壮则老”“水满则溢”的观点进行内观反思了，从而戒骄戒躁、惕励而为、“夹尾而渡”；当你诸事不顺、困难压顶、名利双亏的时候，就应当用易经的“物不可终老”“事不可终衰”的观点对待你面临的处境，坚信“阳光总在风雨后”，最困难的时候，往往是最有希望的时候。这时候你不该怨天尤人、丧失信心，而是要加倍努力，去迎接明天的曙光。而这一切，并不需要占卜或算命，每个人都可以做到。

第三，更为重要的是，易经中的“象”是一种“易象”，即变化中的“象”。因为天地万物和人事中的任何一种“象”，都始终处在变化之中，都是一定时空条件下的“象”，而不是静止不变的。虽然现象是可以重复的，但不同时空条件的“象”，依然是不同的。一定时间条件下的“象”，会因空间的变化而不同；一定空间条件下的“象”，也会因时间的变化而不同。所以，任何意义上的“象”，都是事物本质或自身变化的外在形态。

易经中的“数”，也是一种“易数”，即事物变化中的“数”。因为即使事物在相对稳定的状态下，其内部的某些质量和要素也同样处在不断增减、整合之中。其中有些“数”，反映的是事物“实数”的增减或整合；有些“数”反映的则是“常数”的增减或整合，即事物质量或结构在形态上的改变；有些“数”，反映的是事物内部的均衡性或适应性调整；有些“数”，反映的是量变的过程，有些“数”则是质变的前兆。当然，这些“数”本身，或仅仅知道这些“数”的量，并没有具体的现实意义。只有按照卦爻的程式进行推演，其真正意义才能显现出来，才能成为“理”和“义”的依据，也才能真正为人类服务。总之，任何意义上的“数”都不是静止的，而是变化的。周流不止，遇理而成。

易经中的“理”，同样是一种“易理”，即事物变化的理。包括天地自然的变化、社会历史的变化、物质的变化、精神的变化，以及人类自身的变化等等，都有这个“理”在里面。无论形下的理，还是形上的理，其本身或背后，彰显的都是自然法则和客观规律。它的价值就在于让我们懂得什么是变、为什么会变、怎样适变。同样重要的是，按照“易理”得到的判断，绝不像算命先生说的那样绝对或含糊，更不是如上所说的文字游戏。易理的判断大都是趋势性、辩证性和建设性的，既没有绝对的吉，也没有绝对的凶，而是吉中有凶，凶中有吉，吉和凶都是相对的、变化的，也是相互转化的。而这一切都与一定的时空条件和客观过程密切相关。所以，“易理”既是事物固有的理，也是事物变化的理。把握了这一点，也就懂得了易经象数义理的要义。

三、优化思维

如果大家认同上述对易经价值的分析，那么我们参研易经的动力和目的也就清楚了，那就是用易经方法论来不断优化思维方式，改善思维结构，把握思维规律，提高思维能力和生命质量。而不是为了学会算命测运，尽管易经原本就是一部卜筮之书。

我们之所以把优化思维作为参研易经的目的，一方面在于前面所说的，易经本身具有这样的价值，并且简易而独特、丰富而实用；另一方面，也在于思维方式和规律，在我们认识和改造客观世界过程中，具有不可替代、不可或缺的作用，在有些问题、有些关系和有些环节上，具有决定性作用。大到外交关系、国家战略，小到人际关系、日常生活，无不显示出思维方式的重要意义。大家都熟悉的“田忌赛马”就是如此，尽管不过是一场无关大局的游戏而已。“管中窥豹”，可见一斑。因此，恩格斯在《反杜林论》中指出：“人类的思维是至上的同样也是非至上的，他的认识能力是无限的同样也是有限的。按其本性、使命、可能及历史终极目标来说，是至上的、无限的。按其个别实现和这一那一时候的现实来说，又是非至上的、有限的。”这表明，思维方式无论对有限的生命，还是对无限的意义；无论对个体的一时一事，还是对人类发展进步的终极目标，都是具体的、现实的和极其重要的。

也就是说，人的一生每时每刻都在与外部世界发生着这样或那样的联系与互动，并在这种联系和互动中作出相应的选择，承担选择的代价与后果，无论对错。那么，在这种习以为常的互动与选择中，是什么使你这样而不那样，亦或你是如何选择这样而不那样？这就是在“三观”主导下，并以相应利益权衡为基础的思维活动。认识和实践的过程，既是互动和选择的过程，也是思维活动的过程。正如华岗先生在《规律论》一书中所说：“从生动的直观到抽象的思维，从抽象的思维到实践，这就是认识真理、认识客观实在的辩证的途径。”离开了这种途径，你便无法互动和选择，更谈不上认识真理和把握客观实在了。

更为重要的是，虽然人人都会思维，人每时每刻（除了睡眠）都在思维，但似乎很少有人想过我们究竟是怎样思维的，我们的思维方式科学吗？我们这样认识和看待事物正确吗？而问题恰恰在于，我们对外部世界的认识，亦或客观实在在人脑中的反映，并非仅仅是一个简单的机械过程，也不是像印照片那样直观了事，尽管人类有极强的本能和直觉。现代思维科学已经证明，人的思维活动正像华岗先生在《规律论》一书所阐述的，是一个“无限错综复杂的过程，其中许多规律性，从低级的（机械性）到高级的（社会性），相互交错的发挥作用。就连最简单的有机体对外部刺激的反应，也要比无生命物体的物理的或化学的反应复杂得多。”而人的思维活动正“是在这一整套极其复杂的系统的活动基础上进行的”。即通过一定的思维方式，把感性或经验的材料加以分析和概括，找到现象与本质的因果联系，发现事物或现象的运动规律，揭示现象的决定性因素和它们的本质，把握事物结构及引起结构变化的过程，等等。在这个过程中要特别注意的是，“抽象思维所做的这种工作决不是目的本身，这种工作只是发展人类实践活动并把这种活动提到新的更高的阶段的一种手段”。[①]反过来说，如果没有这种手段，人类也就无法实现自身的发展与进步。正确认识和把握思维活动的这种辩证关系，无疑是至关重要的。

正如大家所知道的，思维是人类区别于动物最本质的属性和特征，其重要性无论是对国家和民族，还是对企业和组织，乃至个人的生存发展，都是显而易见的。那么，在如此重要的问题上，我们究竟存在哪些问题，又应当进行怎样的反思呢？楚渔先生在《中国人的思维批判》一书中，进行了较为系统的分析与阐述。从总体上看，其核心观点是：“导致中国落后的根本原因是传统的思维模式”。他认为：“我们中国人总是习惯地把我们落后的根源推到体制和文化等客观因素上，实际上没有抓住要害；落后的根源应该是我们落后的思维模式。思维模式虽然是环境和文化造成的，但一旦形成思维习惯和思维定势，思维模式就和原来的文化关系不大，反而是思维模式主导文化的走向。我们认为，中国人的思想混乱而且僵化，是阻碍我们社会进步的根本原因。”他分别以苏联、一战和二战后的德国、以色列、日本为例，说明在制度、体制不同的许多国家都出现过发展奇迹，

① 华岗：《规律论》，人民出版社 1982 年第 1 版。

从而证明中国落后的根本原因，并不在于制度和体制。同时，楚渔先生对中国落后原因的“文化决定论”，也给予了深刻剖析。他并不否认文化在思维模式形成或建构中的作用，但思维模式并不是文化附属品，它一经形成，并成为人们的主体思维结构之后，便有了独立运作的机制和能力，原有文化对它的影响和制约，便失去了规律性作用。反过来，它对后续文化的取舍，则发挥着日益强大的主导作用。这就是思维模式“内在化”的力量所在。

楚渔先生认为“中国人的思维极缺逻辑性和求证性，缺乏思维工具的运用”，思维方法混乱而僵化，思维能力薄弱，“概念模糊、不证而论、偷换概念、转移话题、滥用类比，在我们的社会生活中是一种极普遍的现象”。因此，“中国人的思维方式很难做到实事求是和理论联系实际”，这不仅阻碍了中国科技的进步，而且严重损害了自己的利益。他呼吁：“改造中国人传统的思维模式是我国教育的头等大事”。因为“科学思维是一个民族走向成熟的标志”。[①]

《中国人的思维批判》一书出版后，一时成为媒体热点，有赞成、有质疑，也有批评。也许楚渔先生“爱之深，责之切”，其言辞不免过重，或为了突出强调某个观点而有失全面。但无论如何，楚渔先生能够直面历史，对中国传统思维模式进行反思，以及对相关问题的分析，是有现实意义的，其警醒作用尤显宝贵。

事实上，如果每个人都能心平气和地反观自省，那么，思维方面存在的问题的确是普遍的。比如，我们总是有意无意地用静止和绝对的观点看问题，好的永远是好的，坏的永远是坏的，好与坏是不能相互转化的；遇事爱走极端，追求极致；为了达到某种目的或获得某种利益，我们总是孤立片面强调有利的一面，而忽视与之相反相成、相依相对的一面，而一事之成败的关键恰恰在这里；对变化中或变化了的事物，要么熟视无睹、麻木不仁，因循守旧、终老田园，要么听风即雨、盲目而为，舍基失本，贪大求全，缺乏变与不变的辩证思维；在具体工作中，重结果、轻过程，或只要结果，不抓过程。而结果的过度强化，必然会造成对工艺或操作过程的忽视，其产品质量和创新便无法保障。亦或为了结果而投机取巧、坑蒙拐骗，倒霉的只能是消费者。

① 楚渔：《中国人的思维批判》，人民出版社 2011 年第 1 版。

还有像各地都在讲的创新创业，有的地方只看有多少创新成果和创业企业，下指标、凑数字，却很少把它作为一个增强新动能的过程来对待。殊不知，创新要在万众，创业重在大众。说白了就是要形成民众追求、广泛参与的局面，而参与的过程恰恰是提高全民族现代素质的过程。所以，从战略上看，在参与过程中养成的创新意识和创业精神，远比出几个创新成果和创业企业更有价值和意义。我们不难想象，一个具有强烈创新意识和创业精神的民族，其成果的不断产生，也就顺理成章了。亦或说，结果是过程的必然，过程是结果的条件，有什么样的过程，就会有什么样的结果。

更为突出的问题是，我们在认识和判断某个事物时，往往忽视立场的原则性和客观性。对某人某事的好坏对错，仅凭主观感觉和个人好恶，乃至自身利益的得失，轻易做出相关判断和选择。其结果要么是其立场失去了应有的公正性，要么是与客观实际背道而驰，要么是造成不必要的矛盾，由此造成的损失和伤害，也就不可避免了。

当然，这并非问题的全部。但仅仅是这些问题也足以让我们警醒了。改革开放以来，很多有识之士对此进行过反思：拥有四大发明的中华民族，为什么没有成为现代科学和现代工业的先驱；我国青少年的创新意识、创新能力和创业精神，为什么始终是短板；为什么会出现学富五车而不会创新创业、满腹经纶而不能建功立业，等等。我深知这些问题的原因和背景是非常复杂的，并非仅仅是个思维方式问题。但从方法论的角度看，思维方式存在的问题，无疑是一个极其重要的原因。

如果把我国教育放在全球视野下进行比较，就会发现：我国国民教育过程所形成的知识理论总量和质量，并不比西方教育差，在一些领域甚至超过西方；我国学生的应试能力、对知识和理论的复述能力，也从总体上优于西方的学生；我国大学本科以上毕业生的知识和理论储备量，也不比西方发达国家的大学毕业生差。那么差距或者说问题在哪里？从教育内容和激励机制上看，我国从幼儿园到博士后的教育，基本上是以传授知识和理论为主，而相应的方法论教育和思维能力训练，则始终是一个薄弱环节，也缺乏系统的教育内容和方法。从个体教育过程来看，重视知识和理论积累，轻视思维方式培养和对思维规律的把握，是一个相当普遍的问题。从而导致很多学生离开老师就不会学习，离开书本就不会分析判断问题，离开了学校便又得重新学习。在我的熟人中，也有不少是研究生和博士生毕业，我曾仔细问过他们的课程设置，也看过老师讲课的笔记，在与他们的聊天中，也曾认真体验他们的思维方式。但给我的体会是，他们读了20多年的书，几乎没有接受过系统的方法论教育和思维方式培养。因此他们到了工作单位之后，都有一个很长的适应阶段，或又不得不去进修培训，更不要说什么创新之举了。

20世纪60年代，在“人的智能理论”和脑科学迅猛发展的大背景下，钱学森先生曾提出尽快建立思维科学的主张。因为他知道，普遍而独立的创新能力，对中华民族的伟大复兴，是极为重要的。而这一切的基础是教育体制改革。这之后，虽然有一些研究成果，国家也在不断加大鼓励和支持创新的力度，但思维科学和方法论教育，却始终没能形成独立的体系，也没能成为主流的教育思想，反而把更多的精力投向了应试教育和素质教育的争论上。事实上，无论是应试教育还是素质教育，都是一种教育方式。应试教育中必然地包含素质教育的要素，因为人的素质并非单一的、孤立的；而素质教育也无法离开必要的应试要素，因为某些程式性训练，同样是素质教育不可缺少的。任何孤立、片面地肯定或否定某种教育方式，都是不可取的。即使在西方发达国家，其教育也同样包括这两种方式。二者并非绝对对立、有你无我的。所以，根本的问题不在于应试教育或素质教育，而在于教育的价值定位与追求，即以传授知识和理论为主导，还是以方法论教育和思维能力训练、学会学习和学会思考为主导。

当然，我不是否定知识和理论的传授，哪怕是那种灌输式的教育，这是基础，也是必须的。我也曾被灌输过，那感觉虽然不好，但也构成了我成长的基础。但这并不是主要目的，或者说不能满足于这种“填鸭式”的传授。因为教育目的所反映的是主体对客体、即人们对物质世界的实践关系，它必须符合人们的实践需要。因此，在传授知识和理论的过程中，不仅要让学生了解知识、掌握理论，更要培训他们整合知识和理论的方法，掌握分析和判断事物的能力，养成科学的思维方式。

众多科学实证结果已经表明，人的认识能力、整合知识和理论的能力，亦或在实践中创新知识和理论的能力，并不取决于人的生物量或体力，在一定层面上说，甚至也不是由知识和理论的多寡决定的，而是由人的“智慧量”决定的。这其中，思维方式以及对思维规律的把握与运用，则是主要条件之一。如耶稣和六祖慧能，起初都是不识字的，也没受过什么系统教育，但他们都在人类思想史上作出过无与伦比的贡献。如果仅仅从知识和理论传授的角度看，便无法解释这一不断重复出现的历史现象，其中必有规律可寻。为此，我们需要进行具体分析：

首先，所有知识和理论的形成，都是人类在实践活动中发现，并经过长期积累，以及提炼概括创建而成，是一个由感性认识到理性认识的过程。其知识理论的适用性和科学性，取决于人类对客体认识的广度和深度。从这个意义上说，所有知识和理论都是人类在实践中思维活动的产物，它们既不是实践本身，也不是客观实在本身。在这个过程中，尽管没有实践活动，以及由此产生的感性认识是不行的，但同样没有相应的思维活动，知识和理论也是无法构建和形成的。我们看到，大多数知识和理论，并不是某个人一次性完成的，而是众多人，甚至几代人长期探索而不断完善的，这也恰恰说明了这一点。

其次，无论是老师的传授，还是学生的听讲或自学，以及老师与学生的互动等，都是一个思维活动的过程。老师以什么样的思维方法传授，学生以什么样的思维方式学习，二者之间以什么样的思维方式互动，以及他们在思维逻辑上的异同等，既决定了老师传授的质量，也决定了学生学习的质量。就整体而言，教与学的常态是不对称或不均衡的，老师传授的思想和观点，并不必然地成为学生的思想和观点；老师没有传授的、没有讲的，也不等于学生没有思考和探索过；老师认为是正确或错误的，也并不表明学生就会如此认同，等等。主体与客体在认知上的差异性，也是由思维方式决定的。

其三，所有知识和理论的应用过程，也同样是人类思维活动的过程。因为学习和掌握知识理论的是个体的人；应用或整合知识理论的，也是个体的人。一个人把学到的知识和理论，具体应用到某个事物上的过程，并不像倒白开水那样简单直接，而自始至终都是个体思维活动的过程，包括对知识和理论的深度把握、整合、转换与创新。这必然要涉及辩证逻辑、形式逻辑，乃至数理逻辑。这个过程也和认识一个事物的过程一样，需要由表及里、去伪存真、去粗取精，以及相应的归纳、推理和演绎，使之符合客观实在的运行规律和内在法则。所以，离开了个体的思维活动，便无法应用与运作。

其四，知识和理论在应用过程中的完善与创新，更是一种思维活动的过程，或者说是一种更高级的思维活动。我们知道，知识和理论来源于实践，是实践活动的结晶。但知识和理论一经形成，便失去了具体实践的个别属性，而成为一定时空条件下具有普遍意义的概括与抽象。也就是说，知识和理论是普遍的、一般的、抽象的，而人的实践活动则是具体的、个别的、现实的。因而，当某种知识和理论运用于实践的时候，总会出现这样那样的偏差，或超出了客观现实的可能性，或滞后于实践发展的需要，亦或其广度、高度和深度的差异。这时候便会出现整合或提升某些知识和理论的需要。尤其是随着科技在某些领域的突破，与之相关的知识和理论也会生成创新和发展的需要。而适应和满足这些需要的过程，也同样是思维活动的过程。

这表明，人的自然生命过程，以及用自然生命去创造社会生命价值和意义的过程，既是一个实践活动的过程，也是一个思维活动的过程。

这里面需要注意的是，自然万物和人类社会是多样而复杂，且不断变化的，因而与之相应的客观规律也必然是多样复杂的。虽然它们有主次之分和普遍与个别的不同，但一定不是单一的。对于认识主体的人来说，由于自身经历、知识结构、利益诉求，以及实践广度和深度的不同，其思维方式也必然是有差别的，并由此导致思维模式的多样性。比如儒家、道家、法家、墨家以及佛学在思维方式和思维规律上的差异等。这正如华岗先生在《规律论》一书中所指出的：“思维规律是各式各样的，和各种不同的思维过程都有关系，但是它们并不是一些偶然的、彼此不相联系的规则的简单汇集，它们是现实的一定特性和关系在人们意识中的反映。”从这个意义上说，我们在坚守自身信仰和理想追求的基础上，多了解一些不同学科对思维方式和思维规律的见解，总是有益处的。

因此，易经方法论对于优化思维方式、把握思维规律，也一定会有帮助。从总体上看，如果我们把易经占卜作为一种思维方式和思维过程的话，那么它的基本规律就是在变化中、在变与不变的辩证关系中认识和把握客观事物，并通过象数义理的推演与分析，得出基本判断。所以易经主张：多元竞存而不敌，均衡进退而不失，依时循序而不违，应变守道而不越，执两用中而不极，象变数演理不易，吉凶相反而相成，等等。应当说，这对我们不断优化思维方式、提高思维能力，都会有所帮助。

关于这方面的体会，将在后面的章节中具体阐述。

第二章

人本自然

我们说，经济社会发展和各项事业要“以人为本”。那么人又以什么为本呢？简言之，人以自然为本。这是易经的基本立场和核心观点，也是易经观察、分析和判断事物的基本方法，以及贯穿六十四卦始终的一条主线。抓住并理解了这一点，也就把握住了易经方法论的要旨。

一、本根之源

纵观我国思想发展史，应当说早就有了“民本”的观念。尤其是改革开放以后，一直强调“以人为本”的发展理念，这无疑是非常宝贵的。但若作进一步探究，人又应当以什么为本呢？

“以人为本”是相对于经济社会发展而言的，它回答的是为什么发展和为谁而发展；它强调的是“人是经济社会发展的出发点和落脚点”，并以人的全面发展为最高目标。这相对于以资本增值和财富积累为最高目标的发展理念来说，无疑是一个巨大进步。但如果仅仅强调这一个方面，也会带来另一方面的问题，即“人类中心”主义的滋生和泛滥。就像西方某些学说那样，把自然仅仅当作一个要对付、支配、控制、征服的对象。而把人当作自然的主宰，人有权利肆意获取自然界的任何资源，哪怕是对自然的破坏。

而“人以自然为本”，则是相对于人与自然的关系、以及人类生存发展基础而言的。在这个关系中，人不是自然的主宰，而是自然的朋友；人类在认识自然并从中获取生存发展资源的同时，也要保护自然生态、尊重自然规律，因为这正是保护人类自身；人类改造自然不是为了征服，而是为了协调人与自然的关系，进而优化自然生态，可持续地造福人类。

从这个意义上说，我们要正确理解和把握“人本自然”的立场和观点，就要首先搞清楚人类的“根”或“本”。所谓“根”，就是人从哪里来；所谓“本”，就是人的本性是什么。这是人与自然关系的基本问题。

据《拯救地球生物圈——论人类文明转型》一书介绍：地球诞生之后，原本没有人。经过约10多亿年的自然演化，原始生命才在海洋里诞生，而且大都是肉眼看不见的微小生物。又过了许多亿年，海洋生物出现了动物与植物的两性之分。在距今约4亿至5亿年前，海洋生物开始向大陆作过渡性进军，赤裸的地球逐渐有了绿的生机。又过了2亿至3亿年，登陆植物由低等的蕨类进化为高一级的裸子类，动物界则由两栖类进化为爬行类、哺乳类。在距今1亿年到6500万年前的新生代，频繁剧烈的地壳运动和气候变化，加速了陆海版图变迁，地球风力、雨量增大，一大批高等生物陆续诞生或“升级”，植物由单倍体进化出多倍体个体，野生稻、麦、黍等五谷品种问世。动物进入了哺乳时代，有了牛、马、羊和恐龙、大象等巨兽。之后，作为人类始祖的古猿，开始用拙劣的木石工具获取食物，最终与动物分庭自立，成为猿人。从此，人类开始了漫长的旧石器时代。在至今约 1 万年，人类步入了新石器时代，由原始文明进入了农业文明，开启了真正意义上的人类文明历程。毫无疑问，大自然是孕育人类的伟大母亲。①

大自然不仅创造出人的生命，也养育了一代又一代的我们。别的暂且不说，仅就地球上适宜生命存在的环境条件而言，都是大自然为我们提供的。特别是绿色植物的光合作用，不停地转化和积累太阳能，为包括人类在内的全部生命，提供源源不断的能量，以保障其生存与繁衍。这不仅包括人类生存必不可少的阳光、空气和水，以及粮食、蔬菜和菌类，也包括我们工作和生活的必需品。诸如随处可见的塑料制品，来源于石油，而石油和煤炭等一样，都是大自然对人类的“恩赐”；坚固耐用的钢铁制品，来自于铁矿石；飞机主体的铝材，来自于铝矿石；各种仪器中的特殊材料，来自于稀土矿石；计算机芯片里面的硅材料，来自于普通的沙子；曾经作为货币的贝、铜、银、金等，也都来自于大自然；就连备受人们喜欢的玉、翡翠、玛瑙等，更是大自然的结晶。可以说，假如地球上没有人，其他生命照样可以生存，但假如地球没有植物、动物、微生物和矿物，人类就不可能生存，更别奢谈什么生活质量和人生意义。

更为重要的是，人类不仅依靠自然而生存，更要依靠自然而发展。人类的知识、理论、科学、技术、智慧，乃至于人类创造的所有文明成果，都源于人们认识自然和改造自然的实践。可以说，是大自然教会了我们生存和发展所需要的一切，就连那些备受崇拜的伟大思想、伟大发明，也不过是自然规律的真实写照。翻开人类文明发展史，一篇篇、一行行，无不再现出大自然对人类的无私奉献。从古猿生存所需的食物及其使用的原始工具，到猿人为了生存而创造的石器；从人类的第一束火光，到具有人类文明标志意义的第一个文字；从以兽皮树叶遮羞，到华美多样的服饰；从

---

① 姜春云主编：《拯救地球生物圈——论人类文明转型》，新华出版社 2012 年第 1 版。

生食野果兽肉，到如今的美味佳肴；从“千里音绝”“鸿雁传书”，到现在的手机网络；从大刀长矛，到飞机大炮、导弹飞船，包括目前正在实施的“天地同心”工程，以及对人脑与自然关系的探索，又有哪一样不是大自然的奉献。毫无疑问，大自然是人类最伟大的导师。

从微观上说，人本身就是个“小自然”，就是一个“小宇宙”，亦或是大自然的一部分。而在数千年前，我们的祖先就在观天象、察地理、审空间的基础上，提出了“天人同构”理论，认为地球是由金木水火土这五种基本物质构成的，它们之间相生相克的矛盾运动，形成了物质世界的基本关系，并由此推演下来，又把人分为金木水火土五大类型命性。这表明，我们的祖先已经认识到，人的生命与自然的物质要素和时空条件，具有密不可分和相互对应的关系。如天有四时五行三百六十日，人亦有四肢五脏九窍三百六十节；地有五谷、五果、五茶、百药，各具五味，各有五行，满足人的五脏的需要，调节五脏的运行；人秉阴阳两气，和五味，其五脏也分别具有五行的属性，如肝属木主春，心属火主夏，脾属土主长夏，肺属金主秋，肾属水主冬等。总之，人得阴阳五行之气以为形，形生神智而五性动，五性动而万事出，万事出而休咎生。一切皆与自然规律和法则密切相关。

从现代生物学角度说，所谓的人，不过是由 90 多种元素构成的物质有机体，其中 60%—70% 是水。正如如果没有水就不会有生命一样，人体中的元素也是多一样不行、少一样也不行，多了或少了，都会影响生命质量，甚至导致人的死亡。它们的均衡存在和运行，是生命存续的基本条件；它们所提供的能量，构成了物质生命和精神生命的持续运作；人的新陈代谢、日作夜息和生命的运行原理，与自然的运行规律极为相似；人的各种能力，都是在不断适应和改造自然的实践中逐步形成的；人类利用和改造自然的活动，不仅促进自然界能量的流动和物质循环，而且自然环境的这些变化，又反过来不断增强人类对自然的适应能力。人类正是在这种相互作用下，不断提升与进步。于是，我们有了知识，有了理论，有了科学，有了技术，更有了智慧。这是说人的生命和生存。

那么人的死亡是什么呢？按照易经的原理来说，死亡不过是“物还原所”而已。也就是说，人死了，构成人的那 90 多种元素，又回到了它们原本的所在，并在一定条件作用下，继续发挥着各自的作用。人可以死，物质是不灭的。谭嗣同在《仁学》中指出："物质的生灭、存亡、成毁、分合，都并不能消毁一个元素或创建一个元素，都不过是这些元素的分裂、合成、调整和重新组合。"① 由此可见，大自然能够帮助万物生长壮大，包括人的生命存续，也会在其成熟或衰老的时候将其毁灭，只留下相应的物质。而这一过程的不变法则，就是优胜劣汰、适者生存。毫无疑问，大自然是人类得以生存和发展的基础。

综上所述，人从哪里来，人源于自然；人到哪里去，人归于自然；人是什么，人原本就是一个自然，其社会性不过是人类存续的价值与意义。易经的道理告诉我们：根腐而干朽，干朽而叶亡；本失则性亡，性亡则无义。"本""根"之义大焉。一切珍惜生命、热爱生活的人，不能不以自然为本。

那么，"人本自然"，是个什么意思呢？概括起来说，就是要自觉遵循自然规律和自然法则，像爱护自己的生命一样，自觉保护生态环境；就是要"顺乎天而应乎人"，实现人与自然的和谐共存、一体发展。同时，凡事要因然自为，顺然而进，发然利人，不"造为"、不强为，自然而然。如此说来，自然界又有哪些规律和法则呢？与人类又是怎样的关系呢？

首先，从总体上说，自然界就是由空间、时间、物质、能量等所构成的统一体，并按一定规律永续运动的物质世界。大至宇宙、太阳系、星球，小到一棵草、一粒沙、一种微生物，无不按照共同的或各自的规律存在和运动着。比如螺旋形运动律，就是自然界最普遍、最基本的物质运动形式。大至漩涡星系，小至脱氧核糖核酸（DNA）分子，都是在这种螺旋形结构的运动中产生的。也就是说，大自然并不认可直线形式，自然界所有物质的基本结构，都是曲线运动方式的圆环形式。易经由此概括出"七日来复"的运动规律，即循环往复。

其实，经济社会和人的生存发展也是一样，无论我们的愿望多么美好，都无法实现直线式的发展，曲折、波动、往复是永远无法避免的，因而也必然是一个循环往复、螺旋式发展的过程。生理解剖学告诉我们，人体内没有任何一种元素或组织是直线形式的，人也无法一直工作下去，再伟大的人，到了晚上都得睡觉，连续工作几天，都得休息一下，这就是"一日来复""七日来复"，这就是螺旋式循环。谁违背了这个规律，谁就得生病，

① 崔之清、陈蕴茜主编：《学林新篇》，中国青年出版社 2000 年第 1 版，第 200 页。

甚至死亡；哪个地方违背了这个规律，大跃进、跨越式、一往无前，哪个地方就必然为此付出相应的代价。

再如能量转化、物质循环和信息传递，是地球上所有生态系统最基本的功能和构成要素，也是物质运动的基本规律。我们知道，自然界和人类社会一样，所有物质都是不断变化的，或处在能量转化当中，或处在物质循环之中，亦或处在信息传递之中，所不同的只是正负两个方向的区别。这是物质存在的“常态”。因此，我们在浩瀚无际的宇宙之中，既找不到静止不动的一个点，也找不到相对固定的两个点。

就自然生态系统而言，也总是由太阳能经植物的光合作用，转化为有机能或化学能，有机能或化学能转化成生态链或食物链，保证了多层次生物的生存和发展。而这个过程，又是个生产率极高而成本很低的过程，尤其是绿色植物，其产出总是大于消耗。更为有趣的是，自然界中的风流、水流、飞禽、蜂蝶，以及物质自身的感应能力等，都在本能的运动中，无意识地充当了能量转化和物质循环的“信息使者”，从而使物质之间广泛密集的信息交流，以及种子等生存与更新因素的移动成为可能，保证了全球物种的合理布局和物种之间的调节与均衡。

对比而言，人类社会也是如此，无时无刻地处在能量转化、物质循环和信息传递之中。无论是有意识的还是无意识的，无论是自觉的还是不自觉的，无论是看得见的还是看不见的，这些规律始终在发挥着作用，并规范着经济社会和人的发展。这种作用是客观的，是物质运动的一种必然力。如果我们试图阻止某种能量转化，或物质循环，或信息传递，其结果必定是灾难性的。近现代以来，人类对自然某些过度开发的惨痛教训，已充分证明了这一点。

还有物质不灭定律和能量守恒定律。物质不灭的本质，是物质随宇宙永恒的多维时空而不断运动。这种运动在宏观或微观上，都表现为物质的聚合、分解、还原或置换等化学反应，或一定条件下的物理反应。有趣的是，化学反应前物质元素的质量总和，与反应后生成物质元素的质量总和，是相等的。这表明，任何形式的变化都不能消灭物质，只是改变了物质原有的形态和结构。亦或说，物质存在的形态是可以相互转化的，结构是可以改变的，但物质是不灭的。比如水、冰和蒸汽的成分都是 H_2O，但在形态上水是液体，冰是固体，蒸汽是气体。我们在烧开水时会发现，沸水时间长了，水量就会减少。这不是水没有了，而是在形态上变为蒸汽了。还有煤和钻石的分子是相同的，但由于结构的不同，一个是黑色的，一个是晶体。还有很多例子，都非常有趣。

更为重要的是，这些物质的运动，无论是化学的形式，还是物理的形式，都是有能量的：物体运动具有机械能，分子运动具有内能，电荷运动具有电能，原子核内部的运动具有原子能，等等。而且这些能量之间在运动中是可以相互转化的，但无论如何转化、转移，其能量的总量不变。因为某种形式的能量或某个物体的能量减少，就预示着一定有其他形式的能量增加，而且减少量与增加量一定是相对的。这就是能量守恒定律。

这些自然规律和法则，对人类社会的意义也是极重要的。它表明，每个人每时每刻都生活在一定的自然能量和社会能量之中，都拥有自己的生态系统和能量系统，每时每刻都处在相应的能量变化之中，每个人都自己的能量相关性。所以，人太自我了、太自私了、太自利了，就会出问题，至少是自己不幸福不快乐。表面上看你是个“独立”的人，好像很强大很高傲，万事不求人，但实际上维系你强大或高傲的能量，分分秒秒都在与外界或他人进行着置换和转化，离开哪一样，你都强大不起来，更别谈什么高傲。还是那句话，无论你多强大，说到底不过是血肉之躯的“小自然”，和大家一样，谁也无法摆脱大自然规律的制约。因为任何事物或任何人的存在，本身既是其他事物或人存在的条件，也必然以其他事物或其他人的存在为条件；一事物或一个人的变化，也就必然会引起相关事物或相关人的变化；一事物的消亡，必然会有相应的新事物产生。这不过是能量从一种形式转为另一种形式，从一个物体转移到另一个物体而已。

毫无疑问，人类正是在不断认识、把握和运用这些自然法则和规律的过程中，实现了自身的发展与进步，创造了物质文明和精神文明。

其二，从文化和精神层面说，自然界中的日月星辰、春夏秋冬、风雨雷电、水草花木等，都对人类的精神世界给予了深刻启示，成为中华传统文化的基本来源。其中尤以水最具代表性。

易经从水至柔至刚的特性中，概括出“刚柔相济”的规律，对后世产生了极大影响。水性是至柔的，遇阻则曲，居下不争；但又是至刚的，滴水穿石，摧毁一切。《管子》认为：“水者何也？万物之本源也。”老子则把水与道、与德联系起来，以水为喻，揭示出道的本质与规律。老子说：“上善若水。水善利万物而不争，处众人之所恶，故几于道。居善地，心善渊，与善仁，言善信，正善治，事善能，动善时。夫唯不争，故无尤。”张玉良先生在《老子译解》一书中，把这段话意译为：“有道者的高尚品德与水的品德相近。水善于施惠万物而不争功，且甘居人们所厌恶的低下之处，所以水的品德几乎接近于道。有道者善于像水那样处下不争，心境善于像深渊之水那样沉静无欲，待人善于像雨露滋润万物那样仁慈，说话善于像水应时而至那样真诚守信，为政善于像水之清净那样无为而治，处世善于像水处下不争那样遵循道的原则而为，行动善于像水应时而动那样及时造福人间。正因其不争之德，所以不会招致任何怨咎。”[①] 由此可见，老子是以水“居下不争”的特性为核心观点，阐述了道的品格，并进一步引申出：“曲则全，洼则盈”，“贵以贱为本，高以下为基”等辩证思想。

相比较而言，孔子的“观水识理”，虽然也是以水喻德，但所涉及的内容更多一些。刘向《说苑·杂言》记载了孔子与子贡的一段对话，大意是：子贡问孔子，我看到君子见到水一定要驻足观察和思考，这是为什么？孔子回答说，因为在水性中可以体验到君子的品德。接着孔子举例说：这水滋养万物，不分厚薄，而且从不求回报，这就好比是君子的德；这水遍予的地方，就会有生命的存在和壮大，这就好比君子的仁；这水总是谦卑向下流动，其进转曲直都遵循相应的规律，这就好比是君子的义；我们可以看到水浅时的流动状态，却无法看到那深不可测的地方，这就好比是君子的智；你看这水无论前面是崇山峻岭，还是深幽大谷，它都会毫不犹豫地向前奔去，这就好比是君子的勇；这水又柔弱而绵软，无论多么细微的地方，它都可以到达或渗入，这就好比是君子的察；这水甘居人们所厌恶的低下之处，却没有任何怨气和责怪，这就好比是君子的色（品格）；无论什么不清洁的地方，只要有水的流入和流出，都会变得鲜活，这就好比是君子的善化；无论在什么凹凸不平的地方，只要水达到一定的量，它就会变得齐平如镜，这就好比是君子的正；这水满了自己就会溢出去，亏了就会有水补进来，并不需要人为的限量或控制，这就好比是君子的度；这水无论有多少曲折和险阻，必向东流，这就好比是君子的意。正因如此，孔子感慨曰：“是以君子见大水观焉尔也。”

---

① 张玉良：《老子译解》，中国社会科学出版社 2008 年第 1 版，第 49 页。

这表明，孔子并非仅仅把水作为论说的喻体，而是真正悟到了水对人生、对道德、对智慧生命所具有的启发和提升作用，从而生动地表达了人本自然的价值追求，故曰“智者乐水，仁者乐山”。《论语集注》卷三对此解释说：“智者达于事理，而周流无滞，有似于水，故乐水。仁者安于义理，而厚重不迁，有似山，故乐山。”无论乐水还是乐山，其目的都在于对自然规律的认识和揭示，也都是对智慧生命源于自然的追求。对此，许兴宝先生在《文化视域中的宋词意象》一书中认为：“水作为生命的一级原质，维护了生命的生生繁衍，水作为生命的二级原质，即启发生命智慧，又以水的自有灵气，促进了人类智慧生命的长足进步。因此，生命离不开水，文学也离不开水。”由此可以说，人的精神文明和文化发展也离不开水。①

打开中华民族的文学宝库，以水寄情、以水喻情、以水托情的作品，可谓汗牛充栋。透过这或激扬、或深幽、或凄美的文字，我们不难发现，这类作品既展现了人类情感对自然的依赖，对自然规律的探究，正如人的忧思写不出，以烟雾写之；人的柔情写不出，以水寄之；人的别情写不出，以柳喻之；人的爱怜写不出，以花草托之；人的怨恨写不出，以风雨雷电写之，等等。也证明了自然对人类情感世界的诱发与启迪，以及一定程度上的决定作用，如晴空万里、细雨濛濛、金秋红叶、大雪纷飞等，都会在人与自然互动中，对人的情感形成极大影响。

许兴宝先生在上书中介绍说，人与自然互动所形成的“江南烟雨、柳溪归牧、寒江独钓、风雨归舟、秋夜暝泊、雪江卖鱼、云关雪栈、春江帆饱等，一幅幅墨足笔酣图景”，无一不是自然景色触发人类情感的真实写照，正所谓触景而生情、情生而抒之，景尽而意无尽，意尽而情无尽。还有李之仪的“我住长江头，君住长江尾。日日思君不见君，共饮长江水。此水几时休，此恨何时已。只愿君心似我心，不负相思意”，将我心与君心的相思情感，“铁证般地注入经久不息的长江水流之中，成为千古难得的古乐府俊语。”

在这些水意象中，“微到杯水、点水，阔到沧海汪洋，细到涓涓细流，大到长江大河、三峡瞿塘，缓至于池塘小溪，猛到洪水浪涛、千堆雪湖”；还有主体形态的，诸如“小霰、雾气、细雨、飞瀑、岩泉、滂沱大雨，飞

① 许兴宝：《文化视域中的宋词意象》，中国青年出版社 2002 年第 1 版，第 141 页。

雪以垂直线型流动，或以点状直行下地，雾气则以弥漫状态呈现”，这些原本极为自然的现象，也无不在诗人的笔下流淌出人类的情感。

我常常想，假如没有自然的启迪或人对自然的感悟，我们的思想、情感乃至语言，会是何等苍白；我们的生活，又会缺少多少美好的体验；我们的人生，又会是怎样的贫乏。好在这一切都只是假如，因为我们就生活在自然之中，我们始终在向自然学习，越来越多的人正在放弃奢华而返朴归真。或许有一天，“人本自然”会成为全人类的共识、自觉和生活方式。

其三，从思想和观念层面看，从易经到诸子百家，从自然科学到社会科学，乃至现代科学技术，其基础理论和基本观点，无不来源于对自然法则和规律的认识与运用。其中，以《老子》的“自然无为”比较典型，对于我们把握“人本自然”的内涵，很有意义。但需要注意的是，对于老子所说的自然，不能简单地等同于自然界。对此，王弼在《老子注》中认为：“自然者，无称之言，穷极之辞也。”而更多学者则认为即“自然而然”之意。

就这个问题，我看了十几本关于《老子》注释或译解的书，比较一致的看法是，“自然无为”有不为之意，但并非简单地等同于不作为，什么都不想，什么都不做，整天躺在家里等着天上掉馅饼，或者说并不是一种消极主义的主张。张玉良先生在《老子译解》中指出：“自然和无为，互为表里。自然是事物的本质和特征，也是道的本质和特征，是为人处世修身治国追求的目的和效果。‘无为’是达到这一目的效果的方式方法。简言之，自然本性的自然流露且无任何人为造作叫做‘自然’，不违背自然本性（即自然规律或道的规律）而为叫做‘无为’。”应当说，把握这一点是很重要的，其意义在于“人以自然为本”，以及究竟应当怎样理解“无为”。

因此，我们就必须搞清楚下一个问题：《老子》所说的“无为”，究竟是指谁应当“无为”，是主体的“无为”，还是客体的“无为”；如果是指主体的“无为”，那么这个主体是谁，在什么事物上应当“无为”；如果是指客体的“无为”，那么这个客体又是谁。假如《老子》说“无为”的主体是为政者，即“无为而治”，似乎也不尽然。为政者的基本职责是管理一个国家或一个地区，哪怕最低限度的管理，也是有为的。如果为政者什么都不做，老百姓就必然有为了吗？国家就会必然而治了吗？那这个统治集团还有存在的必要吗？如果必须存在，那就只剩下吃喝玩乐了，这样就什么也不用“为”了。反过来也一样，官有为，老百姓就必然“无为”吗？假如《老子》“无为”的主体是老百姓，那就更无法理解了。老百姓都“无为”了，什么也不做了，那大家早都饿死了，更不要说什么物质文明和精神文明了。这显然不是《老子》“自然无为”的本意。我以为，对于为政者来说，最接近“无为”本意的，应当是顺民意、应民需、循规律、自然而为。《老子》反对的是无视民意和规律的任意而为或强制而为。

所以我认为，“无为”的本质是“自为”。即如《老子》所说的：自化、自正、自富、自朴。这个“自为”里面当然也包括为政者。大家都“自为”了，客观上也就都“为他”了。对于为政者来说，也就相当于“无为而治”了。如果说“自然无为”是对“道”的效法，那么“万物自化”就是“皆自为”。因而“自为”的前提就是“人本自然”，就必然要反对外部强力干预和压迫下的“有为”，如“拔苗助长”等。

也就是说，“有为”也好，“无为”也罢，都不过是某种过程的一种价值取向。“有为”是有目的的，是追求效果的，“无为”也是有目的的，也是追求效果的。二者的区别，从思想境界看是“有”或“无”，从社会意义上说则在于“自”和“他”，即人与自然的关系、为政者与老百姓的关系，乃至人与人的关系。那么在处理这些关系中，是出于自身本然而“自为”，或任因自然而“他为”；还是不顾客观规律和自然法则，凭借外力逞强斗胜而“他为”，则是“人本自然”的基本问题。前者可以理解为“无为而治”或“道法自然”，而后者则是《老子》所反对的“我有为”。因为无论是“有为”还是“无为”，都不是单一而孤立的，也不是绝对的。他们首先是在一定时空条件下的主客体关系。在现实中，如果离开了主客体之间的相互联系和相互作用，或完全不讲对立面的客观存在和“自运动”规律，那就根本无法讲清楚为谁“有为”，为谁“无为”，谁应该“无为”，又为什么要“无为”。所以，还是要从“自”和“他”的关系上，来理解和把握“无为”的本质。

如果从管理学意义上说，“自然无为”也有一些价值值得我们关注。比如从“自”和“他”的关系上说，管理者应当具有“自无为”而“兴他为”的素质和境界，给属下和员工以充分的创造性工作空间，无论是在思想观念上，还是在运作措施上，都要留有空间，以便充分调动员工的自觉性、积极性和主动性，创造地开展工作。事实上，在总体目标、推进思路和发展战略确定的基础上，管理者越“无为”，即少干预、不强求、任自然，属下和员工就会越“自为”越有为。管理心理学曾做过一个“自创律”测试，在“心理孤岛”（即确认不会有任何帮助出现的设定）条件下，有接近 80% 的被试者，能独自解决测试给出的问题；在没有设定“心理孤岛”条件下，只有不到 20% 的被试者，能独自解决测试给出的问题。这表明，一个团队在没有外在干预，或不依赖领导的情况下，反而会具有更大的创造力，工作会做得更出色。

我自己在管理工作中也有两个体会，一是“不定义”。就是在总体目标、发展思路和战略都明确的情况下，对一项工作或一个项目具体怎么做，我从不做任何定义，更不会做出硬性规定。我的责任就是从不同角度或在不同阶段，集中一下大家的创意或做法，给大家讲一些启发性意见。具体怎么做，都留给各部门和职工自己去思考、去创造。这不仅极大地调动了大家的创造性，而且各种创意和方法，都取得了很好的效果和效益。更为重要的是，青年职工成长很快，进单位没几年就可以独挡一面了。我的体会是，做任何一件事，并非只有一个办法或一个思路；解决任何一个问题，途径并非一个，也并非只有领导的脑袋好使，或只有领导说的正确。如果排除权力因素，领导的唯一优势，不过是掌握的信息多一些，对全局或大局比较了解，能够调动的资源比较多，并由此提出一些职工暂时无法提出的思路。但这并不代表你在处理和解决任何问题上，都是有优势的，也不代表你做什么都是优秀的。西方管理学研究机构在 20 世纪 80 年代曾做过一个测试，让一些总裁或总经理在隐去身份的条件下，去其他同类企业当部门经理，结果他们的考核业绩，没有一个高于原任部门经理。所以说，作为管理者，少一点“他为”，让属下多一点“自为”，或许对工作更有效。

二是“无边界”。任何一个单位都有部门，部门的职能设定都有边界，财务部门不能管人事部门的事，工业部门不能管农业部门的事，这是管理的常识。但在实际工作中，很多事又往往超越了部门职能的边界，仅靠一个部门便无法完成任务。对此通常的做法是，成立跨部门、综合性领导小组，进行统筹协调。应当说，在全局的层面上、在一定时期内这是必要而有效的。但就一个具体单位而言，它的弊端也是显而易见的。

我在管理工作中也常遇到这样的问题，有些甚至很难协调。就算你以领导的身份压下去做，其效果也不会太好，因为这不是他们自愿的。部门之间相互推诿扯皮或打“太极拳”的水平，总是高于领导的强制力。后来我提出了一个理念，“部门有边界，工作无边界”。对于关涉多部门的工作，放手让大家自由组合、自主协调、自为解决。尤其是事关利益分配的事，管理者更是不参与、不受益、不干预。这样走下来，我发现原本由领导主持的多部门协调会大幅减少了，更多的是有关部门坐在一起，大家协商解决；原本非常难协调的部门利益分配问题，也没有人找领导了。有趣的是，原来无论领导怎样协调和力求公平，总是会有人闹意见，现在由部门自己协调解决，各方反而都没有意见了；原本协调起来效率很低的事情，由部门之间自己协调处理，效率反而大大提高。当然，这不过是我在一个小单位的个人体会，不见得有普遍意义，就算是对“自无为”的一个脚注吧。

再如，从“自”和“他”的关系上说，“自然无为”的思想，还有助于增强管理者对特殊性、差异性和多样性的理解与包容。大家都知道，任何一个单位或组织都是一个整体；任何一项工作或项目，都是一个系统。而管理者的主观偏好，大都是整齐划一，较多地强调整体性和系统性。这原本无所谓对错，谁当管理者都会如此。但问题是，这种主观偏好在实际工作中，很容易导致“一刀切”“齐步走”，忽视客观存在的特殊性和差异性，从而使单位和组织失去凝聚和创造的包容性。

科学已经证明，自然界是一种多样性存在，也是最具包容性的。自然中所有的动物、植物和微生物，都有自己的独特生存方式、发展方式和价值所在。它们因差异而存在，却从不排斥其他存在。森林不因小草而自大，小草不因大树而自卑；四时不因变化而自乱，雨露不因付出而自酬；江河不因下流而求高，百花不因竞艳而求强；潮汐不因异域而失信，季风不因阻碍而失向。全球的雪花都是六角型的，但你却找不到两片一样的雪花，每片雪花都有自己的独特性，这与人类是多么相似啊。这表明，只有多样，才有求同；只有差异，才有价值；亦或说，意义取决于多样，价值存在于差异。

那么，既然是多样性存在，就必然有多样性需求；有多样性需求，就会有多样性选择；有多样性选择，就会有多样性实践（行为）；有多样性实践，就会形成多样性结果。因而，特殊性和差异性既是“自为”的前提，也是“自为”的必然。事实上，无论是自然界还是人类社会，正是这种多样性和差异性所导致的矛盾运动，才会充满生机与活力，并构成了事物的整体性、系统性和协同性，实现自然万物乃至人类社会的均衡发展。

古人云："求大同，存小异。"求，是一种主观愿望，是一种价值追求；存，则是一种客观存在。你不正视"存"的多样性和差异性，就不可能求到真正的同。多样性和差异性是统一性、整体性和系统性的基础和条件，而统一性、整体性和系统性就存在于多样性和差异性之中。因此，作为管理者应具有极强的包容性，尊重差异和个性，鼓励多样追求，构建以"自为"为核心的多样性文化，引导员工在共同的目标下，自我约束、自我管理、自我发展、自我完善；支持员工按照个性化原则，创造性地履行职责、推进工作；激励员工按照"自为"原则，差异而多样地成长发展。尤其是在用人上，更应当注意多样性和差异性。当官并非唯一上升之路，多样性的"大工匠"和一技之能，同样是人生的价值和意义，而这恰恰是一个团队的创造力所在。如果一个管理团队都是由相同性格、相同专业和相同智能的人组成，那么这个管理团队注定是平庸的。

还有，从"自"和"他"的关系上说，"自然无为"的思想还有助于我们降浮去躁、反观内省，不断优化价值追求，提升生命质量。

大家都知道，人是一种意义性存在和价值实体，无论身处什么时代、什么社会、什么环境，无论是古人、今人亦或外国人，也无论是官员或富人，还是百姓或穷人，更无论是所谓"高贵的人"，还是所谓"卑贱的人"，都会毫无例外地利用自然生命去追求和创造社会生命的价值和意义。这是人的生存方式，也是自然生命的根本目的。人的自然生命过程，就是不断追求价值和意义的过程。也就是说，人的意义性，是生命存续的本能追求；人的价值性，既是目的物对人的影响力和塑造力，也是人对目的物的认同和依赖。纵观人类发展史，正是这种连续不断的追求与创造，不仅形成了个体生命的存续模式，也在客观上创造了人类的物质文明和精神文明。从这个意义上说，大到一个国家、一个社会，小到一个单位、一个家庭，本质上都是一个意义和价值平台。人们在这个平台上所做的一切，无论在客观上多么千差万别，主观上都是为了人生意义和价值的实现。其中，无论是成功还是失败，无论是奉献还是获取，无论是幸福还是痛苦，都不会阻止人类对生命意义和价值的追寻。过去如此，今天如此，将来也会如此。

但问题的关键在于：人类对意义和价值的追求，是有条件、有原则并且要符合客观规律的。而不是随心所欲，想怎么样就怎么样的；更不可肆意妄为，违法乱纪，恃强凌弱。这些条件，既包括客观因素所构成的机遇或制约，也包括自身素质和条件的状况；这些原则，既包括法规政策的限制或支持，也包括道德和公理的褒或贬；这些客观规律，既包括自然规律和某事物的特殊规律，也包括时与势的顺或逆。

由于这些条件和规律的存在与制约，就使得每个人的价值追求和实现，变得千差万别，其难易程度、过程长短、利弊得失等，更是复杂而多样。这就要求我们应在“自然无为”的状态下，反观内省，先把自己的追求与自身素质和外部条件搞清楚，因然自为，顺时而动，乘势而上。或者说，当你的追求具备了相应条件，你就应当按照相应的规律和原则去争取、去拼搏；如果你此时还不具备某些条件，你就应当按照相应的规律和原则，去争取条件、创造条件，或等待机会，而不可恃强而为或铤而走险，更不能天天想着一夜暴富。因为如此而为，不仅无法实现你的追求，反而会自取其辱或遗恨终身。即使你勉强得到了本不属于你的财富，无论你有多少理由，最终都会失去。反之，如果能顺势而为、“自然无为”，则会得之不喜，失之不悔，无所谓成，也无所谓败。因为人生的真正意义和价值，原本就在追求的过程中，而不是结果，更不是财富的多寡或官位的高低。

其实人生百年，看似要求的很多，而真正需要的却很少，几千万放在那里，不过是一个数字；我们一生所能看到和认识的东西，是极其有限的；我们所能真正把握的东西和条件，更是少得可怜；有些事情想像中是那么的诱人美妙，但一旦做起来，又如同狂风中的一片落叶，是那么的无奈。这一切都是自然规律、社会规律和人生规律所决定的，也是不以人的主观意志为转移的。

大自然中，一切事物有因必有果，有果必有因。过去是现在的原因，未来是现在的结果；付出是获取的原因，收获是付出的结果；奢求是痛苦的原因，痛苦是奢求的结果，等等。面对这一切，无论是苦果还是甜果，如果我们能更多地从自己身上找原因，那你就会比别人活得更幸福、更智慧、更有意义。很多哲人都说过：反思是“无为”和“自为”的必修课，也是“人本自然”的重要途径。

二、人性本欲

如上所述，人既然是源于自然而又归于自然，又要“以自然为本”“道法自然”，那么人性本身又是怎样的呢？搞清楚这个问题，也就懂得了人为什么要以自然为本。

先看儒家的说法，那就是“人之初，性本善”。因而人具有仁义礼智信的可能，并由此提出了一系列教化民众的理念，以及道德修养观点。而法家则与之相反，认为“性本恶”，人性是靠不住的，因而必须严刑酷法、以治天下。荀子虽为儒家代表人物，但在这点上却与法家相同，也认为“人性本恶”。这两种观点相互争论了两千多年，至今依然互不认同。

其实静下心来想一想，这两种观点都有问题。因为无论是“善”是“恶”，都是一种道德评价，而道德评价只适用于社会化了的人。对于一个“人之初”的婴儿，尚处在自然人的状态，无知无识，根本就不存在道德问题，也就无所谓什么善或恶了。比如一个成年人随地大小便，被认为是不道德的，可又有谁认为婴儿随意而便是不道德的呢？一个成年人故意伤人，是一种违法犯罪行为，要负法律责任，可又有谁认为一个顽皮孩子的行为必须负法律责任呢？也许有人会说，儒家的“人之初”并非指婴儿或儿童，而是指人的本性，包括人的一生。假如真是这样理解，那就不应该是“性本善”，而是“后本善”了。这里面的关键是个“本”字。

因此，对于人的善与恶，只能在他的社会行为中来评价，脱离了相应的社会关系和社会背景，也就无所谓善恶了。也就是说，人的善与恶并不是先天的、与生俱来的，而是后天逐步形成的。有谁能说一个杀人犯在婴儿时就会如此呢？假如善恶真的是与生俱来的，那不成了“老子英雄儿好汉，老子反动儿混蛋”的血统论了吗？皇帝的儿子永远是皇帝，杀人犯的儿子永远是杀人犯，皆性本如此，这显然是说不通的。养育过孩子的人都知道，孩子在成长中总会有一段“叛逆期”。其实，这“叛逆”不过是人对自身本性的追问，它的本质并不是破坏，而是一种试错和求证，以确定自我在社会关系及相关责任体系中的位置。这显然也不属于性本善或性本恶的问题。更何况，对于人的善恶也不能绝对化，“性本善”，就一辈子善，“性本恶”就一辈子恶。因为人生是个过程，而这个过程是充满变化的。

再来看道家的说法，那就是自然本性，或者说性本自然。那自然本性又是指什么呢？老子的说法最为典型：如婴儿般自然纯真，无知无欲。人的这种本性得自于“道”的本性，表现为不为、不争、不占、不强，并具有知足、知度、知止的品性。如果我们暂时抛开人的社会属性，单纯从人的自然属性来看，老子的观点在诸子百家中，是比较接近人的本然，即自然人的自然本性。

但从方法论的角度说，这里面也有问题：一是老子没有明确“自然本性”是“人之初”还是“人之成”。这显然不能与儒家和法家说法放在同一范畴中来比较，所以道家一般不参与善恶之争。从《老子》一书的整体论述来看，这虽然不排除“自然本性”所包涵的“性本自然”意义，但落到实处还是指人性的归依，是一种后天的修为，而非先天的本然。

二是老子把“自然本性”归于“道”的本性，即“道”的品性及规律，这虽然符合“人本自然”的辩证逻辑，但似乎又忽略了社会化对人性的影响与塑造，又回到了先天本然的层面，与上边所说的构成了逻辑上的矛盾。

三是老子说自然本性如婴儿般“无知”自是事实，但“无欲”则不通。人一生下来，就要吃要喝，食也是欲，婴儿也不例外。人生而有欲，只要活着，任何人一生都无法做到彻底的无欲无私，哪怕是苦修的佛家，也要吃饭喝水。与我们所不同的，只是他们把欲望和为私降到了最低限度，显示出人生的大境界。正因为如此，古今中外那么多修行的人，而真正“得道成佛”的又有几人。即使如孔孟这般圣人，恐怕也不能说彻底无欲了。

那么易经对此是什么主张呢？我们看到，易经虽无明确的文字表述，但从“趋利避害”的价值取向上说，它的逻辑前提是人生而有欲，有欲必有利，因而人的行为是有吉凶悔咎的。因为欲和利都是个体的一种需要，当这种需要与某种社会因素相结合时，或构成某种社会关系时，这种需要就表现为一种利益关系。从这个意义上说，人之初性本欲是比较符合实际的，也符合人的自然本性。人从生下来吃的第一口奶水，到死亡前的最后一刻挣扎，又有谁能说这一生是无欲无私呢？所以，人的欲望是自然地、与生俱来的。人性之欲本身无所谓善恶，只是存在或善或恶的可能性，而这种可能性主要与后天的环境密切相关。也就是说，欲是“中性”的，人皆有之，乃人之初的本性。当然这是从普遍意义上说的，并不否认人类有无私奉献的人或事，这应当是另一个范畴的话题了。

如果从人的社会属性来说，那我们既不能从“人之初”的角度简单下结论，因为人是要成长变化的；也不能从纯自然的角度下结论，因为人终究要从自然人变成社会人；更不能从人生某个阶段或某个事件下结论，因为人生是一个大过程。这就需要从意义性存在和价值性实体的角度，来进一步探寻人的本性。

首先，人的需要就是人的本性。从本初的意义说，人利用自然生命去认识和改造世界，去构建各种社会关系，其起点或者在主观动机上，是自利的，也是从自我需求开始的。在这些自利的需要里面，既有生存方面的需要，也有发展方面的需要；既有意义性需要，也有价值性需要，是一个要素和结构都十分复杂的系统。从过程来看，这些个体的需要也大体上经历了一个从简单到复杂、又从复杂到简单，从低级到高级、又从高级到低级的演进。与动物不同的是，人的这些自利的需要，不仅仅是动物性生存，或者说不仅仅是为了活下来和繁衍后代，更多的是为了社会性生存和发展，诸如尊严、自立、自由、平等、成功、成就、成才等，以及相应的权利与义务；也不仅仅是多样的、分层的、个性的，而且是动态的、变化的、发展的，并且是无法绝对满足的。正因为如此，人的一生才会不断地追求自身的价值和意义。

更为重要的是，人的这些自利需要，都不可能只停留在主观渴望与设计上，而是必然要付诸行动，要实实在在去追求、去获取，以便最大化地满足个体生存和发展的需要。当个体的这些自利需求付诸行动时，就必然与某个组织（企业）和某些人，在一定时空和社会条件下，构成个人与组织（企业）、我与他的利益关系。也正是在这种条件下，个体的自利行为才具有了客观上的利他性。也就是说，人的需要是一种功能性依赖，只要人活着，这些需要就会存在并不断变化、提升。因此，用于不断满足这些需要的条件也必须是可持续的。而要保证这种满足的可持续性，每个人就不可能是绝对自利的，也不能是随心所欲的，无论是主观的自觉，还是客观的为了，人的自利过程同时也必须是利他的。因为在一定社会关系中，利他是自利的需要。人要实现自利，就必须依靠相应的自然资源、社会资源和社会渠道，而这些资源和渠道的获得，并不像原始人摘野果子、打野猪那样简单，这不仅需要工具、技术、资金等条件，更需要与他人的合作，一个人单枪匹马去获取利益，其安全性和可持续性很难保障。就这样，人类在进化的实践中，逐步懂得了组织起来，或加入某个团体，是获取自身利益的最佳渠道。所以，墨子曰："义，利也。"义就是利他、就是他人的利，多数人的利。于是，那些拥有共同利益和价值追求的人结成群，并逐步发展成为相应的阶级、阶层和利益集团，成为相应群体获取利益的社会形态。

那么何谓利益，一般来说，利益就是主体对客体的价值肯定，它所反映的是某种客体对主体需要的满足。因此，利益在本质上是一种价值关系。比如阶级是什么？阶级就是一种利益集团；阶层是什么？阶层就是社会利益结构的组成部分，等等。

从这个意义上说，利益关系是人类社会最基本的关系；正确处理好利益关系，也同样是人类社会最基本的原则，即利益原则。或者说，尽管人类社会存在着各种关系，但根本的是利益关系，亦或是作为某种利益格局表现出来、并成为构成和维系各种社会关系的要素和纽带。这正如恩格斯所指出的："能够使一个阶级、一个民族、乃至广大群众行动起来的动力，能够引起伟大历史变迁的动因或动力不是别的，正是他们的经济利益。"所以说，人既是自然人，也是社会人，更是经济人；既是价值主体，也是意义主体，更是利益主体。利者，民之本也。有利则活，有富则安。

其次，既然自利要以利他为条件，就必然是一个与他人、与团体、与社会的互动过程，也就必然要生发出一系列利益关系和利益问题。这些关系如果处理不好，小则矛盾频发、扯破脸皮，大则大打出手，狼烟四起，到头来大家都无法实现自利的目的。因为每个人都不可能离开相应的利益而生存发展，因而每个人也就必然地处于某种利益关系之中，并与之形成既相互依存、又相互对立的矛盾状况。人们想要获取并保证自己的利益，就必须同时满足或保护他人的利益。如果他人的利益长期受损或丧失，也必然会损害自己的利益。

正是在这种自利与利他的矛盾运动中，相应的思想观念和价值准则也就随之形成，而这些观念和准则又反过来引导人们的利益追求。当某种利益追求被不断满足时，其相应的思想观念和价值准则也就被不断强化了。因此，人们的思想行为和社会活动，都可从相应的利益关系中找到根源。

同样的道理，每个社会也都不可能离开利益的驱动而发展，因而每个社会也都必然是各种利益关系的综合体。各种利益关系同处一个社会之中，既相互依存，又相互对立。这就需要社会管理者进行有效的规范与协调，在保证其根本利益的前提下，平衡统筹各种利益关系，尤其是保障弱势群体的合法权益。因此，利益原则也同样是人类社会活动的基本原则。从这个意义上说，由欲而利既是本初的，又是社会的；既是一种客观存在，也是推动经济社会发展和文明进步的原动力。于是，古今中外就不断有人探索研究想办法，如何来规范和协调日益复杂多样的利益关系。

从整体上看，咱们的祖先主要从两条线上来探索和解决这个问题的。

一条线是建立以“礼”为核心的等级制度，来规范和协调各种利益关系。这种等级从大的方面说，有君与臣的等级关系，君王自然是最高等级了，因为普天之下的资源和臣民都属于他的，在利益分配上他自然要拿大头了。作臣子的利益要靠君王的恩赐，给你块地，你就是诸侯了，不给你，那就只能拿工资了，但依然是利益的主要受益者。至于民，尽管历史上也有“以民为本”“民为重、君为轻”等一系列理念，但在等级制度下的利益分配上，是很难落到实处的。老百姓不仅要自力自为，还得把所获利益的大头交上去，供养君王和日益庞大的官僚集团，而且无论丰年灾年，必须照交不误。接下来便是庞大而复杂的官僚等级，从万人之上的“相”，到遍及全国的衙吏，每一个等级、每一个职务、每一个岗位，都有相应的利益分配规范。此外，因为是官吏，自然会有些“外快”，受贿也好，敲榨也罢，总之都出在老百姓身上。

从中观层面上说，社会等级也是森严的。士农工商各有各的利益关系，各有各的利益规则，也是不能乱来的。说白了，社会等级结构，也就是一种利益结构。这里面士的地位是最高的，因为他们是官的后备队。虽然是十年寒窗苦，却也有望一朝人上人。一旦当上了官，何愁无利可图。说到底，还是个官本位或官本利。这些读书人士是不参加劳动的，也不创造什么价值，却经常聚在一起畅饮、吟诗作赋、歌妓相伴。我时常在想，他们的钱从哪来？那些公子哥自是有家里供给，有拼爹的本钱。可那些寒士呢？外无当日薪，家无隔夜粮，穷的身无分文，但还是什么也不做，就是在家读书，有的甚至从十几岁读到五、六十岁。这期间，他们并不想搞出点什么学术成果，或者什么发明创造，他们的目的就是作官。可见每个士尤其是寒士的背后，又有着怎样的利益关系。

至于说农，虽然排在第二位，朝廷又有重农抑商的制度安排，好像地位很高，但实则是最低层，贡献最大，收益最少。在整个利益格局中，受到来自官僚集团和商人集团两个方面的盘剥，还得加上自然灾害，更是无力抗争。所以说所谓的重农，不过是统治集团的需要，目的就是增加税收。还是个利益关系问题。说到古代的商，应该是个最具特色的群体。表面上看排在最后，地位最低，有的朝代还规定商人不能当官，为士人所不耻，但实则是社会利益关系中的受益者。上可就官，下可对民，穿梭于各种社会利益群体之间，混迹于三教九流之中，大把大把的银子就塞进了腰包。有的甚至是官商一体了，官就是商，商就是官。钱国旗先生在《〈战国策〉评价》指出："到战国末期，大商巨富的势力已经发展到可以交通王侯、左右政治的程度，不少富商大贾转而从事政治投机，跻身政坛要职。"[①]如吕不韦等人。所以我对"重农抑商"这一说法的"实在性"，一直心存疑问。

从微观层面上说，以伦理为核心的家族等级秩序，也是相当严格的。这种家族等级，表面上看是一种血缘关系或伦理秩序，但本质上也是一种利益关系。比如一族要有族长、一家要有家长，他们的主要职责就是管理和协调利益分配。每年各家各房要创造并上交多少利益，每月每家每房能得到多少利益分配，都要由大家长说了算。这里面，我们不要过分看重血缘和伦理的作用，否则很多问题就无法解释。比如为了争夺大家长的财产继承权，兄弟大打出手，或雇凶杀人，或对薄公堂；甚至为了一套房子、几亩土地，年迈的母亲、未成年的孩子由谁赡养等等，都足以使兄弟反目、至亲相仇。即使在现代社会，这类事也时常见诸于媒体。我在人民公社工作的时候，曾调节过农村分家的事。本来都说好了，也都签了契约，但那个侄子临走时，看到院里有把未列入分家财产的锄头，就想顺手拿走，但他叔叔硬是不肯，结果叔侄打得头破血流。这也许是个案，但其背后暗藏的则是利益原则高于血缘关系和伦理秩序，也是不争的事实。这还是家族家庭的事，如果是皇帝之位，就更是血雨腥风了。表面上看争的是一把雕龙座椅，但实则争的是利益支配权。

---

① 魏良弢主编：《史著英华》，中国青年出版社 2000 年第 1 版，第 168 页。

需要说明的是，在今天看来，上述所说的无论多么不公或丑恶，但相对于原始社会的无序分配、恃强掠夺、杀人夺食等，亦或奴隶社会对人身的占有、压榨和买卖，以“礼”为核心的等级制度对于利益关系的确立，以及对利益分配的协调而言，无疑是进步的，也是我们祖先的一大创造。即使在追求自由、民主、公平、正义的今天，等级内涵下的利益关系也是存在的。一个公司的董事长、总经理一定比普通员工收入高。西方社会也是一样，高层大佬肯定比出租车司机收入高。也就是说，我们必须把这一切放在当时生产力水平和生产关系的历史条件下来看待，放在当时的利益格局和财富占有方式中来认识，既要看到它的弊端，也不能以今天的理念和观点去否定历史。

另一条线，就是创造了很多学说，如诸子百家等，核心就是教化或劝诫人们节制欲望，正确对待利益问题。比如儒家一方面主张“仁政”，劝导王公贵族不要与民争利，不要太过分；另一方面，也教化民众在利益面前要克制人心，修养道心。就是要有恻隐心、羞恶心、辞让心、是非心，大家都心平气和地按照贵贱等级、长幼次序分得自己该得的一份，这样就不会出乱子了。核心还是个“礼”字。当然，儒家在对待利益问题上也有不同主张，孟子是坚决反对功利的，而荀子是主张功利的，但他们的基本观点是相同的，那就是君子耻于利。

道家在利益问题上，就显得比较潇洒了，自然无为，清净自足。像杨朱创建的“为我”学说，就主张“全生保真，不以物累形”。这里的“生”，就是生命；这里的“真”，就是自然；这里的“物”，就是利益；这里的“形”，就是身体或人生。他认为天下虽大，万物虽丰，但那都是外物，都不是自己的。而一根发毛虽小，又不值毫厘，却是自己的。何必为了外物而损坏自己的身体呢！而老子在利益问题上，其视野就比杨朱大多了。他主张人要见素抱朴，少私寡欲，不尚贤，使民不争；不贵难得之货，使民不盗；不见可欲，使民心不乱。从而实现“甘其食，美其服，安其居，乐其俗，邻国相望，鸡犬之声相闻，民至老死不相往来”的理想社会。

墨家是重视功利的，主张国家和人民利在富庶，凡是能使国家和工民富庶起来的，都是有用的、有价值的，否则都是有害无益的。同时也强调，天下之大害在于争利。因而劝诫人们不仅利己，而且利他。要节制欲望，认为“俭节则昌，淫佚则亡”。要视人如己，相互帮助，扶助弱者，就是要“兼爱”。法家则认为人性本恶，损人利己为人性所固有。对于利益问题，根本的办法是以法律加以规范、约束和遏制，有功则赏，有罪必罚。而阴阳家创立的“五德终始”说，则把人与利益导入了相生相克、利弊得失和盛衰循环的认知系统。由于相生，必有一得；由于相克，必有一失；五行相循，得失互位，都是不能长久的。在利益问题上，佛家的态度和立场是最彻底的，认为一切有形的、物质的“色”，包括我们的身体和一切利益形态，都是虚妄的、暂时的，最终都是要“空掉”的。既然如此，大家还有什么可求可争的。

总而言之，无论是诸子百家也好，还是后来的千家万家也罢，无论是教化劝诫，还是绳之以法，说到底，都是以规范和协调利益关系为目的，都是要人们不要太自私，不要去争名夺利，做人要谦让、要高尚。这是他们那个时代创建学说所必须回答的基本问题，也同样是我们正确理解和把握诸子百家学说的基本问题。如果离开了利益关系去说《论语》、解《老子》，去讲佛法、释《春秋》，也就等于抽掉了它们的基础，便无法真正取其精华、古为今用了。

如果把这两条线归结到一个人身上，就会生发出许多现实而具体的利益问题。比如权利与成本。权利是相对于一定利益格局条件下的地位、作用和利益而言的，而成本是为了获取这种地位、作用和利益所必须支付的。

对于今天的人来说，权利意识比以往任何一个历史时期都强。他在你的公司工作，知道一个公司就是一个利益格局，他不想打破也无力打破即定的利益格局，但希望你也应该懂得，他的利益获取不仅仅是劳动所得，也是一种权利；公司里晋升、提薪、进修、项目等机会，固然有等级和条件的差别，但也希望你不要把机会的获得，仅仅看作是等级、素质的差异，同时也是社会公正的体现；你可以不给他机会或不给他提高收入，但你不能损害他的尊严。所以，对个人利益的损害，不仅仅是经济上的损失，更是对个人权利的侵犯。

这些观念现在已经人人皆知了。但比较多的人却忽视了问题的另一方面，即权利的获得或行使是需要成本的。

比如人们经常说的“青年发展权益”。虽然不同时代的青年在其发展上有不同的内容和形式，但从本质上说，青年的发展主要是成长和成才。成长主要是就身心健康而言的，成才主要是就社会地位和作用而言的。但无论是成长还是成才，都是需要成本的。

作为一名青年，“发展权益”是你原本就有的，但若行使它，你就必须为此付出相应的成本，或多或少，人皆如此。因为成长成才的过程，既是一个青年价值实现的过程，也是一个涉及多方面的消费过程。在这个动态的、充满利益博弈的过程中，成长决定需求，该什么时候上学了，就得什么时候上学；该什么时候就业，就得什么时候就业。需求决定成本，你上什么样的学校就得花什么钱，上本科有本科的成本，读博士生有读博士生的成本；到北京、上海工作，有北京、上海的成本，到青海、宁夏去工作，有青海、宁夏的成本。成本决定选择，就是有多少钱办多少事，有多大实力办多大事。因为成本是个“硬实力”，真金白银，该什么时候支付就得什么时候支付。

但问题在于，对于“未定型”的青年来说，绝大多数是非支付主体，但回报和预期却往往是不确定的。也就是说，成长和发展所产生的消费，与商品消费是不同的，他不是即时兑现，而是延时的，或者说能不能兑现，或在多大程度上兑现，都有不确定性。这无疑对青年发展成本带来风险，并造成价值取向上的困惑与迷茫。对于富裕家庭来说，这也许不算什么，但对于一般家庭来说，则往往会引发一系列社会问题。

大量实证研究表明，与我们这代人年轻时相比，当代青年的选择空间大了，但发展成本也随之走高。你想要的多了，水平和质量也高了，那你需要支付的成本也必然大了。如大家所熟悉的“学贷”“房贷”“车贷”“裸贷”，以及出国、进修、结婚生子等，这些累进的发展成本，无论如何都不是刚刚工作的青年所能支付的，更何况那些大学毕业后依然在“北漂”“南漂”的青年，出路只有两个，要么负债，要么啃老。

更为重要的是，这种权利与成本的矛盾，在客观上极大地强化了青年对利益的价值取向，催生了“好好学习——拼命赚钱——享受生活”的价值链。因为只有好好学习，才能考上好大学；只有考上好大学，才能找到好工作；只有找到好工作，才能赚大钱；只有赚上钱，才能享受生活。无数个家长为此而“疯狂”，倾其所有、竭尽所能，就是为了让孩子上个好学校，找份好工作，买处好房子。也许家长们的内心并不想这样做，但他们无法抗拒现实社会价值取向的“规定性”。又有多少青少年为成长所支付的成本，不仅是金钱，还有青春应有的纯洁与美好。他们也许拥有体面的工作并占有财富，但他们会变得浮躁不安；他们也许拥有成功的光环和远高于父辈的物质享受，但他们并不幸福。因为他们所得到的，与“青年发展权”的本质并不一致。

其三，我们说人生而有欲，有欲便争利，但人在价值认同和利益取向上，却不是与生俱来的，也不是大家都一样的，更不是一成不变的。因此，利益和利益关系不仅需要引导，也需要协调。这其中，不仅需要思想引导、政策协调和法律约束，更需要文化的力量。因为所有利益问题的根源都在于人的欲望，而人性本欲，欲即“自然”。所以从根本上说，只有文化的力量才能使人的欲望归于“自然”，安于“自然”，并节制超出“自然”的欲望。虽然文化不能解决具体的利益纷争，但有了这个“自然”基础，利益问题也就好引导、好协调了。

对此，我们以企业为例作一个具体分析，因为企业是最典型的利益结合体。事实已经证明，任何一家优秀而强大的企业，一定是有文化的，或以文化为基本支撑的，百年老店的根基在文化。对企业来说，其文化并非单向的、关门的，而是双向的、互动的。对企业，文化更多地是价值与追求，而对消费者而言，企业文化不仅是价值导向，也是生活方式。失去了二者的同一性和互动性，企业便难以做强。应当说，企业发展问题的根子就在这里。因为企业文化的核心是人。

从企业内部看，无论是决策还是管理，往往是就事论事，只见森林，不见树木，重事轻人。也就是对事或问题关注的多，而对做这件事的人或处于某个问题之中的人，以及这些人的利益诉求和价值取向，则关注的少；只重视如何把事情做好、如何把问题解决好，而忽视人在其中的利益所在和价值追求。有人说，企业就是产品的生产厂，只要产品好，就一切都好；有人则认为企业的目标就是利润，只要赚钱就好；有的企业虽然能够重视员工的物质利益，但又把企业与员工的关系，仅仅理解为单一的交换关系，你到我的企业做工，我给你发工资，如此而已。完全忽视了员工作为人的价值与意义，而这种价值和意义恰恰是人的根本利益。

而优秀的企业家，一定是把企业视为一个社会生命体，或社会利益共同体。这里面既包括企业家的利益，也包括员工的利益；既有消费者的利益，也有国家和社会的利益。所以，企业决策与管理的目的，不仅是为了企业自身发展和利润，也应为了员工的利益；企业利润的最大化，不仅是股东利益的最大化，也应包括员工利益的最大化；企业的发展，不仅是规模和强大，也应包括员工的价值实现。因为他们懂得，所谓利益并非仅仅是金钱，或一切可以用金钱交换的物质所得，也包括人的价值需求和精神追求。对于利益主体而言，人们不仅需要生存和发展的物质条件，也需要人的安全、自由和尊严；对于利益客体而言，主体某种需求的满足，不仅仅是劳动所得或付出的回报，也是主体意义和权利的表现。如果一个企业的员工除了靠劳动交换报酬之外，没有其他任何方式和渠道来满足自身的价值和意义，那么这个企业与员工的关系必定是极其脆弱的，这个企业的整体素质也难以提高，或从根本上丧失企业的精神气质和追求，其发展前途也就可想而知了。

就大多数企业而言，是非常重视现实利益的，但对长远利益却普遍重视不够，其中企业文化建设是最容易被忽视的长远利益。在很多企业家看来，文化与利益无关，企业文化无非就是唱唱跳跳、标语板报，搞得好与不好，无关企业利益。其实，无论对企业对员工，文化不仅与现实利益密切相关，而且是一种事关长远的根本利益。因为当员工与企业形成稳定关系时，他们就必然要寻求某种意义和价值的文化诉求，诸如我的利益与企业的共同目标是什么？我的价值与企业发展的共同理念是什么？我的存在对企业的意义是什么？企业成长对我的人生会带来怎样的影响？由此，一定意义上的企业文化也就形成了。

与某些教科书上所说的不同，企业文化并不是人为规定的，也不可能是强制形成的，它只能是企业在与利益关联方的实践中积累而成，或者说主要是企业在与员工和消费者利益互动中的价值选择。这其中，我并不否认企业家自身的倡导和表率作用，但对一种企业文化的构建而言，其作用是有限的，切不可估计过高。因为任何企业都不可能在脱离员工主体的条件下，形成所谓的文化。所以，企业文化只能是企业共同利益的反映，或者说只能是这种共同利益在价值上的升华。

更为重要的是，某种企业文化一经形成，就会以极大的力量反作用于企业的生存和发展，无论是积极作用，还是消极作用；无论是促进作用，还是破坏作用，都会对企业的长远发展产生重大影响。纵观人类历史上那些杰出企业的成长，无一不是把企业文化作为自身的根本利益，而牢牢地抓在手上，并坚持不懈、始终不渝。百年老店、百年企业由此形成，继续着前行的步伐。相反，那些永远也搞不清企业文化与生产力、创造力和凝聚力的关系，而陶醉于金钱万能的企业家，只能是历史长河中的过眼烟云。

我们再从企业与消费者的关系看，企业文化不仅需要消费者的价值认同，而且消费者本身就是构建和优化企业文化的重要力量，亦或说消费者就是企业文化的一部分。任何一种企业文化都不可能是闭门造车的结果，而只能是与消费者互动的升华。没有消费者，便无所谓企业文化了。大家都知道，市场上的任何需求，都是人生存发展的需要，人有什么需要，市场就有什么需求，而有什么需求就会有什么样的产品，从而满足人的需要。但是，人的需要并不直接等于市场需求，这中间有一个转化、升华和创造的过程，而转化、升华和创造主要靠文化。所以，市场需求是可以创造的，而人的需要则不能，它只来源于人的生存和发展本身。在这个过程中，消费者是否购买某种商品，短期看是由性价比决定的，但从长远看，也只能靠企业文化，以及由此形成的品牌依赖、功能依赖乃至心理依赖。

以茶叶消费为例，其决定力量是茶文化，而不是包装和价格。也就是说，企业如能以自身的茶文化来提升现有消费者，培育新的消费者，使茶文化成为他们的生活方式和价值追求，诸如居家茶艺、旅途茶艺和职场茶艺等，在繁忙与休闲中品味人之本然，那又何愁茶叶卖不出去呢？大家都说 90 后不喝茶了，那是因为他们不知道茶文化的妙处。

还有，这些年，我们一直强调服务质量，但这不能仅仅依靠强制性约束，根本的还是一种企业文化，用以协调和维护二者关系的基本原则，还是利益原则。无论你服务态度多好，服务质量多高，天天喊着“上帝”、拜着“上帝”，但消费者并没有在交易中实现自身价值，或利益受到损伤，那也是无用功。因为企业向消费者提供产品，虽然也是服务过程，但根本的还是消费者利益和价值的实现过程，而服务不过是实现双方利益的一种手段，而不是目的。况且服务的本质也是一种价值导向。

从一般意义上说，服务态度和服务质量在很大程度上是由供求关系决定的。像在五六十年代的计划经济时期，买什么都凭票，你根本没有选择余地，能买到就已是谢天谢地了。所以那时的售货员基本都是“大爷”型的，别说笑脸相迎，就是看你一眼，已经是给你面子了。像北京百货大楼的售货员张永贵先生那样的服务质量，恐怕全国也数不上十个。为什么会这样呢？固然有商品短缺的原因，但根本的还是服务过程所产生的利益与他无关，顾客买与不买或买多少，他还是拿那些工资，服务态度怎么会好呢？

如今不同了，各种商品已是相当丰富，消费者的选择空间相当大，售货员每卖出一件商品，都有他的利益在里面，所以他就会追着赶着“大哥，买一件吧”，“大爷，过来看看”。这正如所有高科技产品都是由工艺决定的，工艺是由态度决定的，态度是由利益决定的。而如何对待企业、商家和消费者之间的利益问题，则是由企业文化决定的。因为没有这种文化，既不可能不断提高企业素质，也不可能不断优化商家素质，更不可能不断提升消费水平，最终只能掉入“价格陷阱”。

人性本欲，自然方存。文化的力量是不可忽视的。

三、人生局限

如前所述，人是有欲求利的，人的欲望和对利益的追求是无止境的，只要还活着。但人的一生所识、所得、所成，又是有限的。易经六十四卦已从整体上告诉我们，世界上不存在完满的人生。人生的基本特征之一，就是缺憾，你不可能拥有一切。这其中的道理就在于人的局限性，人不是万能的。所以，我们就要更自觉地以自然为本，用自然规律和法则来认识和对待人生。

人的局限性涉及面很广、也很复杂，我们先从基本层面说，即每个人都有的，那就是人的生理局限和时空局限。

在现实生活中我们不难发现，尽管现代交通工具可以让你一天出现在几个地方，或一个星期出现在几个国家，但你总是一定时空条件下的你，你无法同时出现在两个地方；尽管现代通信技术和信息技术，可以帮助你找到你想要的任何信息，但你必须是一篇一篇地看，一行一行地读，你无法在同一时空条件下掌握所需要的全部信息。尽管你可以凭借现代技术如望远镜之类，看到很多肉眼看不见的东西，却永远看不到你的后背和人的心灵；你可以用橡皮擦去写错的字，却无法抹去你的记忆；尽管你有超人的智慧和非凡的领导力，你可以在同一时空条件下处理几个问题，但你依然不能抗拒四时昼夜的规律，及生命运动的极限，因而也就无法连续不断地工作，以及永生。这就告诉我们，人的一生所能看到的事物、所能听到的声音、所能学到的知识、所能掌握的理论、所能得到的利益、所能把握的机遇、所能创造的业绩等，都是有限的。就大多数人而言，这不是你不努力，也不是你的运气不好，更不能怪所谓的“命”，因为每个人都有自身不可超越的局限性。

我们可以看一下自己或周围的人，除非特殊情况，大家通常都生活在自己的圈子里，或在相应的时空条件下，以自身的价值定位与追求，去接触事物、获取信息和处理问题，并凭借这些信息来权衡自己的利弊得失，指导自己的选择与行为。那么，你所看到、听到和接触到、并用以指导自身行为的信息，都是真实的吗？都是事物的真象吗？或者说你意识到自己的局限了吗？ 这里面至少有两个问题值得进一步分析。

一是“客观真实”与“主观真实”。很多心理学研究机构都做过同样的测试，即把一部记录某个事件真假同构的视频，放给被试者观看，然后请他们评价这个事件中哪些是真的、哪些是假的。其结果是五花八门、差别很大。为什么会这样呢？因为每个人的人生经历、生活经验、价值标准和利益取向是不同的，当他们看到同一事件时，更多的不是从事件本身的状况进行评价，也不是自觉运用相应规律和法则来分析，而是依据已有的经历、经验、标准和取向来进行辨别与评价，符合这些的就可能被认为是真实的，而不符合这些的则可能被认为是假的。这就是“主观真实”。

也许有人会问，难道就没有客观标准了吗？回答是肯定的。客观标准就是客观实在、就是实事求是，一件东西放在那里，它就是它，无论你怎样评价，它还是它；一个事件就是这样发生的，就是这样结束了，它一经发生就成为一种客观实在，无论你怎样评价它，它都是那样的存在。一件东西或一个已经发生的事件，都不会因为某种评价而改变它的“客观真实”，这是毫无疑问的。但问题是，一切客观都是相对于主观而言的，就像一切主观都是相对于客观而言的一样。所有的客观存在，只有被主体所发现、所认识、所利用，才具有社会意义。假如某种客观存在根本与我们无关，比如深山里的一块石头，那也就无所谓什么“主观真实”或“客观真实”了。也就是说，任何一种“客观真实”，都必须经过人的观察、分析和判断，才能把它描述和表达出来。而任何一种观察分析和描述表达，都不可避免地带有主体的意向或偏好，或者说这本身就是一个主观活动的过程。

在这种主体意向或主观活动的背后，则是人的立场、价值准则和利益取向。因而，在这些主观因素作用下的描述和表达，大都无法达到百分之百地“客观真实”。这也是面对同一客体，为什么会有不同或截然相反的看法、主张和思想的原因所在。

这方面最典型的，要算对历史的描述和评价。对于几百年、几千年前的人和事，今天的人谁也没有亲眼看见过，更没有亲身经历过，那我们凭借什么来进行描述和评价呢？无非是历史资料、口述资料和文物。那么这些历史资料又是怎么来的呢，也是人写下来的。

据《左传》记载，早在春秋时期，我国就有两种专职史官，即太史和“瞽史”，而且以“瞽史”传诵为主，以太史记言相辅。也就是说，最早的历史资料是“记言”，如《国语》等。尽管人说的话也不一定都是真实的，但总体说是比较直接和可靠的，不会有太大的剪裁。后来发展到“记事”，就比较复杂了。一件事从头到尾，你看到的是这部分，他看到的是那一方面；你是胜利者，他是失败者；你听我说的，我听他说的；还要考虑皇帝及各方利益集团的看法，这么七拐八搞，被记下来的事件，很多便失去了“客观真实”的性质。

其实在现实生活中也是如此。我们搞了三十多年的改革开放，一个共同的不争的“客观真实”，就是经济发展了，国力增强了，百姓的日子富裕了。这一点绝大多数人的看法是一致的，也是任谁也否定不了的。但如果让各方来描述和评价改革开放的历史，便会有很多不同。因为在这三十多年的发展历程中，每个人所处的地位不同、掌握的信息不同、获得的利益不同，因而只能从自身的经历中，形成自己的评价，而每个人也都会认为自己的评价是正确的。当然，这么说并不是历史虚无主义，更不是怀疑一切。历史是真实客观实在的，而且是不可更改的。但通过文字或口述记录下来的历史，就可能会有很多“主观真实”的成份，正是从这个意义上说，史学家的主要任务并非简单地复述历史资料，而是要“研究”历史，通过历史资料，最大限度还原历史的“客观真实”或“局部真实”。

二是“过程真实”与“结果真实”。这是除恶意造谣（主观故意）之外，“误传”、“谣传”的主要根源。

比如，在大街上有两伙人打群架，警察闻讯赶来处置。这时你看到，有的人血流满面，有的人横卧街头。虽然过程你没有看到，但你依然会由此形成一些主观判断。当你把这判断说给别人听，或发布到网上去的时候，你会不自觉地淡化过程而强调结果，以亲历者的身份说“打死人了”。这对于那些不在事发现场的人来说，就会信以为真。如果再有第二次、第三次传播，而每一次传播都会加上传播者的主观描述与臆断，添枝加叶，那这件事就会被无限放大，如“警察打死人了”“现场血流成河”等等。在现实生活中，很多谣言就是这样形成的，就是这样被放大的。其实深究下去，谁也没看到事件的全部过程，谁也没看到事件的最终结果，你是听人说的，他也是听人说的。但由此给当事人或社会造成的恶劣影响，却又无人负责。

事实上，无论是什么事件，也无论是什么人；无论是当事人，还是旁观者，都无法在相对的时空条件下，看到事件的全部过程，你所看到的只能是过程中的“局部真实”或“部分真实”。而这些局部的、部分的真实，并不必然地等于“过程的真实”和“结果的真实”。因为所谓事件过程，既是一个时空概念，也是一个结构概念。在不借助工具的情况下，一个人永远没办法超越时空条件的限制，而看到一个过程内同时发生在不同地点的两件事；即使你有这个本事或借助了工具，你也无法同时掌握过程要素结构的真实状况。

所以，很多事件的真象包括司法机关破案，并非仅仅依靠当事人主观描述和所见所闻，而更多的是借助工具对过程要素结构进行科学分析，来还原“过程的真实”，并实现“过程真实”与“结果真实”的统一。而这种科学分析的主要特征，就是通过深入调查和技术手段，对不同时空条件下的过程要素及其结构，进行还原、分析、综合与判断，从而找到事件的真象。这是任何一个个体都无法做到的。

再如，某天有人告诉你，某某人在背地里说你的坏话。对当事人而言，这是一个结果。我们假设这个结果是“真实”的，即某某人确实说了这些话，那它必然有一个发生的过程，即某某人是在什么情况下，当着什么人、说了些什么样的话，包括他说话时的语气和表情等等，这些“过程真实”，都是确定“结果真实”不可缺少的过程要素。假如你听风就是雨，根本不去了解过程要素的真实，就信以为真，并进而怀恨在心，寻机报复，就会把原本正常的同事关系或上下级关系，搞得很紧张；如果你们是朋友，那就会由怨生恨，分道扬镳。

其实，你只要稍作了解，就可能化解一场怨恨。因为他说你这句“坏话”

的前面和后面，也许还有别的话，甚至是赞美你的话；也许他当时只不过是一句玩笑，并没有什么恶意，也没有想“恶心”你的主观故意；也许他是接着别人的话说了这句话，话赶话，等等。这些都有可能是过程的某种真实，都会帮助你对这句“坏话”作出正确的分析与判断。只不过告诉你这句话的人，只说了结果，而没有说过程。对于他来说，无论出于什么动机，不过是传个话而已，说完了也就过去了。但对你来说，事情就并非这么简单了。因为同事之间闹矛盾、上下之间不和谐，班子内部不团结等，出于重大原则分歧的不多，而大多是这种传言的结果。

所以，我们对传话、对道听途说的话，都不可轻信。因为连我们亲眼所见的，都未必是真实的，何况听来的。而无论是亲眼所见，还是道听途说，都要进行认真的分析，搞清楚过程的真实状况，并进而作出自己的判断。在现实生活中，很多事并非 1+1=2 那么简单，“结果真实”并不必然地表明“过程真实”，即一句“坏话”，并不一定是充满恶意的；一句“坏话”，也并不表明主观故意的真实存在。从方法论的角度看，一种真实的结果，会有多种可能的过程；一个过程，也会产生多种可能的结果；好的结果，也许会产生于坏的过程；坏的结果，也许会产生于好的过程；结果是各种要素相互作用的呈现，过程是要素相互作用的形态，而变化就在这种运动中不断地发生着，其结果也许会像我们预想的那样，也许不大一样，也许背道而驰。问题的关键是，如何实现“结果真实”与“过程真实”的统一，如何实现“局部真实”与“全部真实”的统一。

接下来，我们再说说人的“理性有限”。所谓理性，一般是指概念、判断、推理等思维形式或思维活动，与感性相对；亦指人从理智上控制行为的能力。所谓理性有限，通俗地说，就是指人类很难做到天天事事按着概念、推理去想问题、办事情。对于这个问题，我们得从以下两个方面来分析。

一是我们说人的“理性有限”，是因为人除了理性之外，还有情感等因素，或者说理性并非人的唯一属性，而情感对人的选择与行为同样具有支配作用，有时候甚至会战胜理性，成为判断和处理问题的依据和主导，从而对某些问题的处理发生偏差，或导致一系列新问题的产生。

这一点在用人上表现得比较突出。人都是有情感的，人都有个三亲六故、远近亲疏。平时怎么样，也就无所谓了，但在提拔使用干部时，这个问题就显现出来了。比如有两个可提拔的干部，基本条件差不多，工作业绩也难分伯仲，从理性的角度即考察结果看，提拔其中的任何一个人都符合条件和规定。这个时候，人的情感往往会起主导作用，倾向于和自己比较亲近或有一定情感基础的那个人。这其中的主要依据，并不是某个岗位非他莫属，也不是只有他最适合，更多的是一种“情感导向”所致，也就是大家通常所说的，用得放心、使着顺手。

于是，为了防止或克服“情感导向”在决策和工作中的影响，人类便设计和实行了各种各样的制度和程序，大到法律，小到规章，而且越来越多，越来越细，几乎无处不在，无事不有。其目的只有一个，实现理性塑造的最大化。因为从表面上看，决策大都是对事的，很多领导都喜欢说“对事不对人”，而事实上任何一种决策的实质都是对人的。无论分析判断的对象是什么，根本的都是人；无论为解决问题所采取的措施是什么，最终都要落实到人；无论实行什么样的发展思路和发展战略，归根结底都是为了人。决策者是人，执行决策的也是人；管理者是人，被管理者也是人；制造者是人，消费者也是人；立法者是人，执法者也是人。所有的事都是由人的需要而生发，也都是靠人来做的，而人的理性是有限的，或者说人是有情感的。所以，无论在决策中，还是在执行中；无论在管理中，还是在被管理中，都不可能是“绝对理性”的，或者说都不可能完全排除情感因素或感性。

在现实中，我们见到最多的问题，不是制度和程序的缺失，而恰恰是对人本身的忽视。决策者对发展思路、战略、措施等，什么都想到了，唯独忽略了自身的局限性以及执行者的“理性有限”或“情感导向”。亦或说，决策者对自身的“原动力”是重视的，如想做什么、要达到什么目的，以及怎样达到目的等。而对决策客体的“能动力”却容易忽视，如客体的价值认同和利益取向等。从这个意义上说，决策在执行中可能出现的问题，大都不是决策本身造成的，而更多地在于人的情感因素。

二是说人的理性有限，并不否定人的情感和心理认同。相反，正因为人的理性是有限的，我们就要更加重视情感和心理认同在决策和执行中的作用。我们都知道，决策程序和工作程序是理性的体现与追求，也是对人的理性有限的补充与约束。但我们也同样应当知道，这些程序只能解决应该做什么，或保证决策的公正性和科学性，却无法保证决策在执行中的好与坏，也无法确保决策在实践中的心理认同。因为程序虽然可以有效提高决策水平和公正性，但它同时也是以排除“个别”为前提的，而任何一个决策的落地执行，又必然是以“个别”为条件的，没有个体的情感信赖和心理认同，很多决策在执行中就会走样、或打折扣。

比如说上有政策下有对策吧，无论你的政策多么好、多么严谨，如果执行者没有情感信赖和心理认同，他总能想出办法应付你、糊弄你。你要什么样典型，他都能给你搞出来；你要什么数据，他都能给你编出来；你要看绿水青山，他可以给荒山涂上绿漆；你要看禾苗茁壮成长，他可以在大马路上种麦子；你要看老百姓生活，他可以一夜之间让那家里什么都有，等等。面对这种情况，假如我们仅仅从完善和严格程序上想办法、下功夫，是很难从根本上解决问题的。因为他在情感和价值上并不认同，那你搞得越严格，他的法子就越精巧、越隐蔽，最终吃亏的还是老百姓。

所以，当领导的必须严格按程序办事，但也不要过度依赖决策程序和执行程序的唯一性。因为任何决策都只是开始和起点，而并非实施和终点，能否做得好，并不是由决策程序决定的。所以，当领导的应当善于在决策程序启动前，多做情感和心理上的沟通与交流，既要追求思想认识上的一致，也要增强情感和价值的互动互信；在决策执行中，当领导的要善于增进上下级之间的价值整合和心理认同，把决策转化为执行者的自觉行动和价值追求。人性的复杂与深邃，永远都不是程序和规定所能完全约束的。

人既然有局限性，且极难从根本上克服。那么在为人处世，尤其是决策上，就不能没有敬畏之心。人知敬畏，为人处事便多了一份自觉和自律，什么事能做，什么事不能碰，什么人能作为朋友，什么人不能往来；遇到矛盾和问题便多了一份自省和自查，即使发生了纠纷，也能多从自身找原因，谦恭处之，化干戈为玉帛；对于肩上的责任和工作，以及与此相关的纪律和法规，也就能以惊惧惕励之心待之，敬业尽职，畏法如天，居安思危，得利思患。假如人没了敬畏之心，那是相当可怕的，老子天下第一，一切无所畏惧，什么事都敢做，什么话都敢说，什么钱都敢拿，其结果，必然是害了自己、伤了无辜。

古人云：无礼者不敬，无知者无畏。反过来看，便知敬畏之心并非胆小怕事，而是一种高尚的品格。那么，我们应当敬畏什么呢？有人说：一要敬畏历史，使自己的工作能经得起实践和历史的检验；二要敬畏百姓，让自己做的事情对得起养育我们的人民；三要敬畏人生，将来回首往事的时候不会感到后悔。我理解，这“三个敬畏”主要是针对官员们讲的，当然也都是必须的。但对于更多的普通人，或者从更大范围来说，敬畏之心至少还有以下三个方面。

一是敬畏自然。敬畏自然，从本质上说就是敬畏生命。因为大自然中的一切都是有生命的，而人不过是众多生命中的一种，并与其他生命有着不可分割的联系，彼此相互依存、相互促进、相互转化，“唇寒齿亡”。人类能有今天的文明，正是大自然众多生命的运动，构成了自然界的能量流动、物质循环和信息交换，为人类的生存和发展提供了不可或缺的资源和条件。可以说，没有大自然其他生命的存在与运动，便不会有人类的存在与发展。甚至连那些无情摧残自然生命的能力、手段和工具，原本也是人类在不断适应自然变化中学到的。大自然这位不求回报的老师，教会了我们一切；大自然的众多生命牺牲了自己、养活了我们，而我们却用从自然中学来的本事，反过来去摧残和破坏自然。

对于这一点，我们的祖先远比我们虔诚。他们对自然的崇拜与敬畏是发自内心的，是真诚而持续的。因而在传统文化中就有了山神、河神、树神、土地神、太阳神，等等。既然视为神，便有了敬畏，有了敬畏，便不敢去随意损坏，大自然的众多生命便得以保护和传续，人类与自然便和谐共处。我小时候看到工人在山里伐木，便是先拜山神，并对什么样的树绝对不能损坏，有着极严格的规矩，甚至连伐后的树墩都不允许坐。对此，今天的人一概视为迷信或愚昧无知，因此对自然也就没了敬畏之心，草坪可以随意践踏，鲜花可以随意折摘，树木可以随意砍伐，河流可以随意污染，大山可以随意开采，人变成了自然的神。迷信固然应当反对，但它背后对自然的敬畏之心却也不应等同视之。正如神话固不可信，但哲学却由此孕育而生。

对于大自然，自从我读了《拯救地球生物圈——论人类文明转型》一书后，内心深处受到了极大的震撼，此前真的不知道，我们赖以生存的地球已经弄成这个样子，我们的生物圈已经脆弱到了如此程度。联想到希波克拉底所说的“阳光、空气、水和运动是生命和健康的源泉”，一种深深的自责笼罩了我。假如有一天，阳光被雾霾遮住了，空气和水被严重污染了，那么我们的生命和健康只剩下运动了，而污染环境下的运动，对于健康又能有多大的作用？人类将如何生存？

对于环境保护和治理污染，不能说政府不重视，也不能说不用力，相关的法律法规相继出台，处罚力度不断加大。但从全球来看，形势依然不容乐观。联合国开发计划署原署长詹姆斯·史伯斯曾指出："直至今日，引起国际社会不安的环境恶化还没有得到本质的减缓，不祥的趋势仍然存在，而且这些问题变得更加根深蒂固并危在旦夕。"也就是说，地球生物圈的恶化，以及那些随时都可能危害人类健康的问题，远比我们所了解的要严重得多。

大自然给予了我们一切，但它并不具有无限的供给能力，水、树木、煤炭、石油等都是有限的，就连地球本身也是有寿命的。当它自身因外力破坏而失去某种均衡时，便会以不可抗拒的力量无情地"报复"人类。一次7级以上地震，足以毁灭一座城市，以及人类创造的物质文明，无数鲜活的生命瞬间消亡，唐山、汶川、玉树……那一次次不堪回首的记忆；一次台风，一次飓风，一次海啸，都会将人类卷入面临死亡的巨大恐惧之中；连续发生的重度雾霾，让我们饱受了面对自然的无奈和人类的渺小；就连一场大暴雨，都足以使很多大城市陷入一片汪洋，更有人为此付出了生命的代价。

也许，我们的祖先正是在与自然的博弈中，看到了自身的渺小；正是在一次次的自然灾害中，形成了对自然的敬畏与崇拜。而今天，我们虽然正在经历着比祖先更为严重的"自然灾害"，但我们却忘记了祖先以生命为代价凝成的传统，变得日益"无天无地"。为此我曾多次呼吁：从小学到大学都应开设专门的自然观教育，使之与世界观、人生观和价值观教育一样，成为青少年教育不可或缺的组成部分。

二是敬畏传统。如果说敬畏祖先，就是敬畏我们的"生理血缘"，那么敬畏传统，就是敬畏我们的"文化血缘"，并由此形成了"人为什么活着"的千古命题。

大家都知道，每个人都有自己的血缘关系，无论是直系血亲，还是旁系血亲，并由此形成人类的代际传承，所有的人都是这样从远古走来。也许由于各种原因，你已经无法知道你的祖先生在何方，又做了哪些惊天伟业，但这并不能否定祖先的存在；也许你早已忘记了祖先的存在，但在你的内心深处依然保留着对祖先的敬畏，这就是血缘的力量。这种力量，来源于代际纵向联系和代系横向联系的生命结构，以及由此形成的比其他社会关系更紧密、更稳定的生命纽带，并在人类社会生活中发挥着重要作用。血缘是不能选择的。也就是说，当你还处在受精卵这种自然状态的时候，就确定了你是谁的儿女，或谁是你的父母，谁是你的祖先，这就是血缘的自然性和既定性。

同样重要的是，人类的生命传承，必然伴随着相应的文化传承，包括语言文字、生活习俗、思维方式、道德理念和价值取向等。这些虽然不是与生俱来的，但也无不受制于成长环境的规定性。比如你喜欢什么样的口味，喜欢什么颜色，喜欢和什么样的小朋友一起玩，喜欢做什么样的事，以及你对他人持何种态度，又习惯于怎样分析和判断问题等，虽然与遗传因素有关，但更多的或主要的，还是在与他人的互动中逐步形成的，尤其与父母兄弟姐妹等血缘关系的互动，更为直接与重要。其中，有些习惯一经形成，便终生不会改变，如口味和生活偏好等。在这个过程中，你就会不知不觉地接受并内化了父辈的文化。随着社会化程度的深化，你虽然会有些改变，但基本的文化取向和文化结构是稳定的；当你步入老年的时候，外在文化要素的影响力会逐步减弱，而内在的传统文化力会逐步增强，并以相应的方式影响着下一代。如此便构成了一个家庭、一个民族乃至一个国家的“文化血缘”。

从这个意义上说，“文化血缘”同样具有自然性和既定性。只要你的父母是中国人，无论你出生在哪里、生活在哪里，或是什么国籍，甚至讲什么语言，也无论你承不承认你是中国人，你必然地与你的父母和家庭，构成一定意义上的“文化血缘”；你的精神世界将永远留存着中华民族的文化血脉；无论中华民族或强或弱、是富是贫，在你的文化“DNA”上，都将永远铭刻着祖先的文化烙印。我在美国和欧洲的一些华人朋友，其祖辈大都是在晚清或民国时期过去的，他们和他们的子女，也都是在当地出生的。虽然他们已不是中国国籍，但当大家坐在一起聊天时，那种文化上的融洽，就如同自己的家人。

如果把这种“文化血缘”放在代际关系上说，就是传统，或者称之为“文化血缘”的代际传承。因为通常所说的传统，本质上就是一种广义的文化。在联系现实问题上说，则更偏重于道德、文艺和生活方式的表述。全世界任何一个民族、国家乃至家族，都有自己的传统。其共同特征是，从历史发展的纵向来看，传统及其力量是逐代衰减的。因为人毕竟是时代的人，人类总是按照时代的需要而非父辈的经验，去探索和实践与父辈不同的人生意义与价值；从社会发展的横向来看，传统及其力量又总是在不断丰富的。因为人们在继承父辈的传统，或向下一代传承的时候，总是会结合相应的时代价值，而赋予它新的意义，从而使传统在代际传承中不断发展和完善。

我们深知，传统中既有精华也有糟粕，这就像我们的血也有杂质一样。我们不能因为有杂质就换掉身上的血，我们也同样不能因为有糟粕，就抛弃我们的传统；我们同样深知外来文化的重要性，因为我们愿意与世界人民一道，分享全人类创造的文明成果。但无论哪个国家的人，都必须有自己的传统根基。因为如果没有了传统，我们就割断了与历史的纽带；如果没有了传统，我们就割断了与祖先的“文化血缘”；如果没有了传统，我们就会失去信仰的依托；如果没有了传统，我们就会失去心灵的归宿；如果没有了传统，我们就会失去情感的滋养。所以我们敬畏传统，就像敬畏我们的祖先一样。

三是敬畏良心。人的良心，是面对是与非、善与恶、美与丑时，发自内心的或本能的正确认识与选择。儒家称之为良知，并认为这是一种不假外求的天赋的道德观念。人类之所以不断强调要敬畏良心、做人做事要有良知，因为良心既是人最前沿的一道防线，也是人的最后一道底线。一个人没了良心，便会活在一个既无前线又无后方的“空洞”里，黑暗将蒙住你的双眼，人生就会迷失方向，前有悬崖你不见，后有陷阱你不知，惩罚终会降临到你的头上，是相当可怕的。

良心是一种道德意识，有良心与有道德常常联系在一起。良心虽然无形无状、看不见摸不着，但却拥有巨大力量。我们时常说：“头上三尺有神明”，“人在做，天在看”。良心就是你头上的“神明”，良心就是在看你做的“天”，敬畏良心，就是敬畏你的“神明”，就是敬畏你“天”。在现实生活中，良心就像“神明”一样，守护着你的选择与行为；良心就像天一样，照耀着你前行的每一寸土地；良心就像甘泉一样，滋润着你生命的每一个细胞。

因此，当你的内心有了一份对良心的敬畏，那么在面对是与非、善与恶、美与丑的选择时，你就会摸着自己的良心想一想，当良心战胜了邪恶，你会做出正确的选择；如果你白天做了违背良心的事，夜里睡不着的时候，你就会摸着自己的良心想一想，当悔恨战胜了私欲，第二天你会自觉地改正自己的错误；如果你看到别人在做违背良心的事，你的良心就会告诉你，你应该站出来，去阻止那昧了良心的事。敬畏良心虽然无法保证你一生的正确，但它却可以保证你一生不做丧天良的事。

就个体而言，私欲与良心是互为“天敌”的。当面对某种选择的时候，良心常常被私欲所蒙蔽，而私欲又常常被良心所克服。但当私欲足够大的时候，良心往往会被击败。比如这些年造假泛滥，水有假水，油有假油，酒有假酒，食有假食，就连鸡蛋都能造假，假文凭、假证件、假身份等。而那些造假的人明明知道这是丧良心的事，却照干不误。究其根源，就是私欲战胜了良心。为了一己之私，可以置人的健康与生命于不顾，为了满足一夜暴富的欲望，可以置国家和民族的尊严于脑后。

我曾就此问过参与造假的人，他的回答是“良心能当钱花吗？”真的让人无语。对于这些问题，我们期待着法律这把利剑，能够铲除所有的坑蒙拐骗。同时我们也期待他们的良心发现，并能用敬畏良心的力量战胜自己的私欲，从造假的泥潭中拔身而起，回归良心所指引的人间正道，并逐渐养成对良心的敬畏，每当夜深人静的时候，摸着自己的心想一想，良心还在吗？

这也许只是我的一个良好愿望，无法让那些私欲膨胀的人所接受。但人有了希望，总归是幸福的。

第三章

变化之道

如果用一句话来概括易经的内容，那就是天地自然万物和人事“变化的道理”。六十四卦、三百八十四爻，错综反正，刚柔动静，无非是告诉我们如何知变、识变、应变、适变，以及相关的立场、观点和方法。变化是绝对的、无限的，唯一不变的是“必变的道理”。变化就在事物矛盾的运动之中。变化与人生同在。

一、知变之本

宇宙万物，天地人“三才”，乃至一草一木、一水一石，都无时不刻地处在变化之中。其实人何尝不是如此。我们的身体可以说是川流不息、瞬息万变的。我们的心在跳，我们的血在流，胃肠在不断地蠕动，肝脏在过滤解毒，大脑在不停地思考，各种器官在分秒不停地分泌生命所必需的要素，就连我们睡着了，它们都不曾有丝毫的停顿。正是在这种变化中，我们从初生的婴儿走向白发老人，而今天的你，已不再是昨天的你，昨天已经过去，属于你的当下和明天，依然在变化之中。

那什么是“变化”？《素问·天元纪大论》曰：“物极为之变；物生谓之化。”宋代理学家张载在《正蒙》中也认为：“变则化，由粗入精也；化而裁之谓之变，以著显微也。”如此，知变知化的意义又是什么呢？易经告诉我们：知变在于知新，知化在于求生。如果把二者合起来，知变之本就是“知新求生”。也就是说，这两个字在表达“变化”上，既有相同的涵义，也有不同的地方。从相同的角度看，变与化都有事物在形态上或本质上发生新状况或某种改变迁移的意思，也都有相应时间、空间、物理、化学的概念性。那它们之间又有什么不同呢？这个问题很复杂，这里仅从易经方法论的角度论说。

一是“变”有客观与主观的区别。比如说“变化”，更多的是指客观上的新状况；说“改变”，则更多的是指主观上的某种价值追求及行动。像变法、变革、改革都属于主观付诸于客观的追求与行动。而“化”字则很难这样区分。

二是“变”有内容与形式的区分。某些变化只是一种现象或形态上的改变，而本质并未改变。比如“变相”，就是指内容不变而形式和原来不同了。而“化”字却没有这种区别。

三是“变”更多的是指外在的、有形的、数量的改变，如移动、更改、变量、变数等。而“化”则更多是指内在的、无形的、质的改变，即事物变化过程的内在机制，如化生、化育等。

四是“化”有解构、生发、融合、生长的涵义。如“教化”就是指在外力作用下，但不依靠外力，促使人的内心世界发生改变，去其糟粕，生其精华。与“教育”不同，它强调的是自我观省、自我完善、自我提升的能力。而“变”则没有这样的涵义。

五是“变”在状态上有“突变”，即骤然而至的改变等。而“化”则没有“突化”。

从“变”与“化”的关系来看，其共同的本质都是事物（或物质）从均衡到不均衡、从不均衡到均衡的运动过程，或者说是一切事物（或物质）内在要素与结构不断运动的外在表现。因为从一般意义上说，“变”与“化”都有过程的涵义，即正在变、正在化；也都有结果的涵义，即已经变了、已经化成了。

在易经中，“变”与“化”还有一层互为因果的涵义，即化而裁之为之变，变而生之为之化。表现在具体事物上，有时“变”是“化”之因，“化”是“变”之果；有时“化”是“变”之因，“变”是“化”之果。也就是说，在这互为因果的关系中，有时“变”是“化”的表现形式，内化而外变，形而之上为之化；有时“变”则是“化”的结果，内化而外成，形而之下为之器。这时，“化”是“变”的内在因素或条件，也是“变”的机制和过程。变者，因时而化。比如一位多年未见的老朋友，相见时你发现他变化很大，但你只能感受他外在的变，却无法看到他内在的化。事实上，一切可见的变，都是内在“化”的结果，从而使有化为无，使无化为有；或化去旧有，生成新有；或使多化为少，使少化为多；或改变原结构，创建新机制，从而使人或物形成新的状态、新的生命。而有时外在的“变”又是“化”的原因和动力，即因外力而内化，内化而外显。比如大环境的改变，尤其是科学技术的普及与应用，往往会促进人的某些变化，如人的学习方式、就业方式和生活方式等。在改革开放的大趋势下，也会促进和加快人的某些变化。

由于汉语文字构成的改变，以及思维惯性的作用，今天的人已不再区分“变”与“化”的内涵，用变化代替了“变”与“化”。这在日常工作和生活中倒也没什么，反正大家都听得懂，明白你说的是什么意思。但如果你要参研易经，或渴望提高你的思维能力，追求人生的深刻，则不得不在“变”与“化”上下番功夫。如果没有这番功夫，面对错综往复的卦爻，就会依“象”而论、望文生意，把“变”当成“化”来理解，或把“化”

当成“变”来把握，难以抓住易经的真谛。所以，在说变化之道这个“道”之前，有必要把“变”和“化”的性质和形态说清楚，以便从整体上把握变化的本质。

先说“变”。从性质说，“变”有量变与质变；从过程说，有渐变与突变；从主客体关系上说，有外变与内变等。在中国思想史上，把渐变与突变作为一对矛盾，并导致开山立宗的结果，当数佛教禅宗了。

据《胡适说禅》一书介绍，从菩提达摩到五祖弘忍之前，渐悟与顿悟还没有成为一对矛盾，但到了弘忍的两大弟子手上，这个问题凸显出来了。这事缘起于弘忍衣钵传承。可能是他也没想好由谁接班，于是广召门徒，让每人作一偈，谁作得好就把衣钵传给谁。其首席弟子神秀，非常有学问，作一偈题于墙壁之上。偈曰：“身是菩提树，心如明镜台，时时勤拂拭，莫使惹尘埃。”其核心思想是渐悟成佛。因为无论是菩提树还是明镜台，都是有形之物，有形就必然有尘，所以要经常打扫，不断精进，才能悟道成佛。这在当时的佛教里，是个主流思想，从达摩到弘忍都是这样做的，所以才有达摩面壁之说。对这个偈子众僧都说好，五祖弘忍看了，也觉得不错，因为他自己就是这样修行的。当时慧能也是弘忍的弟子，虽然不识字，但慧根深厚，悟道极深。他听别人念了神秀的偈子之后，也做了一偈，请人题在壁上。偈曰：“菩提本无树，明镜亦非台，本来无一物，何处惹尘埃。”这显然是针对神秀来的，其核心思想是顿悟成佛。因为在他看来，本来就没有什么树、什么台，一物都没有，又怎会有尘埃呢？所以，人皆有佛性，“放下屠刀、立地成佛”。五祖弘忍看了，也许是备感震撼，先用鞋将慧能的偈子擦去，以息众观。但到半夜，五祖弘忍来至厨房，将衣钵传给慧能，并令慧能即速逃走，躲过几年，方可传道。始为六祖。① 可见当时五祖的压力是相当大的。但这事并没有因慧能避走而结束。神秀因未得衣钵，便离开湖北黄梅，到北方传道，并自称六祖。而慧能就只能在南方传道了。如此发展下去，便逐渐形成了以顿悟为核心的南宗和以渐悟为核心的北宗。可见此事在禅宗史上非同小可。

以今人的视角看，渐悟的理论基础就是渐变，从人修到佛，是需要一个渐变过程的。正如唐代黄蘗禅师在《上堂开示颂》中所云：“尘劳迥脱

① 潘平、明立志编：《胡适说禅》，东方出版社 1993 年第 1 版。

事非常，紧把绳头做一场。不是一番寒彻骨，怎得梅花扑鼻香？”而顿悟的理论基础就是突变，从人到佛，可以通过某个顿悟实现。

如果用易经关于“变”与“化”的观点看这个问题，渐悟与顿悟是不矛盾的，而是互为因果、互为条件，并能够统一于主体修为过程的。现代科学已经证明，宇宙万物包括人的变化，都有一个“渐变渐适、积量应质”的过程，即逐步适应新条件、新环境和新高度的过程；量的增加或减少，也有一个与质的整体适应性问题。如果某种变不能适应新的条件、环境和高度，那它就会转化为另一种形式的变；如果量变的积累还没有达到质变条件的时候，突变就不会发生。从这个意义上说，所谓突变都是由渐变而发、积因成果，或者说是渐变的结果；所谓质变，也都是量变的结果。

但这里面有个问题经常被忽视，即在一定时空条件下，并不是所有量变都会引起质变，也不是所有渐变都会引起突变。因为量变和渐变是个“常态”，包括人在内的宇宙万物，每时每刻都处在量变和渐变之中，比如某种元素的增加或减少。一棵小草从芽到枯要经历四季；一个人从生到死历经百年。这期间量变和渐变始终存在，但质变和突变并未发生（外部强制力除外）。一个地区的GDP增长了，财富增加了，平均收入提高了，但这并不表明社会发展水平和人的素质也必然同步提高。一个人从农民到亿万富翁，代表的不过是他的财富增长，而不是他人的质变。只有这种量变达到某个界度并处在某个节点上，或由于某种强大刺激或巨大压力，突变或质变才会发生。古人云：“天之将明，其黑尤烈”。一个夜里天什么时候最黑，就是天快亮的时候。“其物将裂，内量不含”。一个东西为什么会爆炸，就是它内在的量变已经达到了它自身无法容纳的程度，这就是量的节点。《管子》曰：“不知量，不知节，不可谓之有道”。突变和质变也是这个道理。

在现实中，大多数人对于突变和质变，都会给予关注和重视，比如一次地震、一种重大的体制改革等。但对处于量变或渐变的物质和人事，则是一种无意识状态。平日里对量变和渐变熟视无睹，等某种突变和质变一旦发生，又慌忙应对，举措失当，其结果是不会好的。无论是一位主政者，还是一位追求事业的人，更多精力应放在对渐变和量变的自觉把握上，并根据渐变和量变所引发的问题，有序推出相应措施，把问题和矛盾解决在渐变和量变的过程之中，而不是以更大的代价去应对突变和质变的结果。

话再说回来，修道者在某种外力或内力的作用下，对某种思想或智慧灵感突现，幡然顿悟，立地成佛，实现质变，这是可能的。人的一生，或多或少都会体验过某种灵感的发生，而它往往出现在你对某个问题百思不解、困惑交加之后，身心又处于完全放松的时候。不同的是，修道者成佛了，我们是解决了某个问题。但更为重要的是，这个灵感或顿悟并非从天而降，也不是神灵的授予，而是长期探索和思考的必然结果。你无论是自觉的还是无意识的，灵感和顿悟光临之前的过程，都是客观存在。没有对某事物的长期关注和思考，便不会有灵感和顿悟的出现。比如顿宗的创始人六祖慧能，早在来黄梅拜弘忍为师之前，就对禅宗有了相当的修为。他当时虽然只是一个地位很低的厨僧，但这并不能否认他修道的真实；弘忍禅师之所以把衣钵传给一位厨僧，而不是学富五车的神秀，显然也绝非仅凭一首偈子，而一定是对慧能长期考察的结果，否则我们就太低估了在禅宗史上具有重要地位的五祖弘忍了。六祖慧能虽然主张顿悟，人人皆有佛性，佛就在自己心中，修道不以外求，但他并不否认过程的存在及其重要意义。正因为这样，六祖慧能之后的弟子们，也在不断探索和丰富顿悟思想。其中神会的第四代弟子宗密禅师，就把顿悟分为四种：即顿悟顿修、顿悟渐修、渐修顿悟和渐修渐悟。再后来，渐悟与顿悟、南宗与北宗的界线，也就越来越模糊了，取而代之的是禅宗的五大宗。

关于“变”，还有一种情况值得关注和研究，那就是外变与内变。所谓外变，主要是指外部环境和客观条件所发生的变；所谓内变，主要是指主体在思想和行动上对外变的响应和适应。对这个问题，南怀瑾先生曾有一个非常生动形象而又极为深刻的表述。他把主体对外变的响应和适应分为三等人，当然这并非指人的社会地位等级，而是一种分析。他说第一等人晓得要变了，抓住先机而领导变；第二等人，变来了跟着变；第三等人，变都变过去了，他还在那里骂变。对照南怀瑾先生说的，我们想想自己，再看看周围的人，这真是一个普遍现象。

对于一个人来说，外变是客观的，也是不以人的主观意志为转移的，无论你赞成还是反对，变每时每刻都在发生着。面对这种变，我们唯一的或最好的态度，就是主动自觉地去观察变、认识变、分析变，并从中找到自己应有的立场和应变的举措，适变而用，应变而行，获得发展。即使不能领导变，或当不了弄潮儿，至少也是个顺变而为。最可悲的是那些视变不知、变而不应、怨天骂地的人。

其实，既然是外部在变，那就必须心向外求，在人民群众的实践中，去识变应变，获得真知，找到应变之道。同时无论面对何种外变，是好是坏，都要调整好心态，平静顺和待之。既不急于肯定，也不急于否定；既不跟风求雨，也不拒之门外。因为绝大多数的变，都是一个渐变的过程，而不是一下子就完成的，或明或暗，或显或潜，或大或小，都有一个过程。有时是山不变而水变，有时是形变而神未变，有时是器变而道不变，有时是局部之变而势未变，如此等等，非常复杂。当质变已充分显现，大势所趋，也不能麻木不仁、固守旧例，而是要以积极的心态，去适变应变，实现与外变的融合。

还有一种“变”，就是由于内变或出于主体需要而推动外部改变。这种变要比自然界的变复杂得多，其规律也往往难以把握。从人与自然的关系说，人对自然的利用、开发或破坏，是最大的、最普遍的人为改变。

比如，植树造林是对荒山的改造，或是对沙漠的改造；人工降雨是对气候条件的改变；填海造地是对海陆结构的改变；拦河为坝是对流量流速的改变；挖矿开采是对地理结构的改变；填湖建房是对水系的改变，等等。其中，大部分改变是人类生存发展所必需的，不会对自然环境和生态系统造成实质性的破坏，即使有一些局部的破坏，自然和生态系统也有极强的自我修复机制。但如果超过了自然和生态系统的均衡节点，其内在的平衡机制就会以超常的力量进行自我调节。这种调节反映在现实生活中，就是自然对人类的“报复”，警示人类的某些行为，从而延缓或改变人类对自然和生态系统的破坏，调和人与自然的关系。

这样的实例，从古到今数不胜数。比如无节制的排放，“温室效应”不断加剧，海平面逐步上升。据薛涌先生在《城市的迷惘》一书中介绍：“科学家们预测，大约在 100 到 300 年的时间内，海平面将上升 1.5 米左右，这将导致 7% 的纽约市被海浸没，波士顿则有 9%，甚至哈佛、MIT 所在的剑桥地区也有 26% 泡在水中，旧金山有 6% 沉入海中，迈阿密则有 20% 被淹，著名的迈阿密海滩将 94% 不复存在……。到 2300 年，海平面可能上升 3.7 米左右，22% 的纽约将沉入海中，肯尼迪机场和 LaCuardia 机场都随之沉没，波士顿则有 24% 被海水淹没，剑桥地区则达 51%，哈佛、MIT 恐怕难保，迈阿密有 73% 入海，迈阿密海滩全部消失。”如果海平面上升 7.6

米以上，39%的纽约市将消失，波士顿将丧失37%的城区，剑桥86%入海，迈阿密几乎全部淹没。且慢，那些远离海岸居住的人类别忙着庆幸，上个世纪海平面仅仅上升了0.2米，就使百年不遇的洪水发生频率增加了一倍。假如海平面上升到1.5米，那美国桑迪飓风式的灾难将会是15年发生一次。这是相当可怕的。大自然这种极具威慑作用的“报复”，也许正是“神意识”形成的基本原因。[①] 但这似乎并没有放慢人类对自然和生态系统的破坏力度。周日或晚上向“神”或“佛”祈祷赎罪，白天照干不误，这在现实生活中并不少见。因为人们对自然之“神”或自然之“佛”的信，并未转化成真正的信仰，或内化为生命的支柱，并由此达到对自然的敬畏。信神拜佛不过是功利追求的一种途径，同时也给自己浮躁的心灵，找回一点点安慰或片刻的宁静。

相比较而言，人对人进行的改变，则更为艰难。我们平时所说的教育、引导、启发、警示等，都属于这类改变。

从普遍意义上说，人对人的改变，古今中外无非两大类别，一是软性的，诸如说服教育，促其改正缺点，纠正错误，弥补不足；二是强制性的，诸如行政拘留、依法判刑，在限制自由的条件下，改过自新。但在这个过程中，无论是软性的还是硬性的，说到底都是一种外在或人为的力量，要实现改变的目标，最终还是要取决于个体内在的认知与觉悟。一个人内心没有觉醒，任何意义上的外力作用都是有限的。比如贪腐问题，首先以强大的惩治性外在措施，老虎苍蝇一起打，有腐必反、有贪必治，形成“不敢贪”的震慑效应；同时不断改进和完善体制和制度建设，把权力关进制度的笼子里，进一步加大巡视监督力度，形成“不能贪”的制度保证。这两个方面既有强制性改变作用，也有震慑、警示等软性作用。接下来，便是党的群众路线教育、党性和党的纪律教育、官员的道德教育等一系列重大举措，意在构建“不想贪”的政治生态。这其中，形成“耻于贪”的廉政文化，无疑具有更长远的意义。

对于廉政文化，尽管我们可以有多种解释或理解，但从本质上说，它就是一定经济基础之上的价值追求和生活方式，其功能就是以文化贪、以清化腐。诸如做官的价值是什么，应以何种方式和途径实现自己的价值；

---

① 薛涌：《城市的迷惘》，中国社会科学出版社2014年第1版。

官员应有怎样的生活方式，或者什么样的生活方式是廉洁的，包括衣食住行、亲朋好友、礼尚往来、婚丧嫁娶、兴趣爱好、祖训家规；什么是圣洁的，什么是丑恶的，什么是高尚的，什么是可耻的，什么是干净的，什么是肮脏的等等，都具有相应的文化观念和文化形态。当这些观念成为官员们的价值追求和生活习惯，或内化为官员的自觉意识，那么贪腐无论对个人还是对家庭，亦或对亲朋好友，都是一种耻辱，就像一个人在光天化日之下当众撒尿一样，为家人和亲朋所不齿。

心理学研究表明，当一个人对某种行为具有耻辱感的时候，就会产生一种自觉的抵制意识，或“不能做”的控制意识。而这种自觉或意识，只有在相应的文化土壤里才能生成。这就像随处可见禁止随地吐痰、乱扔垃圾的警示，抓到了还要罚款，但有些人照做不误，因为他并不觉得这是可耻的，也不会因此而心跳脸红，他内心里并没有这种文化自觉，也没有相应的意识。同样，某些官员对于廉洁，也没有形成高度的文化自觉，反而把炫富比贵、奢华比侈当作荣耀。在价值追求和生活上不知耻，也就没有了底线，贪腐便是早晚大小的事了。

再说“化”。这个“化”字在古代的含义是相当丰富的，其应用范围也很广泛。虽然以今人的思维习惯，有些含义已很难理解了，但其所表述的客观实在，却依然存在，而且比古代更为复杂。所以，我们要真正掌握易经关于变与化的观点，就必须从本质上和多样性上，搞清楚“化”的确切含义，这是个绕不过去的问题。因为易经的变化之道，既有自然之变，也有必然之变；既有固然之变，也有应势之变；既有未然之变，也有人为之变，而变则化，化则生，求吉去凶，关键就在这个“化”字上。

比如我们常说的“文化”，多数人把它作为名词来理解，并与相应的价值、艺术和物质相联系，形成了相应的界定，诸如文化观念、文化产品、文化事业、文化单位等等。但在易经里面，文化则是一个动词，并作为单音节词分开使用。“文”代表某种思想、价值观念或物质形态，而“化”则是这些思想或物质影响人的过程。即以人文化育天下。

各位千万不要小看了这名词与动词的区别，这不是文字游戏。如果我们能正确领会和区别二者，那么我们对“文化”将会有一个新的认识，文化功能将会得到极大拓展，文化建设将得到极大丰富和加强。因为动词意义上的文化，是一个以文化人、以文化物的能动过程。这就像我们现在所说的，以先进的文化观念、优秀的文化作品、精美的文化产品，去化育人的品格，净化人的心灵，振奋人的精神，提高人的素养。在这里，“文与化”是人与外部互动体验的过程，而非仅仅是知道、认识和拥有某种产品。比如一部电影、一部电视连续剧、一本书，或一场话剧、一场歌剧、一场京剧，这些都属于“文”的范畴，并具有“化”的功能。你去看了，其目的不在于你知道了，或仅仅满足于谁是好人、谁是坏人，以及故事的结局，而是要把这些“文”所承载的观念和精神，内化为自己的生命价值和理想追求，以达到净化心灵的目的。这才是文化的真正含义与功能。

这些年古玩很热，参与的人史无前例，出版的书汗牛充栋，各类鉴定“大师”遍布南北，大小古玩城遍地开花，电视上开专栏，各地搞专场，真的是高潮迭起，真假难辨。我也喜欢看这类节目，但时间长了我发现，鉴定“大师”们只说真不真，持宝者只问价格几何，较少见大师讲讲古玩所承载的文化，更难听到持宝人对文化的追寻，硬是把以承载古代文化为主的古董，搞成投资与投机，枉费了祖先的一片苦心。再如中国的玉文化，至今已有三千多年的历史。与今人仅仅把玉作为配饰或投资不同，古人把玉当作一种人格的象征，认为玉有七种高尚品德，代表着正人君子的社会形象。所以君子是一定要佩玉的，故有“君子无故玉不去身”的传统。至于帝王将相更是把玉视为一种政治权威的象征，权力用玺，祭天用璧，祭地用琮，即使死了也要用玉来殉葬。《周礼正义》明确规定，圭在左，璋在右，琥在足，璧在背，琮在腹。嘴里还要含着玉。这虽然有其糟粕在内，但也可见玉文化在古代的精神价值。读过沈从文先生的《古人的文化》一书后，此感尤为强烈。

与“以文化人”有直接关系的，还有“化育”和“教化”。我们的祖先不说“教育”，而说“教化”或“化育”。那么这一字之差，又有哪些区别呢？

我的理解是，教育更多强调的是师的主体或主导作用，无师不成学，无师不成校，我说你听，我教你做，一切以师为核心，大家都说名师名校，从来没听谁说名学生的。你上了学，就要一切听老师的，即使你对某门课程根本不感兴趣，也得老老实实坐那听；即使你自己看书早就明白的事，也得装着什么都不懂，乖乖地听老师传道解惑。老师只管讲，讲完走人，至于你听没听懂，考场上见。更何况，现在的老师大都不管育人了。因为育人既费精力，又不加奖金；既不考核，又不是评职称的条件，除非有极高的师德，谁肯去做这种“傻事”。于是“教育”就剩下“教”，没有“育”了。

而“教化”和“化育”，则是以对象为主体、为主导，“教”只是一种辅助手段，只是一种外在的引导力量，对象的“化”和“育”才是“教”的本质与目的。也就是说，无论“教”得多好或“教”的力量有多大，最终只有内化为自己的东西，才能达到“育”的作用。“化”既是“教”的过程，更是对象自力而变的过程，亦或说，是一个自主自觉自育的过程。从这个意义上说，“化育”的过程，只能是个性的、内在的。

孔子是咱们中国教师之祖，他一生从未给学生上过什么大课，大都是谈话、对话式教学，或放手让学生自己去讨论辩论，而他自己却在一旁抚琴；他一生也未发表过什么鸿篇巨著，其传世之作《论语》，也是由他的学生们整理而成；他一生秉持“有教无类”的基本理念，他的学生做什么的都有，而他却从未给学生提出统一的培养目标，所以他教出来的学生几乎涵盖了当时所有人才类别。再说苏格拉底，也可以说是西方的教师之祖了。他教学和育人理念和孔子差不多，也不对学生提出统一的培养目标，他的教学也都是对话式的，他一生也没留下什么大作，《对话录》是他的学生柏拉图整理出版的，而他却培养出了一大批杰出人才。他和学生们的思想，一直到今天还在影响着西方的意识形态。佛祖释迦牟尼也是一样，他的弟子众多，但他因材实教、个性教化，也没有上什么大课、定什么培养目标。我看过一本《巴利语佛教经典·经集》（郭良鋆译），里面记载的是佛陀与弟子们的对话，而他一生却没有留下任何著作。直到他涅槃后其弟子们才根据记忆，写出各种佛教经典。

这三位千古伟人的思想和作为，无疑是对“化育”的最好诠释。由此我们应该想到，作为“灵魂工程师”的教师，无论是教知识、教理论的，还是培育思想品德的，乃至教体育、教美术的，都应把这个“化”字作为教学或教育过程的根本，尊重学生的主体地位，发挥学生的主导作用，千方百计地促进学生对知识、理论和道德的内化，让学生用自己的内力去理解、感受和消化教学内容，让学生用自己的语言去解析和表达教学内容，而不仅仅是复述。由此，他们独立思考和不断创新的能力必将极大增强。

与实际工作关系比较密切的，还有演化与运化、同化与异化、分化与转化等。这些词汇平时我们都很熟悉，但如果应用到具体的“变”与“化”

之中，却经常被忽视，并因而出现失误。

先说演化与运化。演化一般是指自然界及其物种历时较久的变化过程，或由简单到复杂，由低级到高级，由单一到多样，是一个自然而然的过程。它的基本特征，就是不以人的主观意志为转移的客观规定性，并在一定条件下，依靠内在的动能，按自身的逻辑，不断地变化着。如宇宙的形成与演化、人类的形成与进化、某种自然环境的形成与演化等等。其时间之长，有的是几千年、 几万年，有的甚至几十亿年。作为不足百年的人生，很难感知这种变化，因而演化在人的意识中，不过是一个抽象的概念，除非你是专门研究此类问题的专家。

但运化就不同了，它与我们每个人乃至每天的工作与生活，都有着极为密切的关系，或者说每个人每天都在“运化”着。如果说演化对于人类而言主要是客观的，那么运化则主要是个体在一定条件下，对自身或外部进行的某种改变。这种改变虽然也需要一定的客观条件，但主观意志和努力的成份比较大。有的书说，“运化”就是“应运化生”。虽然不能说“运化”没有这层意思，但从易经方法论的总体取向上看，这似乎还不是主要的。我的理解是，“运”是“化”的手段，“化”是“运”的目的。“运化”所表达的，主要是在运动或运作中化凶解悔去咎的意思。其中“运”是个动态的过程，“化”也是动态的过程，这从每一卦六爻之间的关系上，就看得很清楚。

比如易经虽然也讲命运，但这里的“运”，却不是运气的“运”，而是运作的“运”。因为易经方法论的基本观点是，吉凶悔咎都是变化的，没有绝对的吉，也没有绝对的凶；没有绝对的悔，也没有绝对的咎，一切都在于“运而化之”。所谓“命”，就是人与生俱来的基本条件，诸如遗传、性格和气质等。重要的是，这些与生俱来的东西虽然是无法根本改变的，却是可以优化、补缺或克服的。从这个意义上说，“运化”所强调是，人要善于创造条件，抓住机遇，弥补不足，化解矛盾，改变自己，化生价值。

如果我们这样来理解“运化”，那对我们工作和生活的意义就比较大了。比如当领导或做高管的，就是要善于在“运化”中解决变化带来的问题，亦或善于在运动中、运作中、动态中解决问题。如果你真正把握了这个观点，并成为你的思维习惯，那你一定会有所受益。因为在现实中，我们总是习惯于把某个问题放在静止的状态来解决，“这个问题就是这个问题”。殊不知，问题本身也是一个不断变化的过程，当你认识到这是个问题，并开始着手解决时，这个问题的某些要素或相关方面，或许已经发生了变化，或已经转化为另一个问题了。比如原本只是部分产品质量问题，当你仅仅把它当成产品质量问题去解决的时候，或许由于质量问题而造成的销售下降、库存增加、资金周转不畅等问题已经显现，原有的问题已发生变化。即使问题本身并没有发生变化，我们在解决问题的过程中，也会因为解决了某个问题而产生了新的问题，或者某一问题的解决，必然会引发新的问题。

比如调资，就是为了解决职工的激励问题。这原本是一件大家都高兴的事，但几乎没有不发生矛盾的。相同级别、相同岗位、相似履历的人要相互比较，你多了，我少了，凭什么，为什么，等等。随之就会有一些新的问题或矛盾发生。假如我们把这些问题，放在“运化”的思维中去解决，效果就会大为改善。

这表明，任何问题都不是单一的孤立的，它既有自己的前因与后果，也与其他问题有着这样或那样的联系，所以任何问题都是一个系统，都必须用系统的方法来解决。任何问题的解决都是一个过程，而不是“一次”。只有把问题放在相应的时间与空间条件下，促进这些问题的“运化”，诸如问题自身条件的变化，问题外部环境的变化，问题相关性的变化等，从而找到与这个问题相关联的其他问题，并把它们纳入解决问题的系统过程，以你的问题对他的问题，以拟行措施对现存问题，或以问题的空间性对问题的时间性、或以问题的时间性对问题的空间性，这时你会发现，原本很突出的问题，已经不再那么严重了；原本可能产生的新问题，也许就在上述关系的“对冲”中化解了；那些不可避免要发生的新问题，也会比较温和地融入相关运作之中。这就是“运化”的作用。

再说同化与异化。同化一般是指原本不相同的事物逐渐变得相近或相同的过程。这个过程有两个必要条件，一是主体自身的文化力量很强大，也很先进，既有传播力、扩张力，也有系统性、持续性；二是主体自身的文化又有极强的包容性，不傲慢，不排斥，不拒绝，有“海纳百川”的气度。这两个条件就构成了吸引、兼容、改变、融合、统一的过程，同化也就在这一过程中潜移默化地实现了。所以，同化大都是温和的、细雨润无声的，在不知不觉中实现的。实现同化的力量，主要是文化，包括价值观、生活方式、传统习俗和文明成果等。因为只有文化具有这种潜移默化的能力，任何形式的暴力和强制，都永远无法实现同化的目的。

比如你可以一时得逞，侵略并占领一个国家，强迫人家学你的文字和语言，穿你的衣服，用你的东西，便以为征服了一个国家或民族。其实这是根本不可能的。因为你虽然有强大的武力，船坚炮利，可以任意践踏别国的主权和人民，但你却无法以文化力去同化你侵略的国家和人民，最终只能灰头土脸地回到自己的老家，反而把自己的文化搞得不成样子。翻开世界史，这样的实例太多了。

再如有的国家知道光靠武力不行，打不赢人家了，于是就满世界搞“价值输出”；打不过老一代，就把“希望”寄托在同化第二代第三代身上；结果几代过去了，还是搞不成，于是又到处煽风点火，搞什么“颜色革命”；胡萝卜搞不成，就用大棒威胁，到处炫耀武力，闹得全球没几个安生的地方，可谓狼烟四起。其实，无论是“价值输出”，还是“颜色革命”，说到底就是“文化同化”，就是要用他们的价值观，来改变或同化你的价值观，使你从根本上臣服于他们的统治，听他们的话，按他们的意志做事，甚至充当他们的马前卒，再去搞乱别人。

那么，如此折腾了几十年，能用的招数都用了，还是“同化”不了。为什么呢？根本的一点，就是人家的文化比你的深厚而强大，也比你的包容而先进。更为重要的是，任何一种同化都是双向的，你在同化人家的时候，人家也在同化你。当然，这并不是反对全球文化交流，中华民族历来是宽容的、有胸怀的。

这是从大的视角看。具体到人与人的交往、一个人生活区域的改变等，时间长了，也有个相互同化的问题，正如古人所云：近朱者赤，近墨者黑。

异化，一般是指在一定历史条件下，把自己的素质或力量转化为与自己对立、支配自己的素质和力量。异化和转化虽然都是表达变化的概念，但又是有区别的。转化只表示变化的过程，而不能表示变化的结果；异化既表示转化的过程，也表示变化的结果。这里面有两个问题需要注意，一是主体性，即无论有多少客观条件可以说，但被异化的一定是你“自己的素质或力量”；二是支配性，就是在既定的条件下，某种素质和力量取代了你原有的素质和力量，从而成为支配性的价值追求和生活方式。比如人的异化、物种的异化等。

异化，在哲学上是一个非常复杂深奥的问题。比如卢梭关于社会契约的异化，费尔巴哈关于人的本质的异化，黑格尔关于劳动异化，以及马克思对上述问题的论证等，都是相当深刻的。有兴趣的读者，可以读读原著。我这里仅就职业或职务对人的异化，做一些必要的分析，以期加深对变化的理解。

绝大多数人都有自己的职业或担任一定的职务。那么这种职业或职务所具有的规定性，诸如工作规范、领导职责、职业道德、人际交往、文化氛围等，就是支配你“自己的素质和力量”。只要你从事这一职业或担任这一职务，你就必须遵守它所具有的规定性，无论是显规则，还是潜规则，否则你就无法适应这一职业或职务，甚至被淘汰出局，危及你的生存发展。同时作为个体，你也无法改变职业或职务的规定性，因为它不是为你量身定制的。你既然选择了某种职业或担任了某个职务，那你唯一的选择就是遵守和适应。在这个过程中，你原有的某些素质或力量便被悄悄地异化了。这种异化无论好与坏，都不要责怪别人，也不要责怪单位，因为这个过程和结果恰恰是你自己完成的，是你自己把一种素质和力量转化为另一种素质和力量。

比如，20多年前你还是一个农村青年，后来考上大学，你成为了城市人。这个时候你虽然具有了大学生的身份，某些素质也开始发生变化，但从整体素质上看，支配你的还是原有的素质和力量。毕业后你进了机关，从一般科员做起，任劳任怨，万般谨慎，生怕说错一句话、办错一件事、得罪一个人。20多年过去了，多年的媳妇熬成婆，你当上了处长、司长，这时再看你，从说话的语气和表情，到穿衣发型乃至走路的姿态；从接人待物到工作方式，乃至兴趣爱好等，都很难再找到当年那个农村青年的影子，取而代之的则是某一职务所具有的气概。有的人私底下说某某“真能装”，其实他不是“装”，那就是真实的他。几十年的职业生涯，他已经职业化或职务化了。

纵观古今中外，一个人不被职业或职务异化而始终保持原有本色的，不能说一个没有，但实在是凤毛麟角。这就是异化的力量。知道了这个道理，你在与人交往中就会少一点痛苦、多一点自然。该过去的就过去了。同时，也要善于站在别人的立场上想问题，无论多大的官，无论多富的民，也无论表面上多么风光的人，每个人都有自己的无奈与苦衷。

二、识机察变

从上面的阐述中，我们已经知道了什么是“变”、什么是“化”，以及二者的联系与区别。由此也知道了“变”是无限的、复杂的、多样的，“化”是深奥的、隐然的、生发的。

那么，应当如何识变呢？比如哪些是始于微萌的变化，哪些是尚处于过程的变化，哪些是已然化成的变化？亦或说在纷繁复杂的变化中，我们如何才能发现和把握其意义、规律和趋势，并从中找到应变之策，促进事业的可持续发展，则是一个非常现实而重要的问题，任谁都不可能置身事外。因为我们每时每刻都处于相应的变化之中。不察变，不识变，终究是要吃亏的。

但是，我们对变化尤其是经济社会变化的认识和把握，又是复杂而艰难的。其主要原因在于变化的多样性、偶然性和不确定性。即变化中的事物总是多样性呈现，让人眼花缭乱、难分真伪主次；变化的必然中又总是充满偶然因素，让人举棋不定、难以决断。因此，会怎么变、朝着什么方向变、将来会变成什么样，也总是让人难以确定。无奈之下，只好“顺其自然”了。当然，虽然无奈，却也不是没有办法。

美国大卫L·多特里奇等人的《复杂性与不确定性——动荡时期的领导策略》一书，对这些问题作了相应分析，并因此被亚马逊推为“五星图书”。《大趋势》作者约翰·奈斯比特先生也隆重推荐。对此，我曾与奈斯比特先生当面作过探讨。当我把易经的观点告诉他时，他表示：如果他们了解这些观点，那本书会写得更好。

那么，易经对此的基本观点是什么？概括地说就是“识机察变”“见微知著”。也就是说，要善于在细微之处或萌发状态，去识变并进而把握变化的趋势。易曰：“履霜而坚冰至”。清晨，你漫步在乡间小道，晶莹的霜珠散落在绿叶之上。此时虽还是绿的世界，但它告诉你，寒冬即将到来。霜是识变的“机”。或曰：“一叶知秋”。夕阳之下，你漫步在林荫大道，在满目的碧绿中，一片枯黄的叶子飘落在你的脚下，此时虽还酷热，但它告诉你，秋天就要来了。叶子是识变的“机”。又曰：“见微知著”。当你看到蜻蜓环绕低飞，蚂蚁结队搬家，你知道一场大雨就要降临。蜻蜓和蚂蚁是识变的“机”。

这些年“机遇”这个词很热，举国上下都在抓机遇，以便加快发展。那么什么是“机”？不“知机”便不能察变，不察变便不能有“遇”。机遇者，以“机”为要；机者，时之微也。但这个“机”又总是和事物的不确定性联系在一起，它细小微弱、隐蔽难察，未来如何难以把握。我们通常所说的“见机行事”，就是这种不确定性的意思。具体来说，易经中的“机”至少包括以下三层含义：

一是指事物将要发生某种变化的先兆，即易经所说的“机兆”，预示着某种意义。亦或说，这个时候事物内部虽然已经发生了变化，甚至是很激烈的变化，但其外部尚未充分显现出来，看上去还是老样子，只有某些细微的征兆出现。这些征兆有的是事物本身显现出来的，有的则通过其他事物显现出来。由于这种先兆细微而“快闪”，很难被人所察觉。特别是那些通过相关事物显现出来的先兆，更容易欺骗人的眼睛。因为对于事物的变化，人们习惯于就事论事，或者只关注此事物本身，以及与其有因果关系的事物，而对其他事物或虽无因果关系却极具关联性的事物，则往往忽略不计。

我们都知道，事物是普遍联系的，而联系又是多样的。这其中，具有因果关系的联系，是大家所熟悉的，也是比较重视的。但是随着经济社会的发展，各种关系和相互联系也日益复杂多样，仅仅用因果关系来把握变化的先兆和趋势，显然已经不够了。因为关系的多元化和联系的多样性，导致了大量非因果关系的形成，如关联性关系或相关性联系。这种关系，不是我们所熟悉的有因必有果、有果必有因，也不是因必然等于果、果直接对着因，而是在事物发展中所形成的直接或间接的、这样或那样的关联性，表现为事物由因到果的多样性、复杂性和不确定性。这些关联性虽然并不必然等于结果，但对结果同样具有重要的影响和作用。

这就像经济活动中的产业链、供应链和资金链，如果从大循环的纵向看，它们都是相互联系与制约的因果链；但从具体运营的横向看，则更多地表现为关联链。在这些关联的链条上，任何一个点出现问题，都会对产业发展形成这样或那样的影响。比如你虽不是能源企业，既不生产煤也不生产油，看上去与煤的产量和油的产量并无因果关系，但能源价格的波动，则肯定是与你关联的。因为电价的上涨必然会增加你的成本。也就是说，在市场日益细分、要素高度多元的经济社会活动中，关联性往往是捕捉事物变化的重要机兆。这在计划经济和封闭社会环境下，是无法想象的。

二是指显示事物正在发生某种变化的苗头，即易经所说的“机先”。机先者，机之先也。与“机兆”不同的是，机先大都是从事物自身表现出来的，而且是众多机兆中表现得最为显著的苗头，并具有强烈的时间性意义。机先虽然也是细微的、难以察觉和把握的，但它是可以被感知的，关键在于我们怎样对待它。从历史经验和现实状况看，机先对于两种人尤为重要。

首先是人生和事业处于巅峰状态的人，事业越是强劲发展，越是顺风顺水，就越要注意那些发至自身的微小变化。因为这些微不足道的机先，往往是由盛而衰的征兆。如果这些征兆不能被及时发现，或者发现了不能及时化解，你的事业就会在某些方面出现致命性漏洞。等到问题或危机完全爆发出来，机先已经丧失，解决问题的最佳时机已经错过了，你就必须以巨大的成本和代价来面对危机，其结果必定是元气大伤。虽然瘦死的骆驼比马大，但要重振雄风或东山再起，谈何容易，又有几人能够如愿。有多少企业就这样走上了由盛而衰的道路。或许你的企业尚可维持，但毕竟今非昔比了。

那为什么会发生这样的事情？以我的观察，那些事业处于巅峰的人，眼睛大都是向上或向前看的。他们所关注的是如何扩张，如何进一步做大，如何得到更多更大的收益，极少有人能低头或回头看看，反思和审视一下自己走过的路、做过的事，至于那些细微的机先，连公司的高管都懒得去想，更不要说老总们了。更为可怕的是，事业处于巅峰的人很难听进别人的一言半语，你要给他提点建议，要么老大不高兴，要么置若罔闻，就认自己那一套。古今中外，这样的企业家难有持久的。这就是处于巅峰的人必须惕励而为的原因所在。

其次是人生和事业处于低谷的人，尤其要善于发现和把握机先，因为你比其他人更需要机遇。但问题是，消沉颓废总是伴随低谷而来，自信也就没有了。如此，人对外界的变化就会麻木，原本可以让你重振雄风的机遇，也许就擦肩而过。假如你能够保持自信，时刻关注外界变化的趋势，准确把握住变化的机先，抓住机遇，乘势而为，翻身的机会总是会有的。古今中外，这样的人这样的事也是不少的。

总之，无论是处于巅峰的人，还是处在低谷的人，之所以要特别重视机先，归根结底是因为事物处在待变、将变、始变之时，是最为关键的，能否抢占先机，抓住机遇，往往事关成败。而对此，又是人们最容易忽视的。

三是指事物变化的关键节点或紧要之处，即易经所说的“机枢”或“枢机”。枢机者，机之要也。大家都知道，任何事物的变化都是在一定时间和空间内发生的，也总是有条件的。而同一类事物，由于时间、地点和条件的不同，其变化的显性特征，则往往是多样而复杂的。有的特征瞬间即逝，有的特征持续显现；有的特征此是彼非，有的特征昨是今非；有的特征是个别的、独特的，有的特征则是普遍的、一般的。亦或说，对于特定对象来说，并非所有的显性特征都是有意义的。如何在纷繁复杂的变化中把握枢机这个机之要者，抓住主要矛盾和矛盾的主要方面，找到主要方面的主要问题，才是最为重要的。

一般来说，事物变化的机枢或枢机，总是在纷杂的量变中表达质变的某个节点。这个节点也许是一个新技术的诞生，也许是一个重大事件，也许是一次自然灾害，也许是一位核心人物的去留，等等。无论是什么，它一定代表着某种不可阻挡的发展趋势，并伴随着某种新事物的诞生。比如第一台计算机诞生时，那些从事电报、电话、邮递乃至新闻出版业务的人，又有谁会预判到今天的手机、电脑、互联网、短信、彩信、微博、微信、电商等；又有谁会想到，这一切会对人们的阅读方式、工作方式和生活方式带来如此巨大的变化，而这一切之所以能够成为今天的样子，正是因为那些在细微个别的变化中把握了枢机的人，并推动着信息技术和通信技术的日新月异，他们也许是微不足道的少数人，但他们一定是懂得“识机察变”的人，因而他们也一定是能够创造历史的人。

需要注意的是，“机”的这三层意义，并不是各自绝对孤立的。在现实中，它们往往是相伴而发、综合显现。这其中的关键，是如何正确把握质变，亦或说什么样的“机”具有新生事物的意义，并代表着未来发展趋势。对于质变，我们的习惯性理解是突然而来、爆发式呈现，或者说此事物一下子变成了彼事物。其实这不过是质变的表象之一。因为所有的质变都是在相应的量变中开始并完成的，但量变并不是一个均衡的、等量的、直线的运动过程，而是一种多种要素交互作用下的曲线运动，表现为时而多时而少，时而强时而弱，时而进时而退，时而升时而降，极为复杂和不确定。

在这个过程中，首先是事物整体的某个点出现了新质，这就是我们所说的“机”。这个新质通常都是微小的、脆弱的、隐蔽的，并不会影响事物整体的质量，因而很容易被忽视。但事物发展变化的客观规律是，某个点的新质在量变中一经生成，便会以不可阻挡的力量迅速成长壮大，并在原有旧质的基础上持续扩张，新生事物也就由此产生了。即使是那种急骤而激烈的质变，也是某点新质的能量在量变中不断积累的结果，同时又不断受到旧质的束缚或压制。而当新质的能量足以突破旧质束缚时，质变便会爆发式地呈现出来。当然，这并不否认某种新质被扼杀在量变之中的可能性，但这终非事物发展变化的本质。

再进一步说，“千里之堤溃于蚁穴”这句话，大家都是知道的，这个蚁穴就是“机”。它极其细微，平时对堤坝也不会有什么影响，没什么人会为一个蚁穴采取行动，等洪水来了，小小的蚁穴便可能成为暗涌，而多个暗涌的合力则足以毁掉一个堤坝。那么，蚁穴的出现究竟是量变还是质变呢？相对于千里之堤来说，蚁穴固然是个微不足道的量变，但相对于堤坝里面的水而言，蚁穴就是一个质变的节点。假如不去管它，任其扩大，那便会导致堤坝整体的质变。

再拿反腐败来说，腐败问题的出现究竟是量变还是质变呢？相对于整个干部队伍来说，腐败问题无疑是个量变，因为干部队伍的主体或者说大多数是好的、是健康的，否则改革开放以来所取得的发展，便无法解释了，对中华民族的未来发展，也就没什么指望了。但相对党的性质宗旨和奋斗目标而言，腐败就是一个质变的节点。因为它已经严重侵蚀了党的肌体，损害了党的形象，并给党的事业造成了巨大损失。如果不加以惩治，这个质变的节点，便足以使一个政党走向衰败。

还有像电商刚刚出现的时候，各地还在大建超市、商场、购物中心，没有谁把小小的电商放在眼里。可是短短的几年时间，就让那些大商场心惊肉跳，压力越来越大了。从现状看，电商还不足以使商业流通领域发生质的变化，因为它自身尚处在相对粗放的发展阶段，其信息的精准性、互动的直观性、体验的贴切性，以及商品质量和物流水平等，都还有很长的路要走。但从趋势上看，尤其是大量新技术的应用和普及，电商市场必将继续细分，个性化、家庭化和智能化的销售与服务必将广为普及，网上购物必将更为便捷优质和安全，并取代大商场而成为商品流通与销售的主渠道。这就会迫使大商场转型成为人们观赏商品、体验商品、创意上品，及休闲娱乐的场所。

还有足以令国人自豪的高铁，其实早在1903年就在德国研制成功了，而当时的时速就已达到了203公里，但德国并没有实际投入使用。因为当时德国人的生产方式和生活方式，并不需要如此快速的交通工具，所以也就没有什么人看好高铁投资前景。直到61年后的1964年，日本为筹备奥运会，才建成全世界第一条常规通勤高铁，即通常所说的新干线。这之后，包括美国在内的西方发达国家便没了举动。而我们国家则真正抓住了机遇，一跃而成为全球高铁大国，其巨大的经济效益和社会效益正在逐步显现。比如高铁沿线正在逐步形成的新的城镇群，或可称为“高铁城镇带”，也许会在很大程度上，改变我国的城镇分布和城镇结构。这对我国正在推进的城镇化建设，其意义是相当深远的。

从人类的发展轨迹看，古人大多依水而居，除了耕种和饮用水的需求，交通便利（主要是船）也是个重要因素。于是，聚众而成部落，交易而成集市，聚市而成城镇。如果考究起来，全世界大部分城市都是这样形成的。从现代交通上看，高铁无疑也具有这样的聚合功能。因为高铁作为目前优质而快捷的运输线，必然会带动产业和市场向沿线聚集，而产业和市场的聚集，又是城镇化的基础和依托，其内在的市场吸引力和驱动力是非常强大的。

上述这些观点和事例，其实都在说明一个问题，即经济社会中的质变，并非一定是整体的、系统的爆发式突变，而经常是量变中某个节点的质变，或某种新质的生成，这个点或这个新质就是易经所说的“机”。那么在现实生活中，我们究竟怎样“识机察变”呢？方法固然有很多，包括现代科技和工具应用等。我这里主要阐述一下易经的方法，即象数义理一体运用的道理。

如前所述，世间万物变则有象，化则有生。因而象界的本质是物质的，离开了一定的物质条件，就无所谓象。但这个象，与现代哲学所说的现象，既有相同的一面，也有不太一样的地方。相同的一面，即都认为现象是外部的、表面的、变化的，同时也是有形的、可视的、可认识的。这一点比较好理解。不太一样的地方则比较复杂，研究易经的学者看法也有分歧。

如果从“识机察变”的角度说，易经所说的象与现代哲学所说的现象，其不同之处首先在于对“量”的界定。现代哲学一般把“量”作为相对的“数”来对待，或者说“量”就是一定结构的“数”，并且与“质”相对应，组成质量。就象我们通常所说的“量”，总是用相应的“数”来表达。这也是人们重视对现象进行量化分析和实证研究的哲学基础。

而易经中的“量”，虽然也有数的涵义，但“量”同时也是“象”的形态之一，或者说“象”往往要用相应的“量”来表达，并与事物的性质相对应。因为任何一种“象”或现象，都有一定的“量”，都可以用“量”来描述。比如通常所说的卦象，首先就是指组成卦的“量”；我们所能看到的自然现象、经济现象和社会现象等，都是一定“量”的呈现。因为这些“象”都是有形有姿有态的，否则就无法称其为象。而这些形或者态，都是由一定“量”构成的，是圆的还是方的，是大的还是小的，是稳定的还是移动的，是高的还是低的，千姿百态，各有其“量”。

在对“象”的描述中，“量”虽有“数”的意思，但不能把二者直接划等号，“量”是“象”的形和态，“量”是对“数”的抽象。比如我们说有一群人在某地聚集，这是个现象，“一群”就是对这一现象“量”的表述。但“一群”不能理解为“数”，因为三人即为群，那这“一群”究竟是30人还是50人呢？如果是30人，那就是“数”而不是“量”；如果不清楚，那就只能是“量”而不是数。在这里，“数”是具体的，“量”是抽象的；具体的“数”表明事物量或规模的实在，而抽象的“量”则表明事物象的实在。再比如，你感到自己的发展困难重重、问题不断，不顺心的事一个接一个，这些都是变化中的现象，或一种“量”的表达。因为“重重”是多少；“不断”是多少；“一个接一个”是多少，都无法用“数”来表达。你总不能说困难五个、问题八个、不顺心事十个吧，不仅你自己无法统计，别人听了也难以理解。所以，“重重”、“不断”、“一个接一个”都是“象”。如果这样来理解易经中的象，就比较贴切了。

由此可知，识“机”首在识“象”，即敏感而及时地捕捉到“机”的象，并加以分析和判断；“察变”要在知“量”，即知其规模大小，是局部还是全局，是个别还是普遍，并尽可能以“数”来证明或阐释“量”的实在，进而把握变的性质。

现代哲学认为现象是本质的表现，本质就存在于现象之中。本质是内在的、相对稳定的。人们感知和认识现象的目的，就是为了发现和掌握事物的本质，亦或说就是为认识和把握事物的性质或属性。而易经作为一种方法论，固然也有“以象断性”的意义，但它对自然和人事现象的观察，更多地是为了认识和把握其变化的规律，以达到趋利避害、去凶化吉的目的。

比如，易经对风雨雷电的观察和分析，目的不是为了知道风雨雷电是什么性质，而是为把握风雨雷电形成的规律，即什么条件下会形成风雨雷电，以及对人类的影响，尤其是这些天象与人事关系的规律性反映。还有易经对龙潜龙腾、小狐汔济等动物行为特征的观察与分析，目的也不是为了确认什么是龙、什么是狐，而是通过对动物行为特征的分析，来说明人生跌宕起伏、盈虚盛衰的变化规律，实为“识机察变”之道。

再进一步分析，虽然大多数现象无法用“数”来表达，只能用“量”来抽象，但抽象的“量”则只能用“数”来证明，如卦爻的演算等。否则，“量”便失去了作为分析要素的实在性，现象的意义也就大打折扣了。

从卦象上看，易经本身就是“数”的组合，六十四个卦，每卦六爻，总共三百八十四爻，其卜筮的过程，也有相应的大衍之数。虽然这些大数是不变的，但每卦的阴爻数和阳爻数却是各不相同，体现了万物变化无穷无尽。从推演的过程看，虽是随机之数，却也有必然的所得之数，而这些“数”与卦象相对应，便形象地展现出某种事物变化的规律性，即我们所说的理。

从“识机察变”的需要说，有三个“数”值得探讨。

一是定数。易经认为，万物与生皆有定数。定数就是即有的数，或者说世间万物之所以是此物而非彼物的质量，也可说是构成此物而非彼物的要素与结构。假如这个定数改变了，它所构成的事物也就随之改变了。比如宇宙，包括太阳系在内的各种天体，都有自己的定数，地球围绕太阳转，是一个定数；地球自转，也是个定数。假如某个天体的定数改变了，其运行轨道也改变了，那宇宙的秩序也就乱套了，后果之可怕，让人不敢想象。我们知道的彗星就是“脱序”的结果，好在它很小，不会对地球乃至宇宙秩序造成可怕的后果。还有自然界的山水草木、飞禽走兽等，也都有自己的定数。石头山有石头山的定数，土山有土山的定数；万水皆有源，水大水小，皆在源的定数；什么样的草木只能生长在阳面，什么样的草木只能生长在阴面，也都有个定数在里面。

就人类而言，这个“命”就是人的定数，就是你之所以成为你而非他的质量。不要说父母是不能选择的，就连父母给你的遗传，也是不能选择的，比如你的性别、你的血型、你的肤色、你的身高、你的基本性格、你的长像，等等，都是由你的定数、即DNA决定的，这就是你的“本命”。除非发生某种颠覆性变化，否则，这个定数将伴随你一生。当然，那种人为整容整形的强制性改变，就是另一回事了。

定数对于“识机察变”的意义主要在于，对于任何一种变化、包括人的变化，首先要看他的基本面，抓住他的基本问题，分析他的基本趋向。既不要被假象所蒙蔽，也不要被“一时之机”所误导。比如经济发展总是有高有低、有快有慢，这是个变的常态。如果仅仅从速度上来判断某地发展状况，而置其基本面于不顾，那必然陷于肤浅，错失良机。

二是活数。易经活数的基本特征，就是非减即加、非加即减，没有乘除更没有方程几何，就像逆水行舟，不进则退。人生的“运”就是个活数，无非加减且变动不居。更为重要的是，人生虽有诸多客观条件的限制，有许多人力所不能改变的客观条件，但从人生的整个过程而言，“运”的主导权还是在自己手里。因为“运”这个活数，本身就表明它是化生的、运动的、可以改变的。如何把握它，如何运用它，如何优化它，主要在于你的人生态度和努力，以及你的智慧和选择。也正因为“运”是个活数，所以在现实生活中，它又是极难把握的，有加有减，加减相综相错，相互转化。

从普遍意义说，谁都想让自己的人生永远是加法，一生二，二生三，三生万物；有一万元想十万元，有百万元想千万元；住两居房想四居房，有四居房想别墅；当科员的瞄着科长，当了科长又想当处长、局长，企盼着就这样永远加下去。殊不知，“运”既然是个活数，就不能只加不减，有的是客观条件决定你被动地减，有的是从主观上自觉地减；有的是加中有减，有的是减中有加。比如随着年龄的增加，就意味着生命的减少；人退休了，但可自主支配的时间增加了；你虽然没当上官，但也少了一份压力；你虽然没赚到大钱，但也多了一份轻松和散淡；某种物品多了，价格就下降，反之亦然。无论是被动的还是主动的，该加减的时候是必须要加减，这就是“运”。

生活中经常听到说自己的运气不好。说这话的人大都处在人生的减法阶段，比如失去了某个机会或什么好处，或自认为应该得到的而没有得到，或出门碰上什么倒霉事，并由此哀声叹气、情绪消沉，或自暴自弃、绝望人生。事实上，任谁的人生都不可能永远是加法，有得有失是人生变化的常态。假如你的人生永远是加法，什么好处都是你的，甚至躺在床上都能掉下馅饼来，出门摔一跤都能拣到金条，那别人还活不活了？整个社会资源配置又如何保持平衡？更何况，减法并不都是人生的坏事，有时甚至还是好事，就像老话说的“吃亏是福”“破财免灾”“有舍才有得”。表面上看你好像吃了亏或破了财，实则是你因此而免了灾祸，或避免了一场灾难，这就是福。这就叫“人生无灾便是福”。

汉景帝时，诸侯之患日益严重。对此，景帝先是用减法，即“削藩”，结果导致了“七王之乱”。后来，汉武帝采纳了主父偃的建议，实行减中加、加中减之法。为此，朝廷颁发“推恩令”，裂诸侯之地以封其子，一分为二，一分为三，等等。结果诸侯的数量增了，而其势力则削弱了。各诸侯由大而小、由小而弱、由弱而亡。

在现实中，很多事是加是减、是好是坏，一时之间是难以看出来的，而是要从人生的大过程来看。从一时之利的角度看，你占了很大的便宜，自认可以光宗耀祖了，等到东窗事发的那一天，你一定会悔不当初。对于这一点，那些在狱中仰望星空的人，体会肯定最深刻。天理公道的大原则永远是：加减相错，损益互补。

活数对于“识机察变”的意义主要在于，对任何一种变化都不能看死了，尤其是那些细微的“机先”和“机兆”，无论其呈现的是加法还是减法，都要“活”着看待它，就是要以变化的立场和观点来对待变化本身，在加减相综相错中把握它的规律性，以行科学的应变之道。比如经济发展中的问题，就是一个加减相综相错的过程，有问题就有机遇，是加是减，要在自为。因为任何问题都是活数，也都是变化的。

三是变数。在易经中，变数就是未知数或正在变化中的数，就是非吉非凶的数，或者说可能吉也可能凶的数；就是既济而未济的数，或者说既济中未济的数、未济中既济的数。与今天常说的“不确定性”意思差不多。

“变数”对我们的重要意义之一，就是“变化本身也在变”。因为人的思维习惯通常是这样的：当你在认识或评价某种变化时，常常下意识地把它当成了不再变的东西，并由此得出自己的判断。其实就大多数个体而言，你所能认识的变化，不过是无穷变化的某个点或某个阶段的象和数，而这个时候，大量未知数依然按照自己的规律变化着。当你认识到它是甲的时候，它也许正在向乙转化；当你看到它正在走向成功的时候，它也许正在酝酿着失败；当你认为它已经走向衰败的时候，它的新质也许正在迅速成长。所以我们对拿不准或不确定的事，常常会说：“充满变数”。

那么这样说，是不是“不可知论”呢？当然不是。否则，人类又怎么会创造今天这样的文明。我们之所以这样说，无非是提醒大家，任何变化中的事物，都存在某种续变或再变之数，任何事物在生成和发展中，都存在不确定性。既不要把某种条件下的变化看成是不再变化，也不能把质量相对稳定的东西，看成是不可能再变的。“结果”永远在路上。就拿新技术来说，我们通常的思维习惯是，凡是新技术就必然会成长壮大或迅速普及，因此可以放手投资大干一场。但事实上，任何新技术在转化为生产力或生活方式要素的过程中，都存在着这样那样的变数。有的虽然得以应用，不过是昙花一现；有的甚至连实验室都没走出来，就死掉了。要不然每年那么多的发明专利，能实际应用的又有多少？

因此，我们在认识某种变化时，不仅要把握它的定数和活数，更要把握住它的变数。而这个变数也不是无规则、无秩序的乱变，决定它朝哪个方向变化的，不仅仅是那个“数”，更是它背后的那个规律，或者说是物质的规定性。这个规律我们虽然看不到，但它总会通过一系列象和数表现出来，这就是我们所说的趋势。趋势可以说是物质的倾向性，也可以说是规律的趋向性，或者说是以变数为表现形态的基本取向。

变数对于“识机察变”的另一个意义在于，变化中的变或反复出现的变，往往更能反映事物发展的趋势，以及关联方在变化中的基本走向。反过来说，我们把握了事物变化的某种趋势，以及它所呈现出的概率，也就把握住了它的变数。比如经济社会发展中充满了变数，大到国家，小到企业，都处在这种变数之中。那么这些变数的基本趋势和总的概率怎么把握呢？其实无论是大是小、是强是弱，首先要看它的“定数”，即基本面，再看它的“活数”，即变化中的规律性呈现。而这些只要是符合大多数人根本利益和价值取向的，只要是以较小代价而实现效益最大化的，就是符合事物变化基本趋势的，也就是变数的最大概率。反之，如果只符合少数人利益，或总是以较大的付出而获得较小收益的，则肯定不能长久。在人类发展历史中，无论是经验还是教训，都充分证明了这个道理。

“识机察变”，还有个变与不变的道理。在易经方法论看来，天至动，而言天者不可不守其常；地至静，而言地者不可不通其变。

因为任何事物的变化，都不是一下子就变过来的，也不会是一刀切、齐步走的。而是在变化中总有某些相对不变或相对稳定的东西，如事物的法则、规律、秩序和本质等。而这些相对稳定、相对不变的东西，又会随着时间、空间和条件的改变，发生新的变化。事物就是在这种变与不变的矛盾运动中不断向前发展的。面对事物的变化，我们不知变、不识变，就会成为落伍者，肯定会被时代所淘汰；如果我们只看到变，而完全不顾那些相对不变的东西，便全面行动，也是要吃亏的，甚至会失败的。这就是变与不变和不变中有变的道理。

我们先说变与不变。以媒体为例，近年来，由于通信技术和信息技术的迅猛发展，大量多样的新媒体应运而生，发展很快，大有取代传统媒体之势。于是国内外关于“传统媒体已进寒冬”“传统媒体几年内消亡”的呼声不绝于耳，更有百年大报宣布，几年后将取消纸质媒体，等等。应当说，这确是一个巨大变化，每个人都能亲身体验到。但是，我们要真正认识和把握这种变化，还必须具体分析，而不能简单笼统地作出判断。比如究竟哪些东西变化了，变化的程度、范围有多大，其中有没有相对不变的东西？

首先，新媒体打破了长期存在的媒体与受众的界限。原本只能被动看、被动听的受众，借助移动互联等平台和渠道，以多种方式如微博、微信和社区网站等，发布信息、参与讨论、评价问题、提出建议，可文字、可图片、可视频，样态之丰富前所未有。他们既是读者或受众，又是“记者”和自媒体。只要一部手机（或笔记本）在手，随时随地可以编发信息。我曾拜访过一家新媒体公司，他们开发了一款软件，放在网上供用户自己编杂志使用。无论什么人，只要你喜欢，都可以利用这个软件编出精美的杂志，然后放在网友圈里，与大家分享。

这些变化的显著特征，就是使传统媒体信息发布的唯一性成为历史。这不仅导致公众对传统媒体信息依赖度的急剧下降，以及受众群体的迅速分化，也迫使传统媒体不得不借助新媒体渠道，来维持自己的传播力和影响力，或进一步寻求与新媒体的融合发展。

其次，由于新媒体在传播上的即时性、使用上的便捷性和体验上的互动性，已经和正在改变公众获取信息的方式和阅读方式。多项调查结果显示，公众在获取信息渠道的选择上，多数人首选新媒体和自媒体，包括那些案头堆满报刊的领导或公司的老总们，也不甘落后。我曾实地考察过，一些地方订阅的报刊是整捆进来，又整捆出去，然后作为废纸再卖到造纸厂，制造成新闻纸，再印成报刊，大笔钱就在这种无效的循环中花掉了。报刊社只在意每年的订数，单位只负责按年征订，而它应有的使用价值却无人问津。无论是财政出钱，还是公司出钱，亦或自己掏腰包，看了着实令人心疼。至于当代青年，还在通过报刊获取信息或纸质阅读，不能说没有，恐怕一定是少数了，而且会越来越少。

这些变化，使传统媒体的新闻功能急剧衰弱，以往那种“隔日新闻”的吸引力几乎完全丧失，传统媒体的单向传播和缺乏互动，必将进一步削弱读者和受众在选择上的价值取向。

其三，由于新媒体在内容呈现形态上的丰富、多样和新奇，已经“锁定”越来越多人的眼球，尤其是正在成长中的青年一代。这种呈现形态，不仅让人在同一时空条件下，分享文字、图片和视频等多种形式，而且使内容的呈现具备了鲜明的个性化特征，充分满足了你想看的、你喜欢看的、你想保留的、你想反复看的、你想与别人分享的，以及你想重新编辑组合的等各种需求，比如白领青年尤为喜欢的“富媒体”，就已经具备了这样的呈现特点。而这一切，都是传统媒体无法做到的。

以上是说新媒体所引发的变化，当然还可以列出很多。那么在这巨大而纷繁的变化中，有没有相对不变的东西呢？有，这就是“内容为王”的本质没有变，不仅没有变，而且越发重要了。

因为无论是传统媒体还是新媒体，无论是公共媒体还是自媒体；无论是什么传播渠道，或你的传播渠道如何强大，也无论你制作手段多么高科技，或呈现形态多么丰富多样，归根结底，只要是媒体就必须有内容，而且必须有好内容。这是古今中外所有媒体的共同本质。离开了这一点，也就不成其为媒体了。也就是说，无论何种媒体，你传播的不是渠道，也不是样式，更不是某种形态，而是内容。尽管渠道、样态、形态非常重要，但它终归是为内容服务的。再往前说几十年、几百年，无论通信技术、信息技术或其他什么技术发展到了什么程度，甚至人连手都可以不动，就能遍览全球信息。但只要是媒体，“内容为王”的本质依然不会改变。

毫无疑问，与新媒体相比，传统媒体的核心资源和最大优势是内容，尤其是内容质量。因而，面对新媒体的挑战，传统媒体恰恰应当以不变的内容优势，去应对变化中出现的问题，全面创新内容生产方式，努力构建开放式内容整合平台，并以内容为核心，打通与新媒体的融合渠道，引领新媒体健康发展。从这个意义上说，内容产业必将成为全球的朝阳产业，也必将成为全球最具盈利能力、可持续性最强的产业，因而它也必将成为全球最大的现代服务业，除非人类已不再需要媒体、不再需要内容了。而事实恰恰相反，人的生存与发展一刻也离不开内容，也从未离开过内容，人的生命过程就是不断生产内容的过程。

再说不变中的变，还是以媒体为例。我们说只要是媒体，“内容之王”这个本质就不会改变，但这不等于说具体的内容不会改变。因为对于媒体来说，内容的变化是个常态，每天都在变，甚至每个小时都在变，否则就不叫新闻了，也就没人使用了。但我们要重点探讨的是，媒体融合条件下的内容之变，即媒体融合的基础是内容融合，包括内容生产方式、使用方式和传播方式等。因为没有内容上的融合，便不会有媒体之间的实际融合，这同样是“内容为王”的应有之义。

对于媒体融合，政府应当倡导或提出指导意见，但从实际操作层面上说，融合主要还得靠市场作用，而不可能靠“拉郎配”、“捉对组合”或“合并同类项”的方式来解决。

从总的媒体结构来看，传统媒体大都是公家的，属于事业单位；而新媒体则大都是私营或股份制的，属于民营公司。这两大方面要融合，首当其冲的就是体制问题，是把事业单位变成股份制民营公司，还是把民营媒体公司变成事业单位？毫无疑问，这两个选项至少在短期内是无法实现的。接下来一个选项，就是传统媒体内部的媒体“融合”，说白了就是办报刊、办电视的，再办个网站，或搞个客户端，建个微信账号什么的，这只能是媒体类别的增加，谈不上什么融合，大多数传统媒体早就这么做了，也算不上什么创新。因为就传统媒体内部而言，依然还是以报刊或电视为主，新媒体大都处于辅助地位，有无都不是大局。而在内容和机制上还远未达到融合的程度，要实现这个目标，还有很长的路要走，而且是相当艰难的。

从民营新媒体来看，其内部的融合度虽然不能说没有空间了，但确实已经很高了。如果说推动他们对外融合，那么融合谁呢？他们虽然有资本优势和融合冲动，但想来想去谁也融不了，最多只能收购几本办不下去的期刊经营权，但多数新媒体对此并没有兴趣，也谈不上什么融合。

这样梳理下来，媒体融合的主要路径，也许就是内容生产方式的融合了。或者说以内容生产方式融合为龙头，带动和促进传统媒体与新媒体之间的整体融合，以及各类媒体之间的系统融合，这是“内容为王”不变中最大的变。但内容生产方式融合又是有条件的，也是有规则的。这里至少有三个问题可以探讨。

一是进一步完善内容分类分级管理制度。其中，对于国家授权发布的内容和控制性内容等，应进一步加强监管，规范渠道，形成“专属发布”机制，并有条件地进入内容生产体系和传播渠道。应当说，这方面已有成熟的制度体系和实践经验，无需赘述。

二是内容生产方式的社会化。大家都知道，传统媒体的内容生产方式是一家一户且相互封闭的，我的记者只能为我所用，我生产的内容产品只能供我自己使用，我不用的只能放在稿库里，但别人不能无偿使用。这其中虽然也有转稿的，但比重极小；如果太多了，全国一张报纸就够了。这种生产方式的主要问题，就是严重束缚了内容生产力的充分发挥，并造成资源浪费，以及庞大的人力成本与低效产出的矛盾。而新媒体这一面呢，则需要海量的内容产品来填充它的巨大空间，满足日益增长的信息消费需求。但大多数新媒体并没有新闻采编权，其内容很大一部分是用户自己生产的，如社交网站、QQ 聊天等，还有一部分是自己生产的或某些自媒体生产的，而新闻内容则大都是“未经允许”使用了传统媒体的产品，因此传统媒体与新媒体的纠纷不断，上法庭也是有的。

这就不可避免地产生两个问题：一个是新媒体无论大小，都得有编辑记者。这无形中又走回了传统媒体的老路；另一个是某些新媒体的内容鱼目混杂，性质和质量难以保证，监管难度很大，无形中又增加了政府管理成本。化解这个矛盾的可选办法，就是要打破传统媒体“一家一户”封闭的生产方式，推动编采分离和制播分离，进一步解放内容生产力。在此基础上，组建国家级和省级的内容生产制作公司，打造内容生产的主力团队和社会化体系。同时，应鼓励和支持民营资本依法进入内容生产制作，充分整合自媒体资源，促进内容生产方式社会化机制的形成。

三是探索和促进内容产品使用和交易的市场化。这就需要有一些不属于任何媒体的公共电子交易平台，这个平台不仅可以承接内容生产公司的产品，更为重要的是，通过这个平台可以把遍布民间的自媒体整合起来，鼓励他们生产的内容产品进入平台交易。

如此一来，对于内容生产者来说，无论是国有公司，还是民营公司或自媒体，大家的内容产品都可以平等进入平台，并按市场规律进行交易；对于内容产品的使用者来说，无论是传统媒体，还是新媒体、自媒体，大家都可以通过这个平台购买自己所需要的内容产品，或订制自己需要的个性化内容产品。这不仅打破了某些内容产品的封闭和垄断，极大地降低媒体内容的生产成本，促进内容产品的市场流动，推动多媒体融合和差异化发展，而且也必将激励更多社会力量和市场要素参与内容生产与制作，促进内容产品在市场竞争中不断优化，推动信息和内容产品消费的有效增长。对于政府管理部门而言，掌握内容生产的主导权，也就掌握了媒体管理和内容监管的主动权；管住了内容生产这个源头，也就管住了媒体传播渠道，实现由“滞后管理”向“前置管理”的转变。这不仅可以大幅降低政府管理成本，而且也会有效增强政府的监管功效。

对于传统媒体来说，这不仅极大地解放了自身的内容生产力，优化了自身结构，放大了自身优势，而且还可以股权等方式，从内容市场上获得收益和回报。因为传统媒体的内容生产优势，虽然是几十年积累形成的，但我们也必须看到，这一优势正在并将继续弱化。这不仅在于内容生产制作技术的日新月异，也在于人才流失，以及新媒体内容生产能力的不断提高。

如果把上述几个方面综合起来，应当可以预见，内容生产方式的社会化，必将催生一个全新的产业——内容产业，并由此形成“内容生产社会化，产品交易市场化，传播渠道多元化”的媒体融合发展新格局。

三、应变之法

我们在“识机察变”的基础上，又该如何应变呢？从一般意义说，应变是主观见之于客观的过程，是个相当复杂而又千差万别的问题。很多学科都有自己的理论和方法，尤其是唯物主义辩证法，更是普遍适用的。这里仅从易经方法论的角度作些分析，权作补益。

一是持经达变，守法通则。或者说“以不变之法而为至变之用”。那么这个“经”或“法”是什么？搞清这一点是我们正确把握“持经达变”与守法通则的关键所在。

从易经的原意来看，这个“经”或“法”，就是天道法则，亦或说是自然和人事变化的基本规律。天有天象，地有地形，气象万千，千变万化，但决定或推动这些变的法则和规律则是相对不变的，或者说是相对稳定的。比如暴风雨来了，天地为之昏暗，道路为之阻绝，山川为之垂幕，人兽为之避急，但似乎没有谁想要去阻止暴雨的到来，也没有谁为此惶惶不可终日。因为大家都知道，这是自然的变化。无论多大的暴风雨，都终究会过去，太阳照样会升起来。人们把握了这个规律，就可以守法达变了。

当然，在现实生活中这个问题要复杂的多。比如我们在改革开放的历史进程中，会遇到各种各样的变化，这些变化有的是外部力量造成的，有的是内部力量造成的，有的则是在改革开放或发展中出现的，其中很多是我们无法预料的。有的变化是积极的，具有正能量，有的变化则是消极的，具有负能量，甚至是有破坏力的。对于这些变化，无论我们怎样去认识和应对，都要有一个“经”或“法”作为基本依据。这个“经”或“法”，也许是我们的发展目标或目的，也许是发展的旗帜和道路，也许是我们已经掌握了的基本规律和基本原则，诸如中国特色社会主义道路、中华民族伟大复兴目标、改革开放的基本方针和政策，以及这个进程中的客观规律等。

也就是说，无论我们面对的变化多么纷繁复杂，或压力有多大，都不应以改变或牺牲发展目标、发展道路或违背发展规律为代价，去适变或达变。或者说为了适变或达变，今天以这个为目标，明天以那个为目标；今天往东走，明天往西走；今天开放了，明天又闭关了。如此作为，不仅不能适变或达变，反而会使已变的东西雪上加霜，朝着更坏的方向演进，从根本上丧失发展的条件和能力。尤其是在重大事件和重要关头面前，更应有这种“持经守法”的政治定力。因为目标和道路的改变，将意味着对某一历史进程的根本否定，一切都要重头再来，其破坏力是难以想象的。

接下来，我们以这些年比较热门的文化发展为例，作进一步分析。

从根本上说，无论是文化建设、文化发展，还是文化事业、文化产业，其“经”和“法”都是“以文化人”“以文化物”；人是主体，文是手段，化是目的。按易经的说法，就是要以人文化育天下。古今中外，这都是个不变的“经”和“法”。无论其文化形态如何多样、如何变化，都是如此，目的都是为了“化人”“化物”，或成一时之风化，或行一世之教化。

咱们国家从历史到今天，都是个文化大国，也是个文化强国。诸子百家，经史子集，诗词歌赋，琴棋书画，以及浩如烟海的文物古玩和现代艺术品，独树于世界民族之林。如果从它们的发展轨迹看，大都有一个从实用到艺术乃至文化的过程。如从“结绳记事”到文字，从书写工具到书法，从信息表达到绘画，从记事叙事到情感表达和境界构建的诗词，从装水盛饭煮肉的陶罐瓷器和青铜器，到动辄几百万、几千万甚至过亿的文物，从单纯的消遣娱乐到艺术形态的戏剧歌舞，都是如此，都是源于百姓生活和生产实践，而又升华为某种文化形态。

那么，一个普通实用的物件为什么会有这样的发展过程呢？应当说，这既是“以文化物”的过程，也是“以文化物”的结果。而人类又为什么去追求和普及这些东西，并不断创造新的形态呢？可以肯定的是，古时虽然也有一定形式的交易和收藏，但一定不是为了投资、为了赚钱，甚至投机。统治者是为了推行“礼”治或“文”治，为了教化百姓；文人骚客是为了人生境界和对生命价值的求索；百姓则为信息、知识的获取，以及情感寄托和对命运的追寻。而这一切都是“以文化人”的实践过程。

可以说，纵观两千多年的历史，我们的祖先始终坚守着文化的这个“经”或“法”，无论朝代更替，还是战乱灾害，无论是贫困还是疾病，乃至外来文化的冲击。比如备受崇敬的大诗人李白，晚年贫病交加，不得不投靠在安徽当涂的族叔李阳冰，并在这里病逝，享年六十二岁。他一生并没有把诗词书法作为谋生的手段。而一生漂泊、受尽饥饿和疾病折磨的杜甫，最终凄凉地死在湘江上游的小船中。但他始终没有改变自己对文化的坚守。

让我们汗颜的是，祖先们千年创造、代代相传的这些物件，在一些人眼里只是赚钱的工具，而不是文化，更不要说“以文化人”了。当然，文化产品是可以交易的，否则文化就无法普及，“以文化人”的作用就难以普遍实现。亦或说，“文”只有成为产品，只有被消费、被应用，才可能形成“化人”的过程，发挥“化人”的作用。但问题的关键在于交易的目的，在于对“形之上”的价值和意义的追求，也就是对“经”或“法”的坚守。

这就要说说日本的茶道了。据《茶之书》介绍：日本茶道的“道”，来自道家的“道”；茶道的形式来源禅宗的饮茶仪式，而禅宗正是道家思想的重要继承者。“在8世纪的中国，茶作为一种趣，跻身于诗歌领域。到了15世纪，日本人把它升华为一种具有审美意义的茶道。”① 那么，产生了道家、禅宗和《茶经》并作为茶叶和茶文化发源地之一的中国，为什么没有形成茶道呢？

我们都知道，茶最初是作为药用或蔬食，后来才成为饮品的。那么这样一款普普通通的饮品，又和“道”有什么关系呢？按照冈仓天心的说法，就在于生活与艺术的一体性，在于人格高于技巧的追求，在于对人生琐事中美的发现。从根本上说，就是对人生意义的坚守。因而，“茶道的本质是对不完全的崇拜，是一种柔弱的尝试，一种试图在我们已知的、充满着不可能的人生当中完成某种可能的尝试。”“懂得纯粹与和谐，理解人们之间相互关爱的奥秘，领会社会秩序中的浪漫主义。”这一切恰恰是人格的需要和美的需求。而这种需求在现实中则往往是一种虚假的艺术崇拜，即“追求的是高价，而不是高雅；追求的是流行，而不是美”。所以，它必须从“道”的层面来解决。否则，“未来也将嘲笑我们艺术的荒芜”。

由此可知，当我们消费的仅仅是水和茶叶，而不是这一过程存在的美；当我们仅仅满足于饮茶的技巧，而不是这一过程对人格的塑造，也就失去了对“经”与“法”的坚守，那么它对人的“化育”功能也就失去了。

这里需要说明的是，“持经”并非保守和顽固，也不是指那些“食古不化”的经验和“习以为常”的麻木，而是指在“达变”中应当遵循的法则和规律。它所强调的是，不要盲目或主观地应变跟变，不能“一阵风”或“一刀切”。因而“持经”并不是应变的目的，它只是让我们更稳健、更科学地应变，而“达变”才是“持经”的目的。就人的一生而言，任谁都会遭遇一些变化，有的是国家、社会或单位的，有的是个人生活的。面对这些变化，无论是主动应变，还是被动无奈地适变，都要有个根、有个本，都要有所遵循，这就是我们所说的“持经”。

二是进不可盲，守不可僵，退不可穷，以一定之法而为无定之准。因为所谓应变之策，从宏观层面来说，无非是进、守、退这三种取向和选择。而在同一事物的变化过程中，它们又总是相互交织在一起的，进中有守、

---

① （日）冈仓天心著、尤海燕译：《茶之书》，北京出版社2010年第1版。

守中有进有退，退中有守也有进。

比如“与时俱进”。强调的是要顺应时代变化，进一步解放思想，不断开拓创新发展。从人类历史发展的总趋势以及某个发展阶段的需要上说，这无疑是非常重要的。但从事物发展的客观规律以及阶段性和连续性的角度看，“与时俱进”并非物质运动和事物发展的全部，而是有“与时俱进”，就必然有“与时俱退”，或处于中间状态的“与时俱守”。亦或说，事物的发展总是进中有退、退中有守、守中有进，不可能只进不守或只进不退。这是大自然螺旋式循环往复的必然状态。就像物质或事物的质变，就是它在联系和发展中的间断，而没有间断也就没有阶段。因为从性质上看，无论什么意义上的与时俱进，都是主观见之于客观的一种追求；无论我们依据什么样的客观条件，都是一种主观的判断或意志的表现。也就是说，当客观条件和外部环境已经发生变化，而我们还在麻木不仁、因循守旧、裹足不前的时候，就需要强调“与时俱进”，以便打破束缚、解放思想、创新发展，跟上时代的步伐。

但在客观现实中，和“与时俱进”同样重要的，还有一个“与时消息”。有白天的劳作，就得有夜晚的休息；有春天的播种，就得有冬天的归藏；有高歌猛进的发展，就得有“与时消息”的调整。这个“消与息”，既是此消彼长的关系，也是实与虚的关系；既是动与静的关系，也是进与退的关系。人不可能24小时不休息，千里沃土不可能不休养，人类的各项事业也不可能只进不退，退是为了更好的进。无消则不生息。因而，知进不知退，则必然会知存不知亡、知得而不知失、知显而不知隐，就会在实际工作中被主观主义所误导。即使单就“与时俱进”而言，也不能简单抽象地理解与应用，而是要以一定的时间、地点和条件为转移，具体问题具体分析。我们处在什么历史时期、什么发展阶段、什么样的时代，以及我们面对什么样的问题，都决定了我们选择何种意义上的进。仅仅是抽象的时间概念，并不具有“俱进”的意义。

比如大汉王朝建立之初，汉高祖刘邦面对百业凋敝、百废待兴的残局，并没有动员全国人民大干快上，而是客观地选择了“修养生息”的基本国策，这才有了“文景之治”，以及汉武帝时期的强劲发展。这一基本国策的确立，也许是无奈的选择，也许是被动的应变，但从总体上说，它呈现给我们的是“与时俱退”，至少是“与时俱进”中的守势。正因为这段时间的守，才有了下一步的进。

更为典型是红军的两万五千里长征。从军事上说它是一次被迫的战略总退却，不仅根据地损失殆尽，而且部队的损失也相当严重。但它的伟大意义在于，红军在没有根据地，几乎没有任何后勤保障，甚至在一段时间内没有明确目标的条件下，经过两万五千里的长时间大规模流动，成功地实现了从被动退却向主动转移的战略转变，历尽艰难困苦，终于胜利到达了陕北，实现了北上抗日的战略目标，为后来的大发展奠定了基础。假如红军没有这次战略总退却或后来的战略大转移，而是留在江西根据地与国民党部队硬碰硬地打下去，或依托江西等邻近数省与国民党部队周旋，那不仅无法实现其战略目标，而且自身命运也将难以保障。

由此可见，是进是退贵在“与时”，时者，势也。大势所趋，以定进退。一时之退，并不表明事物性质的改变，也不一定都是坏事。老话说“大丈夫能屈能伸”，也是这个意思。无论在生活中还是工作中，凡是争强斗狠，不知进退，终究是不可长久的。

还有我们正在进行的改革开放。从总的进程来说，它一定是与时俱进的，但从具体层面上说，它也一定是有进有退的。比如在改革中的调整和改掉的东西，从事物相互对立和相互转化的意义上说，就是一种退。而改革中产生的新事物、新体制，就是一种进。纵观国内外历次改革，大体都呈现出先退后进、进中有退、退中有进的发展状态。没有足够的退，就无法改掉阻障发展的旧东西；没有足够的进，新事物就无法成长与发展；无论是旧东西的革除，还是新事物的生长，都不可能是一蹴而就的，而一定是在反复较量、此消彼长的过程中实现的。这一过程就是一个有进有退的发展过程。

单就这个“进”而言，也有不同性质或形态的进。同样是与时俱进，有的是按照事物客观规律的循序渐进；有的则是不顾客观实际的冒进；有的是因势所迫不得不为的急进；有的则是为了应付上级的被动缓进，等等。虽然都是进，因性质和形态的不同，其结果也必然是不一样的。

从主观上说，人人都希望发展得快一些、好一些，即使有困难、有问题、有阻力，或者客观条件不太好，也会克服困难、创造条件争取更大的发展。从精神层面上说，这没有什么错，甚至还应加以弘扬。因为人是有理想、有信念的，也是有现实追求的。但无论我们的理想多么伟大、信念多么坚定、愿望多么善良、期待多么强烈，每件事终究还是要面对客观现实。尤其是在经济全球化的今天，这个客观现实不仅有国内的，也有国外的，关联性极为广泛，牵一发而动全身。每个产业、甚至每个店铺，都与国际市场有着这样那样的相关性。

所以，某家企业或老百姓有时可以热血沸腾一下，做事情急进一些、冒进一点，对全局发展不会有大的影响。但主政一方的人却必须十二分的清醒，准确把握“进”的性质，掌握好“进”的速度与节奏，处理好“进”与“退”的关系，保持经济社会的稳健发展。反之，如果为政者时不时热血沸腾一下，好大喜功，政绩为上，明知不可为而为之，或明知为之有绩而遗害，依然为之，那对经济社会发展的影响就大了，甚至会造成严重后果。比如每年GDP的上下浮动，原本是经济运行中的正常状态，就像人到了晚上要休息一样，经济运行始终在进退往复之间，寻找自己的平衡点，并非人力所能完全左右。假如我们为了保持某种人为的速度，不顾经济发展的客观规律，硬用钱去砸出几个百分点，短期看百分点是上去了，但造成或遗留下来的问题，后人必须以更大的代价、更多的百分点来解决。而支持这一做法的理由是：没有条件，创造条件也要上。殊不知，创造条件本身也需要条件，并不是所有条件都可以创造的。当然，这么说并不排斥对问题的积极解决。

至于“与时俱退”的道理也是一样的。当然，这里所说的“退”，既不是从今天退到昨天或历史的倒退，也不是对事物的彻底否定，一切推倒重来。从常态上说，“退”主要指事物在循环发展中的某种调整、某种取舍，目的是为了更好的进。这不仅是经济发展的规律性体现，也同样会为经济发展创造新的机遇和空间。比如在产能过剩、下行压力加大的时候，也同样是调整和优化产业结构、生发新动能和转变发展方式的最佳时期。如果我们能够抓住“退”的机遇，实施调整和转型，那么无论是在企业的价值转变上，还是在成本和代价上，乃至在未来发展空间上，都必然会好于快速增长时期。所以说表面上的“退”，实则是更好地“进”的机会。关键是为政者如何把握这“进”与“退”的关系。正所谓进退之机，运用之妙，存乎一心。

一般来说，人们对“进”中的机遇，有一种普遍的主观偏好，以为机遇尽在发展中，眼睛也主要盯着这个地方，既肯于下功夫去抓，也愿意花本钱投入。平日里大家所说的机遇，也大都属于这一类。但对于“退”中的机遇，则普遍处于“盲视”状态，很少有人给予应有的关注，更不愿意为此去投入、去“冒险”。因为在他们看来，在“退”中寻找机遇，无疑是徒劳的。

而事实并非如此。翻开人类发展史我们不难发现，不仅“进”中有机遇，“退”中也同样有机遇，而且往往是更大的机遇。二者相比而言，“进”中的机遇，更多地体现在量的增长、规模扩张、速度加快，以及科技进步所产生的机遇等。而“退”中的机遇，则更多地体现在质的优化、方式改变、资源重组、结构调整和内涵完善上。从另一个角度看，“进”中的机遇，大都出现在快速发展期，显性特征比较突出，容易发现、捕捉和把握。而“退”中的机遇，则大都出现在经济社会发展的低潮期或调整期，又常常和问题、困难纠缠在一起，隐蔽性比较强，不容易发现、捕捉和把握。

比如“二战”之后，有些国家在战争的废墟上迅速恢复和发展起来，有的还一跃成为经济强国、军事大国；而有些国家虽然也得到了恢复和发展，但速度很慢，又走了一些弯路。从战争的结果看，虽然有胜有败，但战争造成的“退”，是这些国家的共同状态，也是大家面临的共同问题。其结果的不同，原因之一就在于有些国家在“退”中发现了机遇、抓住了机遇，而有些国家则在“退”中错过了机遇或丧失了机遇。同样的道理，几十年之后“进”的机遇出现了，有的经济强国却未能抓住机遇，调整和改变自己，从而陷入了持久的低迷期，难以重振。而那些原本发展较慢或徘徊不前的国家，则敏锐而果敢地抓住机遇，革除弊端，快速发展，一举成为新兴国家。

再如，机遇总是伴随某些新生事物而来，而新事物又总是在旧事物的母体中孕育和产生的，没有旧事物就无所谓新事物。所以，它大都是隐蔽的、弱小的、个别的，不仅难以把握，也很难为大多数人所接受。更为重要的是，对旧事物而言，新生事物常常以问题、困难或非主流的面貌出现，不仅难以得到应有的重视和扶持，反而会招致批评和非议，随它而来的机遇也就错过了。而事实上，每个新生事物的出现，总会伴随着这样那样的机遇。在这些机遇中，有的稍纵即逝，很难捕捉；有的为智者所把握，转化为现实的事业或动能；有的则伴随新生事物的成长，而成为常态。

从方法论上说，这里面有个立场或坐标的问题。如果你站在旧事物的立场，并以旧事物的观点为坐标来对待新事物，那你不仅不会接受新事物，更无法发现与它相伴而来的机遇。这就像总是站在今人的立场，以今人的观点为坐标，去评说和分析历史人物和历史事件，到头来只能把历史搞成了“菜市场”，谁需要什么就去里面拿什么。反之，如果你站在“持中”的立场，以“持中”的观点为坐标，来观察、分析和判断新事物，那情况就大不一样了。

我们再换一个视角看，机遇又是双向选择的，亦或说很多机遇并非是所有人的机遇，也不只是被动地在那里等你来选择。比如某些新生事物、新的发展规划或新的政策出来了，从性质、资源和市场等各个方面来说，由此而来的机遇在客观已经选择了你，它是你的机遇，关键看你能不能抓得住、用得好；或者它在客观上已经拒绝了你，不是属于你的机遇，或许还是你的挑战，在这种情况下，如果你不顾客观条件硬去抓，大都不会有什么好结果。

我们还是以电商为例。正如前面说到的，它对很多商家是机遇，这一点市场已经证明。但它对很多商家乃至政府管理部门也是挑战。因为说到底，电商不过是基于互联网技术的一种网上支付系统，上有企业商家，下有物流快递，它既不生产商品，也不创造品牌；他们之间的蛋糕怎么切，将在某种程度上决定电商走向。这表明，并非所有商品都适合电商交易模式。电商的发展，也并非所有商家和企业的机遇。

从更深的层面看，随着经济发展和国民素质的不断提高，财富多样性是一个必然趋势，而财富多样性又必然导致消费模式的多元化。这时候，购物将不再是单纯的买东西了，或者说已不再是单一的货币支付过程，而更多是某种形态的文化体验和艺术体验，是一种分享或共享中的休闲，或休闲中的分享与共享。它所强调的是特定而适宜的环境塑造，以及人与商品的互动，或以商品为媒介的文化参与，而购物和支付的便捷性将变得不那么重要。在这种条件下，以个性服务为主体的智能化物流快递模式，也必将随之产生，并以终端需求为动力，逐步改变人们的消费模式。因为从商品的本质属性与人的关系来看，它从未真正成为人的最高追求，也永远不可能成为人的终极价值。在购买力和选择空间不断放大的条件下，人们对购物过程的文化需求和精神享受的提高，无疑是一种必然。因此，电商、企业和快递公司如何合作创新，这才是最具前瞻性的机遇。

三是问题导向，守正用变；决于先机，断于当下，戒于后续。说到“问题”，我们通常的思维习惯，总是把它看作是不好的事，让人头痛的事，让人心烦的事，或者是影响甚至阻障经济社会发展的事；一个问题很多、很严重的人或单位，总是不好的，却较少从哲学层面和积极作用的角度来看待它。

从方法论的角度说，问题就是要研究解决的矛盾，而矛盾是事物所固有的，也是普遍存在的，矛盾是事物内在的本质的联系。由此可知，问题与发展也必然是如影相随的。正因为有问题，我们才要解决、才要发展，发展就是为了解决问题；而在发展或解决某个问题中，又会产生新的问题，于是我们还得去解决、去发展。事物就是在这样的循环往复、交替而生的矛盾运动中，实现了螺旋式上升。所以，无论我们的愿望多么善良、多么美好，永远都不要期待没有问题的发展。

比如经济繁荣了，商品丰富了，人们口袋里的钱多了，购买力增强了，这都是发展的结果，也都是好事。但是伴随这一过程的文化和精神构建，却往往是滞后的。这并非中国所独有，而是一个普遍的规律。当富裕起来的人们失去了文化和精神支撑，他们就会变得“任性”，精神空虚、道德滑坡、坑蒙拐骗等社会问题，便一一呈现出来。再如，中国经济总量由原来的三十多位，上升到全球第二位，成为经济大国，这一发展成就令世人瞩目。但相伴而来的是日益严重的环境污染和生态破坏。正如邓小平所指出的：“发展起来以后的问题不比不发展时少”。在某些领域、某些方面可能会更多样、更复杂。但从性质上说，这都是发展中产生的问题，也只能在发展中去解决，从而实现更和谐的发展。

当然，我们都希望经济社会与文化、环境统筹协调发展，能够少出问题甚至不出问题。但这在一定时间、地点和条件下，是极难做到的。道理很简单，我们既不能在事先对发展可能出现的问题一清二楚，因为我们都不是神仙；也不能因为有问题就停止发展，这是不可想像的，因为我们要生存。至于老子设想的“小国寡民”，大家都“甘其食，美其服，安其居，乐其俗。邻国相望，鸡犬之声相闻，民至老死不相往来”，不过是一种向往或境界，因为这一切同样需要相应的经济基础和必要条件，也同样要发展，而要发展就必然会有相应的问题产生。

所以，从积极的角度说，问题也是发展动力。因为问题能使我们警醒，能使我们反省，能使我们更加自觉；强烈的问题意识，能使我们惕励忧患，更加自觉地总结经验、吸取教训，更科学地发展。这其中的道理在于，发展的过程，既是必然与偶然的交错过程，也是肯定与否定的交错过程。也就是说，发展从整个过程和总的趋势上说，是必然的，无论有多大的困难与挫折，人类社会总是向前发展的。但在发展过程之中，又会有大量的偶然性发生，从而使发展过程呈现出波峰浪谷、交错运行的曲线变化状态。同样，发展并不意味着总是肯定的、积极的，其中的否定因素，尤其是自我否定因素，既是客观存在的，也是发展的必要条件，没有否定就不会有发展。所以，在必然与偶然的矛盾运动中，我们要保持正确的发展方向，就必须或只能以问题为导向，并使之成为更好发展的动力。

坚持这一基本价值取向，就是既要正视问题，也要积极地对待问题，更要勇于去解决问题，并善于在解决问题中谋求更好、更科学的发展。因为发展并非仅仅改变了客体，也相应地改变了主体；对客体的肯定，也就意味着对主体的肯定，对客体的否定，同样意味着对主体的否定。这是一个交错互动的过程。

从客观规律上说，客体的改变既可能是一种发展，也可能是一种问题，而人作为主体的改变，既有适应发展的一面，也有落后于发展的一面；既有发现问题的可能，也有忽视问题的可能。这其中，对客体的改变或问题，相对比较容易发现并引起重视，而对主体条件或自身的变化，则往往浑然不知或麻木不仁，好像一切都在变，惟我不变。在这种情况下，客体的问题尤其是比较严重的问题，往往能够唤醒主体的警觉与忧患，强化在发展中解决问题的动力机制。比如邓小平关于最大失误是教育的论断，曾使举国警醒，各方人士纷纷加入讨论。还有像环境污染、贫富差距加大、社会信用滑坡、产能过剩等等，都是问题对主体的唤醒，从而使我们加深对问题的认识，并认真加以解决，促进协调发展。

从这个意义上说，问题既可以为发展导航，也可以为应变提供先机。因为所谓问题，既是过去发展的果，也是下一步发展的因，这个因也必然产生相应的果。所以，以问题为导向，抓住问题这个先机，并按照因果规律去认识和对待问题，就会极大地提高我们的决策水平和运筹能力，并在很大程度上改变“后置决策”的现状，不断提高决策的预见性和科学性，我们的发展就会跃上一个新的水平。机遇就在问题中。

“守正用变”，主要是指主体尤其是决策者在应变中的立场和态度，强调的是既要“知权”更要“守正”。这里的“正”，是指决定事物发展性质和方向的目标、道路和规律等。在一定的发展时期或阶段，无论主客体条件如何改变，这些是不可以被“权变”的，必须坚守，否则就会成为无根之萍。我们强调的这个“正”，既与“邪”相对立，也与错误相对应。因为我们无法否认，很多问题正是主观失正造成的，或者说客观上的问题大都与主观上的错误相对应。所以，问题的出现有利于我们认识错误、改正错误，而认识并改正了错误，必将有利于问题的解决，促进发展。

人类发展史已经证明，试错求进、知错悟道，即从自己或他人的错误中吸取教训、把握规律，是解决问题、谋求发展的重要途经。比如人类对火的发现，对水的利用，植物从野生到种植，动物从野生到家养，人类社会从农业到工业，从野蛮到文明，无一不是在试错或失败中逐步实现的。可以说，人类正是在不断反复试错和失败中走到了今天，也必将在不断试错和失败中走向未来。因为没有试错，就不会把握正确，也就不能发展；没有失败，就不会有成功。

从这个意义上说，我们既不要回避问题，也不能无视错误，因为问题是回避不了的，错误也是难免的，关键是守正。既不要被问题所误导，也不要畏错如虎，而是要鼓励守正试错，宽容失败。因为如果无人试错，或无人发现问题、指出错误，就会使问题和错误泛滥，造成更大损失，守正也就失去了应有的意义。所以，守正不是“清高”，不是保守，也不是自欺欺人，而是一种品格，一种境界。

我喜欢看古代官员的奏章，他们或是向皇帝报告请示工作，或是反映情况提出问题，或谏或进。这里面，歌功颂德、一片大好的不少，但也不乏说问题、论利弊、鉴古今，乃至直接对皇帝提出规劝或批评的奏章，字里行间闪烁着先人们正视问题、“惜错如金”、追求真理的宝贵精神。要知道，这些奏章是写给一句话就可以取你性命的皇帝。更为可怕的是，对与错不是由谏言者决定，而是由生杀予夺的皇帝决定的，这需要何等的风骨和浩气。翻开史书，因此而被满门抄斩、被贬被残的案例数不胜数。但这并没有阻挡先人们进谏的继续。可以说，“惜错如金”这四个字，是无数先人用鲜血写就的，它同样是中华民族的宝贵财富。

我也曾看过不少党的历史文献。其中，党和国家领导人的讲话，大都是以讲问题为主，具有鲜明的问题导向，绝少大话空话或一派大好。他们总是从一两个问题出发，导引出一系列重大理论和政策阐述，并提出解决问题的实际方法；他们之所以敢于直面问题与错误，是因为心中有正，而且能够守住正。

我深知，直面问题与错误，既需要极大的勇气和思想水准，也要有对事物发展规律的深刻领会和运用，不是一件容易做到的事。表扬和自我表扬的话好说，批评与自我批评的话难讲，是比较普遍的。其实，一个单位也好，一个地区也罢，发展中出现一些问题或错误，并不是什么丢人的事，这和违纪违法、腐败什么的不一样。发展中有问题有错误是正常的，没问题没错误反而不正常了，关键是你怎么对待，或者说你能不能守得住“正”。这就如同一个人总是在跌倒中学会走路的，一个人总是在痛苦中懂得幸福的，一项事业总是在试错或失败中走向成功的。错误是人生的老师，它教我们学会了正确；错误是做人的一面镜子，它显示出我们灵魂的正邪；错误也是事业发展的阶梯，它告诉我们走向成功的路径；错误更是悟道的法宝，是它帮助我们逐步认识和把握了事物的客观规律。

“断于当下，戒于后续”，主要是说在应变中看准了的事，既要果断决策，又不能孤立静止地看待当下的决策。这其中包括对当下所处的发展阶段，当下存在的问题，当下所采取的措施，当下所要达到的目标等，都不能孤立地对待，而是要用联系的、系统的、发展的观点，来对待当下的决策。尤其是一个决策对未来的影响，以及可能引发的问题，更要慎之又慎。因为今天是昨天的继续，明天是今天的继续。任何一个当下的决策，既要对当下负责，也要对昨天负责，更要对明天负责。而不能只顾当下，既不顾昨天，也不顾明天；只求自己当下的业绩，既不顾昨天的基础，也不管明天是否能够持续，爷爷吃光了孙子的饭。

这表明，任何形式的发展，都是阶段性和连续性的统一。相比较而言，“断于当下”会容易一些，因为我们对现阶段的事物更清楚、更容易把握。比如成本问题，这是个刚性束约。无论多么需要的发展，也无论多么应该解决的问题；无论解决什么问题，也无论怎么解决，都得花钱，没钱只能是良好愿望或纸上谈兵。这使我想起了那个“著名”段子，假如把喜玛拉雅山炸开一个大通道，西北就会变成绿洲，沙漠化也就迎刃而解，几亿亩良田应运而生。当然，这不过是个段子，没谁当真。因为即使真能有这样的效果，且不破坏生态系统，恐怕也没人想过它的成本问题。

而“戒于后续”则更困难一些，因为它是未来而不是现实，其中的不确定性和可变性因素较多且难以把握。所以，就一个发展阶段而言，应变的困难和重点在于“戒于后续。”“戒于后续”，不仅要有科学而权威的发展规划，还要拥有一批“与时俱进”的新型智库。因为规划是纸上的，现实是变化的，未来是不确定的。而要真正形成这样的智库，首要条件就是打破专家学者与政府官员之间的玻璃墙，以及相应的体制限制。应当说，这是新型智库建设的主要屏障。

正因为这道玻璃墙的长期存在，使专家学者与官员在认识和解决问题上，呈现出较大差异。比如，学者谈问题的多，但如何解决问题及解决问题的成本则较少涉及；专家谈应当如何如何的多，即理论上的可能性，但对现实的客观条件和政策资源则缺少把握；而官员在面对问题时，则更多地在应该与可能、可能与可行之间权衡。其中的关键在于他兜里有多少钱、能出什么样的政绩。

应当说，能够发现、提出和分析问题，是极其重要和宝贵的，因为这既是问题作为决策导向的价值所在，也是任何组织和地区解决问题的前提条件。从这个意义上说，不能苛求专家学者在提出和研究问题时，一定要拿出具体解决办法和成本分析，因为这既不是他的职责，也不具备这个条件。同样，也不能苛求官员们在任内把所有的问题都解决好，因为对任何一级政府来说，成本约束都是刚性的。虽然政府可以负债，但也是有限制的。当然，对于政府的有限资金，哪些问题应当优先解决，哪些问题应当分阶段解决，哪些问题应该缓一下解决，则是另外一个话题了。

正因这种差异的长期存在并对科学规划和决策产生的影响，所以，构建集学者、专家和政府官员、企业家为一体的新型智库集群，才显得十分必要而紧迫。从现有经验看，新型智库的主要特征之一，就是打破身份、学科和体制界限，形成灵活多样的交流通道。学者专家和企业家可以带着问题去做官，官员也可以带着问题去智库做研究。更为重要的是，新型智库不应是现有研究机构的翻牌，也不能是谁个头大谁就是国家智库，更不是哪个院所、高校和政府的专属。而应当以问题为导向，以市场为依托，对现有研究机构和政府资源，进行整合与构建，形成全新的组织架构和运作机制。因为新型智库的主要功能，就是为各级党和政府解决问题服务，而不是基础研究和学术研究，这方面的机构已经很多了。

从事物发展的过程来说，新型智库不仅对“戒于后续”极具价值，而且对“决于先机”和“断于当下”也很有意义。因为任何一个问题，都不是孤立，也不是静态的，它总是与其他事物或问题，有着这样或那样的联系，其中有些问题更是牵一发而动全身，而问题本身又在不断变化，其强度和范围也各不相同。如果仅仅从单一学科的视角去研究，经济学从经济学的角度说，社会学从社会学的角度看，管理学从管理学的层次讲，就会各说各话，相互打架，最后只能由政府来取舍，而政府又有自己的立场和条件，很难找到成本最低、效益最好的解决办法。

而新型智库则不同，没有学科之分，只有问题之别，每一个问题的解决办法，都是多学科综合研究的对策，而这恰恰是现实和长远的战略需求。因为无论是国内问题还是国际问题乃至科技创新，早已不仅仅是单一的问题，所以也不是某个学科所能单独解决的。而解决某个问题的成本，也非仅仅是个费用支付，也包括关系、尊严和信誉等要素，直接的、间接的，短期的、长期的、边际的等，都有个成本问题。算清这笔大帐，也绝非某个学科或财务部门所能做到的。

比如今天的污染对人类造成的损失，可能要几年或十几年后才能充分显现出来。假如我们对这些问题都看准了，相关政策也有了，那解决这些问题的成本就提出来了，包括直接成本、间接成本、短期成本、长期成本、边际成本及相互比较，都得研究清楚。是问题存在的成本高，还是解决问题的成本高。如果说解决问题的成本低于问题存在的成本，那么接下来我们还得考虑，为解决甲问题而生成乙问题的存在成本是多少。因为这不仅决定相关政策“戒于后续”的价值取向，也事关资金投放和使用的结构。如果解决问题的成本高于问题存在的成本，这就要具体问题具体分析了。一般来说，虽然解决问题的直接和短期成本高于问题存在成本，但它取得的长期效益，以及间接、长期和边际成本的递减，就像治理污染问题等，那无论成本多高，都要下决心解决；有些虽然直接和短期成本低于问题存在成本，但间接、长期和边际成本却远高于问题存在成本，这就要考虑分阶段解决、创造条件解决或暂缓解决。也就是说，并非所有问题都是越早解决越好，也不都是越快解决越好，尽管我们的愿望是好的，但应变成本这笔大帐又是必须面对的。

从时机和策略选择上说，处于萌芽状态的问题，解决成本比较低，但这需要很高的敏锐性和分析判断能力。因为你得知道那确实是个问题，以及它的演进趋势，才能做出相应决策，投入相应资源去解决。反之，当问题爆发出来了，普遍化了，解决问题成本就会几何式增加，解决的难度也随之增大。

系统解决问题的成本比较低，孤立解决问题的成本高。因为解决问题的过程必然会产生新问题，或者说新问题就孕育在老问题之中，你不动它，它可能不会显现，你一去解决老问题，新问题就出来，解决此问题正是彼问题的开始，有时彼问题的出现或生成，可能会造成比此问题更大的损害。

在发展中解决问题的成本低，静态解决问题的成本高。因为问题本身是不断变化的，当你判断这是个问题并加以解决的时候，这个问题或许已经增加了新的要素，或许减少了某些要素，或增强了，或减弱了，或者随着某些条件的变化而改变了性质，成为另一种问题了。如果你跟着问题跑，头痛医头，脚痛治脚，那你不仅会处处被动，而且会催生新问题，费力不讨好。

在发展中解决问题，既是一种积极主动解决问题的态度，也是一种科学解决问题的方式。就是既要以问题为导向来确定发展思路和规划，又不能就事论事的去对待问题，而是要把存在的问题，放在发展的运作系统之中，让发展的成果和效益，来逐步消化或解决问题，或在发展过程的互动体验中，化解问题存在的基础，消除问题蔓延的态势。

比如大家常说的教育问题，如何解决呢？把现行的教育体制、教学方式和培养方式全部推倒重来，肯定不行；把现有的校长老师都换掉，全部请外国老师，更是天方夜谭；让我们的孩子全部去西方发达国家上学，同样是无法想象的。唯一现实而可行的办法，就是在现行教育不断发展的过程中，逐步深化教育体制改革，加强师资队伍建设，改进和优化教学方式方法，促进教育事业更好发展。这需要一个很长的过程。所以，解决问题的前提是发展、关键是发展、根本的也是发展。没有教育的发展，不仅改革难以深化，现有问题无法解决，还会引发更严重的新问题。

治标的短期成本低，但长期成本高，而且不能从根本上解决问题；治本的短期成本高，但长期成本却会逐次降低，而且效益持久。对于污染等问题，虽然大家都希望能够找到治本之策，但这并不是一件容易的事，也不能像把一棵树连根拔掉那么简单。因为我们所说的本，既不是显现的，也不是孤立的。大树的本在地下，我们看不见，它的枝干我们虽然看得见，但它却依赖树根这个本而生存。树干枝叶有病了，最终还得从树根上治。但要找到树根的病在哪里，是什么病，却是极难的。治理污染等问题也是一个道理，除了依法治理，还得靠环保和生态文化的构建与普及，就像吃饭睡觉那样，成为一种自然、一种需求。但一种文化的构建与形成，是不可能一蹴而就的，它需要几代甚至十几代人的渐积成化、不懈努力和付出巨大成本。到那时，我们的子孙也许不会再为污染问题而支付成本了。

第四章

相反相成

如果说易经的内容就是变化之道，那相反相成就是其主要形态和基本规律之一。在自然万物的无限变化中，天地之气，不能有解而无闭；日月之行，不能有盈而无亏；九渊之龙，不能有升而无潜；蚓蚁之族，不能有启而无蛰；圣人之道，不能有兴而无废。此际穷之厄，亦时极之常也。正所谓“一阴一阳之谓道”，而反成之谓体。

一、反成相存

什么是相反相成？易曰："万物之所成终而所成始也。"《老子》有曰："反者，道之动也。"认为"反"是宇宙和自然大道运行的基本规律。对此，东汉王弼在《老子注》中曰："高以下为基，贵以贱为本，有以无为用，此其反也。动皆知其所无，则物通矣。故曰'反者，道之动也'。"[①]"将欲全有，必反于无也。"在这里，老子虽然没有讲到"成"，但顺其思路，也可以说：成者，动之复也。即物不可终尽，故七日来复，反复其道，归其本源。如果没有"成"，事物在变化中便不会形成稳定的状态，事物没有稳定的状态，便无法被认识，那么所谓的利用和改造自然便不可言。同样，如果没有"反"，事物在变化中既不能成立，也不能区别，更无所谓相互依存和转化。

如果把这两个意思合起来，相反相成对于万事万物来说，就是有无相生，难易相成，长短相形，高下相盈，音声相和，前后相随，小大相比，穷富相对，盛衰相克；正确是相对错误而言的，成功是相对失败而言的，幸福是相对痛苦而言的，聚合是相对离散而言的，好事是相对坏事而言的，爱是相对恨而言的，同是相对异而言的，立是相对破而言的，等等。

从具体层面说，相反相成主要有两层含义：

一是事物总是以相互对立而成名，并由此相互依存、相互作用和相互转化。即任何一个事物的存在都是以它事物的存在为条件的，而自身又是它事物存在的条件。因此，一事物的变化也就必然会引起它事物的变化。比如前面讲到的，任何一种发展都是为了解决问题，但发展本身又会产生新问题。在现实生活中，我们对发展比较自觉，对发展产生的问题则比较被动。只想到发展的好处和成果，而对发展可能产生的问题，则较少予以关注。

事实上，不发展、发展慢了有问题，但发展了、发展快了，同样也会

① 阎韬主编：《诸子群书》，中国青年出版社2000年第1版。

有问题，发展与问题总是相伴而生，相生相随的。所以，任何一个决策，任何一种规划，任何一种举措，都既要看到发展的正面效应，也要看到发展可能引发的问题及负面效应；既要进行正向评估，也要进行负向评估，更要进行反向评估，从而全面把握它的正面结果、负面结果和反面结果，并预先提出规避、应对和化解的办案。这其中，尤其要注意“反效应定律”的作用，即愈是努力则结果愈得其反。也就是说，当某项举措开始实施时，负面或反面效应可能会很小，这时如不作出相应的调整和化解，反而加大力度深入推进，那负面或反面效应就会随之放大，愈深愈强，其反作用力就可能将该措施的正面效应消解掉，从而使原本一片好心的举措成为鸡肋。在易经方法论看来，反作用力既有客体对主体的反作用，也包括主体举措对自身的反作用，而更多强调的是后者因为易经中的阴阳，既没有绝对的阴，也没有绝对的阳，而是阴中有阳、阳中有阴；既有阴与阳的相互对立与作用，也有阴中之阳与阴的相互对立与作用，或阳中之阴与阳的相应对立与作用。这一点无论在理论上还是在实践中，都是经常被忽视的。所以易经主张，吉凶悔咎都应主要从自身修为上找原因，即内求而不外依。

我们再从社会关系角度看。一般情况下大家对既有的、相对稳定的社会关系比较关注，诸如政府与百姓的关系、社会与政府的关系、个人与单位的关系等，但对因某种技术或需求所形成的新社会关系，则缺乏系统研判。而事实上，任何一种新技术的普及或新政策的落实，都会引发相应的社会需求，有需求就会形成相应的供给，这就构成了一种新的供需关系，于是新的问题也就随之产生了。政府为了协调和管理这种新的供需关系，解决新产生的问题，就必须增加新的职能，也就形成了政府与供需双方的新关系，于是相应的问题也会随之产生。比如信息产业发展了，我们就有了工信部，网络业务发展大了，我们就有了网信办，城市功能复杂多样了，我们就有了城管局等。在这个发展中，假如我们按照相反相成的道理，从新技术新政策必然导致新需求、新需求必然导致新供给、新供给必然形成新关系、新关系必然引发新问题、新问题必然需要新管理这样的逻辑来思考和对待之，那我们就会从中探索出前置性管理方式，使大量的社会问题消解于未然，极大地降低社会管理成本。其实，这就是相反相成的客观必然性。

我们再从人生的角度看。我们每个人都会有同样的感受和经历，那就是少小盼着成长，长大了盼着成才，盼着增加财富、升职提拔，广交朋友，构建关系，总之就是一个“增”字，越多越好，越快越好。殊不知增就是减，人的一生就是增中减，直至归零后再开始新的增。人生的每一分、每一时、每一天，都是在岁月的加法中完成了生命的减法；每过去一分钟，你的生命就减去了一分钟，每过去一天，你的生命就减去了一天。所以古人讲“一寸光阴一寸金，寸金难买寸光阴”。岁月的残酷无情，就在于它一往无前、永不回头，逝去的每一分、每一天，都将永远无法找回，无论你是多么高贵、多么富有的人。人生最宝贵的是时间。人生百年，如白驹过隙，快如流梭；每一时、每一天都是无比珍贵的。金钱可以交换你想要的任何东西，唯独买不到逝去的时间。因此，我们应当去追求那种“减中增”的人生，让生命在减法中少一些欲望，多一些价值与意义。

还有财富也是这个道理。你每增加一份财富，就会少一份自由，多一份束缚；少一份闲暇，多一份忧虑；少一份洒脱，多一份算计。这就像你得到了荫凉，却失去了太阳；你得到了一棵树，却失去了森林。而财富的占有会激发更大的欲望，越是有钱就越想赚更多的钱。财富虽然增加了，山珍海味、极尽奢华，时间长了也就索然无味；社会地位高了，却也得疲于应酬；等老到动不得时，还得为“人死了，钱没花完”而烦恼，财产谁继承，怎么分配，说不准还有个争夺问题。他们内心的苦楚又有谁能体谅。

再看古今贪官，一次伸手便不可收拾，钱是一天天多了起来，恐惧也随着一天天增长，快乐和幸福却与日俱减，光是把钱藏在什么地方最安全，就已经费尽心机，更不要说随时可能落下的法律之剑。有媒体报道过一个案例，说有个官贪了200多万，但很快就由喜转忧，因为这些钱藏在哪成了大问题。于是夫妻二人把钱装在破麻袋里，家里藏几天，亲戚家藏几天，觉得还是不安全，又租了房子去藏。如此折腾了两年多，钱是一分没花出去，自己的身体却拖垮了，实在熬不下去了，只能去纪委自首，虽然进了监狱，人也算解脱了。正应了“多藏必厚亡”这句名言。

可见世间万物、人生百年就是这么个道理，有得必有失，有利必有弊，福祸相依，相反相成，完美的人生只能存在于理想之中，缺憾的人生才是常态。如果大家能多一些相反相成的思维方式和思维逻辑，也许我们就会多一份宁静，少一份忧虑；多一份幸福，少一份痛苦。

二是万事万物既相互依存又相互作用和相互竞争。因此，世间无废物，一切都在相反相成的矛盾运动中发挥着各自的作用。关键是你能不能发现并把握它的价值。

依存使事物之间相互适应，构成相对均衡的运动状态，从而使我们对事物的认识成为可能；相互作用和竞争，不仅促进事物自身的进化，也在客观上推动着其他事物的发展。而当这种竞争使事物达到某种极致状态时，就会发生相应的转化，或走向自己的反面，进入新的循环。比如大自然中各类生物、各种生物链之间以及与地球环境之间错综复杂、相生相克的关系。我以你为生存条件，你以他为生存条件，他以我为生存条件，看似相互对立，你死我活，却又谁也离不开谁。狼吃羊，羊吃草，人为了羊而打狼，狼少了，草原鼠就会多，草原就会被严重破坏，从而影响羊的生存。

还有热力学的熵定律，对我们理解相反相成也是有启发的。熵，在热力学中是表示有效能量转化成无效能量的量度单位，也是热力学系统无序状态的量度单位。熵的增加，表明无效能量的增加，以及无序状态的增强，而且如同时间一样是不可逆的。即在一个封闭的系统中，能量只能由有效能量转化为无效能量，系统的整体状态只能由有序变为无序。也就是说，有效能量在向无效能量转化的过程中，一方面它做了功，发挥了应有的作用，形成了相应的功能，产生了相应的效益；另一面，它自身也在消耗中减少，直至成为无效能量。而与此相应的系统也必然从有序变为无序。如果我们要保持系统的继续运行，并重建相应的秩序，那你就得注入新的有效能量，或找到新的能源，但这不仅意味着成本的增加，也必然以给周围环境带来更多的无序为代价。

更为重要的是，无效能量并不等于废物。从本质上说，它不过是一种能量转化，“无效”是相对于它做功后的状态而言，无效并非无用，此处无效彼处有用，此处为废彼处为宝，才是物质能量的本质。比如工业生产中的排污、汽车尾气等。这些被排放出来的污染物，就是从煤、油等有效能量中转化出来的无效能量，对环境和生态系统乃至人类的健康影响很大。于是全球都在大力推动减排。这是“相反”的一面。如果从“相成”的一面看，这些被排放出来的无效能量，还有没有再利用或再转化为有效能量的可能呢？有学者提出的“富碳农业”，即“工业低碳、农业富碳”的方法论，已经从理论上回答了这个问题。把工业和汽车排放出来的污染物捕捉后，压缩成气体、液体或固体用于农业生产，尤其是大棚等精准农业，或制成干冰用于食品保鲜和人工降雨等。既减少了环境污染，又提高了粮食蔬菜产量。废物变成了宝贝，无效能量转化为有效能量。这个方法论的基本点就是相反相成。如果按照这个方法论推演下去，一定会有更多的废物变成宝贝。

其实人生也是这个道理。人不仅有生理能量、物质能量，也有精神能量（包括意志、情感和智慧）。从量度单位而言，这些有效能量转化为无效能量，同样是不可逆的。人从生到死，无非是这些能量的做功和转化过程。人通过食物获得生理能量，人通过学习获得精神能量，人通过工具获得物质能量。从过程而言，生理上、物质上和精神上的有效能量转化为无效能量后，人可以通过重新获取食物、改进工具和继续学习而得到新的能量，但这同样不能改变人生的不可逆性。这也从科学上证明了相反相成的客观性和必然性。

比如现在大家都在说的“正能量”，这显然是指人类的精神能量。那么正如有“熵增”就会“负熵”一样，有“正能量”，就必然会有“负能量”，或者说“正能量”就是针对“负能量”而言的。而无论是“正能量”还是“负能量”，只要是能量就要做功，就会产生功能、发挥作用、形成效应；无论是正面效应还是负面效应，只要做功就要消耗，就要减少，乃至无效。宇宙、自然和人类社会没有只做功不消耗、不转化的能量。这就给我们的人生和事业，提出了一个极为深刻的问题，即如何持续补充或增加新能量，如何促进单位能量做功效益的最大化，如何使人类社会不断增加“正能量”。因为人只要活着，就必须面对这个问题，没有人能够例外，所以人必须活到老学到老。即使是物欲已经降低到最低的出家人，也必须保持足够的精神能量，否则便无法修行。

再如一个人或一个企业的发展，在开始创业时大都能兢兢业业，谦虚谨慎，勤奋好学，顽强拼搏，见了谁都开口老师、闭口领导，听说谁有经验就赶快跑去学习，有本什么好书赶紧找来看看，最大化地吸纳一切有助自身发展的新能量。这个时候，个人或企业就会呈现出蓬勃发展的态势。等企业做大了，恭维你的人多了，向你讨要好处的人多了，依靠你的人也多了；你也无需那么谦虚谨慎了，老大的身段已然成态；你也无需那么勤奋好学了，更无须再叫谁老师了，因为那些老师早已对你毕恭毕敬了；你也无须再去拼搏或事必躬亲了，因为只要你一句话，什么事都有人为你做得服服贴贴。而正是这个时候，你已经人为地割断了吸取新能量的渠道，人生骄奢，事必疲惫；能量无续，人必枯竭，你已经或正在走向自己的反面，由盛而衰了。

也许你不信这个道理，你看我的企业不是好好的吗？事照做、钱照赚！其实你忘了最重要的一条，你的企业之所以还能生存或发展，那是因为你还有一个团队，他们不仅为你赚钱，还为你不断地吸取新的能量。正如创业之初这个团队是依靠你而生存一样，现在你是依靠这个团队而生存的。事实上如果没有这个团队，你也许就是另一番局面了。这其中道理就在前面所说的“熵定律”之中。也就是说，你勤奋学习、顽强拼搏，努力把人生推向辉煌或把企业做大做强的过程，也正是你生理能量、精神能量和物质能量不断消耗，并转化为无效能量的过程，亦是有序在减少、无序在增加的过程，即矛盾和问题相伴而生的过程。当这种消耗、转化或“熵增”，即矛盾和问题达到你自身能量的上限，或无序因素积累到一定程度，衰败便不可避免地发生了。这时候你的主要任务，已不再是一往无前的发展，不再是志在四海的扩张，也不再是财富的增长和积累，因为你的新能量不够了，主要矛盾已经转化了。所以，这时候你应该放慢脚步，或者驻足回望，系统总结和反思一下自己的历程，找到自己的经验教训和主要矛盾，学习和补充新知识、新理论，重新建构吸取新能量的广阔渠道。如此，你便会在衰败中重新站在走向昌盛的起点上，虽然你必将再历艰难，但你确已步入新的良性循环。

从上面结合现实的论述中，我们大体上了解了相反相成的基本涵义。接下来我们还得从哲学的视角作一个反向求证，以便更扎实地把握它。

在我国古典哲学中，汉代大儒董仲舒对相反相成的看法需要关注。董仲舒认为：天道大数，相反之物也；天之常道，相反之物也。在这一点上，他和老子的观点差不多，都承认“反者，道之动”的道理。但他同时又认为，阴阳乃相反之物，故不得俱出，不得两起，或出或入，或左或右，有一出一入，一休一伏，其度一也，故谓之一。说白了，就是阴阳相反而不能相融、不能相成，世间万物只有相反但无相成，要么阴出阳隐，要么阳出阴隐，二者不能同时在场。如果阴阳同时“俱出”或“两起”，也就无所谓阴与阳、正与反了。

应当说，董仲舒这个观点，假如仅仅是说太阳与月亮交替而出、昼夜相序而行、消与息相反而成这些自然现象，那也自有他的道理。但如果把它运用到世间万般事物的发展规律上，则有问题了。因为事实上，阴与阳既是相反之物，也是相互依存、相互作用和相互转化之物，并共存于事物的运动之中。它不仅可以“俱出”“两起”，而且一定是“俱出”“两起”的。正如前面所说的，人间万事万物，既没有纯粹的阴，也没有纯粹的阴，而是阴中有阳、阳中有阴，相反相成。正是这一阴一阳的相反相成，才构成了自然和人事运行的基本规律。昼是阳，夜为阴，而正是昼这个阳孕育了夜这个阴，或夜这个阴孕育了昼这个阳，没有白天就无所谓黑夜，没有黑夜也无所谓白天。男人为阳，女人为阴，但又有谁会认为男人无阴、女人无阳呢？《黄帝内经》的观点是，男人失阴而阳衰，女人失阳而阴衰；男人养生贵在养阴而扶阳，女人养生贵在养阳而扶阴；它们既是相克的，又是相生的。相克，确定了他是男人、她是女人；相生，构成了阳从阴生、阴从阳生的能量循环。这就像一个缺点很多又犯过错误的人，难道我们能认为他一无是处从来都没做过好事吗？反过来也是一样，一个非常优秀或伟大的人，又会有谁苛求他一点毛病都不能有，一个错误都不允许犯？金无足赤，人无完人。鸡鸣狗盗之辈，尚能成其长，秦皇汉武也有不齿之为。人原本就是阴阳和合之物，太热了不行，容易出毛病，太冷了也不行，同样会得病；人饿久了会出毛病，吃得太多也同样得病，如此等等。假如真的像董仲舒所说的那样，上述这些常识和事物都不能成立了。如果一切事物要么是纯阴，要么是纯阳，永远不会同时出现，也不可能和合而生，更不会相互作用和转化，那么人是从哪里来的、人类社会又是怎么走到今天呢？至于说归一，则与易经和老子的观点大体一致，即阴阳反成原本一体。

在西方古典哲学中，以唯心主义为基础的“主体——客体式”哲学方法论，也很容易对我们正确理解相反相成造成混淆，有必要作一些辨析。

据张世英先生在《学术文化随笔》[①]一书中介绍，柏拉图是这种哲学方法论的开先河者，但他并没有形成自己的思想体系。而真正意义上的主体——客体式哲学体系，是笛卡尔创造的，黑格尔则是这种哲学的集大成者，并提出了“主客二分”的思维模式。那么，这种哲学方法论有什么主

① 张世英：《学术文化随笔》，中国青年出版社 2002 年第 1 版。

张呢？概括起来说，就是认为人与世间万物是彼此外在的，主体与客体之间是分离的、对立的，而且以我为主体，以他人他物为客体，主体凭借对客体本质、规律的认识，以达到利用和征服客体的目标，实现主客体二者的统一。从特征上说，一是人与世间万物关系的外在性；二是以人类为中心，世间外物不过是被利用、被征服的对象；三是“主客桥梁型”，即所谓的主客统一不过是一座桥梁的作用。

这种哲学方法论虽然受到西方哲学家如尼采、狄尔泰、海德格尔和伽达默尔的批判，但其影响之深远，仍是不可忽视的。比如19世纪末到20世纪初，我国的一批思想家如谭嗣同、梁启超先生等，乃至一批政治家如孙中山先生等，在向西方学习的大潮中，都是赞赏、接受这种“主客二分”哲学方法论的。他们撰写并至今还在传播的某些文章和著作，大都是以此为基础的。在新文化运动中，也不难找到这种哲学方法论的身影。即使在历史唯物主义和辩证唯物主义哲学占主导地位的今天，这种方法论驱动下的社会行为，仍并不罕见。否则，我们就不会无节制地向自然索取，弄得环境日益污染，各人自扫门前雪，不管他人瓦上霜，极端个人主义大行其道。其思维逻辑就在于，因为我是永远的、绝对的主体，我之外的一切都是客体，所以我对一切客体都有索取权、支配权和征服权，一切客体都必须为我所用。

那么，易经相反相成的观点与这种“主客二分”哲学方法论，又有哪些不同呢？

首先，相反相成并不否认主体与客体的客观实在性，以及在表现形态上的彼此外在性，也不否认人的独立性和自主性。所谓的相反，既是彼此的对立，也是彼此的外在。你就是你，他就是他，我就是我，我不是你，你也不是我。没有这种相反和外在，主体和客体都不能成立。因为所谓主体是相对客体而言的，而客体则是相对主体而言的。也就是说，二者的不同之处并非主客体本身，而主要在于主客体究竟是什么关系，以及应当摆在什么位置。正如张世英先生所言：这种哲学方法论的问题，“出在把主客关系没有放在适当的即第二性的地位，反而把它夸大成惟一的、至高无上的东西。主客体关系被扭曲成物欲横流的理论依据，主体性被吹胀到无所不能、无限自负的地位，以至违反自然的规律性，造成环境污染之类的物统治人的现象。”[1]由此可见，在这种哲学方法论中的主客体关系，既不是一体的，也不是平等的，而是分离的、有主有次的。主体高高在上，唯我独尊，不仅可以随意利用和支配客体，而且也可以随心所欲地征服客体。

而相反相成的观点则认为，人与世间万物同处自然，是一个相互依存、相互作用和相互转化的整体。在这个整体中，人与万物既是平等的，又是对立的；既是互补的，又是相互制约的，从而形成互为主体、和谐统一的辩证关系。这其中，互为主体是相反相成的一个重要支点。也就是说，无论是人与自然的关系，还是人与人的关系，以及人与组织或群体的关系，都没有绝对的主体，也没有绝对的客体，更没有所谓的抽象主体或客体，一切以具体时间、地点和条件为转移，而且必须同处一个实践过程中（即一卦之六爻），主客体关系才会形成。在此种条件下和这个时空内，我是某一实践的主体，你和他是客体；而在彼种条件和另外的时空内，你是某一实践的主体；我和他是客体。这些观点在易经的每一卦及爻与爻之间的关系中，都有深刻的体现。只要不断参研，定会有更多的收获。

比如企业与消费者的关系，亦或供与求的关系，也是互为主体的。企业生产什么产品，达到什么质量，总是以市场或消费者为导向的；产品生产出来了能不能卖出去，关键看消费者买不买账。这时消费者是主体，企业得称之为“上帝”。如果从研发、生产的角度说，即企业能否满足消费者需求，企业又是主体，因为他主导着某一产品多少和质量。正是这种互为主体的关系，既不断改进了产品质量，不断满足人民的生活需求，提高生活质量，也促进了企业自身的改进和发展，实现二者的和谐共存。假如我们从“绝对二分”的角度看，企业自为老大，目空一切，根本不管市场需要什么、消费者喜欢什么，只管照着自己的意愿去生产；或消费者根本不考虑自己需要什么、必需什么，只是随风追潮、从众消费，那么二者不仅失去了互为主体的关系，而且必然是不能长久的，因为双方都没有拿到自己想要的东西。

还有现在的合作多了，尤其是跨行业、跨区域乃至跨国合作，方兴未艾。合作就会有甲方乙方甚至丙方，那么谁是主体、谁是客体呢？或者说应当

---

① 张世英：《学术文化随笔》，中国青年出版社 2002 年第 1 版。

怎样来认识和对待合作双方的关系呢？一般认为甲方是主体，乙方是客体；或者说发包的、发标的、出钱的是主体，而承包的、投标的、干活的是客体；我的标或我出的钱，我就得说了算，我就可以支配你；你用了我的钱，你得了我的标，就得按我说的老老实实干活。由此而产生的合作协议，大都不乏“霸王条款”。事实上，在发包、发标或你是否出钱的时候，毫无疑问你是主体，这个包给谁、谁中标、出不出钱或出多少钱，你说了算。但一旦人家承了包、中了标或拿到了投资，此时的主客之位已悄然转换，你已经成为客体了，人家成了主体。因为承包、中标或获得资金后怎么干、谁来干、何时干完，虽然有合同或规定管着，你也可以作指示、提意见，但主动权毕竟不在你手里，真正实施的是他而不是你，他可以全听，也可以有选择地听，或根本不听。如果你懂得相反相成、互为主体的道理，随着合作不同阶段和具体条件的变化，适时调整主客关系，以及相关的范围、力度和强度，改变运作方式，那合作成功的概率就会大大提高。因为主客体位置不同了，认识和处理问题的立场也就不同了；立场不同了，认识和处理问题的观点和方法也就不一样了，其效果自然也有不同了。

再如人与自然的关系，易经强调人与自然的和谐一体，并不否定人对自然的利用、借助，乃至必要改造和斗争，如大禹治水等。这不仅在于人类生存发展的需要，也是由自然界的独立性和外在性所决定的。毫无疑问，当我们主动去认识自然、利用自然或改造自然的时候，我们是主体，并拥有选择或决定的权利，诸如我们可以改变河道，变堵为疏；我们可以填海造地，增加土地面积；我们可以开矿采煤、钻井采油，以获取能源等。但所有这一切，都必须建立在对自然规律和法则的尊重与服从之上，在保护和有限的范围内。如果超出了自然的承受力，或违背了自然规律和法则，自然对人类的报复，就会相随而来，资源枯竭、地表下陷、地震海啸、极端气候、大气污染，哪一样都够人类受的。这个时候，自然界就成为了主体，而人类则成了自身的受害客体。因为无论人类具有多么强大的支配力和征服力，上天也好，入地也罢，得到的不过是某些资源或造成某种程度的破坏而已，却永远也改变或消灭不了自然规律。这就是自然界不可撼动的“自律性”。正如哈贝马斯在《认识与兴趣》一书中所说的，“无论我们把自己支配自然界的技术力量扩展到何等地步，自然界永远保存着一个不向我们打开的实体内核。”任何力量都不能取消自然界存在的独立性。

其次，相反相成既不是西方“主客二分”的绝对对立，也不是黑格尔笔下的“绝对理念”。反与成，既是一个相互联系、不可分割、不可偏废的运动过程，也是一个在相互作用中转化的过程。这就如战争打破了原有的相对均衡，但战争本身又会形成新的相对均衡；战争双方是相反的，但战争结果则是相成的，要么我打败你，要么你打败我，要么谈判讲和，胜败与和就是成。

还有大家都认为吉好，都在追求吉，但易经讲的是“吉凶生大业”，而不是吉生大业。其道理就在于吉与凶是相伴相随、不可分割的，任何意义上的吉或凶都是相对而言的，也都是相倚而成的。吉到了极点就是凶，凶到了极点就是吉。从现代哲学的角度看，它也是一个否定之否定的过程。就像你否定了某个事物的同时，也就意味着你肯定了另外的事物，反之亦然。而事物正是在这种否定之否定的运动中，实现了螺旋式上升和发展。冯定先生在《平凡的真理》一书中，就此讲了一个很生动的例子。他说如果把种子比作发展的出发点，这就是正；但种子的胚胎长大后，变成茎枝花叶，这就既在实际上肯定了自己，又在形式上否定了自己，这就是反；等动物体或植物体成熟了，出现了新的在数量上更多、而在质量上更能适应新环境的种子，这在实际上是再肯定了自己，而在形式上是再度否定了自己，并且回复到了原来的种子了，这就是合。这种合同时又成为继续发展下去的出发点。而事物的一再否定，其实正是扬弃了其中消极的东西，而保持了其中积极的东西。反与成也是在相互矛盾和否定的过程中，走向新的更高层次的和谐与统一，从而推动事物的自我更新、相互促进和共同发展。

更为重要的是，探索这个问题的关键，并不在于概念本身，而在于它的实际意义，无论是抽象的还是具体的、是自然的还是社会的，都是如此。这正如我们关注一位历史人物和一个历史事件，其价值并不在于这位人物或这个事件本身，而在于他们所表征的历史意义和现实意义。而这种意义又总是同一定的经济、政治、社会和文化背景，有直接或间接、这样或那样的联系。同样，作为一种方法论，相反相成的意义，也只能从它内在的、普遍的、多样的联系中才能把握。因为无论是反还是成，都不是孤立存在的，或者说都不可能离开其对立面而单独存在，而只能在相互作用中生成、存在和发展。反与成的这种内在联系，不仅存在于相互并存或相对稳定的横向关系中，也存在于过去、现在、将来之间纵向联系的关系之中。

所以，无论我们分析和决策的对象是什么，都不能就事论事，或就一说一，这是一定会出问题的。而是要举一反三，从对象内部的联系和矛盾，以及一事物与他事物的联系，尤其是时空条件变化中的纵向联系中，来认识和把握其利弊得失、盛衰成败。

比如清朝康熙皇帝为了收复台湾，可以说是多方论证、反复谋划，能想到的都想到了，应该做的也都做了，甚至连收复台湾后如何治理，也有了比较成熟的顶层设计。眼看这一伟大壮举就要启动了，可康熙的心里却总觉得不踏实，好像还有什么问题没有想到，还有什么必须准备的事而没有对策。在一次奏对中，李光地提出了一个问题，让康熙如梦初醒，极为震动，那就是台湾收复后，百姓兆民的吃水问题。虽然老百姓吃水问题与收复台湾的军事行动，并无直接的必然联系，但却与台湾收复后的治理与发展，有着直接的必然联系。因为当时台湾淡水缺乏，百姓之间经常为抢水而发生械斗。加上大规模的军事行动，难免会对水资源造成某种程度的污染和破坏。所以收复台湾后，清政府面临的第一个严峻挑战，便是老百姓的吃水吃饭问题。如果没有预案或处理不好，老百姓不仅难以接受清政府的治理，而且有可能因水的问题铤而走险，引发社会动乱，从根本上影响台湾的生存和发展。李光地之所以能超越表面上的毫无联系，而揭示收复台湾与百姓吃水问题的必然联系，关键就在于他的思维取向并未仅仅停留在收复的军事谋划上，而是将视野延展到收复台湾后百姓的生存与发展上，并从中抓住了事关人心向背的根本问题，及相反相成的基本关系，即无水则不生，无生则必乱。

从方法论意义上说，这对今天的决策者，同样具有重要的借鉴意义。因为在现实中我们不难发现，企业决策中的就事论事是相当普遍的。所以，由此提出的举措和策略，往往时空局促狭小，回旋余地和延展性、衔接性不强。从而导致某个举措和策略出台的同时，就是新问题、新矛盾的开始。于是为了解决这些新问题、新矛盾，又不得不出台新的举措和策略，而新举措和策略又会在某种程度上与现行举措和策略相矛盾，迫使企业不得出台更综合、更高层次的举措和策略，而这又必然会削弱原有举措和策略的效力，原本还没有解决的问题，就会增加新的难度。

我们知道，任何一个举措和策略，都是针对某个或某些问题制定的，没有人奢望会有一种万能政策，这是显而易见的。然而，某个举措和策略可以是相对独立的、相对集中的，但现实问题却是相互联系的，这个问题套着那个问题，此问题的根源在彼问题之中，彼问题的症结在此问题之中，过去的问题连着今天的问题，今天的问题连着明天的问题，千丝万缕，环环相扣，是任何孤立和静止的思维方式都无法把握的。

如果从政府层面说，政策既是联系的主体，也是联系的客体，更是联系的中介和纽带。只有在相反相成的必然联系中，才能真正把握好政策的关联性和衔接性，从而增强政策效力，提高解决问题的能力。这里面，政策的衔接性在现实中尤为重要。从横向联系的角度说，一个地区性政策、一个行业性政策或一个系统性政策，都有一个与其他地区、行业或系统政策的关联和衔接问题。政策之间可以有区别和差异，但不能相互抵触或相互制约，更不能相互设限。从纵向联系的角度说，今天的政策可以对昨天的政策作出必要的调整或改变，明天的政策也可以对今天的政策作出必要的调整或改变，但他们同样有一个相互衔接问题。因为任何一个现实问题，都不可能完全按照政策规定的方向演化，因为它有自身的规律性。今天的问题与昨天的问题可能在表现形式或程度上有所不同，但本质上可能是同一个问题，或是同一主题在不同阶段和不同方面的问题。同样，任何一个地区或群体的问题，也都不可能单纯是某个地区、某个行业或某个系统的问题，而必然与其他地区、其他行业和系统，有着这样或那样的联系。

比如农民工可以在全国选择就业，但他的户籍、医疗和养老保险，以及子女上学等，往往与他的就业地是分离的。他在某地纳税，但这个地方并不承担与户籍有关的义务；他不在户籍所在地纳税，但这个地区却有义务承担与户籍有关的责任。在此地打工纳税，回彼地医疗和养老；孩子在此地上学，回彼地高考，等等。这无疑会造成大量的社会问题，而这些问题又需要新的政策来协调解决。

导致这种状况固然有多种原因，但从顶层设计和政策研究的角度看，主要在于长期缺少一个统揽全局的智库体系，来为各级政府提供“无边界”政策咨询和政策研究。因为这种智库体系，既不隶属于某个地方政府，又没有地区利益的局限，他可以从全局的视野，向地方政府提出相应的政策建议或政策设计，这就会在相当大的程度上防止上述问题的发生。现在都在讲发展现代服务业，这种智库体系，无疑是最具现代性的服务业。它的全面构建，不仅可以极大地改善政策研究和政策设计，而且会在一定意义上优化政府行为，推动事业单位改革，促进政策研究机构的社会化发展。

二、一体相待

正确理解相反相成的思维方式，还得进一步从卦爻的相互关系和内在联系来把握。比如在六十四卦中，乾卦都是阳爻，坤卦都是阴爻，似乎并无反成之象，但实则在于乾卦是阳卦之首，代表天道及一切事物的元始根源，一切数量都开始于一；坤卦是阴卦之首，代表地道滋生万物、运行不息的意义。因此，必须把乾坤两卦作为一个整体来看，不能分开各说各的理。无天不可以言地，无地不可以言天，阳生阴成，是为反成。和合之德，反复道也。

再从其他六十二卦的卦爻看，其精义所在，一是所有的爻都是由下而上、由内向外发展的，体现出人立于天地之间并由近及远、由己达外的人本取向和进取精神；二是阴爻阳爻同处一卦，即相互区别又相互联系，交错演进，循序而化，相反相成，呈现出事物发展变化的内在规律。

由此可见，相反相成的思维方式，也承认事物相互对立的一面，但与“二分法”的不同之处在于，相互对立的双方不是绝对隔离的，也不是绝对分开的，而是密切联系和相互包涵的。对立也好，统一也罢，都是一定时空条件下的产物，同时也是反成相存、一体相待的。万事万物既没有绝对的对立，也没有绝对的统一，既没有绝对的反，也没有绝对的成。要具体情况具体分析、具体对待。比如同与异，任何意义上的同，都不是绝对的同、永远的同，异也不是绝对的异、永远的异，而是同中有异、异中有同，求同存异，去异存同，相互包涵和相互转化的，都不是永恒不变的。对人对事切不可非此即彼、非黑即白、有我没你、有你没我。这是一定会吃亏的。

古人讲“同类相依”，是说因类同而相聚相靠，以便形成更大的力量，来抵抗外部的侵扰，增强自身的安全感，并使自己获得更大的发展空间和发展成果。这是事实，也是群体、部落、社会乃至国家得以形成的基础，人类社会发展史已证明了这一点。但这种相聚相依相靠并不是绝对的、无条件的，无论是动物还是人类，同类相斗、同类相残的事，几乎俯首可拾。而其形态无论多么千差万别，从根本上说，皆在于一定时空条件下的资源有限性。动物是如此，人类也是如此。假如这些资源足以让大家共同生存时，同类便会相聚相依；反之，同类便会相斗相残，以获取资源的占有权和分配权，确保自己生存下去。所以，相依是有条件的，相斗也是有条件的。

古人讲“同志相得”，是说无论是改造自然还是改造社会，干大事业的人都要“找真同志”，要志同道合、目标一致，才可能成就事业、达到共同目的，古今中外概莫能外。但同样不能否认的是，“同志”中也会存在“异志”，一个政党、一个团体或一个单位都是如此。比较常见的有两种情况，一是在总的目标、纲领和方向上是志同的，这是大家能够凝聚为群的基础，没了这个基础，也就无所谓组织或团体了。但在某个发展阶段的具体道路、方针和政策等方面则是相异的，有的主张这么看、这么做，有的主张那么看、那么做。从历史纵向看，这是个常态。绝对的“志同”是极难的，尽管我们一直在追求。但是，当这种志同中的相异形成某种异己力量或分裂力量，危害组织或团体生存的时候，组织就必须作出必要的抉择。而这种抉择大都要付出高昂的代价，甚至必要的牺牲，成本是很高的。

二是在总的利益目标、利益诉求和利益格局上是志同的，而在具体获利途径、方式和利益分配上则是相异的。这在多党制条件下是常见的。因为他们是为了利益而非信仰聚合的，亦或说他们是否加入某个党，与他们的信仰并无直接关系（宗教组织和团体除外）。也就是说，在这样的政党看来，一切政治的、经济的、军事的、社会的和外交的手段，最终都是为实现自身利益服务的。为了这个目标，他们有时也会牺牲一些局部的、个别的利益，做一些慈善或公益什么的，但总体来说他们是不会吃亏的，最终都是大赢家。因此，他们的相异更多的不在于内部的意见分歧，而在于外部的利益诱导。只要有足够的利益回报，他们会毫不犹豫的“被叛”自己的政党或利益集团，离“家”出走，加入新的政党或利益集团。所以，这些政党或利益集团成员的出出进进，实在是家常便饭。道理很简单，他的“志”并非信仰，而是自身利益。

古人讲“同利相忌”，是说面对同一个利益，而且在你可得、我也可得的条件下，人们便会产生相互嫉妒之心，你凭什么得到这份利益，我哪点比你差，你能有我为什么不能有。这个时候，相忌之人大都看不到别人的优点、优势和贡献，或看到了而故意抹杀之。反而会过高地评价自己的优点和贡献，以及别人的缺点和问题。如果当领导的协调平衡功夫不好，接下来就会由相忌而相争，甚至会各显神通，不择手段，大打出手。而他们的结果，通常是两败俱伤。这是我们在现实生活中所常见的。

但我们也必须看同利相忌的另一面，那就是在某些现实条件对双方都不利，或出现第三方利益者的情况下，大家只能先忍住相忌之心，先放下各自的恩恩怨怨，与对手或竞争者形成某种合作或联盟，共同应对不利局面或打击第三方，并最终获取各自的利益。这样做，获利虽然少了点，但总比闹得两败俱伤、一无所获或让第三方渔利好的多。大家都熟悉的战国争雄中的“合纵”“连横”，便是相当经典的版本。这七个“国家”你打我、我打你；今天是伙伴、明天是仇敌；今天我与你“合纵”，后天我与他“连横”，今天你是霸主，我跟你跑，明天你不是霸主了，便离你而去。归根结底不过是为了一“国”之利。从小的方面看，我曾长时间观察过两个水果摊主的明争暗斗，可以说是奇招百出，为的都是自己的水果多卖一些。但后来他们发现效果并不好，于是就请人居中协调，并在营业时间、品种等方面作了相应的区分，形成了一定的合作机制，虽然不甚稳定，但七八年过去了，双方都获得了自己的利益。也就是说，同利相忌之人，既有斗法或竞争的一面，也有合作或联合的可能，因为相忌中也有相同的东西，那就是同利。

古人讲“同爱相求”，是说两个相互爱慕之人，总是想方设法去接近对方或相互追求，以达到因爱而合的目的。这是“过来人”都有过的经历与体验。但这里面的关键是“同爱”，只有同爱，才能相求，单爱而不可求；“相求”是同爱的互动，是相互之间的追求，而不是单方面的相思，单求而不可得。比如年轻人仅凭主观想象，不管人家愿不愿意，便狂追某个人，挖空心思、千方百计、坚韧不拔、没完没了，弄得两家人不得安宁，到头来，只能是痛苦万分，一无所获。因为你以单方面的爱，有时甚至是狂热的爱，去追求并不爱你或至少当下并不爱你的人，虽然也可能因为你的执着而感动对方，或因时而生爱，成全了你的婚姻，但这种因单爱而成婚的基础，毕竟是不牢固的。在锅碗瓢盆、柴米油盐日复一日的现实生活中，“先天”而来的“委屈”，或日积月累的矛盾，很容易找到引爆点，甚至分道扬镳。与此不同的是，同爱而合的夫妻，虽然在现实生活中也会遇到同样的问题和矛盾，但因为有同爱的基础，一般都会比较好地加以解决，从而形成各具特色的家庭关系。所以，是否同爱才是追与求乃至婚姻家庭的基本问题，而单方面“有情人终成眷属”的执着与追求，不过是人们的美好愿望而已。至于同爱的基础和要素，那又是另外的话题了。

从另一个视角看，人世间有同爱相求，便会有因爱而恨，甚至是因爱相仇，即所谓的爱之深、恨之切。这里面有因同爱相求却苦苦不得而生恨的，也许是父母的原因，也许是某种社会原因；有因同爱相求却得而复失而生恨的，这大半是恋爱双方自身的原因；也有因今天同爱相求、明天移情别恋而生恨的，这主要是某个人的原因。前两种情况虽然也是因爱而恨，但从本质上说，这种“恨”还是一种爱，即爱之深所致，两个人虽然不能终成眷属，但“恨不成”的底色依然是爱。后一种情况就比较复杂了，但归根结底还是同爱的基础太薄弱了，当初或许只为了漂亮和财富。这种恨往往是铭心刻骨而不可言表的。

古人讲“同艺相窥、同巧相胜”，是说同行同技的人，诸如作家、演员、运动员、书画家乃至技工等，既容易相互轻视，又想窥探对方实力，以至如何超越和胜过对方。应当说，这是人性的一种常态，既不能视为过，也不能视为恶。从社会意义上说，这里面确有消极乃至丑陋的东西，令世人所不齿。但它也有积极的一面，即相窥相胜才能相长，也就是通常所说的竞争。无论什么社会，如果没有这种相窥相胜，或由此形成的社会竞争，它的经济发展、科技事业、文化事业及其他行业，便失去了创新与发展的基础动力。古人对此所持的某些批评，与那个时代的具体条件有关，不可一概而论。

那么，具有进步意义的竞争是什么呢？有人说是竞合，既竞争又合作，在竞争中合作、在合作中竞争；有人说是共赢，即竞争的目的是促进共同成长、共同发展，前提条件也是合作；有人说是淘汰，即通过竞争淘汰落后的生产力或生产方式，乃至落后产业。这些都是有道理的。如果从易经方法论的角度看，还有两个有现实意义的观点，值得关注。

一是相窥相胜“知为先”，包括了相互学习、相互尊重的含义。兵法云：知己知彼，百战不殆。这个“知”，不仅仅是知道，也有学的意义。即“敌人”是最好的老师。你要和人家竞争，就要首先了解人家，知道人家的长短优劣，就要把人家的优点学到手，以己之短避其所长，以其所长补己之短，需要一个俯首学习的过程，而尊重和学习取决于对竞争者的态度。那种老子天下第一，视竞争对手为无物，无视法律法规，大搞阴谋的不正当竞争，并以吃掉、打垮甚至消灭竞争对手为目的的企业，大都以身败名裂而告终，古今中外这样的案例是很多的。

二是相窥相胜“以求新”，即你的东西好，我要创造出比你更好的东西；你的东西廉价、实用、先进，我会创造出比你更廉价、更实用、更先进的东西。这才是竞争的根本问题，无论是国际上的竞争，还是国内的竞争，都是如此。那种无视知识产权，你的研究成果好，我就剽窃你的；你的技术好，我就偷你的，你的产品好，我就伪造你的，虽可得一时之利，但法律之剑迟早要落在你的头上。因为这不是竞争。

从另一方面说，现在国家号召万众创新，那么万众的动力是什么？或者说万众为什么要创新？有人说要加强创新教育，有人说要构建创新文化，有人说关键是创新市场机制，也就是利益导向。就目前的实际情况看，我觉得构建和完善创新市场竞争机制，对于万众也许更具动力。因为无论是科研院所的创新，还是大学生乃至老百姓的创新，归根到底都要落实在企业身上，而企业恰恰是竞争主体，且创新动力最强。如果万众创新只是在院所里、校园里搞，那就无法形成真正意义上的创新市场，是缺乏竞争的。没有市场机制，没有竞争，万众也就无法形成创新动力。所以，由市场竞争主体——企业来主导万众创新，无疑是“相胜”之道。

上述讲的“六同”，无非是说相互对立的事物中，存在着相互包融的要素与价值。即不同之中的相同，相同之中的不同，既有相反的对立，也有相成的包融。就是说，天与地是相反的，也是互相睽违的，而且是永远不能相合的，但天地相成而生万物的事功是相同的，缺一而万物废矣；男人和女人在形态和生理功能上是相反的，或互相睽异的，但他们在阴阳和合和心理上又是相通的；宇宙万物形态各异、功效相睽，相生相克，但它们的事类却是相似的。这是我们观察分析人事的一个重要方法。因为最容易迷惑和误导我们的，往往就是这个“同”，而不是“异”，人世间的很多烦恼、问题或灾祸，也往往出在这个“同”字上。所以，同室者不一定同志，同志者不一定同心，同心者不一定同道，同道者不一定同德，同德者不一定同利。如果你不能把握同中的不同，那无论是同事关系、朋友关系、上下级关系，还是夫妻关系、父子关系、兄弟关系，大都是万难如意的，失望、痛苦、绝望将随之而来。

与“二分法”不同的是，易经在承认相反就是对立、就是不同的基础上，更多的强调相互对立的双方一体同存、不可偏废和相互作用。有快就有慢，快是相对慢而言，是一体存在和互动的，没有了慢就无所谓快。

比如说发展，总是有快有慢、快慢相继，错综而进，而且速度的快慢也不是发展的唯一指标，更不是发展的目的。快与慢只是对发展状态和程度的描述或表达。从普遍意义上说，快更多地表现为发展的扩张力，以及规模的扩大和总量的增加；慢则更多地表现为发展的调整、充实和优化。尤其是在经济发展与社会发展的关系上，快与慢在总体上的不均衡、在阶段上的不协调、在某些方面的不对称，则更是规律性表现，或者说是改革开放条件下经济快速增长阶段的正常状态。

如果把这个问题放到现实层面来说，就会引发出一个有待我们深入探索的课题，即“快速与慢功”。

所谓快速与慢功，是说经济在改革开放的巨大作用下，会呈现出快速、持续的增长状态，而社会则不能与经济一样，实现同步发展，且大体上是相对滞后的。从全球视野看，经济快速增长期，往往是社会的适应期。所谓适应，一方面社会的整体素质要逐步跟上经济快速增长的需要，逐步消除影响经济快速增长的社会性因素；另一面，社会也要逐步消化经济快速增长所带来的问题，为经济可持续增长提供服务和保障。二者就是在这种复杂的互动中，逐步接近协调。而当经济进入稳步或常态性增长的时候，社会便从整体上的适应期进入发展期，并呈现出逐步均衡与协调的发展状态。

这里面需要注意的是，适应并不是被动消极的，适应中也有发展，或适应本身就是一种发展。同样的道理，发展期也有适应，边发展边适应，边适应边发展。因为无论是经济还是社会，都不是静止不变的。对待发展同样需要用发展的眼光和发展的观点来看待。而我这里之所以分开表述，主要是就发展阶段的主要特征而言的，无论是经济增长还是社会发展，都是如此。

改革开放以后，咱们国家的经济快速增长，甚至可以说是飞速发展了。有资料显示，与1958年相比，GDP增长近2000倍，与1978年相比，翻了10番，创造了全世界公认的奇迹。如果说快，这确实是够快了。随着经济的快速增长，财富也在迅速增加和积累，并日益分化。面对骤然而至的高速增长和财富增加，以及由此引发的新情况和新问题，整个社会尤其是早已适应了计划经济生活方式的老百姓，显得有些迷惘。整个公民素质需要尽快适应经济发展的新环境。但令人无奈的是，无论我们多么努力，这种适应都需要一个或长或短的过程，而无法与经济增长同步而行。这表明，在国家的整体发展中，既要有人做快速增长的事，也要有人做慢功的事，相反才能相成。

比如与经济发展相适应的立法和制度建设乃至公民的法律意识，无疑是急迫的。但无论怎么急，一部法律的确立并非像写篇文章那么简单。它不仅需要坚实的理论基础，更需要广泛而深刻的实践支撑。对于出现的新情况、新问题，哪些需要立法，哪些应当优先立法，立法中应秉持什么样的法理，又应当有怎样的法律条款，作出怎样的规定和解释等等，都不是几个月就能搞清楚的。它不仅需要广泛的实践基础，也就是通常所说的“问题熟透了”，或真正具有立法价值和意义了，而且同样需要长时间的调查论证和比较研究，确立基本价值取向，把握利弊得失，反反复复，多向探究。所以，它的相对滞后是其本质所决定的。事实上，任何一个国家和地区，都无法在相关问题没有充分显现的时候，就先行立法。这样出来的法律，其实效是肯定打折扣的。而经济也不会等有了相关法律再去发展。

再如公民素质，包括理念观念、职业道德和社会公德等，同样不可能随着经济增长速度而同时进步。是的，改革条件下经济的快速增长，必然会生发出新的理念观念和道德要素，并反过来指导人们的经济活动。但对此必须具体问题具体分析，不可一概而论。一般来说，新的理念观念与原有的理念观念总有个碰撞磨合期，表现为此消彼长，或此长彼消的变化过程，并最终使符合经济社会发展规律的理念观念得以确立。但社会道德问题则表现得更为复杂。也就是说，伴随经济快速增长而生发的新要素，并非都是正能量，也并非都是符合道德要求的，其中有些是不道德的或反道德的。因此它不仅无助于经济社会发展，而且还是经济社会发展必须面对和解决的问题，这无疑加重了经济发展的社会成本。

更为重要的是，公民道德素质的养成，并非一日之功，因为它并非经济快速增长的必然产物，也不是经济发展了、生活水平提高了，人的道德素质就必然跟着提高了。从发展的阶段性特征来看，有时恰恰相反，一段时间内的道德滑坡也是常见的。而人们要改变这一状况，则需要相当长的过程，有时甚至需要一代人、几代人的不懈努力。所以说，包括道德素养在内的精神文明建设，都是个“细活”，是一个慢功夫。虽然我们不能因此而懈怠不为，但也不能急于求成，更不能像搞经济建设那样，对精神文明建设来个“大干快上”。其道理就在于，无论何种形式的精神文明建设，其核心和根本，都在于个体的内化并成为自觉，而内化和自觉是任何强制力都无法奏效的。

还有像文化建设，相对于经济快速增长，它的滞后期会更长，成效显现得会更慢些。相比较道德素养，一种文化形态和体系的形成，需要更长时间和更大努力。如果你不相信，那就去看看中华民族五千年的传统文化是怎么形成的吧。这同样是个慢功夫。

而真正的问题是，正因为抓经济见效快，出业绩快，发家致富也快，所以它总是能得到普遍的重视或偏好。抓道德培养、文化建设，乃至整个精神文明建设，见效慢、业绩小，更不会发家致富，所以它总是被忽视、被冷落，甚至被遗忘。从这个意义上说，对于负有一方之责的人来说，如何正确处理好这“快”与“慢”的关系，确是一个非常重要的领导素质。而各级党委和政府的培训机构，则应下功夫培训更多善于做“慢功夫”的人才。

相反相成与“二分法”的另一个不同点，则在于无论是相互对立还是相互统一，都是一个动态的、变化的过程，既是相反的过程，也是相成的过程；对立是过程，转化是过程，统一也是过程；既不是静止不变的，也不是一蹴而就、非黑即白的。比如破与立，无论是“不破不立”，还是“不立不破”，以及“破字当头，立也就在其中了”，其本质都是一个动态的变化过程，破是过程，立也是过程，区别无非是某个时期或阶段突出强调某个方面而已。但作为过程的存在，破与立或破的力量与立的力量，则大都是共处一体的，并随着过程的演进，显现出此消彼长或彼消此长的运动状态。这其中既会有相互对立与抗衡，也会有相互融合与转化；破之中会有立的东西，立之中也会有破的要素。而不是必须先破掉一个，然后再立一个；或先立一个，再去破一个，绝对分割，非此即彼。

我们以传统与现代为例。如果以“二分法”的思维方式来对待，就会得出这样的看法，要么一切传统的都是落后的腐朽的，都是糟粕，甚至是反动的，都是对新生的扼杀，因此必须加以批判，肃清流毒；要么一切现代的新生的都是反传统的，都是对传统的破坏和扼杀，因此必须予以抵制。

在我国历史上，一直存在着“法古”与求新的争论，绵延两千多年。在这方面，孔子算是“法古”的鼻祖和集大成者。他一生的最大贡献，是对古代经典进行了系统而精致的整理、删改和编撰，并在此基础上创建了儒家学说。如果没有他的努力，今天所见的传统文化，其中很多必将黯然失色或残破不全。纵观他一生的修为，基本价值取向就是“法古”或“复古”，即使在穿衣吃饭这样的生活小事上，也同样是毫不含糊的。所以我们在两千多年历史中所看到的是，言必古曰，文必古典，政必法古，事必典出。这其中虽然也有求变、求新甚至改革的探索和努力，但大都较少触及思想文化传统，“法古”的价值取向始终占据主导地位。

到了晚清，随着国门洞开、“西学东渐”，“法古”的地位被动摇了，大批仁义志士奔走呼号，开始了对封建传统的批判与清算，一直到新文化运动的兴起，反古求新的浪潮席卷全国，为此后不断产生的新思想、新文化、新事物奠定了基础。

而我所关注的问题是，传统与现代真的是绝对对立、不可融合吗？包括中国在内很多国家的现实表明，传统与现代不仅是可以融合，也可以共存的。因为对于任何一个国家和民族来说，传统都是现代的基础，现代都是传统的延续，没有任何力量可以人为地割裂二者的内在联系。而无论是“法古”也好，“求新”也罢，都不是追求者的目的，也不是事物的本质，而是为了实现某种目的或目标的手段。从历史进程的阶段性来看，“法古”或“求新”的规律性呈现，也同样是相反相成的。即当一个社会求新不成、发展受阻的时候，人们往往容易反过身来，向古人向传统求教，以寻求解决现实问题的办法；而当一个社会的传统束缚太大、包袱过重、裹足不前，或传统的东西已不大管用的时候，人们往往容易舍弃传统而求新，希望能在“异已”的创造中找到新的出路。而这其中如何选择，则主要取决于应变、适变或求变的需要。

那么既然要因变而选择，也就有个破与立的问题。以相反相成的观点看，对传统的“破”，是以新的“立”为目的，因而“立”也就在“破”的过程中了；而新的“立”，却并非总是要“破”字当头，或一定要以“破”为前提条件。在自然和现实中，更多的是在“立”的过程中，逐步取代旧的东西或相应的传统。所以，“破”是一个新旧相互对立、相互融合、相互转化的动态过程，“新”也是一个与旧、与传统相互对立、相互融合、相互转化的动态过程。比如大量新技术使我们的生活方式发生了很大变化，很多旧东西和原有方式都不用了，但用手机用网络的人，并没有谁站出来反对用电话电报和写信；用电脑打字的人也没有谁反对别人用笔写字；同样，继续使用传统工具的人，也无法阻挡使用现代工具的人，他们会在相互对立和包融中继续存在着。也许一百年以后没有人用笔写字了，但它是消失在互动的过程中，而非人为所强制。

这其中的道理，就在于一切新东西、新事物，都来源和产生于旧东西和旧事物，自然界和人世间没有任何凭空产生的新东西和新事物。现代社会既是传统社会的延续，也是传统社会的发展；既是对传统社会的肯定，也是对传统社会的否定；没有传统社会，也就无所谓现代社会。同样，新事物既是对传统的扬弃，也是对传统的发展；既是对传统的肯定，也是对传统的否定；没有传统事物，也就无所谓新事物。从这个意义上说，古今中外任何一个社会，都必然是新与旧、传统与现代并存互动的社会。

因此，任何试图以现代否定传统，或试图以传统否定现代，都是无法实现的。因为传统的存在与现代的存在一样，都是不以人的主观意志为转移的，也不是说灭就能消灭，或说立就能立起来的。从“打倒孔家店”，到砸烂“封资修”，不能说不猛烈、不彻底；那些“新事物”也不能说不强壮、不普遍。但如今，传统还是那些传统，物件还是那些物件，孔子还是那位孔子，老子还是那位老子，依然普遍存在于我们的现实生活中，并在某种程度上得到与时俱进的弘扬。而当时那些红极一时却违背规律的“新事物”，则早已不见了踪影。所以，无论是传统的继承、弘扬，亦或某些传统要素的消失，还是现代性和新事物的成长，都不是由某个人的主观意志所决定的，而只能在相互对立、互动和融合的社会发展中才能实现，古今中外的任何国家概莫能外。

接下来，再从我们党的发展历程，来体会一下破与立的过程性。中国共产党之所以成立，目的就是为了推翻“三座大山”，建立新中国，并最终实现共产主义。欲破先立，我们党应运而生；立是为了破，我们党开始了艰苦卓绝的伟大革命。但是，我们党既没有等全部立完了再去破，也没有等全部破完了再去立，而是在立中破、在破中立，从而使破与立形成了一个相互对立、相互促进、相互转化的发展过程。

比如，面对反动派的残酷围剿，我们党一方面坚持斗争，破除反动派的进攻；另一面，早在井冈山时期就开始了根据地政权的建设探索。等到中央苏区创建后，具有全国性的苏维埃政权，已经得到了长足发展，如今中央和国务院的很多部门，其源头都可追溯到这里。长征到达延安后，我们党更是全面展开了政权建设，从中央到地方，从政治到经济，从政策到法律，乃至土地改革，都逐步成形了，一个崭新的中国呼之欲出。等到“三大战役”的时候，我们党已经开始谋划进城和建立新中国了。毫无疑问，在中华民族的历史上这是一个伟大创举，“三座大山”的反动统治被推翻了，人民解放了，老百姓当家做主了，人民有了自己的政权。

这个历史经验告诉我们，破与立是不可分割、不可偏废的；没有破，就不能推翻反动统治，没有立，就不足以建立新中国。正是科学运用了破与立的辩证思想，我们党才能在残酷的斗争中，主动灵活，游刃有余，最终取得了胜利。

现如今是改革开放的年代，如何在改革中正确处理好破与立的关系，依然是非常重要的。因为无论是激进式改革，还是渐进式改革，只要是改革，就会有所破或有所立。由此就会引发出一系列现实问题：诸如哪些东西应该破，哪些东西应该立；是先破后立，还是先立后破；什么时候应该破，什么时候应该立；是边破边立，还是边立边破，等等。这些问题说起来简单，但在实际操作中，哪一个都是极其艰难的选择，都要承担极大的责任和风险。

实践表明，我们党之所以能够领导改革取得如此成就，有两条经验与本话题有关。一是在具体方法上“摸着石头过河”，即在如何破和如何立的问题上，鼓励大家从实际出发、创造性的工作；但在什么能破与不能破、什么能立与不能立的问题上，则是有原则、有坚守、有担当的，从而使改革开放在总体方向上不会出现大问题。二是始终坚持破立结合，相互推动，破中有立，立中有破，互为因果，协调发展。这三十多年来，我们党既没有推出什么激进措施，如“休克疗法”“爆破式推进”，也没有搞什么“体制引进”“全盘西化”，而是按照中国国情，破立兼顾，渐进而为，走出了一条中国特色社会主义道路。应当说，这些来自实践的经验，破立相反而相成，不仅是我们的宝贵财富，对一切想要改革开放的国家，都有借鉴的意义。

说到破与立，就不能不说到创新。从国民性的角度说，我们的创新性不强，是个不争的事实。但这并不表明外国人比中国人更聪明更勤奋，每个民族、每个国家都有自己的聪明人，更不乏勤奋的人；也不是外国的体制比中国更适合于创新，更不能把这种差距仅仅归咎于经济实力，因为大量相反的实例也是同样存在的。要搞清楚这个问题，首先应当从一个民族的历史文化以及由此形成的国民性上来找原因。

就咱们国家而言，如果我们能静下心来读一读中国思想史，便不难发现，汉武帝“罢黜百家，独尊儒术”是一个极为重要的原因。应当说，尊儒并无不妥，而且是必要的。我们对人类的一切思想成果，都应当给予应有的尊敬，这是任何一个民族对待历史的基本态度。至于如何吸取精华、去其糟粕，或如何批判地继承，那是另外一个问题。但无论如何，都应当有个尊敬的态度。但是“独尊”就大有问题了，因为“独尊”的前提是“罢黜百家”，按照董仲舒的话说，就是对百家学说要“皆绝其道，勿使并进”。对此，我们不应怀疑董仲舒倡导此说的出发点，也不应该从道德上批判他的用心。董仲舒与当时众多的知识分子一样，无非是为大一统的汉代朝廷，找到一剂统一全国人民思想的良药，而在他看来，除了儒学之外，其余都是“异论”“异道”，“独尊儒术”也就顺理成章了。至于此后“独尊”所造成的一系列问题，恐怕也是他所无法料到的。

而历史事实是，从武汉帝到新中国建立之前的漫长岁月中，“独尊”被历代王朝所不断强化着，虽然他们也不乏对法家道家等学说的采用，但中华民族原本具有的“百花齐放、百家争鸣”的文化性格与精神气质，则被慢慢地打磨怠尽。我们的先人虽依然聪明勤劳，但却日益圆滑。一切唯书、唯上，生怕越“独尊”一步；在行为上，瞻前顾后、唯唯诺诺，唯恐授人以柄，多一事不如少一事；原本那点聪明劲，也大都用于揣摩圣意、讨好上司了；知识分子的唯一追求就是做官、做大官，同僚之间、仕子之间，比的不是谁有所发明、有所创造，而是谁得宠于皇帝，谁被当政者收为弟子，谁的文章被皇帝表扬了。我们不难想像，生活在这种条件下的人们，已经从心灵上丧失了创新求变的原始冲动，更无须发明创造的艰苦追求，因为只要把儒学搞好了，就能入仕做官；只要皇帝满意了，荣华富贵就都有了，有谁还会冒着风险去搞什么创新。

是的，某人的一句话、一个思想观点或一个主张，并不能决定历史的走向。但是，当它具有了“独尊”地位，并成为官员和人才选拔的唯一标准；当它不断被放大和强化，以至一句创新求变的话，就可能人头落地；当它被塑造为一个民族的性格，或称之为国民性并代代相传的时候，其刚性特质就会充分显现了，改变起来绝非易事。

新中国建立尤其是改革开放以来，我们一直在强调创新创业，这对中华民族的伟大复兴而言，无疑是极具远见卓识的。更为重要的是，现在无论在体制上还是在政策措施上，都已具备了万众创新的基本条件，以及人人皆可创新的社会氛围。但如何把它落实在万众上，如何构建“万众创新”的文化基础和人文性格，以及相应的动力机制和制度保障，显然还有很长的路要走。这些问题不解决，尤其是人文性格不解决，我们的创新短板，将会长期存在。这其中的道理就在于，只有当创新成为一个民族生存发展的需要时，只有当创新成为一个民族的人文性格时，创新才能勃兴，创新才能万众，创新才能成为“国风”。而一代又一代人的不懈创新，必将为中华民族的伟大复兴注入强大动力。

性格即命运，说的是个人；一个民族的人文性格，则事关国家的命运。我坚信，百年之内人类必将进入“用创新说话”的时代，而在不远的将来，我们必将成为创新强国。

三、反成戒极

在大体上了解何为相反相成的基础上，接下来我们要讨论的是，与自然万物的相反相成不同，人事中的相反相成，不仅具有受制于客观的必然性，也具有人的主观能动性，而且这种能动性往往起着主导作用。也就是说，人可以凭借自己的想法和能力，去介入、干预、促进或限制相反相成的运动过程，从而使这一过程朝着主观愿望的方向发展。这种作用一经成为现实，同样是一种客观存在。那么，我们如何正确认识和把握这一过程呢？易经方法论告诉我们，“反”可以始也可以终，但不可以“极”；“成”可以始也可以终，但也不可以“极”。因为人事之“极”，必然走向主观愿望的反面。

比如老话说的“好心之误”“好心办错事”，就是一种用事的“极”。其实只要我们稍微留心一下，就会感觉到这种情形无时不在、俯身可拾。有父母的好心、亲戚的好心、领导的好心、朋友的好心，等等。好心固然是温暖的、令人感动的，但好心办错事、好心之误，也同样是令人无奈而痛苦的。

这其中，要算父母的好心之误最为典型。如因过度溺爱而包办，使孩子从小就失去了动手能力和自主能力，十几岁的孩子不会自己穿衣裤，不会系鞋带；上了大学自己不会洗衣服，成包的脏衣服要寄回家去洗；参加了工作不会与人相处，也不会安排自己的生活，工作和生活只能是“独行侠”和“游击战”；结了婚不会做饭、不会带孩子，要么叫外卖，要么继续啃老。比这更严重的，就是从过去的“包办婚姻”到现在的“包办人生”，包括小时候学什么、上什么学校、是否出国、干什么工作、找什么对象等，不顾孩子的具体情况和理想追求，早早都规划设计好了。而这一切的最大理由，就是父母的“好心”，就是不让孩子输在人生的起跑线上，就是为了让孩子有一个美好的前程。

与此相反相成的是，中国父母也就成了全世界最辛苦的父母，因此也就有了“可怜天下父母心”这种让人流泪的名言。父母为了孩子紧衣缩食玩命赚钱的有之，卖房卖地甚至卖血的有之，抛家舍业陪读陪业的有之；无论寒冬酷暑还是雨雪交加，都要奔波于各类培训班之间；忙碌劳累了一天，晚上还得为孩子代写作业；为了孩子的婚姻，举着牌子游走于各种征婚活动，代子（女）相亲；为了孩子的工作，更是不惜屈膝求人，送钱送物，百般哀求，不一而足。

面对这一切，又有谁能否认这种好心呢？又有谁不会为此感叹那些“可怜”的父母呢？可是这种饱含辛酸的“好心”，这些含辛茹苦的父母，又能否收获他们的“好心之报”呢？虽然我们不能否认大量成功案例的存在，而这大多要归于孩子在成长中的自我试错与觉悟，以及成长环境对他们的塑造。即使这样，我们同样不能否认这种“好心之误”，给孩子一生所带来的负面影响，其中有些人格缺陷是终生难以改变的，有的甚至会对社会造成危害。从普遍看，这种“好心之误”下成长起来的孩子，大多虚荣心强，爱攀比但又畏难怕苦，什么都想拥有，但又一点苦也吃不起。出力的工作不愿干，有加班的工作不愿干，经常出差的工作不愿干，管理严的工作不愿干，赚钱少的就更不愿干了。但对时尚流行的东西却一样不能少，晚几天都不行。极端的例子就是为了买一部苹果手机而卖肾卖血，而他们的父母连一件换季的新衣服都不舍得买，为了一斤蔬菜的价格而与摊主争执不休。对这些，他们并无内疚，也不觉得有什么不对，似乎这一切都是应该的，因为他们从小到大就是这样的。

这其中有些人，更是自私而冷漠、自恋而偏执、唯利而是从，不仅对别人、对社会毫无爱心，就是对生养自己的父母，也让人心寒。据媒体报道：有位母亲，三个儿子，谁都不肯为她养老，即使是有病住院，都不去看望一眼，更别说给点养老费了。理由相当“充分”：他（或兄或弟）为什么不养。后来老人实在照料不了自己，就在社区义工的帮助下，把这三个儿子告上了法庭。当法官问她有什么诉求时，老人说我要向他们仨讨要房钱。三个儿子说，我们都有自己的房子，从来没欠过你的房钱呀。老人面对法官，指着自己的肚子说，你们仨都在这住过十个月，又吃又喝，却从来没付过一分钱，我不用你们养活我，我只要你们把这十个月的房钱还给我。老人一席话让整个法庭、包括她的三个儿子都惊呆了，很多人包括法官热泪盈眶。

试问：这十个月的房钱是什么？既是一个无法用金钱衡量的生命，更是一个生命的全部价值；如果没有这十个月的住房，你又从何而来！你又何以为人！再问：全世界又有谁能还得起这十个月的房钱？又有谁真正偿还了这十个月的房钱？因为这是无价的养育之恩，是人类最伟大的情感，是一个人终生都难以补偿的付出。由此想到我为祭奠慈母写的一首诗：“雪幔灯昏归意切，村头白发盼心声。炊烟三起盘中冷，泣问征程几许行。”我同样也还不起这十个月的房钱，常常后悔母亲在世时，没有做得更好。

还有一种情况，就是在百般溺爱中成长起来的孩子，大多依赖性强，自主性差，意志力薄弱。无论在家里，还是在学校在单位，大事小事都要别人帮助，而且一点委屈也受不得。稍微受点委屈，不是割腕，就是跳楼，要么就是离家出走，自暴自弃。弄得家长毫无办法，只能加倍溺爱；老师更是不敢再管，任由他想怎样就怎么吧。有媒体报道说，一位来自西北的女孩，学习非常优秀，从初中起一路被保送，在北京读到博士后，又去美国拿了一个博士，可谓人才了。但她在美国就业后，不会与人打交道、动手能力差的劣势便彻底放大了。无奈之下，公司只得礼貌地请她走人。从此没了工作，也没了收入，签证又过期了，只能流浪街头。后来被警察发现，便被遣送回国了。我们可以想象，为了让她全心全意学习，能够考上一个好小学、好中学、好大学，乃至去北京、到美国去上学，父母一定是把包括本应该由她自己做的事，全部包办下来了。正如她自己对媒体说的：因为除了学习，我什么都不会。我们也不难想象，当她被遣送回国后，她的父母又是何等失望与痛苦。但他们肯定不会后悔和反省，因为他们坚信自己的“好心”。

看了这些案例，也许你认为这不过是极端的个案，说明不了什么。是的，这样的案例的确不多，但隐藏在这些案例背后的“好心之误”，却是相当普遍的，也是我们不得不面对的客观现实。令人更为无奈的是，当这些被“包办”长大的人有了自己的孩子后，依然会以“可怜天下父母心”，重复着昨天的故事，在拼爹比妈的喧嚣中，“包办人生”，涛声依旧。

大家都知道，疼爱自己的孩子，精心养育、保护孩子的成长，不仅没有错，更是做父母的责任和义务，但这并不意味着“包办”或“代办”。其中的道理，就在于人的成长是有规律的，这个规律的核心要素之一，就是“试错”。也就是说，孩子成长过程的绝大数事情，诸如吃饭、穿衣、穿鞋、走路，以及对外界一系列事物的认知，乃至价值取向和判断的形成，都只能或必须在他自己的实践中，或在他自己反复“试错”的体验中，才能实现或完成。这是包括父母和爷爷奶奶在内的任何人，都无法替代的。这期间，你“包办”的越多，他“试错”的实践就越少；你全部“包办”了，他几乎就没有任何“试错”的实践了。而缺少或严重缺少“试错”的孩子，其成长必然会有问题、有缺陷，甚至会形成人格或智能畸形。因为规律就是规律，任谁都无法改变。在家里、在父母身边，你不让他“试错”，你全部“包办”了，等他到了学校或参加了工作，没人替他“包办”和“代办”了，他照样还得“试错”，只不过他必须付出比别人更大的代价，有些甚至会影响到他的人际关系和发展前途。尤其是那些原本在七八岁或十几岁就应当完成的“试错”，就只能在大学或工作中去重新“试错”了。我们试想一下，又有哪个老师、哪个单位领导会看重这样“幼稚”的人呢，他们的成长和发展又将是怎样的坎坷和曲折？父母的“好心包办”不仅严重影响了孩子自我成长和自由发展，有些甚至会影响到孩子一生的幸福。“好心之误”就是“好过了头”，就是超过了“界度”，就是相反相成的“极”。为人父母者，不可不察。

接下来再看看“技术崇拜”和“工具依赖”对人的影响。这个话题很容易被误解。因为科技是第一生产力，是人类自身解放的强大力量，在改造自然、提高生产效率、增加经济效益和国防建设等方面，意义重大，不能没有，也不能不强。因此，我们必须把这两个问题区别开来，不可混为一谈。这里仅就技术与人的成长进行探讨。

综合相关专家学者的论述，我们知道，技术的本质就是通过压缩过程（时间）使结果极度奏效或最大化，或者说通过压缩过程所具有的时间性，来放大效果所具有的空间性，“节约时间为空间服务”，是所有技术的本质追求。从社会意义说，时间性的压缩，意味着生活和工作节奏加快和效率提高，而节奏加快会导致社会参与度浅化，体验性和幸福感弱化；而空间性放大，则意味着人的自主性和选择性增强，社会参与和体验范围更加广泛，幸福感的外延更加多样。而这一切的内在机制，就在人对“方便”的本能追求，以及技术对“方便”的支持。二者的相互满足，便生成了“技术崇拜”和“工具依赖”。

这表明，很多技术的发展与普及，所改变的并非仅仅是工具和效率，还有人们的认知方式、工作方式、生活方式和思维方式，乃至更深层次的社会心理。因为技术的普及，不仅基于社会生产的需要，也是建立在相应文化基础和价值取向之上的。因而它在满足社会生产需要的同时，也必然会日益广泛而深刻地介入社会生活，并以“细雨润无声”的力量改变着社会文化，成为既造福于人类又制约于人类的重要因素。这正如著名物理学家霍金所言：“强大人工智能的崛起可能是人类遇到的最好的事情，也可能是最坏的事情。人工智能的发展可能帮助人类消除疾病，消除贫困，阻止气候变化，但是也可能产生人们不愿看到的种种后果，包括产生自主武器，造成经济灾难，以及发展出同人类发生冲突时拥有自己意愿的武器。”关于这个问题，您将在后面的探讨中看到更多的信息。

我在研究单位工作的时候，曾对“信息技术发展与青年成长”作过一些调研，有一些体会与大家讨论。

我们知道，信息在青年成长或“试错”中非常重要，尤其是来自家庭之外的信息（如伙伴或朋友圈），影响力会更大些。他们在成长中经常听到什么、看到什么，或者以什么样的方式获取信息（自主的被动的），不仅直接影响他们的价值取向和价值判断，而且对人格塑造也有很大作用。那么通信技术和信息技术不断进步和广泛普及的直接结果，就是使信息传播方式和获取方式，发生了全方位的深刻变化，人机对话和网上获取，取代了几千年来代际传承的认知选择。尤其是互联网和手机的广泛普及，打破了计划经济时代的信息垄断，信息成为开放的社会公共资源，获取和发布信息已成为人的一种权利，即我们通常所说的知情权话语权。在相应技术的支持下，人们可以选择任何一种公共传播渠道，来了解自己所需要的信息，或发表自己对某个问题和事件的看法，而且具有极强的互动性、即时性和聚集性。与此同时，认知方式的改变，也使原来单位和组织作为人们获取信息主要渠道的地位随之下降，单位和组织作为信息传递的纽带功能随之弱化，青年的单位意识和组织观念也随之发生重大变化，从而导致单位和组织权威性的下降，以及单位和组织凝聚力的弱化。

这一方面使青年选择信息的自主性不断增强，选择空间日益扩大。自主选择、自我判断、自主传播，已成为当代青年认知方式的显著特征，随之而来的必然是价值取向和行为方式的多元化，以及权利意识和自主意识的增强。因而，在对待自己的问题上，他们比以往任何时代的青年，都更愿意自己决定，而不是听从父母或组织的意见；在对待自己的利益上，他们比以往任何时代的青年，都更看重作为公民的权利，而不仅仅是物质和金钱；在对待社会事务上，他们比以往任何时代的青年，都更乐于参与，更喜欢在参与中发表自己的见解，做自己喜欢做的事，而不是你说我听，你教我做。

另一方面，急剧扩大的信息选择空间，又往往造成青年信息选择、价值判断乃至人生选择的迷惘和困惑。正如马尔克思所说，人生最难的不是没有选择，而是我们的选择从一开始，便具有无限宽广的可能性。这就很容易使缺少人生阅历和社会经验的青年，陷入“多样性困惑”、“他人导向”和“从众性判断”。因为信息的自主传播和获取，既是一个选择过程，也是一个体验过程；既是一个自我认知的过程，也是一个互动的过程。而这种体验、互动和认知的不仅是技术，更在于它所承载的思想观念和价值导向。当这些庞杂多样而又瞬息万变的信息，被反复尝试和不断强化时，上述的客观结果也就自然形成了。我们在对近百个个案分析中得知，“多样性困惑”在当代青年中是普遍的。这无论是在上学、就业、婚姻家庭、人际交往，以及职业生涯和地域选择上，还是在对待社会问题、国家大事或国际问题的判断上，都有着广泛而深刻的表现。很多年近而立的青年，依然不知道自己究竟想要什么，自己想做什么，自己究竟应当怎样生活。当我们在进行价值层面的分析时，发现他们的思想观念是相当庞杂的，在一系列正相关和负相关的问题判断上，既有传统的观念，也有现代的观念；既有佛家的观念，也有道家的观念；更有西方的观念，而且在很多问题的价值取向上，表现出自相矛盾和“多样性困惑”，或“他人导向”和“从众性判断”。很多拥有令人羡慕的职业青年，依然生活在“再选择”的困惑之中，幸福感日益下降。我们深知青年是成长发展的，这些困惑都会随着他们的成长而得到不同程度的解决，但他们在社会化过程中的“多样性困惑”，也同样是真实的。他们需要的不是说教，而是学会选择。

随着日益丰富的科技产品广泛进入青年的学习、工作和生活，那种没有电脑、没有网络、没有手机、没有微信的生活，是不可想象的。这些科技产品，一方面极大地方便了青年的学习、工作和生活，提高了青年获取和处理信息能力，从而使他们的知识视野大为扩展，创业和创新意识不断增强；另一面，这些科技产品也在不同程度上强化了人的“技术崇拜”和“工具依赖”，技术为人服务的原本属性，也往往容易变成人为技术所驱使，转而成为自身发展的束缚。如果从人类发展的纵向比较来看，这一变化是深刻的。表面上看是青年工作方式、生活方式和认知方式的改变，但实则是青年社会化要素、结构和机制的改变。我们在现实生活中不难发现，青年对某些科技产品的过度依赖，即工具的便利性对人的诱导作用，已经相当普遍了。比如某天上班或上学忘了带手机，便会整天焦虑不安，生怕误了什么大事，其实什么事也没有发生；某天没有上网浏览，便会缺点什么，生怕错过什么重要信息，其实那天或许并没有什么必须知道的信息；某天没有收发微信，便有失落空荡之感，生怕自己错过说话的机会，其实这天也许并没有什么值得你关注的话题；到了某地，如果没 WiFi，便会认为此地太落后。正如手机报 IN 语曰：“以前不离不弃的叫夫妻，现在不离不弃的是手机；机不在手，魂都没有。”

我之所以把这些现象摆出来，并不是说这些科技产品不好和青年的选择不对，也不是说这些现象本身就是问题，而是说这种过度依赖，在很大程度上会弱化青年对实践体验的选择，包括社会参与、伙伴关系和与社会公共体的互动等，而这些又恰恰是青年社会化过程的本质规定性。大家都知道，青年的社会化过程，从根本上说就是一个持续的实践过程。无论是家庭的、学校的、单位的乃至社会的，实践既是青年“试错”的主要形式，也是青年实现自我社会同一性不可缺少的中介；既是青年辨别和判断事物的必然过程，也是青年人生选择和发展路径的“决定性因素”。青年只有在自觉能动的实践体验中，才能逐步形成和确立自己的世界观、人生观和价值观，这是一个不可超越的决定性条件。正所谓“纸上得来终觉浅，绝知此事要躬行”。

也许有人会说，上网、发微信也是一种“实践”形式。这话即使可以说得通，但至少是不全面的。因为这既非实践的本质，也非实践的主要形式。这种“快餐式”的“实践”，无疑淡化了青年对深刻的追求。凡事满足于知道了、了解了，却很难获得真知，也很难内化为稳定的思想观念。人类发展的历史已经证明，离开现实的能动的自觉体验、劳动体验、参与体验和人际体验，乃至更为广阔的社会体验，青年认识自我、认识他人和认识社会的方式，必将会发生扭曲。而认知方式的改变，必将弱化青年社会化过程应有的本质规定性，即实践性。这对于正处在“未定型”的青年来说，往往会导致其智能结构的偏差。比如过度依赖网络的青年，往往会弱化他的口头表达能力或动手能力，或有想法说不出来，或有想法但不会做事。我认识一位编程员，工作很出色。当我向他请教编程原理和方法时，他却无论如何也说不清楚。后来我把话题转到生活上，他甚至无法告诉我喜欢什么，以及他需要一个怎样的人生。我希望这只是一个个案。自然规则告诉我们，某种工具依赖必然造成某种功能退化，诸如药物依赖、工具依赖、心理依赖等，即通常所说的“用进废退”。这就像人的思维能力，过度依赖他人信息，往往会造成思维能力的弱化，即用他人信息取代自己对价值追问的思考，满足于大家怎么说、别人怎么看，从而放弃对深刻的追求。这对一个民族来说，其影响是深远的。

从另一个角度看，这种过度依赖也会在一定程度上弱化青年的情感体验。因为无论技术多么先进、多么方便快捷，都无法带来情感生活的自然提升，也无法取代现实的情感体验。这是技术的本质规定性和其应用的固有规律。

首先，由于技术压缩过程而强化结果，这就使人们在获得满足感的同时，弱化了人在过程中应有的幸福感；或者在极大提高了效率的同时，弱化了人的成就感。而人对幸福的体验和成就的期盼，恰恰来源于过程的追求而非结果。对现实中很多东西或事情，我们日思夜想、千方百计去争取，这个过程既是痛苦的，也是幸福的。可当你真正得到了、拥有了、成功了，反倒索然无味了。所以，结果和效率的不断强化（即来的容易），以及过程的不断压缩，就会使青年对幸福和成就失去应有的珍惜：即来之不易方知珍惜，而轻松获得反而不以为然。于是，每时每刻都在拼命追求幸福的人们，“便像上紧了发条的钟表”，或“像在烧红了的轨道上赤足奔跑”，不知停息，不知满足，而得到了又不觉幸福。因此他们常常处于浮躁不安、焦虑压抑之中，而幸福却总是离他们而去。

按理说，现代通信技术与信息技术的方便快捷，使人们的沟通变得极为容易，即使人在大洋彼岸，一个电话、一条微信、一个视频，该说的都说了，该聊的都聊了，随时随地，任意而为。这本应该极大增强人们的情感交流，更好地分享彼此的情感体验。但事实是，交流是加强了、方便了、快捷了，而人与人之间的情感依赖和心灵体验却随之弱化了。尤其是因过度依赖技术工具，使青年的实际交往越来越少，找对象变得更为困难。即使是热恋中的情侣，也会在方便快捷的技术交流中变得苍白，现在的青年大都不会写情书了，也没有了因距离而形成的相思之感和情意缠绵的体验。因为一切都来得太便捷、太容易了，从而使那些赖以维系情感的“深刻”，变得多余了。人们在技术工具的诱导和驱使下，变得日益封闭、冷漠和无情。虽然大家都在说别人如何冷漠、多么无情，但事实上正是我们自己的冷漠造成了别人的无情，或别人的冷漠造成了自己的无情。因为冰冷的机器与高超的技术，永远都无法取代人与人的实际接触和心灵抚慰，没有了这种真切的情感体验，冷漠与无情便不可避免。

其次，新技术的推广和普及，往往会形成相应的流行文化和社会时尚，而青年永远是流行文化和社会时尚的创造者，也必然成为流行文化和社会时尚的践行者，并引领时尚文化的发展。研究表明，流行文化虽然是一种亚文化，社会时尚虽然是一时之潮，但他们对青年成长的塑造力，是极其强大的。即使在今天，我们从成年人身上依然还能看到当年流行文化和社会时尚的烙印，在他们的思想意识中，还依然活跃着当时的积淀。因为流行文化虽然持续时间较短，但积淀性很强，某种流行文化所形成的思想观念和行为方式，并不会因下一个新技术的普及而消亡，而是以相应的方式积淀下来，成为人生观和价值观的一部分。

从这个意义上说，新技术可以为流行文化的形成创造条件，使之成为流行，而流行文化的兴起，又会极大地促进新技术的普及。所以，技术工具对人的驱使，归根到底还是一个文化问题。因为流行文化的核心，是“时尚价值”，即为当时社会所崇尚的价值，表面上看不过是一部手机、一个渠道，但令人趋之若鹜的恰恰是它的“时尚价值”。所以，人们使用的是技术是工具，而践行的是文化，追求的是价值。无论什么年代、什么国家，“时尚价值”总是有力量的，且从众效应和“他人导向”非常显著。

比如，流行文化和社会时尚总是与“偶像崇拜”相联系，或者因“偶像崇拜”而认同某种流行文化和社会时尚。当这种“偶像崇拜”被一再强化时，就会对青年的价值取向与追求形成“他人导向”，也可能导致青年在成长中人生坐标和参照体系的混乱。国内外大量实证研究表明，榜样或偶像在青年成长发展中的作用，是父辈、兄弟姐妹、单位领导、同事朋友和伙伴，都无法替代的。一般来说，每个时代的青年都会有自己的榜样或偶像，每个青年也都需要自己的榜样或偶像。因为在青年社会化机制中，坐标和“效仿”是一个非常重要的因素。青年在成长中很多品质的生成，不是被动听来的，而是通过自觉观察，并在价值认同的基础上“效仿”来的。这是青年实现自我社会同一性所不可缺少的。而“效仿”的对象大多是榜样或偶像，如英雄、劳模、明星等。

但更为重要的是，榜样与偶像虽有相同的因素，但又是有区别的。榜样更多是一种精神力量，或价值和意义的呼唤，即我想成为这样的人。其力量是庄严而持久的。而偶像则更多是生活时尚和行为“效仿”的风标；榜样更多是树立起来的，其精神价值是普众的，体现着国家与民族发展进步的需要。而偶像的形成更多是自发的、小众的、多样的，体现着青年在成长中的“试错”与选择。从这个意义上说，明星们必须具有强烈的社会责任感，因为你正在影响着国家和民族的未来。

依赖过度就是依赖过了头，就是超过了“界度”，就是相反相成的“极”。

如果从技术与未来的层面看，雷·库兹韦尔在《奇点临近》[①]一书中，详细介绍了美国及西方科技创新研究的主要成果，并基于这些成果的功能与趋势，预测到2045年非生物智能将超过十多亿倍于今天人类的智能，使人类自身从生物智能过渡到非生物智能，“奇点”由此产生，我们将进入“后人类时期”。而这一时期的主要特征，就是非生物智能将完全颠覆生物的进化过程。

雷·库兹韦尔的预测，是基于正在进行的三种重叠的科技革命，即基因技术（G）、纳米技术（N）和机器人技术（R）。这三个技术名词对我们来说，已经并不陌生了，但如果把这三种技术重叠或结合在一起，那么对人类会是什么结果呢？雷·库兹韦尔认为，如果把现在的人类视为1.0版本，那么这三种技术重叠的革命，将打造出人类的2.0版本，甚至是3.0版本。那人类的2.0或3.0版本又是什么样子呢？概括起来说，就是这三种技术的重叠，使我们可以重新设计和重构（以分子为基本单位）人类的身体和大脑，以及与人类休戚相关的世界，并突破“生物学极限”。也就是说，人类自己设计出来的智能机器人，将远远超过人类所拥有的智能，能够控制人类的智能，并找到克服人类自身局限性的方法。

雷·库兹韦尔具体描述说：“数十亿的纳米机器人将参与我们的身体和血液循环。在我们体内，它们将杀死病源体，修正DNA错误，消除病毒，以及执行许多其他任务，以增强我们的健康。这样，我们将能够无期限地生活下去，不会衰老。”人类将能够改变自己的身体，而这一切的关键，则在于“重塑大脑”，即系统掌控大脑的运行原理，并用智能机器功能替代生物（大脑）的功能，即植入思想，从而使人脑的思考功能变为程序性“计算”。

雷·库兹韦尔所描述的这些，假如在2045年后都能变为现实，也许很多人会庆幸自己赶上了技术革命的伟大时代，从此将不会再生病，也没有了病痛的折磨；大家可以按照各自的需要来修改DNA，使我们变得更加健康和强壮，只要你愿意，你就可以永远年轻地生活下去；甚至连思考都不需要，一切都由计算机大脑来完成，省去所有的烦心事。可是如果从相反的角度想一想，很多问题尤其是文化问题，也就随之产生了。

---

① （美）Ray Kurzweil著、李庆诚、董振华、田源译：《奇点临近》，机械工业出版社2013年第1版。

其中的核心问题，就是这种条件下的人生意义是什么，连思想和情感都不需要的人活着为什么？对此，包括雷·库兹韦尔在内的众多科学家都提出了质疑。他们关注的焦点，不是这些技术能否成为现实，只要有需要，这一切终会实现的。他们所关注的是“后人类时期”的人为什么而活，人生的意义和价值是什么？比如，这种技术条件下的人类还需要信仰吗？如果还需要，那么这种信仰是人自主选择，还是由计算机大脑的既定程序来决定；如果由计算机大脑来决定，那么信仰对人还有“活着”的意义吗？如果还是由人来选择，那么又怎样来控制计算机大脑的意志；假如这些都能解决，那么又由谁和怎样来协调信仰的社会关系，以及控制信仰的社会力量。

还有这种技术条件下的人类还需要情感吗？还需要爱和爱情吗？如果需要，那么这将是怎样的情感，又是怎样的爱情，是还像现在这样由心而生、互动而爱，还是一切都按照计算机大脑的既定程序来表达、来实现？假如是后者，那么这样的表达和实现，还是人类既有的情感和爱情吗？而它对人类又有何意义呢？再有这种技术条件下的人类，还需要或还有真善美吗？如果有并且需要，那么这种真是人原本的真，还是计算机大脑的“真”？是人心的善，还是计算机大脑规定的“善”？尤其是美，原本就是多样而复杂并因时因地因事因人而美的，那么在计算机大脑的认知和判断中，还能还原人类对美感的自然机制吗？计算机大脑所确定的审美标准，还具有社会的审美价值吗？还有诸如家庭伦理、社会伦理、人类多样性、人与自然等许多问题，真的让科学家们大伤脑筋。

我们再回到现有技术条件下的人类社会。大量技术工具的日益生活化，无疑也会在不断放大人的欲望同时，日益强化着人们实现欲望的手段。正常得不到的就寻求反向，如网络诈骗等。从人性本然的角度看，有了快捷的条件，人们就会期盼走得更快更远、升得更快更高；有了提高能力的工具，人们就会期盼得到更多、争取更多。

欲望既是人与生俱来的，是人“外求”的原动力，也是万苦之源。我在《禅诗百说》一书中看过一段对话：说有位年轻人去拜访老禅师，路上见一头牛被绳子拴在树上，周边是丰饶的草地。牛想吃草，可是转来转去，却无法挣脱绳子的束缚。年轻人便问老禅师：“什么是团团转？”老禅师云淡风轻地说：“皆因绳未断”。年轻人似有不解，老禅师接着说：你问的是事，我答的是理。你说的是牛被绳缚而脱身不得的事，我讲的是人被俗务纠缠而不得超脱的理，一理通百事啊！你看：因一根绳子，风筝失去了天空，水牛失去了草原，骏马失去了驰骋。在俗世里，绳子就是欲望，众生为了它“团团转”，百姓为了这根绳子，而押上了整个人生。[①]老禅师的话，无疑暗藏禅机，而普天之下能挣脱或斩断这根绳子的，又有几人？

这其中的道理，就在于前面所说的：人之初，性本欲。因而对欲望的适度追求和满足，是正常的。人皆如此。但真正的问题在于：人的欲望并非单纯个人的事，也不是与世隔绝的，更不会像婴儿吃奶以求生存那么单纯，而总是存在于一定的社会关系之中。亦或说，当把人的欲望放在一定的社会环境和社会条件下，放在人与人的关系中来对待，那么它便具有了权利、义务、道德、自由、责任、公正等一系列社会意义，以及与此相应的社会价值标准和行为准则。也就是说，人们只有在这些公认的价值标准和行为准则框架内，来实现自己的欲望，才是合情合理合法的。如果超出了这些公认的社会规范，那就是不道德的、不合情理的，甚至是违法的。而无论是谁，都必须为此付出应有的代价。如此，不同的群体、不同的个体才能和谐共处，才能创造文明并不断发展，而人的欲望也才能得到持续的满足。

但话还得说回来，人的欲望是个没完没了的东西，得寸进尺、得陇望蜀，得了这个想着那个，站这个山上望那个山高，没有个知足的时候，一直到死，还得留下个遗言什么的。“人苦不知足”，人一生的苦就在这个问题上。我们这代人大都经历过贫困，尤其三年自然灾害的日子，父母为了让孩子吃顿饱饭，可谓竭尽所能。那种心灵的苦楚，是今天的人难以想象的。改革开放以来，大家的日子都好过了，很多人富裕起来了，贫困带给人的痛苦渐渐地消失了，也被人渐渐地忘却了。按理说，这时候大家应该幸福了，吃得饱，穿得暖，想吃啥吃啥，想用啥用啥，高楼别墅小汽车，山珍海味，周游世界。但吃饱了肚子的人们，便很快忘却了贫困的痛苦，而把眼光投向了更大的欲望。这在客观上无疑推动或刺激了经济的发展，而经济发展又给人们的追求，提供了更多的机会和条件。新追求中的新痛苦便随之而来。若仔细分析下去，这痛苦主要来自三个方面：

---

① 洪丕谟：《禅诗百说》，中国友谊出版公司，1993 年第 1 版。

一是“求快”带来的痛苦。刚改革开放那些年，老百姓的日子是这样改变的：夫妻俩的收入每月花多少、存多少，都要有个算计，存下来的钱今年买电视、明年买洗衣机、后年买冰箱，或者打一套家具什么的，改变的速度是慢了点，但很充实，心中老是有一份幸福的期待、一个美美的盼头在那里。后来不知从什么时候起，这样的速度不行了，而是要一夜暴富，一下子什么都得有，慢一点便会焦躁不安，再不行就开始骂娘了。于是，那种期待中的幸福感便没有了。

二是“求多”带来的痛苦。原本人的吃住用行是比较容易满足的，再高档的饭食，你一个人能吃多少，以不饿着和营养均衡为标准；再大的房子，你能使用的也就那么大，一张床、一张桌、几把沙发，能洗澡，也就够了，以清洁舒适为标准；再多再好的车，你也得一辆一辆用，总不能一人同时开两辆车吧，以便捷环保为标准。可不知何时起，什么都是越多越好、越大越好，票子、房子、车子。于是，人们在满足了占有欲的同时，却失去了本应拥有的幸福。

三是“求最”带来的痛苦。求最，就是相互攀比，你有的我也要有，你的好我必须比你的更好，你的多我必须比你更多；有条件的要比，没有条件“创造条件”也要比；甚至那些刚刚解决了温饱的人们，也要不惜一切和你比一比。

如果我们设身处地想一想，这“三求”能实现，自然是个好事情，大家都得到了自己想要的东西，又有谁会不高兴呢？但事实上是不可能的，或者说，这并不是所有人都能实现的。如果你没这个条件，却非得去拼去争，那结果只能是自找苦吃，痛苦是你求来的，怨不得别人。因为任何事都是相反相成的，力不足则伪，智不足则欺，财不足则盗。正所谓“甚爱必大费，多藏必厚亡”。凡事做过了头，就必然会走向自己愿望的反面，做一些违背良心的事，弄得夜里都睡不好觉；如果你事事以他人为导向，整天较着劲生活，或者欲门大开、不知节制，什么都是多多益善，什么都要个“最”，而又没那个财智，也没那个条件，其结果就相当危险了。如果你是个平民，欲火蒸腾而自己又无法满足，那就只能是非欺即盗，等待你的必定是牢狱之灾；如果你是个官员，那就更可怕了，不仅害了你自己，也会对党和国家事业造成伤害。

大家想啊，这样的人生又会有什么幸福可言。伸手的时候、拿人家的时候是“幸福”了，殊不知你一生的痛苦就在这瞬间的“幸福”之中生成了，而且终生难以摆脱。这种痛苦不是一两份“忏悔书”所能解决的，也不是牢狱之灾所能救赎的。因为心灵的伤，只能用心灵的药来医治。

人既是价值实体，更是意义性存在。是的，天底下任谁没有钱都无法生存，金钱还可以帮助我们实现人生的价值和意义。但无论如何，金钱都不是价值和意义本身，它只是我们实现人生价值和意义的工具或手段。因此，如何使金钱和财富更能促进自身发展，更能造福于国家、造福于民众、造福于社会，才是真正值得我们思考和追求的。投资是价值，慈善公益是价值，用于个人生存发展进步也是价值，关键在于它的实际意义。

用易经的观点看，人生的价值和意义与金钱财富之间，是一种因然的均衡。人从生到死，有进就有出，进得多出的也多；有得就有失，得的越大，失去的也就越多；有成就有反，成的越大，反的力量也就越强，无非是出、失和反的形式不同而已。这其中始终有种力量在发挥协调与均衡的作用。这种力量既是大自然的损益之律和均衡法则，也是人作为自然之子所不可抗拒的客观规律。如果我们翻开中外史书看看，任谁都无法逃脱这些规律和法则的制约，幸福与痛苦相反相成的道理，也就在其中了。

所以，人的存在不在于财富的多寡，够用就好，而在于金钱或财富具有什么样的价值和意义。比如一位拾垃圾的老人，无论和谁比，都是贫困而卑微的，但他可以拿钱去资助上不起学的孩子，因而他的钱是有价值的，意义是伟大的。反之，一个亿万富翁，到死也不肯拿出一分钱救济穷人，那么他的钱除了资本价值之外，就少了些社会意义。因此，存在的价值和意义，才是幸福之源。

第五章
妙在过程

我们已经知道,自然和世间万物变化的基本形态和规律之一是相反相成。而无论相反也好、相成也罢，以及万物的相互依存、相互对立和相互转化，都是一个过程，也只能存在于过程,并在过程中实现自身的价值和意义。亦或说，变化本身就是一个过程。所以，过程在易经方法论中占有很重的份量，也是贯穿易经始终的一个重要观点和思维方法。

一、过程之律

如前所述，自然和世间万物都是一定时空条件下的存在，因而古往今来的成功都成在过程，失败都败在过程，既没有成在开头的，也没有败在开头的，成功和失败不过是这个过程的结果而已；所有的幸福和快乐，都来自于过程，所有的痛苦和悲伤，也都源于过程，没有过程就无所谓结果，也就没有了幸福与痛苦；对于一个国家而言，兴也过程，衰也过程，古今中外从来没有即兴即衰的国家，哪怕是一个族群、一个城堡，区别仅在于过程的长短和性质的不同。可见，正确认识和把握过程的意义何其大也。本章名之以“妙”，其用意也就在这里。

同样的道理，我们之所以说易经中没有绝对的吉，也没有绝对的凶，就在于它所说的吉是过程的吉，或过程所致的吉；凶也是过程的凶，或过程所致的凶。而过程是变化的，所以吉凶也是可变的，吉可以转变为凶，凶也可以转化为吉。因此，假如我们只要易经给出的结论，而不参研过程即爻变，那就等于从根本上抽掉了它的血脉，也就失去了观察、分析和判断现实问题的意义。易经方法论与摆摊算卦的本质区别，也就在这里。因为从整体上看，易经的六十四卦就是一个相错相综、环环相扣、相反相成、循环往复的大过程。它的每一卦、每一爻都不是孤立的、静止的、绝对的，而是有着合乎逻辑的内在联系，从而构成了天地人互动运化的大过程。

对于这个问题，除了乾坤两卦作为总纲即天地之道外，我们有必要对“十翼”之一的《序卦传》作一个全面了解，以便从整体把握过程的内在联系及规律性。

《序卦传》曰：“有天地然后万物生焉，盈天地之间者唯万物，故受之以屯。”这是讲天地万物必先屯而后生，屯卦有万物之源的意义。屯者，物之始生也；“物生必蒙，故受之以蒙。蒙者，物之稚也。”这是讲蒙卦有物之萌芽、人之幼稚的意义；“幼稚不可不养也，故受之以需。需者，饮食之道也。”这是讲需卦有需求与养育的意义；“饮食必有讼，故受之以讼。”这是讲讼卦有因利而起纷争的意义；“讼，必有众起，故受之以师。”这是讲师卦有利益纷争而无法调和或可导致战争的意义。

“师者，众也。众必有所比，故受之以比。”这是讲比卦有人众即相比的意义；“比必有所畜，故受之以小畜。”这是讲小畜卦有因比而畜的意义；“物畜然后有礼，故受之以履。”这是讲履卦有衣食足而后行礼仪的意义；“履而泰然后安，故受之以泰。泰者，通也。”这是讲泰卦有相礼而安，故安泰通达的意义；“物不可以终通，故受之以否。”这是讲否卦有因泰而极、因极而否的意义；“物不可以终否，故受之以同人。”这是讲同人卦有得人之助、否极泰来的意义；“与人同物必归焉，故受之以大有。”这是讲大有卦有功在合作、利在双赢的意义；“有大者，不可以盈，故受之以谦。”这是讲谦卦有富不可以满、贵不可以大、虚怀若谷、谦谦待人的意义；“有大而能谦必豫，故受之以豫。”这是讲豫卦有富贵者若能谦虚谨慎、礼贤下众、必定是快乐而幸福的意义；“豫必有随，故受之以随。”这是讲随卦有贪图安逸豫乐之人，必有事相随而来的意义，久安必乱，乐极生悲；“以喜随人者必有事，故受之以蛊。”这是讲蛊卦有礼下之人必有所求、求则生事的意义。

“有事而后可大，故受之以临。临者，大也。”这是讲临卦有因事而大、因大而业的意义。良将必出于战事，贤臣必出于乱世；“物大然后可观，故受之以观。”这是讲观卦有只有在创业中才能实现自身价值的意义，怕苦避累、贪图蝇头者，难成大事；“可观而后有所合，故受之以噬嗑。嗑者，合也。”这是讲噬嗑卦有成大业者虽有合力但不可贪多求大、肆意扩张的意义；“物不可以苟合而已，故受之以贲。贲者饰也。”这是讲贲卦有因求大而苟且迎合者，必粉饰华美的意义；“致饰然后亨，则尽矣，故受之剥。”这是讲剥卦有粉饰到了极点就会败落的意义；“物不可以终尽，剥穷上反下，故受之以复。”这是讲复卦有落穷而返、败极而复的意义。事物的运动变化是没有穷尽的，事尽必极，物极必反，反下而生，一个新的过程开始了；“复则不妄矣，故受之以无妄。”这是讲无妄卦有因极而思、吸取教训、去掉虚妄的意义。

“有无妄然后可畜，故受之以大畜。”这是讲大畜卦有自觉反思、改正错误，便会有新的收获和存蓄。大畜卦与小畜卦的不同之处，在于不是因比而畜，而是无妄而积，故曰大；“物畜然后可养，故受之以颐。颐者，养也。”这是说颐卦有蓄积而养的意义。但这个养不仅是指身心方面，也包括养精蓄锐、积累资源、充实提高的意义。“不养则不可动，故受之以大过。”这是说大过卦有久养而强、阳盛而行、利有攸往，故能大过的意义；“物不可以终过，故受之坎。坎者，陷也。”这是说坎卦有因大过而行险，但不失其信则可亨通的意义。突出强调了面对危险，只要不失去他人的孚信，不屈不挠，心得亨通，崇尚其行，必能渡过重险而成功；“陷必有所丽，故受之以离。离者，丽也。”这是说离卦有因坎陷之险必有离明两作的象征，以及继此光明而得正的意义，强调的是转危为安的反成之理。

“夫妇之道不可以不久也，故受之以恒。恒者，久也。”恒卦是接咸卦而来的，强调的是日月得天而能久照，四时变化而能久成，圣人久于其道而天下化成。有君子以立不易方的意义；“物不可以久居其所，故受之以遁。遁者，退也。”这是讲在守恒或守常基础上的进退之理，有当位而应、进退自如、与时偕行的意义；“物不可以终遁，故受之以大壮。”大壮，大者壮也。即阳大而盛的意思。说的是世间万物不可能始终处于退避的状态，有时逢阳必应盛而出的意义；“物不可以终壮，故受之以晋。晋者，进也。”这是说大壮者不可守而必有所进、有所拓展，有柔进而上行的意义；“进必有所伤，故受之以明夷。夷者，伤也。”这是说有所求、有所进，就必有所阻、必有所损、必有所伤，有在此条件下当用晦而明的意义；“伤于外者必反于家，故受之以家人。”这里强调的是，伤于外者应归于内、归于本，坚守天地之大义、人伦之根本，具有正本而天下定的意义。“家道穷必乖，故受之以睽。睽者，乖也。”这是说如不能审时度势而守本，其内就会睽违乖异。有此时用大事则废的意义。

“乖必有难，故受之以蹇。蹇者，难也。”其意义在于内有睽违乖异而外必生险难，君子应见险而能止，反身修德，以求得贤者之助；“物不可以终难，故受之以解。解者，缓也。”这是说天地解，就会有雷雨来苏醒润泽万物，百果草木也就萌动而发芽了。具有得众而动、动而免乎险的意义；“缓必有所失，故受之以损。”这是说解难脱险必有所付出、有所减损，甚至有所牺牲，无论是损上益下，还是损下益上，都应当与时偕行。具有君子当节制自己欲望的意义；“损而不已必益，故受之以益。”这与我们前面说的增中减、减中增的道理差不多。又突出强调了损上益下、惠及民众，必得大益的意义，君子当见善则迁、损己改过，此增益之大道是也；“益而不已必决，故受之以夬。夬，决也。”这是说损益之道乃至世间万事，都应刚健而喜悦、决去而平和，而不应刚愎自用，以暴取胜。既不可得意扬越于上，也不可居恩德而待下，这应是君子所深思的；“决必有遇，故受之以姤。姤者，遇也。”夬卦有刚决去柔的意思，而姤卦则是柔遇刚，呈现出刚消柔长之势，柔壮则刚伤。其意义在于万事应阴阳协调、刚柔相济，不可偏执，不应偏废，依时而进，必章明美好；“物相遇而后聚，故受之以萃。萃者，聚也。”这是说物得阴阳而藏，人聚刚柔而盛，萃聚而盟，上下相应，守正以用，万事亨通；“聚而上者谓之升，故受之以升。”这是说升卦有柔以时升、刚中而应、其志可行的意义，是巽逊而和顺的。但同时也强调要积小以成大，若盲目求大以冒升，则消减反成不富；“升而不已必困，故受之以困。”这是讲一味求进，将益反损，升极而困，前无再进之道，后无可退之路，更失去众人信任，具有陷困而不可失其心志的意义；“困乎上者必反下，故受之以井。”井卦强调的是，穷困之时应反基求本，以汲取再进的力量。因为井养万物而无穷，人困八荒而有本，切不可因汲水不成而失功。

“井道不可不革，故受之以革。”这是说脱穷出困、汲水而成的根本出路在于改革，但改革必顺乎天（规律）而应乎人（民意），应时而动，孚信于民。具有水火相息而更用事的意义；“革物者莫若鼎，故受之以鼎。”鼎者，烹饪之象。其意义在于改革既要有系列的规划、法则和举措，又要像“烹小鲜”一样谨慎细致，正位凝命，谦顺通达，鼎实民悦，取信于民；“主器者莫若长子，故受之以震。震者，动也。”这表明任何改革都必然会产生震动，引发这样那样的问题，主事者既要战战兢兢，又要惕厉戒惧、泰然处之。具有惧近谋远、因惧而福的意义；“物不可以终动，止之，故受之以艮。艮者，止也。”艮卦具有动静不失其时，即与时俱进或与时俱退的意义。时止则止，时行则行，止于其所当止，其道光明；“物不可以终止，故受之以渐。渐者，进也。”渐卦告诉我们，所谓的止，并不是停止不前，其核心在于渐进，而非一往无前。渐进方可得其位而应其时。具有木在山上，以渐而高的意义；“进必有所归，故受之以归妹。”此卦强调的是，人始生乾而终于坤，天地不交则万物不兴，故曰人之始终。其意义在于渐进作为一个过程的完整性和阶段性，相对而进，当时而归，有始有终；“得其所归者必大，故受之以丰。丰者，大也。”这是说在渐进中如有丰获，必定会呈现盛大之势，应当惠泽万民。但此时又往往处于盈虚消息的变化节点和界度。

“穷大者必失其居，故受之以旅。”这就是盛极而衰了，其发展已超过了自身的承载力，失去了相应的资源基础，需要求助于外力了。旅卦具有当此时应守正明慎的意义；“旅而无所容，故受之以巽。巽者，入也。”这是说外求无获或所得而无济，则应当顺随其势，反求自身，自行自强，方能守中得志。具有志明则强、志疑则弱的意义；“入而后说之，故受之以兑。兑者，说也。”这是说归位守正，自强不息，持中而行，必会得到众人的支持相助。兑卦具有悦民则喜、和兑之吉的意义；“说而后散之，故受之以涣。涣者，离也。”此卦虽有喜极而涣散披离之难，但刚居于内而源源不穷，柔于外而上下同心，必有收散聚离和度济之功。具有临涣守正而光大的意义；“物不可以终离，故受之以节。”这是说无论聚散进退都要有所节度，天地节而四时成，人事节而功就。节而有度，不知节则糜费，苦守节则道穷。节卦有以制数度、中正以通的意义；“节而信之，故受之以中孚。”中孚卦的意义在于，有节乃信，有信可用，孚信于中而化于外。不可盲信于私而苛信于公，不可偏信于上而卑信于下；“有其信者必行之，故受之以小过。”这是说大家相互信任而合作了，应立足于下而从小事做起，与时而行，不可贪大求过。此卦具有小过则亨、上逆下顺的意义；“有过物者必济，故受之以既济。”这是说积小过而大成，人便会志得意满，安于既成而失于戒惕，就会亨通止而纷乱生。既济卦具有思患而预、预则立的意义；“物不可穷，故受之以未济终焉。”未济卦既是一个大过程的结束，又是一个新过程的起始，功可成而事不可终，名可就而物不可穷。世间万物千变万化、循环往复，是没有穷尽的。所以要慎辨物宜、居之以道，功用相得，既济而未济也。

以上是六十四卦变化往复的大过程。当然，这只是《序卦传》的一家之言，以及我个人的体会。对此，历代参研者各有解释，多有不同。我这里侧重的是过程的逻辑性，及各阶段之间的内在联系，而不是注释。有兴趣的读者，可参考其他著述，进行比较。

就某一卦而言，也是一个过程，而且每一个过程都是六个阶段，即六个爻。那么，为什么一定是六个阶段、而不是三个或五个阶段呢？对于这个问题，南怀瑾先生在《易经杂说》一书中认为，这是因为“天地之变尽于六”，“宇宙间的任何变动，没有超过六个阶段的”。“所以八卦要有六爻，是天、地、人三极阴阳变化的法则。”[①] 如此而言，那在一个过程中这六个阶段，又是怎样的关系呢？我们以《周易》的乾卦为例，作进一步探讨。

初九。即初爻，亦即第一阶段。其爻辞曰：“潜龙。勿用。”意思是说，这个阶段象征潜伏着的龙，以不用为佳。这个“勿”字，既有“不可用”“不必用”“不能用”“不要用”的外在意义，也有屯生蒙养、隐蔽蛰伏、养精蓄锐、蓄势待发的内在意义。

九二。即二爻，亦即第二阶段。其爻辞曰：“见龙在田。利见大人。”意思是说，这个阶段象征出现在田地上的龙一样，可以见到高贵的大人物而有利了。具有阳能发动、生机初现、待时而升的意义。

九三。即三爻，亦即第三阶段。其爻辞曰：“君子终日乾乾。夕惕若。厉。无咎。”意思是说，处在这个阶段要效法如日经天的精神，固守刚建正中的德性，终日警惕自励，便不会有过患了。具有既要顽强求进又要惕励戒惧的意义。

九四。即四爻，亦即第四阶段。其爻辞曰：“或跃在渊。无咎。”意思是说，处在这个阶段，或像深渊里的游龙，或像跳出深渊的跃龙，无论是潜是跃，都是没有过患的。具有动静自如、进退有据、潜跃由心、遇难而过的意义。

九五。即五爻，亦即第五阶段。其爻辞曰：“飞龙在天。利见大人。”意思是说，经过养精蓄锐、顽强拼搏，终于飞上天空了，不仅有了内在的基础，也拥有了外在的发展空间和资源。具有事业有成、飞黄腾达但又变化不测的意义。

上九。即六爻，亦即第六阶段。其爻辞曰：“亢龙有悔。”意思是说，这个阶段犹如处在高亢极点的龙，既无再上的空间，又不能下降，孤高在上，进退无据，必然会忧郁悔闷了。具有物极必反、乐极生悲、福极而祸、亢极而衰的意义。

用如此大的篇幅引用《序卦传》和乾卦，这并不是我的写作风格，但不如此，便无法说清楚易经六十四卦的过程性和内在逻辑性，以及它“妙”在何处。其方法论意义则在于，易经的任何一卦、每卦的任何一爻，都不

① 南怀瑾：《易经杂说》，老古文化事业股份有限公司 2001 年第 2 版。

是孤立的、绝对的和静止不变的，而是因相反相成而存在，相联相变而运化，孕育着多样无限的可能性。由此我也坚信，易经的六十四卦并不是过程的终结，三百八十四爻也不是过程的终结。尤其是随着现代科技的发展，比如对宇宙暗物质的探寻、对自然与人脑之关系及运行原理的探究，易经卦爻的发展也必将取得新的突破。

所谓过程，即从本质上表明了事物生成、存在和发展所经历的程序，任何作为过程而存在的事物，都有着自己的过去、现在和未来，或缘起、运作和结果，因而也都必然具有内在的规律与逻辑。过程也是一个系统，因而任何过程都必然拥有自己的构成要素，即构成系统的部分、条件和单元；必然拥有自己的结构，即系统要素的构成方式；必然拥有自己的机制，即系统要素在一定结构条件下的运行原理；也必然拥有自己的模式，即系统运行的基本方式与规律。过程又是一个时空范畴，无论是客观存在的过程，如一年四季、从昼到夜，还是主观设计的过程，如一项工作、一个活动、一件事情，都是就一定的时间和空间而言的。如我们说过去是相对今天而言的；我们说地球是相对于太阳系乃至宇宙而言的；我们说开幕、开始是相对于闭幕、结束而言的。离开了相应的时空条件，我们便无法理解和把握过程的确定性。

从方法论意义上说，就是无论做什么事，都应在立足现实的基础上，清晰地了解它的昨天和过去，因为今天和现实正是昨天和过去合乎逻辑的延伸或发展；也要在夯实基础、积极推进的条件下，主动自觉地把握趋势、预测未来，因为明天和未来同样是今天合乎逻辑的必然。

由此可知，正确理解和把握过程的本质，对于我们优化思维、改进工作是非常重要的。比如我们为什么会犯错误、或出现失误失败，甚至会犯一些常识性错误呢？固然每一个错误、失误或失败，都有自己的内因和外因，但其共同的一点，就是在主观上割断了过程的必然联系，打破了过程的内在逻辑，违背了过程的客观规律。从古到今，因此而导致的错误和失败是相当普遍的，教训也是沉痛的。

接下来，我们以“头痛医头，脚疼治脚”这个常见的管理方式做个分析。大家都知道，无论是一个地区，还是一个单位，在其运行和发展中总会出现这样那样的问题或矛盾，这是任谁也避免不了的，也没有什么可怕的。但重要的是，当问题或矛盾发生时，我们应当以怎样的思维方式来认识和对待呢？

首先，当问题或矛盾发生时，先不要急着下结论、定措施，而是要先搞清楚这是个什么性质的问题或矛盾，是哪个环节或阶段出现的问题或矛盾，其范围或影响有多大。不能听风就是雨，更不能“雷厉而风行”。对于这一点，大多数人是可以做到的。但我们也应当知道，仅仅做到这一点是不够的。因为任何意义上的问题或矛盾，都是在运行和发展的过程中产生和形成的，都与相应的过程有着内在的、必然的联系，而过程的要素和结构又是相互依存、相互作用和不断变化的。所以，更为重要的是，还必须把这个问题或矛盾，放在相应的过程中加以分析和判断，进一步搞清楚其主要矛盾或矛盾的主要方面是什么，是过程要素方面的问题，还是过程结构方面的问题，亦或过程机制方面的问题，从而把认识和解决问题的基本点，放回到过程的整体运作之中，以全局的视野和界度，来认识和解决局部和个别的问题或矛盾。如果我们忽视或放弃了这一点，就会不可避免地导致“头痛医头，脚疼治脚”，一年到头跟着问题跑，东抓一把，西抓一下，忙得不可开交，连下班回家都不得安生，其结果还是“按下葫芦起来瓢”。

那为什么会这样呢？因为当你认识到这是个问题或矛盾并着手解决时，或正在全力解决的进程中，而此时随着过程的运作或发展，这个问题或矛盾已经或正在发生着变化，或量变或质变，或范围之变，或已经不是原来的问题了。如果你对这个过程没有系统把握，还是按照原有的认识和方法，继续推进问题的解决，其结果不仅原有的问题解决不了，而且还会制造出新的问题；当你自认为已经解决了原有的问题或矛盾时，此时与其相联的另一个或一些问题也许正在生成，或已经形成了。因为任何一个过程都是运动变化的，其中很多客观因素又是不以人的主观意志为转移的，所以对任何现存问题的解决，都必然会引发或促成新问题的出现。也就是说，当你解决了甲的问题，满足了甲的需要，乙的问题、乙与甲的矛盾也就形成了。于是，你不得不打起十二分精神，去应付和解决乙的问题。如此下去，你就会陷入“问题怪圈”或恶性循环，你所领导的单位也就难有大的发展。可以说，我们在工作中的很多问题，并不属于过程必然产生的问题，而是相应领导方法和管理方法“制造”的问题。

其次，正如我们前面说过的，问题具有导向性，而问题导向既是过程的导向，也是运作的导向、发展的导向。那么，如果把问题放在过程中来认识，是不是所有问题都具有导向性呢？当然不是，那什么样的问题才具有导向性呢？应当说，只有那些在主要矛盾或矛盾主要方面作用下的主要问题，才具有客观上的导向性。而这种主要问题，从本质上说，就是对过程或发展主体的一种预示、警示或一种引导。

也就是说，在主要矛盾作用下的过程，其相互对立的双方必然会交替呈现为过程的主要方面，并演化为一系列问题。而当某个问题逐渐成为主要问题时，就预示或表明发展过程的某些要素正在弱化或强化，系统某个方面或部分的结构正在或将要失调，系统运作某种机制的作用正在或已经失灵，过程客观规律的反作用力正在增强。当这种预示或预警被我们捕捉到时，它就会引导我们去总结、反思和研究，从而找到问题的原因和根源，制定出相应的对策，力争把问题解决在萌芽之中，最大化的减少问题造成的损失。或引导我们在问题和矛盾的运化过程中，去发现机遇、把握机遇、抓住机遇，变被动为主动，变问题为动力。而事实上，人类的每一步发展、每一个进步，包括石器的开发与使用、蒸汽机的发明与应用，乃至今天的电脑、火箭、飞船等高科技，几乎都是建立在现实问题基础上，或在现实问题引导下完成的。

从这个意义上说，任何一个主要问题，都会引导我们去发现过程整体存在的问题；任何一个局部的主要问题，都会引导我们去发现全局的发展趋势；对任何主要问题的解决，都会对过程产生这样那样的影响；对任何局部主要问题的突破，都会对全局的运作和发展产生优化。比如对经济下行压力加大、GDP 增速放缓，政治家会有政治家的看法，经济学家会有经济学的说辞，老百姓也会有自己的判断。但问题的关键并不在对“下行”“放缓”的判断，这有几种数据就够了。亦或说“下行”“放缓”本身并不是矛盾的主要方面。它的真正意义，则在于“下行”“放缓”预示着什么，它给我们造成了什么问题，又带来了怎样的机遇；面对“下行”“放缓”，我们主要应当做什么？

我虽然不是做经济工作的，但我在读书中了解到，古今中外的事实表明，这个时候往往是调整、优化和转型的最佳时期。因为无论是“下行”还是“放缓”，都是发展过程的必然经历，人类历史上既没有永远的“上行”，也没有不变的“下行”，经济发展如同四季昼夜一样，总是交替曲折运行，而且问题越多越复杂的时候，也往往是机会最多、也最容易抓住的时候。这就像一张长期绷着的弓，暂时的松开会产生更大的力量。识弊以致远，躬身为急行。所以，有远见的政治家或企业家大都不会为此而“头痛医头，脚疼治脚”，也不会把眼光仅仅放在“下行”“放缓”上，而是以此为导向，捕捉机遇，抓住机遇，顺势而为，更好发展。当然，如此而为并不是可以置问题于不顾，任由“下行”“放缓”蔓延，这同样会使相关要素形成连锁反应，导致更为严重的结构性失衡，并演化为全局性问题，使调整转型成本大幅增加，治理难度更大。由此可见，这两种思维方式的区别，不仅在于对问题的态度，也在于对过程主要矛盾和矛盾主要方面的科学把握。

其三，正如并不是所有问题都具有导向性一样，也不是所有问题都必须全力解决。这其中的道理就在于，任何一个客观过程或系统都具有自我修补和纠错机制。那么这种自我修补和纠错机制是什么呢？概括地说，就是易经所讲的“运化”，既在运动中化生，必在运动中化解。对此我们可以从两个角度来把握：

一个是“变动不居”，即过程在不断地运作变化，它所产生的问题也同样在不断变化，事物在发展，问题也在发展。这种变化或发展，要么使问题更严重，要么把问题化解了；今天看它是个问题，明天看它也许就不是问题了；在此地它是个问题，而在彼地它也许并不是问题；从这个角度看它是个主要问题，从另一个角度看它只是个一般问题。这些都是事物“运化”的结果，而非主观所为。

依我个人的经历而言，改革开放以来的很多问题，大都是在发展中自我化解的。比如计划经济体制下形成的生活方式、交往方式、审美意识和文化意识等，都不是也不能靠强制性措施解决的。大家还记得，那个时候，留个披肩发、穿个喇叭裤、戴个蛤蟆镜，就是“精神污染”了。随着时代的进步，现在又有谁会认为这是个问题呢？

二是“互动效应”，即事物在运作和发展中，过程的各种要素总是在不断地互动和碰撞着，此消彼长或彼消此长，今天这个要素强化或弱化了，明天另一个要素增强或削弱了，此时此地这个要素决定着那个要素，而彼时彼地那个要素又会决定这个要素，很多问题就在这种要素的互动中“运化”了。比如青少年在社会化过程中，会产生很多困惑和问题，这是正常的“过程性特征”。因为社会化过程的本质就是试错，不犯点错，不经历些挫折，甚至不摔上几跤，便不会茁壮成长。所以，对青少年问题比较科学的态度，应当是“引导为主，有限干预”，切不可大包大揽、过度干预。这不仅无助于问题的解决，反而会影响他们的社会化进程，留下令人终生抱憾的问题。像我们大家都熟悉的“逆反心理”，几乎在每个孩子身上都有或轻或重的体现。这既有生理上的原因，也有心理上原因，是一种必须支付的“成长成本”。但就我的研究结果而言，绝大多数孩子都会在与社会和他人的互动中自我修补和纠错，虽然结果各有不同或差异，但在总体上都有着成长过程的必然性和成长的逻辑性。而如今社会上存在的诸多问题，大体上也是如此。

从这个意义上说，无论是对经济增长，还是对社会生活，人为的干预都应当是有限的、克制的。我们的主要精力，还是应放在促进发展、增强互动上，把问题放在发展中来化解，把矛盾放在互动中去“运化”。如此，很多问题也就在这个过程中自然地解决了。我想，这也许是老子“无为”思想对我们的启示吧。

对于当事者来说，不作为或不自为肯定是不行的，在其位就得谋其政，“当官不为民做主，不如回家卖红薯”，无论从哪个角度说，都必须负起应负的责任。但主体的过度作为，必然会影响客体的自为。如果我们什么事都要管，什么问题都去解决，以有限的资源和能力去应对无限的问题，不仅难以做到，更可能是“螃蟹吃豆腐越抓越乱”。如果把该管的事全心全意地管好，把该社会管的事交给社会，把该单位管的事交给单位，把该个人负责的事让个人处理，这无论是成本还是效果，都会更好一些。因为客观过程的自我修补和纠错机制，同时也是一种淘汰机制，即过程规律的客观约束性和规定性。所以，无论是一个国家的发展，还是一个单位、一个人的发展，总是在修补和纠错的过程中，淘汰落后的、腐朽的和阻碍发展的要素，去寻求和选择先进的、进步的和有利于发展的要素，而问题也就在这一淘汰过程中“运化”了。“无为”贵在自为、有为贵在知度的道理也就清楚了。如果我们掌握了这样的思维方式，也就自然不会去“头痛医头，脚疼治脚”了。

在现实中，还有一种思维方式也是需要优化的，那就是重结果、轻过程，或只要结果、不管过程。

只要我们留心观察便不难发现，有些企业家几乎没有耐心听完一次工作汇报，更不要说那些务虚的互动研讨；他们会粗暴地打断属下早已战战兢兢的发言，“你不要说那么多，只告诉我结果就行了。”我相信，凡是有职场经历的人，对这话都不会陌生；而他们的理由只有一条，过程（或执行）不是我管的事，否则要你们这些人干什么？创业之初那种不耻下问、互动高谈、四处求教的精神，早已荡然无存；他们所关注的只有最后那几个数字。因而，尽管他们的企业不断发展，但却无法体验事业运作的快乐与激情，因为这一切都来自于过程，“奇”在过程，“妙”也在过程，没有过程的亲身参与和鲜活体验，也就只能是个“数字老板”了。

还有，我们不断强调的“深入基层、联系群众”，也是这个道理。当我们从制度上解决了“下得去、联得上”的问题之后，深入和联系的过程就成为主要方面了。因为除了年节慰问、与民同乐等形式，干部深入基层、联系群众的主要目的，是为了了解情况、解决问题。而任何问题的解决必然是一个过程。如果你把深入和联系作为一个过程和系统来管理，并从制度上不断优化它，那深入和联系的效果及问题的解决，也就大不一样了；如果你忽视了对过程的管理和优化，那深入和联系只能是走形式、秀典型了，即使人在基层，又能解决什么问题呢？因为基层很多问题并非某个人能解决的，它只能依靠包括领导机关在内的系统力量和过程运作；如果你把主要精力放在过程的管理和优化上，对每个政策、每项工作如何运行、如何推进、分几个阶段，如何保持连续性、如何管控不确定性、如何把握多种可能性等，都有一个过程性考量，并坚持不懈、一以贯之地抓住它，那基层的问题就会逐渐减少，很多问题就会得到有效解决。这其中的道理还是那句话，所有的问题都产生于过程，所有问题也只能解决于过程，离开产生问题的过程，便失去了解决问题的基础和依托。

再进一步分析，任何一个客观过程，也是由一系列因果链组成的。对于这个问题，我们通常的理解是，因就是过程得以形成的因，包括客观原因、主观原因、内因和外因等；果就是过程运作形成的果，包括成果、结果和后果等。而过程本身是没有因与果的，过程不过是从因到果的一段路程、一段时间。所以人们可以不重视过程，直接在终点等着果就可以了。

但易经方法论告诉我们，初爻并非仅仅是六爻的因，六爻也并非仅仅是初爻的果，而是六个爻之间都有相应的因果关系。由此推之，过程本身的要素之间、结构之间同样存在着因果联系，以及它们与外部要素之间的因果关系。这些关系通常呈现为一个复杂而庞大的因果链，并共存于事物发展的过程之中，发挥着各自的作用。亦或说，在过程的空间上，它们是无数同时互依的相待关系，而在过程的时间上，它们又是无数异时连续互存的因果关系。

在这个链条上，有时候甲要素是乙要素的因，乙要素是甲要素的果；有时又会反过来，亦或成为丙要素的因或果。正是这种互为因果的关系，确定了过程的存在，推动着过程的运作，并决定了“最终”的果。那么这个“最终”的果，却不是过程的终点。因为它既是过程阶段性的果，又是过程新阶段的因，即我们通常所说的新起点，事物进入了一个新的循环。大家都知道，通常所说的过程就是程序，就是一种客观规定性，而这种程序和规定性，恰恰是由这个因果链构成的。离开了过程自身的因果链，便无法把握某个过程为什么会如此演进，而不那样发展；某个过程为什么是这个结果，而不是那样的结果；亦或说究竟是什么决定着过程的阶段性和连续性，以及它内在的秩序。

比如对于当代青年存在的问题，包括媒体多有报道的信仰丧失、道德滑坡及违法犯罪等。如果我们仅仅从某个点上找原因，那又会有哪个家长不希望自己的孩子健康成长呢？又有谁不是出于“好心”而做了应该或不应该的事呢？显然这难以找到真正的因或主要的因。如果仅仅从结果或既成事实上找原因，那么它的意义只在于未来，即如何预防新的或更多的结果出现。可见，真正的因或主要的因，只能从他们自身成长过程的因果链中来寻找。看一看他们成长的这二十多年中，父母和家庭给予了他们怎样的影响，除了那些“好心”之误而外，他们在家庭中获得的成长动力究竟是什么？再看一看在这二十多年中，学校和老师又给予了他们怎样的教育，除了知识和理论的传授，他们在传统、道德乃至人格的形成上，又得到了什么、学到了什么？还可以看一看这二十多年来，我们的社会或社会组织、商家等，又为青年做了些什么？给他们带来了怎样的影响？他们在成长中的困惑、苦闷、彷徨乃至追求，又有谁给他们以实际的帮助。只要我们静下心来，把这二十多年的过程梳理清楚，当代青年的问题成因也就不言而喻了。而我们找到了问题的成因，也就会有相应的解决办法了。总之，必须把青年放在相应的时代条件下来认识，而非仅仅限于青年本身的研究。

毫无疑问，经济社会发展过程乃至中华民族伟大复兴的过程，也必然是人的成长发展过程。这其中，青年的成长发展无疑是极为重要的。因为无论今天多么辉煌、多么伟大，未来总是属于他们的，这是任谁也无法改变的人类自然法则。也许你会说，未来我已经不在了，管什么未来怎样。但请记住，即使不说国家与民族，你的子孙还在延续，他们将直接面对未来，他们会因为你对青年的关爱或冷漠，去分享未来的成果或承受未来的苦果。所以，今天每一位关爱和重视青年的人，实质上都是在为子孙构建未来。那些只要结果、不管过程的人，当以此为戒。

二、跨越探析

这一章既然是探讨过程的，自然会涉及“跨越式”发展这个问题。因为这个词在前些年比较热，很多地方都提出要实现“跨越式”发展。应当说，如果作为一个激励民众的口号，自然无可厚非，也用不着在这里探讨了；但如果真要这么干，那就有必要作一些分析了。当然，我的分析并不针对人的主观动机，因为无论怎样，大家都是为了发展。我的分析仅限于思维方式。

对于我们这代人来说，这个词很容易让人联想起当年的“大跃进”，那也是一种力求“跨越”的全民行动，到处可见大炼钢铁的小高炉，各地都有亩产万斤甚至十几万斤的喜报，为的是要用十几年的时间，以极其薄弱的经济基础和生产能力，去赶超英美等发达国家，以实现提前进入共产主义的目标。对此，我从未怀疑过当事者们加快社会主义建设的动机与追求，也非常敬佩那种“战天斗地，大干快上”的奋斗精神，甚至为之感动。但令人遗憾的是，过程与发展规律同样是不可违背的。“大跃进”不仅未能实现赶超，反而造成了经济迟滞。当然我这样说，并不是把今天的“跨越式”与当年的“大跃进”简单地画个等号，或进行某种形式的类比，这是轻率的，毕竟时代不同了，发展的基础也大不一样了。

那么，就以今天的条件为基准，经济社会发展作为一个过程，究竟能不能跨越呢？

首先，我们要搞清楚什么是“跨越”。从本质上说，“跨越式”发展是一种主观设计与追求。也许这种设计与追求具有相应的理论和现实依据，比如专家论证、调查数据、经济基础等，但归根到底，它首先是一种精神层面的东西或主观意愿。从现实的角度说，“跨越式”更多地是一种“理性冲动”，即在“深思熟虑”基础上对更快的追求。具有这种“冲动”的人们，大都是清醒的、冷静的、理性的，他们坚信自己的判断，坚信跨越是可能的，并愿意为此付出艰辛和努力。

从“跨越式”的形态看，有两个基本特征值得关注，一个是人为超越某个现实的发展阶段，而这个阶段恰恰尚未发育成熟，并不具备提升到新阶段的内在动能和客观条件；另一个是为了“跨越式”，就会舍弃某些被认为“落后”的基础产业，而这些基础产业又恰恰事关民生。比如名目繁多的经济园区，原本是个非常好的发展方式，国内外都有成功案例，对于提升经济发展质量、优化产业结构、实现集约式发展等，意义重大。但它又是有条件的，并不是什么地方、什么行业都可以搞。而有些地方工业整体上尚处在1.0或2.0的水平，或整体上以农业为主的地区，也不甘“后进”，大干快上地搞起了各类园区。园区用地不用说了，都是大块大块的好地段。没有项目怎么办，于是就有了“全民招商”，机关干部人人都有招商指标，并列入考核范围。其结果，很容易导致如下两种状况：

一是中国这么大，到处都在搞经济园区，而资源和项目就只有那么多，投资商的钱也是有限的。尽管他们可以把一个项目投给多家，或到处搞筹建，或建个围墙把土地先占上，但无论如何都难以满足各地的巨大需求，即使满足了，也必然会导致重复设置和重复建设，时间长了就是产能过剩。于是便出现了签约的多、落实的少；典礼的多、开工的少；成功的不少，荒废的也不少。

二是园区内外“两重天”。园区内的企业享有优惠政策、特殊待遇，而园区外的企业则无法享受这些。更为重要的是，由于领导们的关注点和精力都放在园区了，原有企业尤其是那些看似“落后”却事关民生的中小企业就会被忽视，该投入的不投入了或减少了，该调整的不调整了，该升级的也不升级，总之对这些事没了热心、没了热情。殊不知，现阶段正是这些不入法眼的中小企业支撑着当地的就业和税收，保障你的财政收入。在这种模式下，一些原有企业不得不退出历史舞台，大批工人失业，从而转化为严重的社会问题，而这些社会问题又不是一两个经济园区所能解决的。当然，我这样说并不是反对淘汰落后产能，也不是反对新建经济园区，因为淘汰和新建都是在渐进中实现的，都是一个相互促进、相互转化的过程。淘汰不是跨越，新生也不是跨越。在本质上，它们都是个否定之否定的过程。

其次，任何意义上的过程，都是昨天、今天、明天相互联系、互为因果、不可分割的整体，是阶段性和连续性的统一，也都具有自身所必须经历且无法逾越的程序。所谓阶段性，就是发展的程序性，一般用来表示发展处于相对稳定和相对独立的状态，显示出发展要素的相对平衡、量的积累和质的提高、运行机制的相对平稳，以及产出比的相对优化，从而使发展成为可区分、可确定、有序的运动过程。所谓连续性，就是发展的系统性和整体性，它既表明此阶段是上阶段合乎逻辑的延续和发展，即此阶段的历史性特征，也表明此阶段的发展正是下阶段发展的基础和条件，并随着这些条件的日益成熟，必然地向下一个发展阶段演进。

这表明，面对任何形式的发展，都必须从实际出发，科学准确地把握现阶段的性质、特征、主要矛盾和主要任务，亦或说你正处在什么样的发展阶段，你主要应当做什么，或不应当、不可能做什么。在此基础上或以此为基点向两头延展，既要把上一阶段的性质、特点和结果，尤其是延续下来或遗留下来的要素和问题，总结梳理清楚，从中吸取经验教训，找到与现实相同或不同的、联系或区别的要素与关系，用以指导现阶段的发展。同时也要立足现实，积极探索下一阶段的发展趋势，捕捉可能出现的发展机遇。尤其要善于从现实发展中发现和培育下阶段的成长要素，增强发展过程的可持续性，以及各阶段的连续性。

这也就告诉我们，发展作为一个过程，是由不同阶段组成的，而各个阶段又是相对独立的，都有其各不相同或相互区别的性质、特征和任务，以及内在的规定性和发展的规律性。当某个阶段的发展尚未成熟，或客观上还不具备向下一阶段演进的条件时，我们就应当聚精会神、专心致志地做好现阶段工作，不急不躁，稳步推进，并积极促进向下个阶段发展。如果你不顾客观条件和实际可能，硬是人为地跨越这个阶段，因为你是领导，别人也不会多说什么，而且总会有人为你画饼充饥，搞出个“激动人心”的跨越规划，提出个什么“伟大目标”，找几个洋人去你那转转，我们从来都不缺这样的人。但你也应当想想后果，更要为子孙后代想一想。你硬是“跨越”了，上了一大堆或重复、或过剩、或超越现阶段资源承受力的大项目，你有政绩了，或许被提拔重用了，但同时你也会留下无数隐患和长时间难以解决的问题；你的后任要为你擦屁股、填窟窿、补漏洞，甚至“切换频道”、一切推倒重来。你所谓的“跨越式”，不仅没有推进发展，反而延滞了发展，甚至出现某种形式的倒退。这其中的损失和代价，并非一顶乌纱帽所能补偿的。其利弊得失，相信大家心里都有本账。

当然，如果你那个地方在客观条件上已具备了向下一阶段发展的可能，也应当解放思想、与时俱进，抓住机遇、促进转型。而不能因循守旧、不思进取、裹足不前，丧失转型发展的好时机。在这个问题上，不存在全国齐步走、“一刀切”的可能性，正所谓“运用之妙，存乎一心”。这个“心”，就是你所处的客观现实，以及你对其规律的科学把握。所以，对于任何时期经济社会的发展阶段，都不能任性而跨越，无论我们出于怎样的好心，也无论我们的出发点如何激扬，在客观规律面前，我们只能是循序渐进。

对于这个问题，陈云同志早在20世纪60年代就明确指出：经济发展不是跳跃式的。饭要一口一口吃，路要一步一步走，即使是跑，也只能是一步步跑，这就是循序渐进。同时，我们在六十卦的内在逻辑上也不难发现，“循序”是一种本质规定性，每一爻都是不能跨越的，它只能循序而进。当然，循序渐进并不是任由自进，也不是听天由命，更不是消极不为，根本在于遵循规律而进。其中这个“渐”，既是进的步骤，也是进的阶段；渐进也不等于慢进。至于何时快进、何时慢进，并不取决于进的本身，而决定于“序”。这个“序”，就是发展过程及其各个阶段的程序，即内在规定性；“循序”，就是要自觉遵循这种客观的规定性，并以这个“序”为依据，来科学把握发展阶段的性质和特征，制定相应阶段的发展规划，并沿着这个“序”所规定的线路向前发展。

那么，我们必须遵循的这个“序”，即过程或阶段的内在规定性，又该如何理解呢？不搞清楚这个问题，上面所说的这些道理势必流于空泛，让人无法把握和应用。因为对于大多数读者而言，我们毕竟不是哲学家。

概括地说，这个“序”就是与某个发展阶段相适应的生产力和生产关系的规定性，以及由此形成的规律。大家都知道，人类从原始社会到奴隶社会、从封建社会到资本主义社会、社会主义社会，以及这其中各个发展阶段的性质，并不是由某个人或某个组织命名和规定的，皇帝可以规定朝代年号或国家的名号，也可以规定其权力结构和治理方式，乃至人的官位或生死，但无论他多么强大，唯一不能规定的就是他所处发展阶段的性质，虽然我们可以认识它。因为这是由相应的生产力和生产关系、以及由此形成的生产方式和经济基础决定的，并总是以一定的技术作为时代的标志，这是任谁都不能以主观意志来左右的。面对它们，人类所能做的，不过是在认识和把握规律基础上的命名、阐释和推动其发展而已。由此我们知道了什么是原始社会，什么是封建社会，什么是资本主义社会，什么是社会主义社会。也正因为如此，国内外学术界一直对封建社会性质存在争议，其原因之一就在于对当时的生产力和生产关系状况，缺乏足够的认识。

再回过头来看我国。新中国成立后，实行了社会主义制度。我们之所以说这是历史的选择，既包含了中国国情和几千年历史的鉴证，也包括了当时社会生产力和生产关系的客观规定性。而这些仅凭“革命激情”和雄心壮志，同样是无法跨越的。明智而科学的选择，只能是顺应人类社会发展的客观规律。当然，依据我所能看到资料，就当时的生产力水平和生产关系状况而言，新民主主义社会如果能再多搞几年，各方面的基础和条件再成熟一些，或过渡的步子再稳健一些，那么在后来的整体发展中，所遇到的困难、问题乃至挫折，也许会少一些。但即使这样，也不能因此而否定这种历史选择的正确性。因为这只是个时间长短而非本质问题。

新中国之初，我们的国民经济几近崩溃，可以说是百废待兴，千业待举。但最大的问题，还是老百姓如何吃饱肚子，而不是吃得更好的问题。那时候，连共和国总理出国，都要租借别人的飞机，真的是一穷二白。而国际上呢，帝国主义及其跟班，更是封锁围堵、百般刁难。当时我们能够得到的唯一外援就是“老大哥”，但没多久，“老大哥”也抽身而退了，并加入对中国的非难。我们可以想一下，在这样的国内外条件下，即使我们想对外开放，又能向哪些国家开放呢？即使我们想对外招商引资，又有哪家企业和资金能够突破封锁而进入中国呢？即使想扩大出口，可是连肚子都吃不饱的我们，又有多少东西能够出口呢？即使我们有东西出口，也必须突破封锁和围堵。前些年有人批评“自力更生”，走过来的人都知道，在那种条件下我们不自力更生，又能依靠谁呢？又有谁能帮我们解决七亿人的吃饭问题呢？是的，也许某个国家可以给我们点甜头，但条件是你必须听他的话，成为他的附庸。但国家的尊严与主权何在？所以，与其说自力更生是一种主观选择，不如说是当时情况的客观必然。

我无意指责谁，因为在国家强大、人民富裕的今天，人们确实很难想像当时国家的艰难。还是那句话，我们不能仅凭今天的观念和事实，就去否认前人的选择和做法，因为发展的每个阶段，都具有不以主观意志为转移的客观规定性，无论你是否愿意，也无论你是否选择，这一阶段的路只能这么走。人的主观能动性，人的创造和拼搏精神，也只有在遵循客观规律的条件下，才能得以正确而充分的发挥。所以，正是这种历史选择才使我们能够动员全国人民的力量，整合全国的资源，集中力量解决好老百姓的吃饭问题，并在战争的废墟上，以较短的时间恢复和建立起相应的工业体系，为后来的改革开放和快速发展奠定了坚实基础。

同样，我们现在的中国特色社会主义道路，也是历史的选择。因为二十多年发展所形成和积累的问题，已经摆在了我们面前，其中有些问题已成为进一步发展的阻碍，不解决、不改革、不开放已经不行了。这就是客观现实，这就是过程阶段的客观规定性。历史再一次把选择权交给了党和人民。毫无疑问，我们尊重并顺应了历史选择，我们抓住了这一重大历史机遇，我们走上了中国特色社会主义道路。就这样，中国社会主义发展过程又一新的阶段开启了。

这一选择的意义，就在于我们实现了发展过程阶段性与连续性的和谐统一，即中国特色规定了社会主义在新阶段的本质特征；社会主义，又使国家在发展过程与阶段上的性质得以延续、巩固和加强。二者既是有区别的，又是和谐统一的。经过三十多年的改革与发展，现在的中国已是全球第二大经济体。我们的国力增强了，老百姓富裕了，国际地位提高了，但我们党的头脑没有发热，也没有提出跨越什么，更没有忽视我国与发达国家的差距，以及国内在发展中存在的问题。而是多次重申和强调，中国依然并将长期处于社会主义初级阶段，中国依然是一个发展中国家。这同样不是主观臆断，更不是什么“谦虚谨慎”，而是依据我国现阶段生产力水平和生产关系状况，所作出的符合实际的科学判断。

接下来我们要探讨的是，既然是生产力和生产关系规定着一个发展阶段的性质，其发展水平又是人类改造自然程度的标志，那么生产力和生产关系是否可以跨越呢？

大家都知道，所谓生产力，是指具有劳动能力的人、与生产资料（生产工具和劳动对象）相结合而构成的改造自然的能力。这里面，劳动对象作为一种客观存在，无论是自然的或人造的，暂且不作探索。主要对其他两个要素进行分析。

一个是“具有劳动能力的人”。这里又要区分是个体的人，还是集合概念的人。

作为个体的人，虽然其生理方面是无法跨越的，只能一岁一岁地成长，但在其社会发展和素质能力提高上，有些人可能会跨越人生的某个层级，而进入到更高的层级。比如一个初中生越过高中，而直接进入大学；某个普通人一跃成为亿万富翁，中间跨越了中产阶层；一个科长直接被提拔为局长，中间跨越了处长职位；在某个特殊历史时期，一个农民或工人一跃而成为国家领导人。但这并不具有过程的规律性和普遍意义。而作为集合概念的人，却无法实现其整体性跨越，无论这个集合体有多么强大。这正如：天地不能顿为寒暑，必渐于春秋；人居不能顿为兴亡，必渐于善恶。一个国家或地区的人，一个单位或企业员工的整体素质，只能伴随经济社会发展和人类文明进步的过程，逐步地提高和优化，而不可能一下子跨越某个发展阶段，成为世界上最文明的民族，尽管我们可以希望和期待。

这其中的道理就在于，不仅发展阶段是不能跨越的，而且这个阶段的基本要素、结构和机制同样是无法跨越的。因为他们不仅相互依存、相互促进，而且总是处在均衡与不均衡的矛盾运动之中，此长彼短、此高彼低是它们的常态。也就是说，经济发展了、人们富裕了，好像素质也就自然提高了，衣食足而后知礼仪。应当说，从人类社会发展大过程来看，具有这样的必然趋势。但就某个发展阶段而言，这并不必然。很多时候是经济发展了，人们富裕了，人的素质尤其是道德素养和行为举止，反而显得不如以前了，或者引发的问题更多了、更复杂了。其实这并非我们所独有，找几本世界历史看看，你一定会有新的体会。那么，既然大家丰衣足食了，为什么出现这种状况呢？

从发展阶段各种要素和结构的相互关系来看，就像前面讲到的，人的道德和文化素养的提高过程，常常落后于经济发展的速度，呈现出普遍的阶段性差异。也就是说，虽然经济对人的发展具有基础性作用，但经济发展的速度和质量，并不必然地带来人的素养提高，二者不能直接画等号。对经济发展所生成的阶段性社会形态，大多数人的素养，都会有一个适应、调整、跟进、提高的过程。这个过程或快或慢，并逐步与相应的经济发展水平相适应。尤其是改革开放这三十多年，由于经济发展速度快，经济形态和生产方式变化大，社会多样性显著增强，就使人的素养滞后显得更加突出，给大家的感受也就更加强烈。

对此我们无疑要加强引导教育，尽快提高。因为无论怎样，随着经济社会的不断发展，人的素养总是会提高的。比如现在中小学生的环保意识，就比我们这一代人强很多。历史没有跨不过去的门槛。纵观古今中外，这种发展上的差异大体如此。不然的话，孔子也不会以一生的心血去推动“克己复礼”，其目的也在于如何提高人的素养。与今天不同的是，孔子不是立足当下、面向未来找出路，不是在发展中找出路，而是转过身来，向历史找出路，向老祖宗找办法。其实这也无须苛求，人们在对当下问题苦于无奈、对未来又无法把握的时候，常常会向后看，以期从历史的传统中，找到认识和解决当下问题的办法。如此者，孔子并非第一人，也不是最后一人，今天亦很普遍。因为人的素养落后于经济发展，同样是普遍的、客观的且反复出现的。

另一个原因是，经济发展和财富增长，必然会给人们带来新的刺激、新的诱惑、新的价值和新的追求。当人们选择和践行这些“新”的时候，就必然会引发与原有价值取向和道德规范的矛盾。其中一些人守“旧”而拒新，一些人在新与旧中挣扎，一些人弃“旧”而履“新”。于是，五花八门或前所未闻的新问题应“运”而生，相互矛盾的社会价值各行其道。有的以原有道德规范批评现行的“新”，有的以现行的“新”去蔑视原有的道德规范，有的则从传统文化中寻找新的答案，不一而足。这看上去虽然有点乱，其实都是有意义的。人类正是在这种新与旧的互动碰撞中，或表现为退、或表现为进，并最终向前发展的。

同样，人的技术水平、工作能力和研究能力等，也需要一步步学习积累和提高，有的还得拜师学艺，或参加培训，总之要在实践中循序渐进地发展，成长为某个方面或领域的专家，或拥有一技之长。由此可见，作为生产力中具有决定性因素的人，是无法实现跨越的，这同样是生命过程的内在规定性。当然，我们这样说并不否认人的主观能动作用、创造意识和奋斗精神。但无论如何，这些都不能成为是否跨越的决定性条件。假如我们能决定是否跨越，很多人恐怕早就搬到其他星球去了。

另一个是，作为第一生产力的科学技术，能不能实现跨越式发展呢？这也得从两个方面来看。

一个是从科学技术本身即发明创造的过程来看。我们知道，科学是个很大、很综合的概念，它的主要任务就是揭示事物发展的客观规律，而揭示或研究的过程，首先要自觉遵循客观规律，这是所有科学的前提条件，抛弃了这个条件，那只能是伪科学。技术，一般是指人类在生产和科学实验中，认识和改造客体所积累起来的经验、知识，以及体现这些经验、知识的劳动资料，具有普遍的技能和工具意义。严格说来，科学与技术是有区别的，我们之所以经常把它们放在一起称之为“科技”，不仅在于二者之间广泛而内在的联系，也在于它们共同的本质特征，即无论是科学还是技术，它们总是而且必然地追求某种突破、某种创新或某种超越，平凡不属于科技。

正是由于这种与生俱来的本质特征，科技在遵循客观规律的条件下，在揭示规律和优化手段（工具）的过程中，具有某种跨越的可能性，比如爱因斯坦的相对论、牛顿的万有引力等等。虽然他们的发明创造也是在前人基础上实现的，但就其本质而言，他们实现了对自身的跨越。仅就技术而言，就像前面说过的，压缩时间、放大空间，是一切技术的本质追求。如果由于某种技术创新，可以把某种产品的生产时间缩短，如原来单位时间能生产 10 个产品，现在可以生产 100 个产品，就技术的客观效果而言，这不仅意味着劳动生产率的提高，也表明生产数量的跨越。同样，由于某种新技术的应用，还可以放大产品的销售空间，如原来用汽车运输，你只能在区域内销售，现在有了高铁和飞机，你就可以远销到欧洲或非洲，就技术的客观效果而言，这就实现了空间的跨越。

另一方面，是从科技应用并转化为现实生产力的过程来说，任何科技都是不能跨越的。因为无论多么先进的科学技术，亦或具有多大跨越能力的科学技术，要把它转化为现实生产力，或在现实中真正应用起来，形成可用的工具、可消费的产品，都需要一个或短或长的过程，而主导这个过程的是集合概念的人，而不是科技本身。这又回到了前面所说的问题。无论是人的自身发展，还是人对科技的掌握与运用，都是不能跨越的。而主张经济“跨越式”发展的人，正是混淆了科技发明与应用转化之间的关系，误以为科技本身的跨越性，也同样是应用转化的跨越性；误以为凭借强大的科技力量，以及人的主观能动作用，便可以实现经济的“跨越式”发展。

但实际上这二者有联系也有区别。一项科技发明的成功，并不意味着它就是生产力，也不表明它马上就能推动经济发展。我们可以看一下全国每年有多少发明专利注册，又有多少能得到开发应用，或真正转化为现实生产力。即使那些已经得到开发应用的科技发明，也同样无法跨越自身的定律和法则，那就是它必须与人结合，并通过人的实践，才可能真正发挥出应有的能力和效用，成为推动经济发展的力量。更何况，某些技术在广泛普及和应用中，也会对应用者或消费者，形成某种程度的异化作用，从而导致人在成长发展中的某种缺失或扭曲，并以社会问题的形式，影响或制约着经济发展，这都是“跨越式”所必须面对的问题。

其三，任何事物的生成、存在和发展，以及走向未来，都是有条件的，都是一定历史条件下的产物。从认识论角度说，尽管这些条件纷繁复杂、千差万别，但又是可知的、可以认识的。因此，要搞清楚经济社会发展能否跨越，就必须把这个问题放在具体的现实条件之中来分析。

所谓条件，就是影响和决定事物发生、存在和发展的因素。这里面包含的内容很广泛，诸如自然条件、经济条件、社会条件、制度或政治条件、文化条件、技术条件和信息条件，以及主观条件等。就是说，正是这些因素的相互作用，也就形成了事物生成、存在的历史背景和现实条件，即你就是你而非他，此阶段就是此阶段而非彼阶段的客观规定性。因而，任何意义上的发展，也都只能在相应的历史背景和现实条件下来实现，亦或说都无法脱离这些具体条件来进行。所以，当我们在观察、分析和判断某种事物或某种发展的时候，只要认识和把握了它的历史背景和现实条件，也就大体上或在趋势上，知道了什么样的事物会发生，什么样事物会运化，什么样的事物会由强转弱，什么样的事物会由弱转强，什么样的事物会发展，什么样的事物会衰落，等等。因为无论是强与弱，还是发展与衰落，都是事物在运化中的一种表现形态，一个阶段性特征，一种相对稳定或急剧变化的运动状态，而非本质。归根结底，这一切都是由隐藏或存在于过程的条件决定的。

那么，就一个具体的发展过程而言，这些条件又是怎样发生作用的呢？

一般来说，无论是自然条件还是社会条件，也无论是经济条件还是政治条件，亦或客观条件还是主观条件，都会对一个具体的发展形成这样或那样的影响。但这种影响又是非均衡、非等量的，也不可能是“齐步走”“一刀切”的。在事物生成发展的一定阶段，总会有一种或几种因素，成为事物生成发展的主要条件甚至是决定性条件。这表明，我们在科学把握宏观条件的基础上，还必须对发展所处的具体条件，给予持续观察、深入分析和科学判断，从而找到其主要或具有决定意义的条件。在这些条件中，有的比较容易把握，而有些则是隐蔽或变幻不定的，不仅难以把握，而且极易产生误判。

比如就一个地区或一个单位的发展来说，我们的眼睛总是习惯地盯着外面的条件，领导重视不重视了，政策宽不宽松了，有没有适合自己的机会了，等等。因而当其发展受挫时，便会把怨气和责任推给外面。当然，关注外部因素和条件，这本身并没有错，问题的关键在于，什么才是决定你发展的主要条件。更何况发展的外部条件与内部条并不是绝对的，而是相互作用和相互转化的。

从普遍意义说，资源条件在发展中总是起着这样或那样的决定性作用。这其中，人才资源又总是发展的首要条件。这不仅在于发展的所有要素，都要靠人来承担和运作，而且在于发展的速度和质量，最终必然取决于人的素质。一个企业，拥有什么样素质的管理团队和运营团队，也必然会拥有什么样的发展速度和质量。你发展的好也罢、坏也罢，主要或最终都得在自身找原因，尤其是要看看你的人才资源状况。正如一切发展最终都是人的发展或为了人的发展，因而，一切发展的可持续性，也必然取决于人才资源的可持续性。一个始终把人才资源视为第一要素和决定条件的企业，无论在发展中遇到多大的挫折和困境，他们都能克服困难、突破阻碍，保持发展过程的连续性，并在战胜困境中更加强大。

我这样说，无非是希望那些只抓钱不抓人、只关心资本市场不关心人才市场，或视员工为草芥的老板们，能从中悟出点什么，或从自己的企业管理上反思点什么。那些用于建会所、建酒窖的钱，那些购买豪华轿车和红木家具的钱，如果能拿出一点用在人才资源开发上，用在员工培养上，或用在与员工情感沟通上，以及和谐人际关系的建设上，那你的企业一定会比现在更好，可持续发展的基础和力量一定会更强大。因为无论如何，人才资源都是企业可持续发展的决定条件。

这是从一般意义上说发展与条件的关系。那么，我们再回到“跨越式”

发展上，看看现实中是否存在可资“跨越”的条件，或者说在促进经济社会发展的诸多条件中，究竟有没有可以帮你“跨越”的条件。当然，除了你的主观条件。

首先，对于任何处于发展中的事物，都必然会受到三个主要条件的约束，即它的生成条件、现实（存在）条件和未来发展的必要条件。所以，当我们要分析判断事物的发展态势时，就必须把这三个条件作为一个整体，放在事物发展过程中加以分析和比较，从中找到三者之间的异同、增减和强弱，以及相互关系的构成方式和演进机制，从而准确把握事物发展的阶段性特征和现实状态，及未来发展的基本趋势，即可能与条件。这个时候，你应该大体上知道了，你的企业或地区究竟能不能“跨越式”发展了，你究竟有没有条件去推进“跨越式”发展了。

从具体层面说，当某事物的生成条件亦或历史条件，依然是它现实存在和发展的必要条件，就表明该事物在结构和阶段上的稳定性以及发展过程的连续性，都是正常的。在这种条件下，我们应当扑下身来，聚精会神、埋头苦干、扎实推进，而不是去追求什么“跨越式”，一个空洞的口号，解决不了什么问题，相反会扰乱人们的注意力，搞得很多人不“安份”。

当某事物的生成条件亦或历史条件，已经不再是它现实存在和发展的必要条件或主要条件时，也就预示着该事物正在发生或已经发生了某种程度的变化，甚至是质的变化。这时候，我们应当在继续推动事物发展的基础上，把更多的精力放在识变和应变上，并从中发现挑战，抓住机遇，顺变而为，乘势而上，推动事物发展再上台阶或进入新的发展阶段。这里面同样不存在什么“跨越”问题，因为这种变化不过是发展过程的阶段性特征而已，并不是跨越某个阶段的条件。

同样的道理，当某事物存在和发展的现实条件，依然是它未来发展的必要条件，就表明该事物发展的内部关系、结构和机制是协调的，因而其发展也必然是可持续的，运行态势是好的。在这种条件下，我们应当顺势而为，稳步推进，循序发展，再创业绩。而不应当人为打破均衡和连续，去搞什么“跨越”；当某事物存在和发展的现实条件，已不再是未来发展的必要条件时，也就预示着该事物已经或正在发生转化或异化，或部分的或整体的。这时我们应当从大局出发，面向未来，调整结构，转型发展。这里面也同样不存在什么“跨越”问题。

更为重要的是，这里所说的生成条件、现实条件和未来发展的必要条件，并非是各自独立、毫不联系的，也不能人为割裂。事物生成的历史条件无论怎样变化，都必然会影响着存在的现实条件，而存在的现实条件无论怎样变化，也都必然会影响着未来发展的必要条件。我们只有把它们放在事物发展的整体过程之中，进行系统分析和研判，才可能对发展阶段的内在规定性、发展过程的连续性，以及发展阶段究竟能不能够“跨越”等问题，有一个正确的认识和把握，并走上科学发展之路。

其次，对于发展主体来说，这些条件既是历史的，又是现实的；既是客观的，又是可变的。

从客观上说，这种可变性主要表现为条件的变化和变化了的条件。前者是指条件本身正在发生的变化，而这种变化又是与其他条件互动的结果，并反过来作用他条件。因此，认识和把握条件自身的变化，更多的要从与其相联系的其他条件入手，而不应仅仅满足于对事物自身条件的分析。后者是指事物发展中生成的新条件，而对这些新条件的认识和把握，恰恰是一个普遍的弱项，亦或说是人类思维的一个短板。因为新条件大都生成于旧条件的基础上，并隐蔽于旧条件的运行之中，或为旧条件所遮盖，没有一番苦功夫，很难捕捉、认识和把握它。同时，新条件生成之初，大都是弱小的，作用是有限的，难以形成某种现实的决定性意义，所以人们对它往往视而不见，或见到了也没把它当回事。“趋强附贵”是人的本能，弱小的东西总是被忽视。而事实上正是这些新生而弱小的条件，往往代表着某个阶段的衰落和新阶段的兴起，即发展趋势的相对表征，并日益成为未来发展的决定性条件。但即使如此，这些新条件同样不具有“跨越”的意义。人类社会发展的实践，已无数次地证明了这一点，而人类却无数次重复自己的错误。

从主观上说，人类在条件面前也不是无能为力的，或只能是听天由命、被动应对。事实上，条件不仅是可以改造的，也是可以创造的，无论是自然条件还是经济社会条件都是如此。因为人既是认识和把握条件的主体，也是运用和改造条件的主体。当某种条件有利于人类发展时，我们可以充分利用，造福人类；当某种条件不利于人类发展时，我们可以适度改造，优化完善；当人类发展遭遇条件限制的时候，我们可以在遵循客观规律的基础上，去创造条件，打破瓶颈，促进发展。比如市场需求，它是由经济发展、生活方式和价值追求等多种因素决定的。在这些客观条件相对不变的情况下，我们对市场需求是可以创造和改变的。在产品相同的情况下，可以在降低成本或提高质量上创造新的需求；在功能相同的情况下，可以从强化特色上创造新的需求；在非生存性消费领域，可以从文化内涵上创造新的需求，等等。

但更为重要的是，创造条件或改造条件，也同样需要条件。也就是说，无论是改造条件还是创造条件，都必须建立在对现实条件和发展趋势的正确把握上，并对可能出现的机遇和变化，有一个整体的深刻认知，以积极有为的行动，促进某些预期因素的生成和发展，以实现改造和创造条件的目的。而不是不顾现实条件和客观规律的盲目行动、任意而为，更不是什么“跨越”。

由此可见，对待“跨越式”发展，当慎之又慎。尽管我们的主观愿望是好的。

三、慎终如始

易经的卦爻关系告诉我们，世间万物无论时间长短、空间大小，必有始终。人生为始，人死为终；物兴为始，物亡为终；事起为始，事结为终。所谓人生，就是每天都是开始，每天都是结束；所谓事物，无非兴衰更替，循环往复。而之所以循环往复者，必以始终现之。

从这个意义上说，始与终不仅是自然万物循环的两大支柱，也是发展过程不可或缺的组成部分，以及过程阶段性与连续性相统一的纽带。如果我们不能正确把握始与终的要素、结构和规律，便无法真正了解过程“妙”在处何，发展的过程和阶段也就会变得一片茫然而空泛，甚至你会觉得不知身在何处，或你究竟在做什么、为什么而做。

那么，我们应该如何理解作为过程的始与终呢？易曰：“先甲三日，后甲三日，终则有始，天行也。”在这里，是把始而终、终而始作为天道运行的自然规律来认识的，强调的是它的自然性和客观性。《尚书》云：“慎厥初，惟厥终，终以不困。”在这里，始与终已经超越了自然，而具有广泛深刻的社会意义。《老子》曰：“民之从事，常于几成而败之。慎终如始，则无败事。”这已经把始与终作为运动的过程，而赋予它价值分析与判断的意义。当然， 古人类似的论述还有很多，大体意思如此。概括起来，我们可以从以下三个方面来把握。

其一，始与终作为事物运作的两端，统一于发展过程的整体之中。凡事有始必有终，有终必有始，始为终之续，终为始之初。一个事物的生成，无论茁壮成长、顺利发展，还是中途夭折、自然消亡，都必然会有其结果；一个事物的终结，无论是自然消亡，还是人为完成，及其性质、内容和形式如何变化，都必然是一种新的开始。这就像自然界的春夏秋冬、昼夜往复、年复一年，冬天结束了，就是春天的开始；旧的一年结束了，就是新的一年开始，循环往复，以至无穷。生物、植物乃至人类自身也是如此，死亡既是某种形式的终结，也是某种意义的新生。

其更为深刻的社会意义，就是黄炎培先生援引唐代魏征“其兴也勃焉，其亡也忽焉”的观点，所指出的周期率。这个周期率所说的，就是历代王朝始而终、终而始的周期性轮回，大体上是一治一乱，一乱一治，治中有乱，乱中有治，兴衰更替。王红旗先生在《一言兴邦》[①]一书中，进一步阐述了这种更迭的规律性。秦朝和隋朝都是结束长期混乱重归一统的王朝，而且创造了历史上最强和最富的时期，却都是二世而亡；在他们之后，各有一个长时期兴盛的朝代，即雄汉盛唐；而汉唐之后，又各有一个持续时间较长的分裂割据时期，或短命王朝频频更迭的时期。自宋朝以后，这种周期性发生了变化，即朝代可以更迭，但国家却不再分裂，即使有分裂政权实体出现，也难成大事。始而终、终而始的规律性呈现，更加稳定而鲜明。司马迁也认为历史存在着终而复始的循环，“三王之道若循环，终而复始。”

这就告诉我们，在世间万物和人事的发展运作中，始与终虽然是相对过程的两端，但在实际操作时却不可人为地分开对待。诸如只重视搞规划、绘蓝图、开幕式、启动仪式，而不管事情的结果如何；或如前面所说的，只要结果。这种人为的割裂，必然会导致事物或工作运行上的前紧后松，不了了之；或前松后紧，丢卒保车。某项工作刚开始时，领导重视，部下紧张，大家都能聚精会神，全力以赴。等工作启动起来了，领导的注意力

① 王红旗：《一言兴邦》，中国国际广播出版社 1996 年第 1 版。

转移了，又去忙别的事了，过问也就逐渐少了。这时部下们也就放松了，精力也分散了，能推的就推，能卸的就卸，至于结果如何，只能听天由命了。或者是某项工作初始之时，领导和部属们大都不以为然，开个会、讲个话，或提提要求，说说意义，也就应付过去了。等到问题出来了，或结果严重了，这才急来抱佛脚，上下都重视了，各种力量都动起来了，急匆匆去应付因轻视而得的“恶果”。但这个时候你无论多努力、多拼搏，其所造成的损失都将无法挽回，最多只能是尽量减少一些损失。这样的教训如若昨天，历历在目，而至今我们依然在重复着。当事者应多想想老百姓常说的那句话，早知如此，何必当初。所以，无论何时何地何事何人，都应当自觉地把始与终作为一个过程的整体来对待，善始而善终。

其二，就是要“慎始”。俗话说，万事开头难。“慎始”既有谨慎谋划与决策的意思，也包括启动后第一步的谨慎运作。应当说，从古到今在这方面大都是重视的，但仍有一些问题值得探讨。

比如工作启动前和启动后的第一步运作，最容易犯的毛病也是最普遍的问题，就是急功近利、好大喜功。如果是工作项目，就会超出常规地不惜血本、昼夜兼程，恨不得当天就要收到成效；如果是商业营销，就去砸入重金、不惜成本、全员上阵，彩旗飘飘、战鼓齐鸣，搞所谓“引爆式”销售，恨不得当天就要把投资收回来；如果是个人发展，虽然是初到单位，马上就去研究人脉、寻找靠山、窥视机会，以图尽早提拔。这些都有违于“慎始”了。其实，任何事物的进程包括工作项目、商业营销和个人发展，都有着自己的特殊规律，它的阶段性既跨越不过去，也急不得，急了也没用，急而无功，反受其害。

这些规律性常识告诉我们，启动前和启动后的初始阶段，我们的主要精力是打好基础，站稳脚根，积蓄力量，培育成长，以待勃兴。这个道理任谁都懂，但真正做起来，又总嫌太慢，急躁难耐。还是让我们用清凉的竹子来降降温吧。有报道说，竹子用了几个月时间，仅长出 3cm, 但从第五个月开始，它却以每天 30cm 的速度生长，仅用六周的时间，就可以长到 15 米。那么前段时间竹子为什么长得那么慢呢？其实我们看到的慢，只是个表象。这段时间里竹子依然在生长，即向下成长，长的是我们看不到的根。这些根在土壤里会延伸数百平米，以撑起未来的参天大竹，这就是打基础。没有前几个月的扎根，便不会有后来挺拔的大竹。我在神农架见过一种竹子，枝干不高，但根部扎得很远，而且在它根部所及的地方，其他植物无法生存。更有趣的是，老竹子即使枯黄，但绝不倒下，一直坚持到新竹长大，它才放心离去。就这样一代又一代守护着自己的“领地”。

再如北方越冬小麦。当冬天来临时，碧绿的麦苗变得枯黄，直到被大雪覆盖。这时看上去，麦苗似乎已经死了，其实它们依然活着，或者说它们的根还活着，并且不断往土壤深处伸展，也是向下成长，以吸取继续生存的养分。当春天到来的时候，麦苗开始返青，并向上生长。但这个时候它生长的主要能量，不是常说的春风春雨，而是积蓄了一冬的根部能量，所以传统农业有返青碾压麦苗的方法。还有大树、小草以及所有植物，都是先向下长根部，然后再向上生长，是大地给予、维持和延续了它们的生命。

大自然这种简易而奇妙的法则，蕴涵着极大的智慧。它告诉我们，无论是一个单位、一个公司还是一个人，其存在的过程，都是一个既要向上成长、也要向下成长的过程。向上是发展，向下是打实基础，扎根深厚，根子扎得越深，基础就越牢，成长发展的就会越好。更为重要的是，向下成长并不是一次性的，也不仅仅是青少年时期要做的，而是贯穿人生过程的任务之一。因为这是我们的生存发展之本，是不可逾越的发展阶段，它不仅事关你初始的优劣，也关乎过程的质量，并决定你的结果。比如建筑一栋大楼，它的寿命主要并不在于大楼的主体，而取决于它的基础或地基，所以正副零以下部分的工期，往往要占全部工期的一半，甚至更多，而且楼越高越大，越是如此。

但是在浮躁的今天，又有多少人或企业认真对待过这个问题。反而是，无论自己的基础如何，都要大干快上、做大做强、一夜暴富，很难静下心来、俯下身去，看一看、抓一抓自己的基础。尤其是发展受阻或遇到困难的时候，又有多少企业能像冬麦那样，向上受阻便向下努力，扎实基础，以待春风。其实，在发展受阻的时候，正是反身自省、抓基层、打基础的最好时机。因为在蓬勃发展的时候，人们往往难以想到或顾及基础问题，而在问题和困难较多的时候，人们往往会更加趋于理性和冷静，对基础问题也会看得比较清楚。经验表明，发展中的阻力、困难和问题，尤其是那些具有全局性的问题，往往具有初始或新起点的战略意义。如果我们克服了阻力、战胜了困难、解决了问题，也就获得了发展的新机遇、新起点，亦或新的开始。

创业也是一种开始，即从无到有、从弱到强、从小到大的成长过程。

现在这方面的书和电视节目很多，各种培训、路演活动更是接连不断，这都是好事。但对于创业者来说，无论外面有多热闹，你都要秉持“竹子精神”，安心静气，首先向下生长，扎实根子，强壮基础，重点开拓，循序发展。经验告诉我们，创业者最重要的心理素质是坚韧不拔，耐得住煎熬；最忌讳的是心浮气躁，急功近利。创业成功与否往往取决于此。因为无论你的创意、技术和策划多么优秀，也无论你的资本多么优越，但创业终究是一个由若干阶段组成的过程，而这个过程又有其特殊规律。你要想创业成功，首要的就是遵循创业规律、即“竹子之律”，在坚实的基础上，一步一个脚印地向前迈进。如此，成功亦在必然之中。

所以说，“慎始”，并非仅仅是指一开头的那个始，也包括发展过程各个阶段的始，始是一个动态变化的概念。如果把这个始仅仅看成是开头不变的始，我们便会陷于僵化，把扎实基础当作一劳永逸的事情，而忽视了它循环往复的本质特征。这正如每天早晨都是新的开始，每件事情都有开始，每个环节都有开始，每个过程和阶段都有自己的开始。“慎始其义大哉”。

关于这个问题，韩非曾提出过一个观点，即“守始”。他认为“守始以知万物之源，治纪以知百善之端”。其实，这个观点来源于易经的“守正”。从社会意义上说，所谓“守始”，就是要守住你的正源，不忘你的初衷。树有根，水有源，你为什么要做这个事，你凭什么来做这个事，你的项目、资金、市场从哪里来；记住你要往哪里去，你要达到什么目的，等等。初看起来，这似乎不是问题，干事业的人有谁会忘掉这些东西呢？其实不然，忘掉初衷，舍本求末，失正就邪，是个很普遍的问题。其中最突出的就是把手段当目标。目标或目的原本是你的初始选择，没有这个选择就没有行动的过程，它虽然可以适度调整，但又必须是明确而坚定的、一以贯之的、连续不断的。但问题是，每一个实现目标的过程，都必须辅之以多种手段和方法，以逐步接近和实现目标，这是个常态的运作方式。然而在现实中，我们却经常看到这样的状况，由于手段方法是现实的、具体的、可见的，也是在使用中的，而目标或目的则是未来的、不可见的，有的甚至是抽象的。所以，人们在忙碌的运作中，往往把手段方法当成了目标，或把手段方法看得比目标还重要。就这样，一项工作干着干着就把目标忘掉了。结果是钱也花了，劲也费了，事也做了，而目标或目的却未实现，白忙乎了一场；

或事情虽然做得很漂亮，但对目标的实现却效用不大。可见，不仅要“慎始”，更要“守始”。

从做人的角度说，“守始”就是要守住自己的本份。无论多么富有，无论多么高贵，也无论多么贫穷、多么平凡，都不忘掉或失去做人的本份和初衷。比如我们大多数人都出身于农民，后来或考上大学、或参军当兵、或其他机会进了城，有的成为干部，有的成为老板，有的成为律师，等等。但无论我们做了什么，都不应忘记我们的本根，我们来自农民。我们不能因当官或富有而瞧不起农民，更不能因为我们不再是农民而鄙视他们。事实上这样的人并不少见，自己脚上的泥还未洗净，就反过身来对农民翻白眼。父母进城来看他，都得前遮后挡，生怕丢了他的脸。

在历史上，咱们中国人最讲究忠孝和报恩，素有“一饭之恩”“一字之师”的美德。这其中的道理就在于，一个连养育自己的父母都不孝顺的人，又怎么会忠于国家呢？一个双手不干净的人，又怎么会成为好官呢？尽管我们也有“忠孝不能两全”的价值选择，但那是舍小家为国家的忠义之举；尽管我们也有“水至清则无鱼”的古言，但同样也有“浑水摸鱼”的教训。

其实，这些讲的都是“守始”或“守本”。在你穷困潦倒的时候，人家帮过你，虽是微不足道的“一饭”，却也救了你的性命；你能有今天的学识，能有今天的成就，能有今天的富有，初始的东西从哪来，想想你连大小便都得别人帮助，1+1=2 都得有人教你的时候，使你成长的人是谁？除了你的父母，还有老师。芸芸众生，各有其源，失始忘恩，令人心寒。

其三，就是要“慎终”，或“慎终如始”。遍察人间万事，善始善终者有之，有善始而无善终者有之，无善始而有善终者有之，无善始亦无善终者亦有之。这其中，尤以“不慎终”者最为普遍。

关于这个问题，唐代魏征曾说过一段话，尤为透彻，其大意是：能够善始的人比较多，但是能够做到克终的人却非常少，这是因为取之易而守之难吗？善始的人当初取之而有余，而如今得到了却守之而不足，为什会这样呢？魏征认为，这主要在于初始创业奋斗的时候，当领导的能够竭诚以待下，诸事先身垂范，甘苦同当，大家也能齐心协力，共克时艰。可是等到大业初成、大权在握、意得志满的时候，便纵情傲物，不把属下当回事了。“竭诚则胡越一体，傲物则骨肉为行路。”其结果必是人心涣散，上欺下瞒，避事如虎，损公自肥。这时候，无论是雷霆之怒，还是舍财求众，都难以克终了。魏征告诫说：“怨不在大，可畏惟人。载舟覆舟，所宜慎。”[1]很显然，魏征所说的克终，是一个朝代的始与终。这个问题虽然有点大，但对我们理解“慎终”，还是很有启发的。

从现实情况看，以下状况当为我辈引以为戒。

一个是“虎头蛇尾”，甚至是“虎头无尾”。如果我们较个真，仅以媒体公开报道的为准，全国各地每年启动多少个大活动、大项目，却极少见到哪个活动或项目开过总结大会，或发个结束公告。而每个活动或项目启动时，都要隆重地召开大会，领导出席讲话动员，部门安排部署，授旗授牌，电视上有镜头，报纸上有报道，网上有图片，群情振奋，意气风发，唤起人们的殷殷希望，翘首以待。但令人费解的是，启动仪式之后，这些活动或项目便从此杳无音讯，似乎这一切只是为了开一个大会。然而就在人们的迷茫中，又一个新活动的启动仪式如期举办了，还是领导讲话、媒体报道那一套，于是人们便把上个活动忘得一干二净，又把关注点放在了新的活动或项目上。就这样，年复一年，不知启动了多少大活动，花了多少钱，费了多少人力物力，带给了人们多少希望或失望，而这些活动或项目似乎永远没有结束。当然，也没有哪个领导刨根问底，认真追问一下这些活动和项目到底取得了什么效果，或达到了什么目的。因为需要他们追问的事，同样是一个接着一个。

另一个就是“最后一公里”，也有企业家称之为“99 度加 1 度”。其实，“行百里而半九十”，这句话是大家都熟悉的。假如我们以百里作为我们的目的地，那么这半程在哪，不在五十里，而在九十里，而我们最后能否如愿到达终点，其决定性因素不在前九十里，而在最后这十公里，甚至最后一里。为什么会这样说呢？自然规律告诉我们，整个夜晚天最黑的时候，不是子时午夜，而是黎明之前。这个时候，万物闭合以待天明，就连惯以夜间出没的动物，此时也不再活动了。人类的事情也是如此，在近终而未终、将完而未完之时，是最为复杂而微妙的，也是最为紧要之处。很多胜利和成功，就在于这最后的坚持，这最后一公里的冲刺与拼搏；很多失败和遗憾，也同样败在这最后一公里，亦或即将获得成功的最后一刻，而不是在困难重重和压力巨大的时候。

---

① 《贞观政要全译》，叶光大等译注，贵州人民出版社 1991 年第 1 版。

比如，一项工作或政策的实施，起始阶段发文件、开大会，层层动员，周密部署，具体推进，不可为不慎，不可谓不重视。可当这项政策将要落到具体人、具体事上的时候，也就是最后一公里的时候，问题就开始出来了，矛盾就开始突出了。能否顶住抓牢这最后一公里，将事关成败。

从“最后一公里“成败的原因来看，一方面是信息逐级衰减，或认识上的异步错位。也就是说，自上而下的政策信息传递，虽然在文字上或语言上是相同的，但在其内容传递或理解上，一定是逐级衰减的，再加上很多文件有密级，真正到了执行人那里，其信息强度已很弱了。同时，由于地区和职位的差异，各地情况千差万别，执行时间各不相同，从而导致在重视程度、紧迫感上的错位，执行的力度和效果也就大不相同了。

另一方面，也与利益取向和选择有密切关系。虽然说大家在根本利益上是一致的，但毕竟地方有地方的利益，单位有单位的利益，个人有个人的利益，这是没办法完全或绝对统一的。所以当某项政策在某地落实的时候，人们既要遵照上级的政策办，也不能不考虑本地区、本单位的利益得失。而对于那些可能有损于暂时利益的政策规定，就会能拖就拖，能挡就挡，能躲就躲，时间一长也就不了了之了。再加上这期间上级又有了新政策，领导的关注点也转移了，原来的事也就无人过问了。就这样，一些利国利民的好政策，就在这“最后一公里”无果无终了。

从企业的角度看，输在“最后一公里”的也不少见。比如制造业，“最后一公里”就是直接从事生产或组装的工人，他们的素质如何，往往会最终决定产品的质量。大家都知道，很多产品无论是技术、材料，还是工艺，国内外并无大的差距。可是为什么还会有人非得去国外买，无非是质量和价格。这是老百姓在使用中比较出来的。那么这个质量最终由谁来保障，不是老总，也不是研发团队，而是一线工人。再如餐饮业，“最后一公里”是直接端茶上菜的服务员。现如今菜品丰富，硬件设施也不错，各家的差别逐步缩小，百姓的选择扩大。对此，老板们如果继续坚信“酒香不怕巷子深”，只要我的菜好，不怕你不来吃。那就必然会忽略对服务员的素质提升。殊不知，当一个人走进你的饭店，最先感知的不是你的菜品，而是服务人员；最后感受的也不是你的菜品，而是你的服务质量。因为无论你的菜多好吃，都不是唯一的，更不能让人吃一肚子气吧。

究其原因，这“最后一公里”输就输在员工培训和素质提升上。很多企业只把员工当作劳动力或工具来使用，除了入职时的简单培训，几乎没有其他成长提高措施。其结果是“久做成惰，积习成弊”，又怎么会有过硬的质量和优质服务呢？

还有一种状况，就是古人反复讲到的，其始也未必不谨，其终也多至于贪肆，故常于事近乎成而败之。就是说，某件事启始做得不错，发展过程也很顺利，“最后一公里”也很好，预定的目标近乎实现了，该得的得到了，该收的也收获了，事情已向新的发展阶段推进。但当事人并不因此而满足，他要得到更多，收获更大，该拿不该拿的，他都要拿到自己手里。于是，就不顾自身条件和能力了，也不管什么客观规律，更不理会什么市场规则了，缺钱了就去借就去贷，市场疲弱了就用钱去砸，得不到的就大骂属下无能。其结果，往往是不仅贪多不成，而已经得到的又失去，已经拿到手的又丢掉了，赚到手的钱又赔了进去，原本已近乎成的事，就这样失败了，企业的发展进程肯定是大打折扣。其主要原因就在一个“贪”字，忘记了自己的初衷和目标，自然也就不可能“慎终”；成了“亢龙”，自然就有悔而凶了。这也正应了古训，有为者败其自然，执着者丧其本真。造作过制，强成必败。由此可见，无论我们做什么事，谋始与谋终都是非常重要的，工其业者，不可不察。

接下来先说谋始。这里面有个误区，很多人认为谋始是领导们的事，是一个决策问题。其实不然，谋始的基本问题是信息，是一个信息收集、处理和分析的过程，而决策只是这一过程的最后环节，既不是唯一，也不是全部。因为对信息的系统掌握，是确定目标、制定方案和规则以及路径选择的基础；对信息掌握的程度，更是目标是否正确、方案是否科学、路径是否便捷的关键。因此，有几个问题值得探讨。

第一，重决策，轻信息。这个问题越往下越普遍，很多地方和企业几乎没有信息收集、处理和分析机构。有人说，统计部门不是这种机构吗？当然是。但从信息分类上说，统计信息属于基础信息和“下游信息”，即“发生过”的信息。毫无疑问，这些信息对于决策是不可缺少的，也是非常重要的。但决策更需要“中游信息”，即“正在进行中”的信息，以及“上游信息”，即表现某种趋势和走向的信息。没有或缺少这些信息，决策就只能“拍脑门”、相当然了。所以，轻视信息的结果，就是决策水平的下降。

第二，信息单一，视野狭窄。这个问题在企业比较普遍。比如对大局或全局信息的把握。一位优秀企业家，一定要具有政治意识和全局意识。当然这不是说企业家都要成为什么代表、委员，而是要善于研究全局、懂得全局、把握全局，并把企业的生存和发展放在全局中来考量，善于从全局中寻找需求、把握机遇、确定目标、促进发展；时刻关注国家和地方政府在想什么、做什么，在关注什么、希望什么，在鼓励什么、支持什么、反对或抑制什么；清晰地了解国家和地方发展的困难是什么、问题是什么，有什么样的政策导向或政策限制，有什么新的法规出台，等等。正所谓：不谋万世者，不足谋一时；不谋全局者，不足某一隅。其实对于一个企业家来说，要掌握这些信息并不是一件困难的事，无非是认真研读一下公开发布的文件，经常请有关方面开个座谈会。实在太忙，定时收看一下新闻联播，或看看新闻时事网站，都可以满足这方面的信息需求，如果按月计算，也占用不了你多少时间。根本的问题是你认为有用还是没用，而不是时间问题。假如你真的认为这些信息与经营信息、股市信息一样重要，时间会有的。也许会有人认为这是中国“特色”，其实不然，只要认真研究一下全球那些优秀的企业家，几乎都具有这样的素质，其中很多人的主要精力，都用于研究和把握大局，不仅是本国本地区的大局，而且是世界的大局。所以他们才能准确而科学地规划企业的发展方向，以及要实现的近期和长期发展目标。反之，一个不懂全局、不研究大局，从而也就不能把握全局的企业家，必然难成大业，或难以持续发展。改革开放三十多年的企业兴衰，已证明了这一点。在经济全球化日趋强劲的今天，那些整天埋头于自己一亩三分地或只扫门前雪的企业家，对此应当反思自省了。

第三，封闭运作，专业性不强。谋始中的信息采集与分析，乃至方案和规划的提出，是一个专业性极强的工作，也是一个多学科整合运筹的复杂过程，它应当由相应的专业智库来完成，而不是某个或几个业务部门所能承担的，尤其是企业。这其中的道理就在于，由于信息数量、处理能力、分析方法和经验的差异，必然会导致认知、判断、理念和思路的不同。我们都知道，信息的不对称是绝对的，而信息对方案需求的满足是相对的。因此，当某个方案所占有的基础信息数量越多，也就意味者它被整合优化的可能性越大；当企业与智库拥有同等数量信息的时候，谁的分析处理能力先进，也就意味着谁的方案科学性越强；当企业与智库在拥有相同信息处理能力的条件下，谁的视野越宽广、越高远，也就意味谁的方案更具现实性和前瞻性。而视野是比较的产物，包括纵向横向的，是一个复杂而艰辛的研究过程。不是你出几次国，见几个外国学者，你就具有国际视野了。

现在大部分企业，在谋始上基本是封闭运作，即自己认识、自己分析、自己判断、自己解决，也就是既当运动员，又当裁判员。且不说一个企业的信息处理和研究能力，以及宏观背景、国际视野和政策把握；仅从方案制定本身来说，就必然会遇到一个立场问题，即你是站在什么立场来认识这个问题，是站在企业的立场，还是站在消费者立场，亦或站在监管部门的立场，而立场不同，看问题的角度乃至得出的结论，也就不同了，也就必然会出现价值取向乃至利益诉求上的不同。一个方案或一项政策出台，主要是谁受益、谁受损，或谁短期受益而长期受损，谁短期受损而长期受益，方案或政策制定者，有没有自身利益诉求体现在里面，等等。这些问题都是“封闭运作”难以从根本上克服的，尽管大多数情况下动机和愿望是好的。现代智库的优势也由此可见一斑。

此外，谋始还有一个值得深入探讨的问题，即目标确定和路径选择。

一般来说，目标的确定相对简单一些，虽然它也必须建立在客观基础之上，必须有充分的客观依据和数据支持，但毕竟是一种宏观的、未来的可能性，既可能全部实现，也可能部分实现。而路径选择，却是一个极其现实的问题。选定了就要去走、就要去做，而且与投入和成本直接挂钩，并对目标的实现有着极为重要的作用。路径选择上的失误或错误，是造成企业亏损、破产倒闭的一个普遍原因。这其中的难度就在于，任何一个起始通向终点目标的路径都是多条的，而不是唯一的，即多样性与不确定性。如果是“自古华山一条路”，事情反而好办了。而真正的问题在于，既然路径是多条的，就有个选择问题；既然有个选择问题，就有个最佳的问题，即在都可能达到目标的多条路径中，如何找到最适合你的路径。尽管我们都知道“条条大路通罗马”，但这个问题一旦摆在决策者面前，就常常出现两难选择甚至是三难选择，而且在相对的时间内，又必须作出选择，除非你放弃既定的目标。

那么，面对充满复杂性和不确定性的两难或三难选择，究竟怎样找到最佳路径呢？其实，所谓多种选择中的最佳，其实就是最适合你的路径，切不可理解为最好或最完美的路径。因为人世间根本就不存在最好、最完美的东西，好与美都是相对的，或者说是对谁而言的。对甲而言这条路径是最佳的，而对乙却不一定是。

从普遍的意义上说，易经对此的主张之一，就是求曲不求直。大家都知道，我们出门都喜欢走直路、走捷径，以节省时间，最快到达，这是个普遍的心理定势，没有谁会认为这有什么问题。但事物的演进和发展，却不是这样。因为无论是宇宙自然，还是人世社会，就其过程而言，都不存在直线运行或直线发展的事物。而其基本形态，就是前面所说的“螺旋式循环上升”。也许有人说，子弹炮弹就是直线运动的，其实也不是。子弹炮弹在出膛时是高速旋转的，即螺旋线；射出后到弹着点，则是抛物线型的。有人说，时间肯定是直线的，因为它一去不复返。其实，时间在一定空间条件下，也是弯曲的，这已被爱因斯坦所证明。有人说，生命一定是直线的，到了十岁就肯定不会再有九岁了。而事实上，无论是人类的进化，还是生命过程本身，也是一条曲线，这就像心电图，曲线证明人还活着，而直线则表明人已死亡，而年龄本身并不是生命的本质特征。

事物发展和工作推进也是如此，切不可求直求捷。因为求直求捷，就必然会心浮气躁，舍慎轻进，急功冒进，盲目冲动，完全不顾客观条件的限制。当遇到困难或阻力时，就会更加急躁，甚至会不择手段，做下蠢事，悔恨终生。更为重要的是，求直求捷，就会在发展过程中，主观地不断放大既定发展目标，从而造成发展路径的日益收窄，资源乏力，失败将不可避免。这已经被无数的经验教训所证明。

那么，这个“曲”又该怎样理解呢？易经方法论表明：曲不是故意走弯路，曲是相对过程而言的，所谓曲就是阶段中的直。就一个具体事物或工作而言，它的整个过程是曲而非直，而这个过程的各个阶段，则有曲也有直。当然这是就普遍意义而言的，如果一个阶段中还有若干个小阶段，也同样会有直中曲、曲中直的状况。这表明，我们在路径选择时，应当按照发展阶段的现实条件来进行，而不是仅凭主观设想来确定，并尽可能把各个阶段划分的客观一些、准确一些，把各个阶段的发展路径规划的清晰一些、便捷一些，把运行阶段中的问题和困难估计的充分一些，复杂一些，以阶段中相对的直缩短过程的曲。如此，事物或工作发展的路径，就会曲中有直、直中有曲、曲直结合、协调运行，循序而进，可持续便会成为可能。

易经的主张之二，就是求强不求大。这个问题在现实中也是比较普遍的。如有的强调做大做强，有的主张做强做大，有的追求又大又强。这里的问题是，强调做大者，必须有做大的资源和路径；主张做强者，也必须有求强的资源和路径。因为无论大还是强，都是一种主观追求或发展目标，而要实现这个目标，就离不开实现的条件和路径。所以，求强或求大也有个路径选择问题。

那么，作为企业发展的目标和路径，究竟是应该先做强再做大，还是先做大再做强，亦或是既做大又做强呢？经验表明，物质的长度（体积）与强度（即抗外力性）是成反比的。即强度随长度的增加而减弱。这表明，启始的路径选择没有两全其美的可能，所以我们可以先排除做大又做强的路径选择。在剩下的两种可能性中，无疑应当是先做强后做大，或在做强中逐步做大，这是个发展常态。因为无论是做强还是做大，都是一个由小到大、由弱到强的过程。而就这个过程而言，说到底还是个资源问题。追求做大，就必然要扩张，而扩张就意味着经营和管理空间的加大。在总体资源尤其是人才资源不变的条件下，经营管理空间的扩大，就必然会导致资源数量的减少和资源能力的削弱，以及资源质量的弱化。即使是通过兼并重组或收购而获得了新资源，这看上去空间和资源都增加了，但其资源能力并不能马上适应扩张后的运营需要。因为兼并重组也好，收购也罢，关键的并不在于组织机构的合并，而是资源整合并形成新的能力、尤其是人力资源能力，以支持新空间的存在和发展。所以，资源整合期，才是扩张后真正的危险期，能否把握好这个时期，能否形成整合后新的资源能力、尤其是人力资源能力，就是一加一大于二的效果，也就成为了扩张成败的关键。国内外许多一味追求做大的企业，其衰落的原因也就在这里。

相反，追求做强的企业，则是在经营和管理空间相对稳定的架构内，通过内外两个循环推动，逐步增加资源总量，不断优化资源质量，努力提高资源能力。当这个过程做强到一定程度时，做大也就成为必然，即一种自然而然、合乎逻辑的结果。这其中的关键，就是从实际出发，立足自己的资源条件，把握自己的资源能力尤其是人力资源能力，以主观的遵从和努力，去推动客观条件的变化，并善于在变化中把握机遇，乘势而上，做强做大。因为大有大的条件和规律，强有强的条件和规律，都不是我们靠想当然就能改变的。所以，在谋始的路径选择上，即不能消极地听天由命，天要下雨娘要嫁人，骑驴看唱本——走着瞧，放弃自己的责任和主观能动性；也要注意防范不顾客观条件的赌博心理，不管三七二十一，干起来再说。

实践表明，在暂时无法完整准确把握客观规律和发展趋势的情况下，最可靠的路径选择，就是“摸着石头过河”。因为这里面的核心思想，是主体积极有为的探索。石头，就是复杂性和不确定性；过河，就是要发展，无论如何都要过河、都要发展；摸着，就是探索，就是在探索中认识和把握客观规律，在探索中做强做大。从人类社会发展的历史轨迹特别是处在重大历史转折关头上看，这应当是一个普遍适用的规律。当然如果我们已经知道河里的石头在哪，有多少、有多大也都很清楚了，就不需要再摸了。再者，如果改革发展到了深水区，石头看不见也摸不着了，我们就必须以更大的视野、更大的力度，去探索和把握更深层的发展规律了。依我个人的体会，无论做什么事，还是摸着石头走比较好，比较稳健。万事切不可妄自托大。

再说谋终。从普遍意义说，终为始之初，始为终之续，终就是始，就是新一轮循环的开始，谋终就是谋始，慎终就是慎始。但从具体事物上看，这个“终”也会因过程的不同，而呈现出不同的状况。一是有善始有善终，就是初始目标得以实现，过程的阶段性和连续性和谐统一，这时候的“终”只要做些调整和补充，就是很好的开始了；二是有善始无善终，就是初始目标未能实现，或运作过程发生了重大变化，或目标本身就大有问题，对这个“终’，就不能简单地视为新的开始了，而必须对他进行系统深入的总结反思和解剖分析，从中找到未“终”的主要矛盾和主要问题，并重新进入谋始的逻辑程序，从而找到新的起点；三是无善始有善终，就是始难而终易，或初始的规划设计有问题，或初始的资源条件估计不足，或初始的主观愿望过高，但又能够在运作过程中及时发现问题，果断调整和改革，积极主动地克服困难、解决问题、推动发展，最终目标还是实现了。孔子说过一段话：益之始也，其终也凶。损之始也凶，其终也益。虽然他是从“损益”的道德评价和价值上说的，但也同样具有方法论意义。也就是说，虽无善始但有善终的这个“终”，同样可以成为新的起点。

至于既无善始又无善终的状况，我们还得从谋始的过程中去找原因、找问题。亦或说，初始和起点就错了，运行过程中又过度自信、一意孤行，听不进任何建议和意见，其结果也就可想而知了。这种“终”当然不能成为新的开始，一切都得回到初始。归根到底还是那句话，谋终就是谋始，区别不过是循环层次和策略的不同而已。

第六章
持中而用

易经“尚中”，是历代易学家都肯定的，也是有考古发现所证明的。张金平先生在《考古发现与〈易〉学溯源研究》一书中，从考古发现、考古遗物和考古遗迹三个方面，证明并阐述了《易》学的“尚中”思想。指出：“《易经》重‘中’，以‘中’为上、以‘中’为尊、以‘中’为佳。”易经这一固有的基本思想，在《易传》和《易》学中得到了继承和发扬。

一、执两用中

我们要探讨这个问题，首先遇到的就是中庸，即“尚中”、“持中”和中庸是不是一回事？这个问题不搞清楚，后面的问题便容易误解和混乱。

从源头上说，尽管无法证明中庸源自易经，但从二者产生的时间、孔子读易后的感叹，以及把易经作为儒家经典等史实上看，中庸源自易经“尚中”应当是成立的。但是，正如后世很多思想观点源于易经一样，中庸源于“尚中”，并不等于中庸就是“尚中”，二者有联系，也有区别，不可混为一谈。

从思想内涵上看，儒家提出的中庸，是作为圣人君子之道或人格品德而言的，所以又称之为“中庸”之道。这其中的道，与《老子》所述的道有所不同。我们看到，在《中庸》中首先提出并加以阐述的是“中和”而非中庸。那么什么是“中和”呢？书中说：“喜怒哀乐之未发，谓之中；发而皆中节，谓之和。中也者，天下之大本也；和也者，天下之达道也。致中和，天地位焉，万物育焉。”很显然，这是作者在为中庸铺垫理论依据，即因“和”而庸或庸而致和。接下来，作者提出了中庸。但令人费解的是，作者并没有像阐述“中和”那样，告诉我们什么是中庸，而只从道德价值层面进行了简单阐述，诸如“君子中庸，小人反中庸”，“君子和而不流，中立而不倚”，“君子依乎中庸，遁世不见知而不悔”，“贤者过之，不肖者不及也”等。最后把这些归结为“中道”，认为“极高明而道中庸”。此外，孔子曾给中庸一个说法：“中庸之为德也，其至矣乎！”认为中庸是一种最高的道德。而东汉著名经学家也是易学大家郑玄的注释则认为：“中庸者，以其记中和之为用也；庸者，用也。”即中庸就是中和之道的运用。到了程颢、程颐和朱熹这里，“不偏之谓中，不易之为庸；中者，天下之正道，庸者，天下之定理。”并且把《中庸》视为孔门传授的心法。这就奠定了以后历代对中庸的权威解释，成为儒家经典四书五经之一，进入朝廷科举必读序列，拥有极为尊贵的地位。

由此可见，中庸与“尚中”确有相同的思想内涵，如郑玄的注释、儒家对中和的阐释等。但从方法论意义上说，正确把握二者之间的区别，仍然是非常重要的。

其一，中庸虽然也有方法论意义，但它主要是为人处事的一种道德评价和价值标准，如君子、中立、正道、定理等。后世学人也大都是在这个意义上使用和阐述中庸的。而易经的尚中，却主要是一种观察、认识和判断人事的立场、原则和方法。尚中不等于“折中”。易经的“中”，即是中间环节，也是中间状态；即是联系中介，也是运动过程；即是对立的过程，也是转化和统一的过程。

其二，按程朱的定义，中即是道，庸就是不易，不易就是不变，而且这个不变的庸，就是天下之定理，任谁都不能去改变的。如此，中庸之道就不是方法论这么简单了，而是儒家思想的核心之一。但尚中却不具有这样的意义，也不具有价值标准的唯一性，更不是一成不变的。更为重要的是，尚中作为一种方法论原则，它不属于任何一家，也不属于某个理论体系。在现实中，它更多的表现为一种公共思维工具，儒家可以用，道家可以用，佛家也可以用，国内外任何一个学科都可以用。比如道家主张“守中”。什么是“守中”呢？“不淫于至乐，不安于至静，能栖神静乐之间，谓之守中。”如果从道家的整体思想来看，这里的“中”，具有“内”和“道”的意义，即无论什么事，或动或静，都要守住内心的那个道，中即是道。再如佛家主张“空中”。这里的“中”也具有道的意义，空就是道，道就是空，不空就无法得道。

其三，与易经尚中的公共性和普惠性相比，中庸的一些作用就显得比较狭隘。在人类思想史上，易经的尚中观点虽为最早，却非唯一。从全球看，虽然年代不同、国别不同、文化不同，却产生了类似的思想和观点。而这恰恰表明了易经尚中观点的普遍意义，因为他们都是基于大自然的产物。有学者说，易经是宇宙的方法论——全息的方法论。也许就是这个道理。

据方立天先生在《佛教哲学》[①]一书中介绍：释迦牟尼创建的早期佛教哲学，带有显著的“中道色彩”。例如释迦牟尼一方面主张出世，给现实世界以价值的否定——空，要人们追求涅磐——寂灭境界，宣传解脱出世的思想；另一方面，又讲布施、持戒，宣传只要能乐善好施，来生就可

① 方立天：《佛教哲学》，宗教文化出版社2013年第1版。

以得到好报，获致幸福。在宗教实践上，释迦牟尼既批评苦行主义，也反对纵欲享乐，提出了不苦不乐的“中道学说”。而这一学说，并不是对极端的苦行和纵欲的折中态度，而是否定苦行和纵欲的两个极端，是一种内在的思想要求。

后来，在大乘佛教中产生了一个以龙树大师为代表的“中观”学派，即空宗。主张观察问题要“不落一边”（如空与有、常与无常各为一边）和“中道缘起”，即同时观察两边，既要观察有，也要观察无，“以合乎中道”。龙树大师认为，所谓中道缘起，是以否定有无、生死等各种对立的两个极端，用不偏不倚的观点解释万物的缘起，说明世界的现象。可见，这里的“中”，既不是折中，也不是中庸，而是“执中”以把握万物现象实相的方法和途径。

再如古希腊哲学家亚里士多德，也曾提出过被人称为“黄金中道”的观点，即“不偏不颇，处于两个极端的中间”。他认为：人的一切行为都可分成过度、不及和适中三种状态，如鲁莽、怯懦和勇敢，纵欲放荡、冷淡无情和节制等。过度和不及是恶行的特征，只有适中才是美德。更为难得的是，他把这一观点应用于经济社会领域，认为大贫大富都不好，中等财富才是最好的；主张国家应当由拥有适度财产的中等阶级来统治。对欧洲历史多少有些了解的人都不难发现，亚里士多德提出的“黄金中道”，对欧洲经济社会乃至政治制度的发展，产生了广泛而深刻的影响。相比较而言，我们的祖先虽然更早地提出了尚中的观点，但却未能将它成功地运用于经济社会领域。

再引申一步说，古代很多科技发明也是这样。比如墨子曾利用阳光照射，成功地进行了“针孔成像”实验，并对光线传播原理作出解释。这既是全世界最早的光学实验，也是人类发展史上第一次对“光”的作用进行阐释。毫无疑问，这是一次极为重大的发明。但令人扼腕的是，随着墨子的离世，便没了下文。还有像“神医”华佗，他是全世界第一个发明并使用中药麻醉剂，并第一个实施全身麻醉手术的人；初唐科学家孙思邈，是第一个发明并实施物理导尿术的人；东晋名医葛洪最早发明并实施了“狂犬病”的预防办法，可称得上是世界级的免疫学先驱。还有宋朝宰相丁渭发明并实施的“一举三得”施工法，堪称全世界系统工程理论的首次创举。他在督建新皇宫的时候，先让人从施工现场到汴水之间挖了几条大深沟，这样就解决了施工用土的问题；接下来再把汴水引入沟中，使之成为运输施工材料的河道；等到运输任务完成后，将沟中的水排掉，再把施工垃圾倒入沟中，重新填埋为平地，还原它原有的价值和功能。这样不仅极大地降低了施工成本，缩短了工期，而且很好地保护了施工环境。这种建立在系统思维基础上的施工方法，到今天都是极少见的。而反观他们的思维方法，无不具有尚中的特征。

然而，先贤们这些足以令全世界敬仰的发明创举，在封建专制的社会条件下，不仅没有得到重视并提升为国家发展战略，反而被贬为“术”“小人之为”；不仅没能进行必要的理论概括和总结，使之知识化、系统化，反而大多是“一代而绝”。比如现代中医已经不会手术了。究其原因，“官本位”一极之贵所导致的偏执追求，当属根源。因为在当时的人生价值追求中，做官才是“大人之为”，社会精英的唯一追求，就是居庙堂之高；士子们寒窗苦读、青灯黄卷，唯一的目的就是衣锦还乡，搞科技发明是不会得到尊重的。应当说，这是一个非常值得总结和反思的“失中”问题。

接下来，我们再看马克思和恩格斯创建的理论中，也同样有“两极相连”、持中而用的思想，并被恩格斯称之为深入大众意识的古老命题。恩格斯在研究自然界物种进化生成的过程中，发现并提出一个重要结论：“一切差异都在中间阶段融合，一切对立都经过中间环节而相互转移……辩证法的思维方法同样不知道什么严格的界限，不知道什么普遍绝对有效的‘非此即彼’，它使固定的形而上学的差异相互转移，除了‘非此即彼’，又在恰当的地方承认‘亦此亦彼！’并使对立通过中介相联系。这样的辩证思维方法是唯一在最高程度上适合于自然观的这一发展阶段的思维方法。”其尚中的方法论意义是显而易见的。

应当说，恩格斯的这一观点对我们正确认识世界是极为宝贵的。他使我们懂得：一切差异或对立的事物，并不是相互隔绝，也不是非此即彼，或你死我活的，双方之间不仅存在着“中间阶段”和“中间环节”，而且它们的相互依存、相互联系、相互作用和相互转化，也正是在这“中间”亦即过程中实现的；一切差异和对立的真正意义，并不在于差异和对立双方本身，也不在于双方非此即彼的绝对性，更不在于有我无他的斗争性，而在于通过“中间”过程如何走向统一、同一与和谐，也就是“亦此亦彼”；一切差异和对立都不是固定的、静止的，也不是孤立存在的，更不是绝对不变的，而是相对的、运动的、变化的，这个变化就存在于差异和对立双方的“中间阶段”或“中间环节”，就在于双方相互联系和相互作用的过程之中。正是“中间环节”的相互转化和发展过程的运化，才使差异和对立的事物，具有了统一、同一与和谐的可能。如果排除“中间阶段”和“中间环节”，也就等于承认对立和斗争是绝对的、永恒的、不可改变的。

对此，张兴国先生在《论“双赢”思维》一文中认为：回顾以往我们对辩证法特别是对立统一规律的理解，虽然也讲矛盾双方的相互联系和转化，但更多是强调双方的差别和对立的方面，而在讲统一的时候，还要特别指出统一是对立双方的统一，还要进一步强调统一不是同一，不是不要斗争。这样一来，不同事物之间的非此即彼属性被夸大了，亦此亦彼的性质被弱化了，甚至被忽略了。这种静止、孤立的观点，导致了绝对主义的思维方式，成为“斗争哲学”的思想和理论根源。对于这一点，凡是经历过“文革”的人，都会得出自己的判断。因为那是一段不堪回首的岁月。当然，正如我们强调差异和对立双方的统一和同一一样，也同样不能忽视或排斥事物的差异与对立，因为这不仅是一个不证自明的事实和前提，也是世界多样性存在的客观实在。而我们这里讨论的重点，则是如何正确认识和把握对立双方之间的“中”，以及过程的中间环节。

那么，易经的“尚中”又是一个怎样的观点呢？以我的心得来看，尚中源于易经的“三才”观，或者说是“三才”观在人事上的应用。所谓“三才观”，就是易经关于天地人的自然观。早在七千多年前，我们的祖先脚踏高台，仰观天宇，俯察大地，在长期的探索中知道了天在上、地在下，而人在其中，“在天成象，在地成形，变化见矣”；明白了天地和合而育万物，有万物而生人类，而人活于万物之中，“方以类聚，物以群分，吉凶生矣”；懂得了上天为逝，入地为亡，而中空为生，“乾道成男，坤道成女。乾知大始，坤作成物”；把握了夜行于道，左为危，右为险，而中道为安。于是，我们的祖先由盲目的畏惧自然，上升到了自觉的敬畏自然，创制了祭祀天地的“礼”。

由此可知，易经卜筮的基本原理，就是以天地之道而察人事、断吉凶。又经过几千年的探索与参研，我们的祖先创造了天道、地道、人道各自成论而又和谐统一的自然观，亦即“三才”观，在人类史上第一次确立了“天人合一”“道法自然”的理念，而它的核心就是“中”或“中和”，并由此引发出“尊天法地”“以人为本”“和谐贵中”、“持中而用”等一系列观点。也正是由于“三才”观和八卦的创建，以及《墨辩》首创的时空观念，我们的祖先才有了以天地自然为坐标的时空概念，才有了东西南北等四面八方的方位确认，以及在人事上的具体应用，即几千年来我们不断探索的持中之道，或曰中道。

这其中，最具形象化和艺术性的体现，要算古代人家中堂的挂屏，材质多以“云片”、瓷片或玉片为主。这种挂屏上为圆型装饰，为天；下为方型装饰，为地；中间为扇型装饰，为人，合起来就是“天圆地方人为扇”，从整体上展现出古人对“三才”观的尊重与追求，以及对自身的警示作用。这里面，对于方和圆的阐释，从古至今不绝于书，诸如“敬天为圆，法地为方”“内方外圆”“方是做人之本，圆为处世之道”“方是做人的脊梁，圆是做事的锦囊”“方是以不变应万变，圆是以万变应不变”，“方的时候要容得下圆，圆的时候要不失为方”等等。

那么，古人为什么在天地之间用扇型装饰来表示人呢？我们可以肯定的是，作为一个整体，既然天圆地方都有意义，那么这个扇形也绝非仅仅是个装饰，必有它的含义。据沈从文先生《古人的文化》[①]一书介绍，扇子在我国有非常古老的历史。“扇子的应用至少不晚于新石器时代陶器出现之后，如古籍中提到过‘舜作五明扇’。目前所见较早的扇子形象是东周、战国铜器上刻画的两件长柄大扇，以及江陵天星观楚墓出土的木柄羽扇残件。”由此可见，在数千年的历史长河中，从长柄大扇即表现以法地为主的自然观，到团扇即表现以法天为主的自然观，再到折扇即表现出以人为本的自然观，如同八卦一样，都是祖先对自然认识不断深化的体现。

所以，扇子除了招风取凉的功能，必有其社会和人生意义的昭示。其一，处于天圆地方中间的扇型装饰，已明确无疑地昭示出“三才”观中的人，而得天地养育的人，自当有敬天法地的谦卑和持中而用的慎重，即中而正、正而行。其二，这个扇形装饰也昭示出人生有缺，既不可能像天那样圆满，也不可能像地那样方正，更不可能像天地那样永恒。人生总是有缺憾的，人总是有缺点的，人总是要死的。这不仅是人对天地自然的基本态度，也是人生的真实写照，故必行其中道。其三，这个扇形装饰亦昭示出古人对道的追求。扇子可折可开，折者为合，合为静，静者可思，思后可用；开

---

① 沈从文：《古人的文化》，中华书局2013年第1版。

者为风，风为动，动者有行，行必持中。这一开一合、一静一动，恰当地表现出人生能屈能伸、能上能下、能富能贫、贵而不骄、富而不淫、贫而不贱的品格。所以，古人多买素扇，然后请名家或书或画，而所书所画者，多为持扇者的人生追求。因此，人生应以中为道、择中而行、持中而用、怀中以待。如此，虽非圆满，却可平安，故谓中和之道。

从义理的角度看，“持中”的基本思想，就是主张均衡而不失、执两而用中、运中而相生。这里面，均衡不失比较好理解，很多关于易经的书都写过，它不仅包括时间和空间的均衡，诸如四时之衡、阴晴旱涝之律、江河湖海之规等，也包括事物运作中资源配置的均衡、要素结构的均衡，以及速度、力度的均衡。但需要注意的是，任何事物及其过程的均衡都是相对的，而不均衡则是绝对的。也正因为如此，我们才会不断地追求或保持均衡。

那么，怎样保持事物的均衡发展呢？这就要说到执两用中了。这里面的“两”，从客观层面上说，既可以理解为阴与阳，也可以理解为对立的双方；从微观层面上说，既可以理解为过程的始与终，也可以理解为事物的两极。所谓“执两”，可以有很多种理解，但较为普遍的含义就是抓住两头、不可偏废、不可偏重、不可执一。因为只有“执两”才能“用中”，“执两”是“用中”的基础和条件，没有“两”也就无所谓“中”了。

比如我们在前面说“妙在过程”，并反复强调过程的重要性，但它同样是以始与终为条件的，没有了始没有了终，过程也就不存在了。再比如我们常说的左与右或两个极端，易经方法论对此并不是无条件否定的，而是首先承认左和右、两个极端与“中”一样，都是一种客观相对的存在，而且是彼此互为条件的，没有左就无所谓右，没有左右就无所谓“中”。我们只有正确认识了什么是左、什么是右、什么是极端，才可能正确把握“中”；我们对左和右认识越深，把握越好，用中的效果就会越好，作用就会越大。所以，易经方法论对于左和右，不是弃之不问，而是要抓住左右或两端而用中。

由此，何谓用中也就清楚了，就是在正确认识和把握了两头或两端的条件下，把功夫用在过程上，用在中间阶段和中间环节上，在事物的运动变化中认识问题、解决问题，并时刻防止事物在运动变化中偏向两极，或忽左忽右，摇摆不定，以此保持事物沿着正确方向均衡发展。一根扁担肩中间，两端均衡，持中而用。这一点，在政策层面以及企业发展战略的把握上，尤为重要。

如果我们可以这样来理解“持中”，接下来便会引出一系列问题，需要我们进一步探讨。

一是这个“中”是什么，包含哪些意义，或者说，在始与终之间、在两个极端之间、在对立双方之间，“中”具有怎样的价值。

从“三才”观的本质上说，“中”就是生、就是化，就是一生二、二生三、三生万物，天地交互，化育万物，生生不息，即“中道不空”。无论是动物、植物还是微生物，也无论是陆地的、水里的还是天上飞的，都是得天地之育、据中而生。这是一切“生”的基本法则和规律。也就是说，一生二、二生三是相对于天地人而言的，天和地既是“人生”的基础，也是“人生”的条件，没有天地之育、自然之功，便不会有人的生，也不会有人的生存。三生万物的“万物”，既包括地球和宇宙的一切自然之物，也包括人类所创造的物质文明和精神文明，不仅强调了生万物的客观基础和条件，也突出了人的主体作用。所以，从本质上说，“三才”观就是自然发展观，而它的基本理念就是“中和而生，生生不息”，主体是人而不是神。它的价值和意义，就在于为一切“生”提供了认识论和方法论基础。正因为如此，它把死死（包括万物）看作与生生一样自然。如果我们把这种自然发展观放回它产生的年代，再与同时期西方“神造物”的理论比较一下，无疑会有更多心得。

如果从万物演进的角度看，有生就有长，有长就有成，有成就有盛，有盛就有衰，有衰就有亡，有亡就有生，即一切存在都是过程。从这个意义上说，“中”就是过程。因为一切生、一切长、一切成、一切盛或衰，乃至一切亡，都只能在过程中发生，或只能是过程的结果。与此相对应，易经本身也是一个相生相克的过程，由一极而生两仪，两仪生四象，四象生八卦，八卦相综相错而生六十四卦，六十四卦错综变化而生三百八十四爻。卦爻不同，相生相克，变动不居，相反相成，所以大吉而凶，大成则败，大盈则亏，一切皆在过程之中，而过程又是变化的。这就使万物的演进和发展，呈现出相应的阶段和环节，存在着多种不确定性和可能性，即生而可死，成而可萎，盛而可衰，死而可生。反之亦然。正因为有了阶段和环节，我们才能清楚地知道万物的状态和特征，我们才知道什么时候应当做什么，什么状态下采取什么措施；正是因为存在着不确定性和可能性，我们才能发现、认识存在的困难和问题，我们才有了探索、奋斗和创造的空间，也才有了转危为安、东山再起和起死回生的追求；正因为不确定和可能，我们的人生才会如此精彩。

假如我们做事情开了头、剪了彩、典了礼，便坐等其果或坐享其成，既不去探索和研究过程中的不确定性和可能性，也不去把握和推进过程的阶段和环节，那只能是既无成也无果，白白浪费了资源，尤其是人的智力资源。在现实中我们经常会看到，说起创意和策划头头是道，精彩万分，名利双收，前程似锦，但这往往既是开始也是结束，因为他两头都策划到了，就是没有想到过程，尤其是过程中充满的不确定性和可能性，所以便很少有人会去接这种“好事”，即使有人没有经验或贪图名利去做了，最终只能是头撞南墙、血本无归，吃一堑长一智，从此也就长了记性。但愿这样的人越少越好。

也就是说，一切创意、策划和论证，其关键点或最重要的，并不在于如何启动和有什么理想，而在于对过程的科学把握，尤其是对不确定性、复杂性和可能性的系统认识。因为开始或启动是已知的、可以确定的，诸如做什么事、投多少钱、什么人来做、在什么领域做等，而结果是未知的、不确定的，无论你的创意策划多么美好而伟大，都是如此。也正因如此，现实中的很多创意策划，要么打了折扣，要么走了样，要么以失败而告终。为什么会这样呢？因为结果不是由开始决定的，而是由过程决定的，过程就是细节。如果你不管过程而直接以开始对结果，那么这种创意策划，必然会导致失败的结果。我也参加过不少策划论证会，应当说这个问题是相当普遍的。我们由此也就能体会到，易经所强调的“执两用中”或持中而用，是多么宝贵而重要。因为“行时中，则亨”。

二是如果从事物运化和发展规律来说，这个“中”既是过程的条件，也包括人的主观能动作用。

“持中”，就是既要认识和把握客观条件，又要在其中充分发挥主观能动作用；尊重和认识客观条件，并不是被动应付；人在客观条件面前也不是无能为力的，条件既是可以把握和运用的，也是可以创造的。事实上，人类从直立行走那天起所创造的文明，正是这一观点的真实写照。假如人类只知道盲目地敬畏天地，或屈从于既有条件而毫无作为，那恐怕我们现在还得用树叶遮羞；假如人类完全不顾客观条件，以一己之需任意践踏自然、破坏自然，那我们也许早就失去了生存的家园。虽然此类事情常有发生，但毕竟还有“持中”的观点与人类相伴而行，亦即先人们一直追求的“天人合一”之境界，这个“一”就是“中”。

也就是说，人类生存离不开天地，离不开日月星辰，离不开山水草木这些条件，而当我们在利用或改造这些条件时，要想到人也是这些条件的一部分，人即自然。摧残和破坏了这些条件，也就摧残和破坏了人类自身；自然可以养育万物而无功，人类却不能滥用万物而无德。无论以怎样的方式利用或改造自然，合天地之德都是不能忘却的。从现实来看，不顾自然条件和客观规律而盲目求快、业绩第一，或在困难和问题面前畏首畏尾、自保不为的状况，都是比较普遍的。相比较而言，前者的程度大于后者。这两种倾向都“失中”了，前者属于“过刚而失中”，因而是无法持续的；后者属于“过柔而失中”，因而是难以发展的。虽然表现形态不同，但都具有“极端”的性质，因而也都是非常态的。

这就像易经自然观所描述的那样，越是大暴雨，电闪雷鸣，倾盆而下，持续的时间越短，而濛濛细雨，如丝似珠，润物无声，反而持续的时间更长，俗语所说的“关门雨，下一宿”，就是这种细雨；越是大风，飞沙走石，摧枯拉朽，黄雾漫天，持续的时间越短，而和风轻柔，花草摇曳，送爽如揉，则是四季不绝的。在自然中，雷电和地震是最为暴烈的现象，却也是持续时间最短促的。我们的祖先正是对这些自然现象的长期观察和认识中，总结提炼出了“尚中”的立场、观点和方法。而它的社会化应用，就是要实现主客体的和谐统一，持中而为，任何极端或偏离，都无法达到这一目标。

再进一步分析，这里面还有个因果关系。我们知道，自然万物和人类社会的因与果，既是一种应然的关系，也是一种必然的关系。而这种关系之所以能够形成，则既不在于因，也不在于果，而在于因果之间的“缘”。那么这“缘”是什么呢？简单说就是条件，或者说是从因到果的条件。就像佛家所说的，因缘而生，缘聚则生，缘散则灭；结缘就是途径，结缘就是创造条件。因为从因到果是一个过程，这个过程无论是同时因果，还是异时因果，都是由一系列条件构成的，离开了这些过程中的条件即缘，便无所谓因果了。

比如我们常说：春下一粒种，秋收万担粮。那么这万担粮的果是怎么得来的，自然是取决于一粒种在成长过程的诸多条件，其中风调雨顺是最基本条件。还有我们常说的：世上没有无缘无故的爱，也没有无缘无故的恨。这里面的“缘”即是爱或恨的条件。亦或说，一切爱或恨都是因缘而起的，都是有条件的。离开了这些条件，抽象地讲什么爱和恨，是毫无意义的，其结果只能是误导缺乏阅历的青年。这正如净慧禅师所说：人世间，在时间上只有无数异时连续互存的因果关系，在空间上只有无数同时互相依存的相待关系。所以，正确认识和把握因果之间的缘即条件，恰恰是防止和克服上述两种倾向而达“持中”的法门。

三是如果从做人的角度说，持平常心，做平常事，得平常果，就是“持中”。有媒体报道说，当代青年崇尚一种称之为“0.8哲学”，即现代生活理念。具体是指在生活中不过满、不极端、不偏执；主张做事时付出十分努力，但只抱持八分希望；以宽松的心境度过每一天，以适度的方式应对世事之得失。我虽然无法判断，如今的青年究竟有多少人赞同或践行了这一理念，但它的提出，无论如何都是令人欣慰的，给这个躁热的社会带来了一丝清凉。

对于浮躁，有人说是现代社会竞争压力太大了。可是想一想，哪个社会没有竞争压力呢？尤其是那些动乱或战争的年代，人的生存压力绝对不会比今天小；有人说，现代人太追求完美了，可是看一看，哪个时代的人不追求完美呢？这是人与生俱来的天性；有人说，现代人太自私了，可是想一想，又有哪个时代的人不自私呢？人们对自身利益的追求，恰恰是人类社会发展的原始动力。我理解，这些分析和判断中的关键是个“太”字，太……就是“失中”，就是过了，过了就会走向主观意愿的反面。弦绷得太紧，反而易断；弓张得太满，反而易折，过犹不及。

那为什么会形成这个“太……”？人在社会中生活，或多或少都会有些压力；在某些阶段，也会经历这样或那样的挫折和困难；终其一生，人们都在为幸福和美好而与现实博弈着。虽然这些问题在个体上表现得千差万别，但也是任谁都无法避免的。还是那句话，富人有富人的难处，穷人有穷人的快乐；做官有做官的压力，平民有平民的清闲。因为经济社会的运作轨迹，并不是某个人所能左右的，财富、幸福和美好等，也不是你追求了就能得到的，各种各样客观条件的限制或“失缘”，往往会使人生不如意十之八九。这并非个别人的事，而是一个普遍的法则，即无限的欲望与有限可能之矛盾。其共同特征是：每个人都觉得别人比自己过得好，而又一定要超过别人。攀比加上嫉妒，诱导着人们去摘取自己种下的“苦果”，这个“太……”也就一个接着一个来了，而且很少有人能就此罢手。

事实上，几乎每个人都在说压力太大、不幸福的同时，继续为自己同时也给别人制造出新的压力和烦恼。所以说，这里面的核心问题，不是压力太大了，也不是诱惑太多了，更不是人们比过去更自私了，而是“失中”了，或者说偏离了人生的常态，失去了平常心，失去了对人生常态所应有的定力。因为无论多么美好而壮丽的人生，高潮也就那么几处，浓抹重彩也就那么几笔，而平平常常的生活才是主体的、持续一生的。这就像演员，他们的人生高潮是在舞台上、银幕上，而卸了妆、回到家也得过平平常常的日子。人们看到的是他们精彩和高潮的时刻，于是便心生崇拜，并主观地扭曲了他们的平常，从而使自己的心态“失常”了。假如我们每天都去追求精彩而高潮的人生，那么我们的生命将难以为继。因为人的身体构造与自然是相匹配的，只适应于“平常”，而无法支撑持续不断的精彩与高潮。所以，面对社会的五彩斑斓和千变万化，我们需要一种定力，来保持人生的“平常”。如此，我们的心会变得恬静，我们的生活会变得淡雅，我们的社会会变得和谐，我们的奋斗会变得顺然，我们的人生将变得卷舒自如。而得到这一切的钥匙，恰恰在你自己手上，那就是平常心。

四是如果从艺术表现和欣赏的角度说，“中和”即为美，也就是古人所说的“大美在中”。无论是表情、声音、韵律、色彩亦或样式，超过了塑造对象的“中”，便会空洞、生硬和茫然，从而失去美的感觉，也就是人们常说的太过了。这里面人们追求的“最”字，着实害人不浅，诸如“最美”“最好”“最强”，虽为追求，却失去了“中和”的本质，剥夺了欣赏者的想象和再造空间，拒绝了欣赏者对作品的融入，也堵住了欣赏者“三问”的大门。因为月亮最圆的时候，就会亏缺，花儿最美的时候，便是衰落，而盈满的艺术作品，便是拒绝。

大家都知道，一种艺术构想无论用什么样的形式表现出来，诸如书法、绘画、摄影、雕塑或表演等，归根结底都是作者的一种表达、一种诉说、一种呼唤，本质上亦即某种信息的传播。如此，艺术作品的核心问题就出来了，那就是你的作品要向谁表达，你要表达什么？你的一笔一画、一举一动传递的是怎样的信息？如此，接下来的问题也出来了，假如你的作品里面有诉说，那么欣赏者能读懂吗？如果他们读懂了，又能产生信息交互和美感的共鸣吗？我曾就这个问题与一些书法家、画家和诗人探讨过，遗憾的是，很少有人对此作过认真思考。自我表达甚至无需表达，只要把字写好了，把画画好了，能得到更大的名头、更高售价，也就圆满了。至于欣赏者怎么看、懂不懂、是否有美的互动，似乎与己无关。这也就难怪了，写字画画的“大师”越来越多，而喜欢和收藏字画的人越来越少。

“中和”的观点告诉我们，艺术的生命力存在于成长的可能性之中。也就是说，艺术品的完成，仅仅是它生命的开始，而不是结束。就像初生的婴儿，能否成长为真正的艺术品，不仅需要价值互动的时间，而且需要成长空间。而这种成长空间并不是由艺术家决定的，而是由欣赏者决定的；价值认同的时间，也不是艺术家所能把握的，而只能在欣赏者中产生和创造。因为就艺术的属性而言，当一件艺术品完成之后，它已经不再属于艺术家了，无论是卖出去了，还是留在家里。它的价值和生命力将由欣赏它的人们来决定。

所以，假如你的作品只是空洞的线条、图形和色彩，既没有情感的倾诉，也没有心灵的诉说；既没有对欣赏者的某种暗示，也没有给欣赏者留下品评回味的空间，便不会形成呼唤、思考的力量，更不可能产生关怀、理解、体贴、安慰和激励的作用，艺术的美感也就无从谈起了。如果人们面对一幅字、一幅画、一首诗，能够化生出那种似曾相识、熟悉而又陌生、似我非我、求而不得，以及那尘封的记忆、曾经的美好和凄婉，那尚未治愈的伤痕，那心底流淌的眷恋等，艺术品的价值和意义以及它的社会作用，也就形成了。

当然，对投资投机者而言，所有的艺术品不过是一种有价证券而已，与艺术毫无关系，只要能赚到钱就是好的。这并不是我这里要讨论的问题。

所以说，任何一种文学艺术创作，其作品都是创作者与欣赏者的桥梁，亦或价值、意义和美的中介。创作者只有把欣赏者对价值、意义和美的追求，融入自己的作品之中，并以相应的技法表现出来，而非仅仅是自己的意愿和追求，才可能实现与欣赏者的互动与交流，得到美的体验，唤起欣赏者对美的追求，成为真正可以成长的作品。从这个意义上说，艺术家不仅是价值、意义和美的创造者，也应当是价值、意义和美的“利他”者。“中和”，才是文学艺术的生命力所在。

二、中即常态

以上我们大体了解了何谓“中”或“持中”。而在易经方法论里面，“中”又与“常”紧密联系在一起，可以说任何意义上的常态，都是“中”，都是一种“中和”。而两个极端则是非常态的，虽一时可用，但终不可久行。正如东汉王弼在《老子注》中所曰：“物以和为常，故知和则得常。”[①]

《管子》曰：“天有常象，地有常形，人有常礼，一设而不更，此为三常。”[②]从“象”的角度说，常态就是春种夏作秋收冬藏，四时而序，昼夜相续，就是阴晴有时，圆缺以律。如果春不种冬不藏，或夏天不热，冬天不冷，或旱或涝，那就是反常了。从“数”的角度说，常态就是既不慢也不快，既不高也不低，既不满也不亏，有增有减，有损有益，有生有死，有进有退，呈现出量与质的互动均衡状态；从“理”的角度说，常态就是既不搞“大跃进”、“跨越式”，也不因循守旧，裹足不前，而是“秉中衡”、“持中道”，制两端而行于中，在可持续的基础上调结构、转方式、提质量，保持资源等条件与发展速度之“中和”。

这是一般和普遍意义的常态。现在之所以在常态前面加个“新”字，我想主要是区别于以往的或一般意义的常态，凸显发展阶段的基本特征和矛盾的特殊性。所以，我们现在说的这个“新常态”，不仅具有鲜明的时代性和中国特色，而且具有极强的针对性和现实性；不仅对我国经济社会发展的未来走向和民族复兴，具有极为重要而深远的意义，也必将对全球经济发展产生深刻影响。

如果从源头上看，“常”是古代的长度单位，即八尺为一寻，两寻为一常。那一寻是多长呢？按古代的的尺，差不多就是人的两臂之距，那两寻就是四臂之距，即为常。有考证认为，在古代一常是人们普遍认同的安全距离。离得太远了，人们抓不住、摸不着，就会没有安全感；离得太近了，人的双臂施展不开，也会觉得不安全。后来，这个“常”逐渐演化为程度词，

① 阎韬主编：《诸子群书》，中国青年出版社 2000 年第 1 版，第 344 页。
② 《管子》：李山译注，中华书局 2009 年第 1 版，第 172 页。

比如“寻常”，是说没有什么特别的地方，但在有些方言中，还表示不远不近的意思；“平常”，是不好不坏的意思，同时也表示某种抽象的时间概念；“恒常”，是永不变化的意思。当这个“常”与“态”组成一个词、并用于描述某种事物的时候，就表明该事物已经或正处于“中性循环”的运行状态，以及与此相适应的发展态势，即我们通常所说的“中速”状态。这种状态既不是高速或快速增长，也不是低速或慢速徘徊；既不搞大规模的人为刺激，也不安于现状而无为；既不为一时的高速增长而自喜，也不为一时的降速而自卑，因为这些都是非常态的。潮涨潮落终有时。

自然演进和人类历史已经证明，“中性循环”既是自然和宇宙运行的常态，也是人类社会发展的理想状态。它的最大意义和价值，就是“可持续”，既是自然和宇宙的可持续，也是人类社会发展的可持续。假如宇宙天体均衡运行的常态被打破，某个星球的运行速度提高了或减慢了，那就不是地震海啸这样的灾难了，而是人类的末日了。哪怕是一颗脱离运行轨道的彗星，都足以让我们心惊胆战。所以，无论多大的风、多大的雨、多强的地震、多狂的海啸，都是有尽头的，因为它们都是相对反常的，也是不可持续的，而阴阴晴晴、有风有雨、有旱有涝，才是自然的常态。

人类经济社会发展也是一样的道理。再惨烈的战争，终有结束的时候；再强大的王朝，终有衰败的时候；无论多高多快多久的增长，终有落下来的时候；无论多低多慢的徘徊，终有增长的时候；无论多大的容器，终有装满的时候；无论多么丰富的资源，终有枯竭的时候。因为无论是高和低、快和慢、强和弱、满和亏，都具有极端的性质，而凡是极端的，都是不可持续的，这是由不以人的主观意志为转移的自然法则和客观规律决定的。所以，经济社会发展不可能有永远的高速或快速，也不可能有永远的低速和徘徊。纵观人类发展史，主要的、常态的、持续的正是“中性循环”和均衡发展，这才是人类数千年生存发展的“常态”。正如老子所言：“知常则明”。这个“常”就是宇宙和人类社会运行变化的最大“公律”，也是经济社会均衡发展的“最大公约数”，因而也必然是可持续的优佳状态。当然，常态并不否认、也不排斥经济社会在某个时期或阶段的高速增长和快速发展，有谁不希望自己的国家发展得快一些、好一些呢。但客观规律是无法改变的，无论我们在主观上多么渴望和努力，经济社会发展终究要“复常”的。因为“常态”才是经济社会发展客观规律的本质体现，亦或说是“公律”的必然。所以，只有“常态”的，才是可持续和可循环的；只有“中衡”的，才是和谐和生态的；只有“中和”的，才是高质量和低消耗的。

在易经方法论看来，“常态”并非是单一、静止的状态，而恰恰是与“反常”构成的对立统一体，“常态”中既有正常状态，也必然会有反常状态。二者既是相反相成的，也是相互依存、相互作用和相互转化的。正是二者的矛盾运动，才使经济社会发展呈现出某种“常态”。从这个意义上说，“常态”既不排斥正常，也不排斥反常。这正如易经所强调的，吉凶相反相成而生常，吉中有凶，凶中有吉，吉凶相荡才是人们生活的常态。就是说，一个正常人的生活常态，不可能只有吉而没有凶，一帆风顺，天天有喜事；也不可能只有凶而没有吉，天天有困，处处有难。吉凶相克相生，生活波波折折、油盐酱醋、昼行夜宿，才是常态。

由此可知，在经济社会发展中，既可能在某个阶段出现高速增长和快速发展，也有可能在某个阶段出现减速下行和某种波动。尤其是由高速增长向“常态”转型的过程中，减速下行和某种波动是不可避免的。深化改革，调整结构，转变方式，构建机制，激发新动能、新动力，哪一件都不是轻松的事，甚至要伤筋动骨，或付出必要的代价。由此引发的困难和问题也必定是少不了的。

更为重要的是，人们尤其是国际社会对这个问题的认识和适应，也需要相应的时间来磨合。因为早已熟悉和适应了经济高速增长的人们，面对进入“新常态”的一系列问题，特别是那些事关切身利益的问题，一下子难以理解、难以适应，也是正常的反映。地方政府忧虑发展降速，企业家害怕市场萎缩，老百姓担心收入下降，外国人疑虑未来回报，等等。其实说到底，还是个基于“常态”的信心问题。而要解决信心问题，一要靠“真刀实枪”，拿出真东西、真办法；二要用科学的思维方式去引导和说服持有疑虑的人们。

这就要说到易经的一个重要观点，那就是“复常”，或称之为“归于中道”。易经把它视为不可抗拒的法则。就是说，事物在成长发展中，由于某些主客观条件的作用，往往会出现偏向两端的态势，或过高或过低，或过快或过慢，从而导致某些部分或领域失中失衡失调，或资源的相对紧张。在这种情况下，靠人为之力或可建一时之功，但无论跑多快，走多远，飞多高，潜多深，其自身规律和法则决定，它一定要复于“常态”的。这就是“复常”的道理。比如我们常说的“月满则亏，水满则溢”“亢龙有悔”“盛极而衰”“物极则反”等等，其实都是“复常”的起点或过程，亦或说这正是事物适应外部条件变化能动性的必然。那么，事物为什么会有“复常”的能动性呢？

首先，在于事物自身的“求生”需要，即事物只有“复常”，才能继续生存并求得新的发展。这就像一个人跑步，无论你多么强壮，也无论你跑多快、多远，终有“复常”的时候，不是你不想跑了，而是你跑不动了，或者说再继续跑下去，就会危及你的生命。这时候你的生理机制就会强迫你慢下来、停下来，使身体逐步复归常态，以便下一次再跑。一个企业也是一样，因为企业也是一个生命体，也具有不以主观意志为转移的“复常”机制。当某个企业经过快速发展和高速增长后，其内在机制或外部条件也会形成某种“复常”的能动作用，来拉低你的增长或发展速度，或限制你的扩张欲望，促使你不得不归于常态化发展状态。在这种情况下，如果你根本不管这一套，违“规”而为，逆势而行，东拼西凑，南借北贷，或可继续维持你的增长和扩张，但必将为企业生存埋下难以根除的祸患。

如果我们深入观察和研究就不难发现，那些已经衰落或破产的企业，其根源并不在于那些能看到的表面问题，或他们自己所能讲出来的原因。真正的“凶患”早在他们高速增长和扩张的时候，就已经产生了。只不过这些“凶患”被辉煌的业绩所掩盖，埋藏得很深，外面的人难以发现，或老总们也没有意识到“凶患”的存在。等到这些“凶患”伴随着增长和扩张而积累到一定程度，并在各个方面都充分显现出来的时候，就不是你想不想“复常”的问题了，而是必须“复常”了。所不同的是，此“复常”已经不是复于普遍意义的常态了，而是死与生的“临界”了。

从这个角度上说，死与生也是一种“复常”，有死必有生，有生必有死。已经衰败和破产的企业，如果能在生死“临界”的关键时刻，找到归于常态的路径和办法，那么死就是生，生就会长，长而成，成而壮，你会逐渐进入一种全新的常态。但真正的问题在于，这些企业“忘性”极大，好了伤痕忘了疼，刚刚过上几天好日子，便会“旧病复发”，重走老路，到头来终究难逃衰败的命运。套用老子的话说，这就叫不知常则暗，不知常则亡。

也许有些企业家会说，企业追求利益最大化有错吗？又有哪个企业会拒绝赚钱或发展的机会呢？是的，企业追求利益最大化没错，如同“复常”一样，这也是包括企业在内的所有生命体的内在能动性，亦即企业自身生存发展的必然。但问题在于，什么是最大化？最大化是表现为一种程度，还是表现为一个数量，亦或是表现一种质量？对此，自然是各有各的看法，不足为奇。

如果从易经方法论的角度看，“中数”是五，而不是九和六，因为九和六居极而多凶。那么，九和六都比五大，又为什么“尚五”呢？其道理正如周大明先生在《远古图符与〈周易〉溯源》中所说的：“五是天数（包括生数与成数）一、三、五、七、九的中间数，也是古人思想中天的最原始状态之数，即河图变体合十一图阳数中数。”而正是这个“中数”，下有基础，上有空间，前可进，退可守，既不初，也不极，辗转腾挪，自如而为。这就是易经之所以“尚中”的道理。由此可知，所谓的最大化也是相对的，五相对于一到四是最大的，相对于六到九是居中的，中即是正，正者为大。所以“中数”是常态的。也就是说，最大化并不是最大的数，也不是越来越大，更不是无限的大，而是一个资源或资本效能的概率程度，或单元投入产出的比较效益。虽然我们都渴望这个程度和效益越大越好，但遗憾的是，这个程度和速度一样，同样受事物“复常”机制的制约。也就是当它到达一定高度和强度时，就必然会向“复常”转化，以保持自身的继续生存和持续发展。这也是“抛物线”的客观基础。这其中，有些因素是人为可以掌控和运作的，但主要的和大多数因素是人力难为的。

其次，这种“复常”的能动性，也是事物螺旋式循环发展的需要。我在前面已经说过，无论是自然界还是人类社会，任何事物的成长和发展都不是直线的，而是螺旋式的。虽然总的方向是发展的、上升的，但其过程则是曲折和循环的，有前进，有倒退，也有重复，而这种重复往往表现为常态。就像大自然年复一年、日复一日，企业从生产到消费、从消费到生产，资本从投入到回报，从回报再到投入，乃至人类吃了排、排了吃，循环往复。从总的趋向上说，这种重复并不是简单的、如旧的重来一遍，而是在循环中有提高、有增减、有发展、有升降。作为过程，也就有选择、有淘汰、有生有死、有强有弱，从而进入下一个更高的循环之中。所以说，“复常”并不是事物的终点或终结，而是普遍地表现为一种新的起点、新的循环或新的周期，并在主体能动性的作用下，呈现出新的发展态势。

比如改革开放以来，我国经济经历了几十年高速增长，我们收获的不仅仅是量的增长、规模的扩大，以及“底盘”的坚实，更重要的是经济社会质的飞跃；不仅仅是老百姓生活水平的提高和诸多变化，更重要的是形成了可持续发展的坚实基础。而这一切都为我国经济发展进入“新常态”创造了必要条件。或者说，当我们把进入“新常态”作为一个新起点、新的发展周期来看待的时候，便会发现此常态已非彼常态了。无论是经济总量，还是市场规模；无论是生产力还是购买力，特别是经济质量，都不是彼常态所拥有的，进入“新常态”的起点，已非昨日可比了。但令人不解的是，“唱衰者”们却只说数量而不说数量中的质，只看 GDP 的增减而不看 GDP 的质量，只说经济下行而不说下行中质的积累，以及下行中的调整、转型和优化。如果这样看问题，便永远无法准确把握中国经济发展的客观真实。

其实，经济运行中的高低快慢，和人的身体一样，都具有自身的周期性，并因而呈现出不同特征，感冒发烧、小病小灾也是常有的事。更何况一个企业和一个国家的经济运行，怎么可能一成不变、只高不低、只快不慢呢？更为重要的是，快有快的机遇，慢有慢的机遇，高有高的好处，低有低的好处，关键的是把握好经济运行的周期性特征及其规律，并据此作出自己的判断和选择，这才是正事。怨天尤人解决不了任何问题。

以上说的是“复常”的必然性。那么，“复常”以后的常态又该如何理解和把握呢？一般来说，常态是相对稳定的阶段或过程，不具有忽高忽低、大起大落的特征，以及人为推高加快的主观冲动。但我们也不能因此而认为，常态是静止的或一成不变的。所以，同样要以发展的观点和过程的本质来理解和把握它。对于这个问题，可以从不同的视角、运用多种方法来阐释。如果从易经方法论的视角看，以下两个问题值得深入探讨。

一是从“复常”的过程，即从高速增长向“常态”化增长归复的过程来分析。从状态上看，这个过程主要表现为改革开放的进一步深化，进入深水区和关键期。这就必然会触动经济体制中的敏感问题或核心问题，诸如经济结构的调整、发展方式的转变、资本市场的完善与优化、新动能和新动力的构建，等等。而这些举措的实施，又必然会引发一系列新的问题和困难，出现相应的波动和曲折，诸如增长放缓、经济下行、市场萎缩、资本波动、就业不振、企业乏力乃至破产，等等。

对于这些问题，我们需要有一个基本态度，既不回避问题和矛盾，也不人为地夸大或曲解这些问题和矛盾。因为对于任何一个经济体来说，无论它处于“超常”的状态，还是处于“复常”的过程，这些问题和矛盾都是不可避免的，也是经济转型发展的必要成本。我们所能做的，就是在进一步深化改革中，努力将这些问题控制在“常界”的范围之内，并逐步调整解决好。

从世界经济发展史的基本轨迹来看，“复常”或真正进入“常态”的过程大都是漫长而曲折的，并没有一蹴而就的成功先例。我们也不能指望国家开个会、发几份文件、搞几项改革，就算进入“新常态”了。因而，对于“复常”的过程，应当有一个长期打算，有一个长远战略，既要针对过程中出现的问题，深化改革，优化发展，也要把“新常态”的一些基本问题，放入“复常”的过程中给予重视和探索，系统而科学地回答什么是“新常态”，它的基本模式是什么，它的制度性架构是什么，它的发展方式又是怎样的。相比较而言，这一点显得更为重要，意义更为深远，价值更为重大。因为这些问题，既是我们在推动“复常”过程所必须面对和解决的，更是进入“新常态”之后，即“持中”发展所不可缺少的基本条件。

比如，有“常态”必有“常数”。那么“新常态”下的“常数”是多少？从中国国情实际出发，GDP 多少才是“新常态”下的“常数”；资本市场的点位多少才是“新常态”下的“常数”；就业率多少才是“新常态”下的“常数”；房价多少才是“新常态”下的“常数”；粮食、钢铁、煤炭多少才是“新常态”下的“常数”，等等。

对此，也许有人会提出疑问，客观上真的存在或即使存在又真的能搞清楚这些常数吗？这正如我们在前面所说的，易经方法论表明，自然和人类社会中的任何一种物质和能量及其运动，都是由相应的“数”组成的，包括遍布宇宙而我们无法看到的暗物质暗能量，因而任何一种物质和能量及其运动，都必然地存在一个自身的“常数”，从而使物质处于某种相对稳定或相对均衡的状态，或者说一种较好的运动状态。反之，如果没有这个“常数”，物质便无法成型，即使成型了，也无法保持某种稳定的状态，那么人类曾经或正在使用的一切物质和能量，便不会存在了。这就像我们一天都离不开的水，沸点和冰点之间的温度就是水的“常数”，超过沸点水就成为汽，达到冰点水就变成了冰。这样的例子随处可见。

我们之所以对普遍存在的“常数”知之甚少，一是因为思维方式有问题，偏重于“极数”，如沸点和冰点等，忽视“常数”。一个企业家甚至说不清楚本企业生存发展的“常数”，即一个企业常态发展所呈现的基本数据，反而对那些只具有暂时意义的“极数”，非常感兴趣。当然，思维方式问题不是几句话能说清楚，这需要系统学习和训练。二是社会性数据的高度分散、垄断及不透明，也是造成“常数”缺失的重要原因。因为一个企业或地区单靠自己的数据，是难以科学把握发展“常数”的。所谓“常数”，在一定意义上说是个比较数，既有自己的纵向比较，也有与别人的横向比较。如果没有社会信息数据的公开透明，这种比较便不能成立，所谓“常数”也就无法形成。令人欣慰的是，“大数据”技术的出现，为我们破解这个难题带来了希望。

再如，有“常数”必有“常理”。因为物质世界的任何一个数，都有自身的秩序性，即组合排列的内在规定性。同样的分子这样排列是煤，那样排列就是晶体；这样排列是水，那样排列就是冰。改变数的秩序性，也就等于改变了物质的性质。那么，决定这种秩序性和规定性如何运行和发挥作用的，就是我们所说的“理”，或称之为原理。所以，表明“常数”秩序性和规定性的，就是我们所说的“常理”。

也就是说，无论是“基数”“极数”，还是“常数”，都不是一盘散沙，也不是任人组合的。数是物质运动和事物发展的客观反映，一就是一，一不能反映二，就像易经中的初爻只能反映初爻的数，而无法反映上爻的数。同时，理也是物质和事物内在规定性的反映，不同性质的物质，必然会有不同的运行原理。所以，有秩序的数才是有“理”的数，有理的数才是有意义有价值的数。由此可见，我们要准确把握事物发展的“常数”，就必须懂得和掌握它的“常理”，这是个绕不过去的关口。

那么，这个“常理”在哪呢？就在“常数”的变化之中。这就像易经卜筮的道理一样，开始的时候，我们并不知道结果是什么，而结果就存在于随机抽取的数字之中。对“常理”的把握也是这个道理，你首先得知道“基数”，有时甚至还要包括某些“极数”，然后再从它们看似散乱的变化中找到“常数”，从“常数”的变化中，找到它运行的轨迹和原理。现在的问题是，普遍存在着对数的盲目崇拜，即知数不知理。比如，企业家总是要看财务报表的，而表格中大大小小的数字，除了反映某种量的变化，表面上并不能说明本质问题。而这些数字的真正价值和意义，恰恰是隐藏在数据背后的理，只有找到了它们的理，那些数字对你才是有用的。但很多企业家并不善于发现这些理，只满足于对数字的了解，也就很难真正把握自己企业的“常态”了。

又如，有“常理”必有“常道”。荀子曰：“天有常道矣，地有常数矣，君子有常体矣。”他的学生韩非又进一步发展了这一观点，指出：“家有常业，虽饥不饿；国有常法，虽危不亡。”可见古人对常业、常数、常法、常道的重视和探索。

那么什么是“常道”呢？按照今天的理解，一般是指物质世界运动变化的法则和规律，且是普遍的、相对稳定的、可重复的，而不是个别的、时变的、偶然的。否则，就不是“常道”了，而是“非常道”了。套用今天的话说，就是经济社会常态化发展的规律、法则，以及反映这些客观规律和法则的法律、制度、政策和战略等。那么，要推动经济社会发展进入“新常态”，其运行所必需的“常道”，即确保经济社会进入“新常态”发展的法律、制度、政策和战略等，应当如何构建呢？很显然，我们不能等到经济社会已经进入了“新常态”，再去做这些事，因为没有这些法规的保障，经济社会发展便无法进入“新常态”。所以，这是一个在推进“新常态”过程中就应当做的事。

从这个意义上说，在推进“新常态”过程中的立法、制度建设和体制改革，其着眼点应放在“新常态”发展的客观需要上，而非仅仅是为了解决现实的突出问题。亦或说，要善于把“常数”中的“常理”，提升到更具普遍意义的“常道”层面上，用以指导更大范围和更长远的发展。当然，这么说并不是忽视对现实问题的关注和解决，而是主张这些问题的解决，主要应立足于战略层面上。因为问题是永远会有的，现在有现在的问题和困难，“新常态”也必然有“新常态”下的问题和困难，不同的无非是性质和程度的差别而已。相比较而言，如何以最小代价和最低成本进入“新常态”，显然更需要我们从从长计议。况且，对现实问题的解决，从根本上说也是为了更好地进入“新常态”发展，或者说只能在“新常态”的发展中来解决。所以，从进入“新常态”的过程来说，探索和把握“新常道”，无疑是极为重要而有价值的。

二是从进入“新常态”发展之后，即如何从“持常”的角度进行分析。

那么，要“持常”，就得首先知道“新常态”是个什么样子。虽然我们可以从不同视角进行阐释，但还是以中央或国家层面的权威说法为准。

2014年中央经济工作会议，曾经对经济新常态的基本特征，进行过比较系统的分析和论述。比如，在经济新常态下，模仿型、排浪式消费阶段基本结束，个性化、多样化消费渐成主流；基础设施、互联互通和一些新技术、新产品、新业态、新商业模式的投资机会大量涌现；低成本比较优势发生转化，高水平引进来、大规模走出去正在发生；新兴产业、服务业、小微企业作用更加凸显，生产小型化、智能化、专业化将成为产业组织的新特征；人口老龄化日趋发展，农业富余人口减少，经济增长将更多依靠人力资本质量和技术进步；市场竞争逐步转向质量型、差异化为主的竞争；环境承载能力已达到或接近上限，必须推动形成绿色低碳循环发展新方式；经济风险总体可控，但化解以高杠杆和泡沫化为主要特征的各类风险将持续一段时间；既要全面化解产能过剩，也要通过发挥市场机制作用探索未来产业发展方向。正因为如此，就要更加注重满足人民群众的需要；更加注重市场和消费心理分析；更加注重引导社会预期；更加注重加强产权和知识产权保护；更加注重发挥企业家才能；更加注重加强教育和提升人力资本素质；更加注重建设生态文明；更加注重科技进步和全面创新。

从这个论述中我们不难体会到，“经济新常态”也是一个动态的发展过程，而决定经济是否进入“新常态”的诸般要素或指标，也就在这个发展过程中实现了，或者说在矛盾运动中呈现出新的特征，实现了新的平衡。当然，这主要是就“经济新常态”而言的，而且也是一定条件下的认识和判断。我们相信，随着“新常态”实践的不断深入，我们的认识也会不断提升。

这表明，“经济新常态”与原有状态之间，并不存在一个绝对的界限，也没有什么绝对的时间分割，更不可能是齐步走、一刀切或立竿见影。从发展过程的本质而言，它一定是渐进的，并且在渐进中有实现、有循环、有往复、有损益，并有序接近或进入一种新的状态；从发展过程的要素来说，它一定是新旧交互融合的，并在交互融合中，促进新的成长、旧的死亡，推动结构和方式的转化，从整体上进入一个新的常态；从发展过程的动力来看，它一定是相反相成的，即“经济新常态”的逐步推进，必然要反诸于改革开放的不断深化，以便为自身的演进提供新动力和新动能，推动“经济新常态”的形成。

所以说，“新常态”既是一个空间概念，也是一个时间概念，而对空间和时间的把握，只能在具体的现实过程之中来实现。亦或说，只有在渐进的过程之中，才能真实地体会到何为“常”何为“非”、何为新何为旧、何为进何为退、何为生何为死。因此，任何意义上的“常态”都必然是这样一个过程，即只能在一定时空条件下，在矛盾的对立统一中，在变化与发展进程中来认识和把握。我以为，这是理解“新常态”的一个基本立场和基本方法。不理清这一点，我们便会陷入何为“新常态”、何时进入“新常态”、怎样才算进入了“新常态”等问题上纠缠不清，让老白姓摸不着头脑。这不仅会影响他们的社会预期，也会干扰他们对生活方式的选择。而这种预期和选择，又会反过来影响“新常态”的实际进程，比如老百姓的消费意愿等。

在这个基础上，再来用易经“持常”的观点作进一步分析。

一般意义上的“持常”，就是要知常数、用常理、循常道、行常事。正如《管子》所说的：“国有常式，故法不隐，则天下无怨。”荀子从另一个角度也告诫曰：“乐易者常寿长，忧险者常夭折，是安危利害之常体。”但这些并不是我们要讨论的重点。我们更为关注的，就像人类发展史所无数次证明的那样，无论是推动进入“经济新常态”也好，还是保持和运营“经济新常态”也罢，其中的核心和关键所在，就是创新。要“持常”就必须不断创新，创新是“持常”的基本保障。一个国家是这样，一个地区、一家企业也是如此。因为只有不断地创新，才能获得源源不断的新动能；只有源源不断的新动能，才能推动经济社会不断优化和发展；只有不断优化和发展，才能够“持常”。从这个意义上说，“新”就是“常”，创新就是“持常”。

我们已经知道，人类发明了火，从而把人类带入了一个新的常态；人类种植驯养了野生植物和动物，从而把人类带入了另一个新的常态；人类发明了蒸汽机，又再一次把人类带入了更高的新常态，等等。人类每一次重大创新和发明，几乎都会把人类带入或保持在一个新的常态之中。所以我一直以为，当代中国与西方发达国家尤其是美国相比，其差距从根本上说，主要在于创新能力以及转化能力上。尤其是从面向未来的角度看，创新力必将成为综合国力的第一要素。因为从全球资源、人口、环境等人类生存的刚性指标上说，一个国家的创新力如何，必然日益成为其生存发展状况的决定性力量。也许我们现在还难以真切感受这一点，但它终将成为我们的子孙必须面对的现实。

改革开放以来，咱们国家的创新力虽然得到极大加强，但从总体上说依然是相对薄弱的，这是个无法回避的现实。很显然，全面提升国家创新力，尤其是全面提高国民创新素质，营造万众创新的社会氛围，形成可持续的强大创新体系，已经是中华民族立足“新常态”和面向未来的重大战略。

就现实状况来说，我们要从根本上提高国家创新能力，就应当大力构建“抓两头，建体系”的创新基本格局。一头是要善于用改革开放来释放万众创新的强大动力，形成万众创新、人人皆可创新的价值追求。这就要用改革来打破或革除一切阻碍创新的社会因素，代之以尊重创新、鼓励创新、支持创新、创新致富、创新成才的制度和政策体系，让创新成为国民的一种追求、一种时尚、一种习惯、一种尊严。另一头是，通过多种途径广泛吸纳和凝聚创新人才，形成具有强大创新力的“国家队”。反过来，再以强大的“国家队”来带动和引领更多的人参与创新。这其中，尤为突出的是“创新致富，创新成才”的政策支持与制度建设。如果这一点取得了实质性突破，那么，万众创新和大众创业的社会格局便会随之形成。因为没有创新支撑的创业，终究是乏力的。咱们中华民族勤劳智慧，思想灵活，只要有相应的政策和制度土壤，大众创业、万众创新之花必将盛开神州。

在此基础上，就是要构建包括幼儿园和中小学在内的全民创新教育体系，改变单纯的教为教创结合，并随着年龄的增长，逐步向以教为辅、以创为主的教育模式转变，逐步提高和增强国民的创新素质，形成百花齐放、争相创新的社会氛围。这是能否推动万众创新的基础和主体。尤其要重视和扶持民间创新教育力量的增长，因为与现行教育体制下的学校教育相比，他们更灵活、更贴进现实，也更容易引入国外创新教育的先进方法，更好地与大众创业相结合。

我们之所以要特别突出地强调创新在“持常”中的作用，主要在于经济发展中的“持常”既不是“守常”，也不是“故常”。世间万物不进则退、用进废退，无往不复，天道之律，守是守不住的，“故常”泥古也是没有出路的。所以，我们在“持常”而进中，既要特别注意“常态”中的“反常”，更要防止“持常”中的“守常”，以改革与创新的强大动力，促进“新常态”的可持续发展。

三、中道化生

通过前面的论述，我们大体上可以知道，任何对立的双方之间，不仅有实在的过程，有内容和介质，也存在着广阔的运作空间。正如张汉如先生在《科学探索中的思维·作风·方法》一书中所说：“辩证法认为，一切差异都在中间阶段融合，一切对立都经过中间环节而相互过渡。”[①]

易经方法论告诉我们，这种中间阶段融合和中间环节过渡的基本特征，就是化生。而促进或制约这种化生的力量，就是中道。因为对立双方的相互作用和相互转化，都不是空转的，也不是所谓的“中空”，更不会是“无果”的，而总是在运动的某些环节、阶段乃至过程中，产生相应的新质，并化育出新的事物。这也是“新常态”得以成立的基本道理。否则，事物的相互对立、相互作用和相互转化，便没有了任何实在意义，不过是一种玄学空谈。而事实上，自然万物的生长变化和人类的实践，早已实明了这一点。

那么，这种化生又具有怎样的状态呢？从一般意义上说，大体上会呈现出两种状态。

一是二生为三，即化生出第三方。就是说，对立双方在相互作用中，其结果既不是你转化为我，也不是我转化为你，而是在双方的作用下，产生了第三方。这个第三方虽然有甲的成分，但并不是甲的复制；虽然有乙的成分，也不是乙的复制，而是具有全新质量的独立一方，并与甲或乙或其他事物构成新的对立统一体。这个时候，化生第三方的甲和乙依然存在，继续着自身的矛盾运动，并在相应的条件下，化生出新的第三方。需要说明的是，这种化生与老子所说的“三生万物”是不同的。有学者认为，老子的道生一、一生二、二生三，是道生成万物之前，自身内部运动的三个

① 张汉如：《科学探索中的思维·作风·方法》，天津人民出版社 1984 年第 1 版。

阶段。而“三生万物”就是“天下万物生于有”之意，而“有”仍然属于形而上之道自身内部运动的现象。归根到底，还是道生万物。也就是说，老子的“三生万物”是就宇宙自然万物总体而言的。而我这里所说的“二生为三”，是仅就对立双方而言的。

二是二合为一或二合为中。这个新的一，既不是原来的甲，也不是原来的乙，而是对立双方在相互作用和转化中，共同融合而产生的一。这时候，化生新一的对立双方已融入新的一之中，一又生二，形成新的对立统一关系。当然，对立双方那种你死我亡、两败俱伤的状况也是存在的，但从本质说，这种状况并非真正意义上的结果，最多只能算作阶段性结果。因为对立双方的衰败或死亡，恰恰表明某种新生，以及新的对立统一体的形成。新生才是对立双方的过程性结果，并在新的起点上开始了新的更高层次的循环。这正是螺旋式循环发展或上升的本质特征。

回过头来，我们再看第一种化生，即二生为三，即第三方的基本特征就是“中”。它虽然存在于对立双方之间，却不属于任何一方；它虽然服务（如沟通、连接、协调、平衡等）于对立双方，却又有独立的质量、功能和效益；它虽非对立双方的主导力量，却可以为对立双方提供新的选择和可能，改善、优化和促进对立双方生存和发展的状况。

第三方这种“中”的特质，使它具有极强的兼容性和整合力，即形而下意义的“三生万物”。只要对立双方给出相应条件，如双方的对立和矛盾不可调和时，双方的相互转化遇到阻碍时，双方的运行遇到瓶颈时等，第三方便会应运而生，并以极快的速度进行整合，以实现自身发展和壮大。第三方的这种整合力，主要源于它的兼容性。由于它既有对立双方的成分，又具有自身的独特优势，所以它对一切新事物具有极强的适应能力，尤其是对多样性的兼容，更是无所不适，而多样性恰恰是生生不息的根源。这就决定了第三方经久不衰的基本功能。比如，近年来形成的“平台经济”，包括物理平台和虚拟平台。它们既不需要大量土地建设园区，也不需要大量生产成本和劳动力成本；它们既不属于任何一方，又可以为任何一方服务；它们既有自己的独特业务，又可以融入它们愿意融入的任何一方。其优势和活力是显而易见的。像目前已十分活跃的“资本平台”“支付平台”“技术平台”“渠道平台”和“内容平台”等，都属第三方业态。

我这里之所以要着重说说第三方，主要在于人们的思维定势，总是习惯于盯着对立的一方，或者总是把主要精力放在对立一方身上，而忽视第三方力量、第三种可能和第三种选择，从而导致发展思路、资源渠道和合作能力越来越窄，甚至钻进牛角尖而不能自拔。其结果大都是两败俱伤。

其实，第三方古已有之，而且历史相当悠久。它虽然入不了正史，但它的存在却从来未被忽视过，并以其独特的方式，广泛存在于庙堂与民间，发挥着不可替代的作用。比如，两家的生意谈不拢，就会有第三方出面协调，或者他掌握某种市场信息，就会把生意介绍给有需求的甲乙双方。如果协调好了，或生意做成了，第三方便从中收取一定比例的佣金；即使没协调好、或生意没谈成，至少也混足了吃喝，遇到讲究的东家，也多少会给些酬劳。当时把专门从事这项工作的人，称之为“掮客”“牙行”。还有两人或两家有了恩怨，连面都不能见，见了就骂就打，大有你死我活之势。这时就会有第三方出面沟通协调，左说右劝，连哄带吓，把事情摆平。事后两人或两家都要有酬劳的。当时把些人称之为“担当”或“做保”“保人”等。与“掮客”不同的是，他们要么是一方豪绅，有地位有钱；要么是一方霸主，有功夫有兄弟。总之都是有地位有实力的人，说话有人听，普通百姓干不了这个活。

而古代最活跃的第三方群体，要算“媒人”了，也叫“媒婆”“红娘”等，主要是由有一定阅历并有一方人缘的妇女构成，基本是兼职的。在那种男女授受不亲的社会条件下，她们的市场空间相当大，几乎无论贵贱贫富，每对婚姻必须有媒人，正所谓“父母之命，媒妁之言”，婚姻之纲常是也。她们的收入相当不错，而且可持续。因为无论男方家还是女方家，都想结一门好人家，但双方又不能直接沟通，只能把希望寄托在媒人身上，殷殷嘱托，百般求拜，于是两家的酬劳都进了她的腰包。即使到了现代，本已相爱的男女，在正式公布恋情时，也要找个媒人出面主持一下，或说上几句，两家便觉面子上比较好看，只是酬劳的方式不同了。现在的婚介公司、征婚网站等业态，不过是它的市场化、社会化存在而已。

古代最牛的第三方要算以苏秦、张仪为典型的纵横家了。这是我国历史上非常奇特的一群人，他们即非正统，也非主流，但连治史严谨的司马迁也不得不为他们作传。为什么呢？一是他们大都为寒士出身，先拜师苦学，学成后下山创业，经历大都相当艰辛，如苏秦的头悬梁、锥刺股等。所以他们和出身贵族的“四君子”，有着本质上的不同。

二是他们大都孤身一人，独来独往，既无一兵一卒，也无任何财力支持，凭的就是一条三寸不烂之舌，游说天下，以贵其身。以致于张仪被人打昏了，苏醒过来后的第一句话就是："我舌在否"？因为这条舌头不仅是他吃饭的家伙，更是他晋身于荣华富贵的唯一资源，没了这条舌头，几乎是宣判了他的死亡。所以张仪不怕被人打断胳膊腿，或弄成个残疾什么的，只要舌头还在，他就一定有发达的日子。在这一点上，他们和"四君子"也是大不相同的。"四君子"不仅有钱、有地、有兵，还养了成百上千的侠客，鸡鸣狗盗，各有技能，关键时都用得上，而且还有很强大的政治资源。而苏秦、张仪他们，除了担行李的书僮，几乎无一人可供驱使，更不要说帮助和支持了，就连自己的亲人和乡邻，也难得好眼色，困难的时候，连饭都吃不上。有人说他们是战国时的一股势力，似乎不妥，实际上他们既无势也无力。然而，"四君子"连做梦都想实现的"伟业"，却被这些以舌为兵的寒士们一一实现了，而"四君子"只能抱恨而去了。

三是他们既没有明确的政治纲领和政治目标，比如合纵是为了灭秦，那么灭秦以后怎么办，六个国家谁当老大，东周的小朝廷怎么办？也没有作为底线的政治原则和政治操守。他们只有个人目的，那就是荣华富贵、光宗耀祖，非常简单而明确。所以，他们不辞辛劳，奔波于列国之间，游说于关河两岸，无论是合纵也好、连横也罢，归根到底，本质就是一种交易，即我帮你做事，你给我好处；我用你没有的换取我想拥有的。而这一切并没有人要求他们做，更没有人逼迫他们做，完全是自愿自主的行为。所以有人说他们是战国时的"政治掮客"，应当是贴切的。

我曾反复研读过苏秦、张仪等人的游说之辞，无论其说的多么冠冕堂皇、慷慨激昂，其学说的核心就两个字"利害"。而恰恰是这"利害"二字，打动了列国王侯，不得不上苏秦、张仪设计好的"战车"。因为当时秦国日益强大，吞并天下之势昭然若揭，而列国却自己的小算盘，各自权衡自己的利弊得失，既防强秦，又防近邻，正愁着没办法呢，而苏秦适时递上"枕头"，双方可谓一拍即合。所以，苏秦一介寒士才能挂上六国相印、统百万之兵，大有荡秦之势。

实际上，由苏秦撮合起来的合纵抗秦之盟，从来就没有实现过政治纲领的一致，因为苏秦本身就没有，只不过是为了各自的"利害"而走到一起。最后只能分崩离析、不了了之。如果说苏秦的作为在历史进程中还有所价值，那就是经他这么一折腾，在客观上加快了华夏一统。这当然并非苏秦们的主观追求了。至于张仪的连横，无非是到处挑拨离间、破坏合纵，大骗了楚怀王一把，然后还敢去楚国做相，靠得就是在底下大把使银子，才得以全身，几无政治操守可言。他私底下和老婆说了一句实话，无论怎样折腾，保住自己的荣华富贵才是真的。这也是所有“政治掮客”的共性。

我之所以从历史上的第三方说开来，目的就是要证明，第三方的产生是一种客观需要，第三方的存在和发展，也是对立双方相互作用的必然。无论是有利于社会进步和发展，还是不利于社会进步发展，都是如此。这其中的道理就在于，无论是人与人之间、企业与企业之间、企业与政府之间、政府与社会之间、企业与市场之间、政府与市场之间等，都无法实现真正意义上的无缝对接，也不可能总是效益和效率的最大化。受时空条件的限制，个人有个人的盲区，企业有企业的盲区，政府有政府的盲区，社会有社会的盲区。要办好一事件，总有顾及不到的地方，总有不方便的地方，总有使不上劲的地方，也总有效率不高或成本过高的问题。而这些缝隙和盲区，恰恰是第三方产生的机会、生存的土壤、发展的空间。只要有这些缝隙、盲区和效率、成本问题的存在，就必然会有第三方的生存与发展，古今中外概莫能外。

改革开放以来，最先产生的第三方是生意中间人，有的地方叫“拼缝”，有的地方叫“中介”，有的地方叫“共轨”，总而言之就是“经济掮客”。在“双轨”制条件下，他们的最大优势，就是拥有相应的信息资源和人脉，以及当时最大的资源之一“批文”，能够拿到紧俏物质，如钢材、水泥、汽车、服装、电器等等。那时候物质缺乏，渠道不畅，市场薄弱，他们的作用就显得特别突出。一个人，一个皮包，一个“批文”，行遍全国，好吃好喝，住高档宾馆，着实风光了一番，也大赚了一把。后来，“双轨”制取消了，物质逐步丰富起来，市场机制也逐渐完善了，这些第三方们大都投资成立公司，当起了大老板。时间长了，“拼缝”的历史也就无人知晓了。

而他们的“接班人”、后起的第三方，早已不再折腾这些物质，而是去“整合资源”了。他们的优势之一也是信息资源和人脉，而且比他们的前辈更加雄厚，国内外一体化运作，大小通吃。比如你有个好项目，但是没有资金，而他有资金却不知投向何处；你有房子有地也有钱，但是没内容、没有项目，怎么办？直接找人家谈，心里没底，又怕受骗；找政府部门帮忙，恐怕没有谁愿管这种事。这时候第三方出来了，多方游说，反复论证，憧憬未来，把各方的资源整合到一起，成立个公司，于是投资有了着落，项目得以实施，众人皆大欢喜。而第三方也得到了相应的酬劳，或在公司占点股份，一旦上市也是笔资产。

现在不少人没有正式职业，也没有公司，更不属于哪个单位，而是以自然人身份专门从事“整合资源”，且大都比较专业。小日子过得相当不错，所到之地也颇受欢迎。只是我不知道在政府的统计中，他们是算就业还是失业。如果算失业，那公布的失业率就有“水分”了，因为这个群体并不小。

进入21世纪以来，以中介公司为主体的第三方发展很快，代理、代办、代购、代付、代讨等，涉及的领域几乎无所不包，只要是你需要别人代做的事，都可以找到相应的第三方为你服务。在市场导向的作用下，很多外国中介公司也纷纷进入中国，加入了竞争行列。与单打独斗的“经济掮客”不同，中介公司无论大小，都是个依法注册的机构，大都具有规范的代理代办程序，而且很注重自身的服务质量和客户的满意度。

这里值得一提的，是那些专门为创业提供中介服务的机构，虽然现在还有很多不尽人意的地方，但从国家发展战略和民族振兴的百年大计看，无疑是非常有前途的，发展空间巨大，需要更多的人投身其中。这其中的道理，就在于创业具有“一身带两头”的特殊功效。如果我们说创新是创业的重要基础和支撑，那么创业对创新有什么作用呢？从万众创新而非科研机构创新的角度说，大众创业正是万众创新得以落地的主要渠道。因为万众创新的局面一经形成，每年都会产生大量的创新或发明成果，并形成强大而持续的市场需求。那么谁来对这些创新成果进行转化，并形成相应的生产力和消费力呢？也许有人会说，企业可以吸收和开发一部分，国家相关机构也可以吸收和开发一部分。但从万众创新的大格局来看，仅有这些是远远不够的，难以支撑万众创新所形成的巨大需求。

从发达国家的经验教训上看，强劲而持续的创业行动，既是创新成果转化的主要渠道，也是促进万众创新的巨大动能。也就是说，只有创新者的成果不断得以应用，形成产品和市场，有了效益和回报，原本买不起车的可以买了，原本买不起房的也买得起了，创新使他们成才致富了，才会使他们保持持续创新的动力，并带动更多的人投身创新大潮，形成万众之势。如果创业这个环节跟不上，或长期低迷不振，就会造成越来越多创新者的成果束之高阁，要么躺在网上睡大觉，无人问津，形同废纸。那又有谁会继续创新呢？不要说形成万众之势，就连那些已经投身其中的创新者，恐怕也得另寻吃饭的门路了。至于那些充满激情、早已跃跃欲试的青年们，也会因此望而却步。

我曾采访过一些因创新发明而致贫的人。他们原本都有自己的工作，日子也过得不错，但他们也都有自己的专业、自己的兴趣、自己的梦想。其中一些人为了突破长期研究的瓶颈，拿出自己的成果，辞去了工作。为了支付研究和实验成本，有的人卖车卖房，苦苦支撑。等到搞出了成果，又得去找投资，好不容易找到了投资，又得去找创业团队。而问题在于，大凡长于创新发明的人，大都不懂投资、不懂市场，更不会创业。所以，很多创新者不得不半途而废，抱着自己的发明成果，过着贫困的日子。因此我们可以说，创业市场需求不足，是导致创新动力不强的重要原因之一。反过来，创新动力不强，又难以形成和支撑起大众创业的格局。这是一头。

另一头，大众创业又是促进和带动就业的重要渠道和社会机制。从我国“经济新常态”的基本结构，尤其是生产小型化、智能化和专业化的发展趋势看，未来的就业方式、结构和机制，必将发生深刻变化。由于高速增长中形成的高杠杆、泡沫化和规模庞大的过剩产能，需要很长时间来化解或消化，而身在此中的企业，也必将寻求更稳健、更先进、更可持续的发展方式和增长方式。因而他们对员工的需求，就会呈现出两个趋向，即总量持续减少，素质要求越来越高。无论是国企还是民企，大体上都会如此。这就会导致社会劳动力需求疲软，就业会更加困难。

在这种条件下，能够提振需求，并形成可持续就业机制的，就是大众创业。因为创业就意味着就业岗位的增加，就意味着劳动力市场的拓展，创业的人越多，就业岗位就越多；创业的领域越宽，劳动力市场就越大；创业成功的人越多，就业结构就会日益优化；大众创业持续的时间越长，社会就业机制就会越完善，从而在全国范围形成以创业带动就业的发展态势和长效机制。对于今天的人来说，这一点也许并不那么突出、那么紧迫，但对于正在进入“新常态”的经济发展来说，在不远的将来我们就会看到，创业在整体就业中所发挥的主导作用。

所以，国内外投资机构，包括那些有能力的大企业，以及身居高位的老总们，应当具有这样的战略眼光和远见卓识，把更多的关注、更多资金、更多热情，转移到大众创业上来，支持和帮助更多的青年投身创业大潮。由此，你们得到的不仅是丰厚回报，还有更宝贵的创新创业人才。毫无疑问，在未来中国的发展中，那些以创新创业为主体的平台公司或第三方公司，必将成为经济发展的领跑者。因为他们制造的不是产品，而是公司；他们产出的不是消费本身，而是引领社会消费的科技成果；他们造就的不是盈利模式，而是能持续创造利润的企业家。这才是大众创业、万众创新带给企业乃至未来中国的真正价值。

同样的道理，不具有如此战略眼光和远见卓识的企业家，必将失去一系列重大机遇。维持得好，也就是个小康生活；维持得不好，必将失去未来。当然，这里虽然不包括那些非投资类公司和企业，但亦可借此优化自己的思维方式。

接下来我们再看，当今世界最大的第三方即互联网平台。几乎每个人都可以体验到，互联网不仅从根本上改变了传统第三方的生存模式和发展形态，而且以自己的独特优势，将一切第三方收于网中，并创造出具有相对无限性的全新第三方。更为重要的是，这个无所不包的第三方平台，已被最广大的人群所接受，成为人们工作、学习和生活不可缺少的基本工具，催生出日益庞大的“第三方经济”。尤其是国家推出“互联网 +”的相关政策后，其第三方平台功能，以及从信息互联向物物互联的演进，必将使“第三方经济”进入更为广泛而深刻的发展阶段，并以日益强劲的力量，推动传统互联网形态，如信息搜索、网络购物、第三方支付和自媒体等，向着更高级、更便捷、更具产业化特征的方向发展。这里面的关键问题是互联网 +。

那么什么是互联网 + ？互联网 + 什么？虽然这些问题不可能有唯一、统一的答案，各个领域、各个行业都会有自己的考量。但从整体上把握它的基本价值和意义，还是非常必要的。

其一，易经方法论告诉我们，从原本意义上说，互联网 + 就是“中”，或者说就是一个处于“中”的多维吸容平台，它的上下左右、前前后后，都具有相对无限的空间，可以兼容任何要素和结构实体，并创造出不同于原体的产业形态和经济样式。正因为如此，互联网的这个“+”，就是生，即化生万物、生生不息、无穷无尽。运用之妙，就看你的智慧了。从这个意义上说，这个“+”不仅表明了“生”的无限可能性，也彰显出“生”

的广泛多样性，所有的经济实体、组织运作和系统运营，都可以通过这个“+”而形成新的形态。比如创新创业，既可以通过互联网搜索整理资料、阅读相关文献，也可以通过互联网寻找相关要素，进行文案创作；既可以通过互联网展示创新成果或创业意向，也可以通过互联网交易创新成果或寻找创业合作伙伴；既可以实现创新成果的开发与转化，也可以促进相关企业实体的创生，并成为自身运营的基础平台。创新创业是这样，其他方面也是如此，都可以在互联网这个大平台上化生出新的发展空间，找到新的发展思路，打造出新的发展成果。

所以，这个“生”才是互联网 + 的本质特征，才是我们应当不懈追求的真正价值和意义。我之所以突出强调这一点，其目的并不在于证明易经方法论的价值，而是要说明，对互联网 + 不能望文生义，不可生拉硬拼、机械组装；更不能以为只要建个网站、开个微信，就是互联网 + 了；或者搞个网上订购，装几个摄像头，就说是智慧城市了。这不仅无法实现互联网 + 的真正功效，更无法达到生生不息的目的。要知道，互联网同其他事物一样，也有其自身产生的背景和条件，也有其自身要素、结构和机制，以及自身运营的特点和规律。它虽然具有相对无限的可能性和兼容性，也同样具有出于自身规律限定的选择性和淘汰性。关键要看你怎么“+”，或者说简单的 +，并不是真正的生；只有生，才是真正的 +。

因此，那些想致力于互联网 + 的企业和机构，首先要把互联网的结构和规律搞清楚，真正搞懂了再去“+”。你可能是房地产专家，也可能是金融专家，或者是制造业专家，但互联网 + 并不像平时上网浏览或刷微信那么简单。他不仅需要创意、需要资金，更需要对互联网规律下的产业形态和运营方式，具有本质的把握和系统的了解。

其二，易经方法论告诉我们，虽然五为中、九为尊，但这并不表明它们是唯一的、排它的，也不是说初、二、三、四和六爻在事物过程中无足轻重、可有可无，它们同样是不可缺少的。一卦六爻就是一个整体。而当它们同处一卦时，“中”就是整合。从这个意义上说，互联网作为“中”的形态之一，其 + 的核心功能就是整合，就是“互化而生”。

如果说那种单枪匹马打天下、独来独往赚大钱的时代已经过去，那么互联网条件下的经济发展和社会运作，便一定是你中有我、我中有你、谁也离不开谁的“互化而生”格局，并呈现出一切都在整合中改变、一切都在整合中形成、一切都在整合中化生的纷繁状态。“互化”就是互生。一个几页纸的创意，便可能整合成一家企业，甚至是跨国公司；一个濒临破产的企业，也可能在整合中获得新生；几个弱小的企业，便可能在整合中走向强大；一个从未有过的产业形态也可能在整合中化生；一个看似不可能的社会化或国际化活动，也会在整合中完成自己的使命。同样的道理，一个百年老店或强大企业，也可能在整合中失去自我，或转化成新我，或融合于新的实体之中。整合已成为互联网条件下经济发展的主旋律，而“+”就是整合。

与以往“拉郎配”“行政化”的整合不同，现在的整合，一是以市场为前提，以资本权益为核心，并在某些方面突破所有权限制的深度整合，呈现出相当明确的市场导向，而此中的政府干预正在逐步减少。

二是跨行业、跨地区、跨体制乃至跨国界的多元整合明显增加，渐成大势，从而化生出许多新业态，极大地增强了企业生存发展的多样性选择和多元化路径。现在，单一产品形态的企业减少了，多样性产品形态和多元化经营的企业增加了，以至单从企业名称上已很难知道他究竟是做什么的了。比如原本单一的房地产、制造或煤炭生产企业，经过相应整合，早已深度进入了文化产业、体育产业、IT 产业和金融业，并发挥着日益重要的作用。包括那些过去有所限制的国企和央企，以及事关国计民生的重大建设项目，如高铁等，均已向民资和民营企业开放。伴随着新一轮国企改革的日益深化，更大范围、更大规模的深度整合必将呈现。这不仅极大地增强了企业的抗风险能力，而且也极大地拓展了企业的发展空间；不仅会极大地促进企业的增长能力和赢利能力，也会极大地推动企业走出去的历史进程。而这一切，都离不开互联网这个最基础的整合平台。

三是互为条件、融合发展的领域逐步扩大。在这种整合中，没有主次、没有老大，双方均以对方为自身运营和发展的条件，你用我所长以避其短，我用你所长以去其弊，并在合作中逐步实现某种程度的融合，呈现出你中有我、我中有你的一体运作状态。这其中，因行业特点和所需条件的不同，有些可以是互联网 +，有些则可以是 + 互联网，如旅游行业大都采用 + 互联网的模式。但这并不表明主次的不同，也不是互联网 + 性质的改变和功能的转化，只是双方所需条件和主体性不同而已，都属于广义互联网 + 的范围。

我以为，+ 互联网在未来的整合发展中，尤其是对现代服务行业，也许会逐渐成为主要模式。这不仅在于双方在整合中所需条件的不同，更在于现代服务业在自身发展中，必将对互联网的满足条件提出新要求，以便使其更加适应现代服务业变化的需要。这一点，在个性化服务、私人订制和智能化选择日益普及的条件下，将变得更加重要。因为从微观层面上说，互联网的工具性和平台化，使其提供的技术条件和智能手段，大都是普遍的、通用的，但这只能是互联网 + 或 + 互联网的基础条件，而更多具体的特殊应用条件，只有在整合中才能实现。这就产生了一个非常现实的问题，即大多数企业和机构在推进互联网 + 的时候，必然会有一个 + 什么样互联网（站）的多样性选择，除了基础技术条件，企业和机构一定会从自身需求、特点、利益等一系列现实情况出发，以低成本和最大化为诉求，选择 + 什么样的互联网（站）。道理很简单，对于服务业来说，无论互联网有多大优势，人们总不能在网上喝茶、喝咖啡和吃饭的。在这种互为条件的整合中，企业或机构往往具有更多的主动权，以及加入后的独立性和主导权。

当然，互联网也可凭借自己强大的平台技术和功能，主动去整合企业或具有产业链价值的实体，并创造新的业态。在这种条件下，互联网往往拥有更多的主动性和选择权。但无论如何，这种互联网 + 或 + 互联网的整合创造模式，都不应被理解为谁吃掉谁，谁兼并谁，更不能把他视为大鱼吃小鱼、强者收弱者的绞杀。无论怎么 +，双方或各方都会在相对独立的基础上，形成或化生出新的自我，其结果应当而且必然是双赢的。

更为重要的是，互联网 + 也好，+ 互联网也罢，都必然是一个互动的过程，既不可能像 1+1 那么简单，也不可能是一劳永逸的，其资源的有效融合、运作机制的科学构建、效能的充分发挥等，都需要相当的时间来磨合、调试和优化，尤其是终端的适应性和普及应用，更需要足够的时间才能奏效。所以，这种整合的模式设计和市场论证，就显得格外重要。对此，决策层必须有足够的耐心和学识，并且要善于在整合过程中促其完善，要允许出错、允许调整，因为这同样是整合过程的必要条件。任何意义上的 +，都只是起点而不是终点，而整合只能在过程中实现。

其三，互联网 + 什么？从理论上说固然什么都可以 +，但最需要、最具价值和最有前途的，就是 + 内容，即广义的事物内在要素。这是由互联网与生俱来的特质所决定的。我们只要读几本书就不难发现，互联网从诞生那天起一直到现在，始终处于高度饥饿状态，而且随着自身技术的不断进步和完善，其饥饿度愈加突出和强烈。亦或说，从出生那天起，从来就没吃饱过。那它缺什么呢？缺内容，即始终没有足够量的内容，来喂饱这个庞然大物，因为它有足够的空间来容纳所给予的任何内容。这既是互联网的最大需求，也是它的最大软肋。一个没有内容的互联网是不可想象的，一个严重缺乏内容的互联网（站），也只能是一具“僵尸”。当然，这种状况的存在，不仅在于互联网空间的相对无限性，尽管事实上的确如此，更为重要的是，它始终没有找到足够量的、可持续的内容来源。在很长的时间内，它仅仅是信息搜索的一般性工具，而更大更重要的效能，尚未真正充分发挥出来。

从这个意义上说，我国政府提出的互联网 +，无疑是相当有远见的。他的重大意义在于，一方面为互联网乃至 IT 产业的发展，开辟出非常广阔的新空间，创造了互联网与其他行业和领域融合发展的新思路，形成了足以支撑互联网内容需要的新机制，促进互联网进入一个崭新的发展阶段。这对任何一个互联网（站）来说，都是一个重大机遇。因为互联网可以 + 的内容实在太多了，其领域之广泛、需求之多样、人群之宠大、内容之丰富，足以让任何一个网站找到自己的位置，并发展壮大。

另一方面，互联网 + 的实施，也为所有企业和机构铺就了一条提升素质、优化结构、转型发展的新路径，尤其是在大力推进工业 4.0 的条件下，只要我们能够抓住机遇，乘势而为，就一定能够在互联网 + 的大潮中，找到自己的价值，实现新的发展。比如旅游业 + 什么？除了景区景点的硬件设施和风光秀美，主要是 + 文化。如景区景点的历史背景、历史人物、历史故事、风土人情和文化传承等。而且可以采取“连续剧”模式，不断挖掘，连续播放，锁定关注人的眼球。还有餐饮食品行业 + 什么？也是要 + 文化。就是不能仅仅满足于让人家知道你有什么，还要告诉人家这是什么。包括菜品食品的历史传承、文化价值和象征意义、健康或保健作用，以及制作过程和要素分解等。这不仅可以强化你的特色，而且会帮助消费者从盲目吃向吃出健康、吃出文化转变。

再从新闻出版业的发展趋势上看，报网融合虽然并不意味着报刊图书的消亡，但其小众化、个性化或大报小众、大作小书的趋向已成必然。无论我们给其多高的重视、多大的投入，其未来一定是这样的。这并非纸媒本身的问题，而是由人们获取信息方式的根本改变所决定的。历史表明，时代进步所具有的淘汰性，大多是从新技术开始，并最终落实在这种新技术所造就的生活方式上。我们所能选择的，只是顺应时代潮流。

在这种情况下，新闻出版业 + 什么，还是要 + 内容，或者说还是要不断强化自己的内容优势和竞争力，而不是舍弃这一优势去和市场化网站拼传播率。那么 + 什么内容呢？我们以图书为例。现在把图书放在网上销售或制成电子书已经普遍了，但这远远不够，其内容还可以进一步拓展，进一步 +。比如同类图书的链接和比较，以及相关书评和读书体会，作者的情况和故事等，这同样是读者所关注和想了解的。因为读书首先是一种需求，而这种需求是多样的。有的人是为了他喜欢的作者而读书；有的人是为了比较和求证而读同类的书；有的人是为了某个问题或困惑而读不同的书，等等。而内容的进一步拓展，必将会为读者找到新的兴奋点，销售市场也必将随之拓宽。

从社会组织形态的角度说，第三方是多样而复杂的。这里面需要特别注意的是，国内外某些自称为第三方或看上去像是第三方的机构，其实并不是真正的第三方。无论其以怎样的名目出现，实际上他都是某一方的社会化组织形态，或某一方的派出机构，背后都有相应的财团或基金支持。虽然他们经常以第三方面目周旋于各方，但实际上他们只为自己的东家服务，并获取相应的利益。

我这里所说的第三方，只在以下两种状态下真实存在。一是在相应的交易、协调、整合、合作过程中产生或形成的第三方，而他并非一定是第三方组织或机构，他也许是家企业，也许是家机构，也许是个自然人，但他们发挥的是第三方作用。而在另外的交易或整合中他就不是第三方了。二是那些依法存续、不属于任何一方、也不接受任何一方资助、更不单方面为谁谋利益的社团组织或中介机构。他们也有自己的利益诉求，但并不以自身利益最大化为目的，而是以促进双方合作为最高追求；他们可以受雇于任何一方，但他们必须充分考虑到另一方的诉求，否则便无法促成合作；他们虽然介入双方的事物之中，但他们的存在和运作是独立的，具有自身必须坚守的基本原则、法律底线和道德操守。从这个意义上说，我国第三方组织和机构的整体素质，尚有很大的提高空间。

备受赞誉的犹太民族有句名言：“当有两条路走时，你应当选择第三条。”对企业决策者来说，在面对重大转折、重大机遇、重大事件时，不能仅仅把眼光和精力放在对立双方，同时也要善于发现和捕捉第三种可能或第三条路径，并作出第三种选择；在对立双方势均力敌或僵持不下时，更要善于运用第三方力量，以打破均势，形成优势，促进事物向有利双赢的方向发展。如此，便会有峰回路转、生机无限之感。

第七章
时势位果

易经“尚中”，也同样“重时”、“重位”。三百八十四爻，每爻都有自己的“时位”，每个“时位”都有相应的意义。阴爻居阴位，阳爻居阳位，谓之“得位”，阴爻居阳位，阳爻居阴位，谓之“失位”。天上日月星辰各有其位，地上万物各居其位，人世兆民各得其位。位者，秩也、序也。“六爻相杂，唯其时物也”。时位交错，成其势也。果者，时势之启始也。

一、时运势生

关于易经中的“时”，古今多有著述，玄实各异，显隐二分，阴阳相对，节气相应，举不胜举。这其中，余世存先生的《大时间——重新发现易经》[①]一书，给出了一种比较系统的阐释。此书“以一个太阳年来安顿易卦”，或者说易经本身“就是一个以太阳年为中心，将无数太阳年重复发生的自然和人事之象归纳总结，说明一个太阳年中的人间轨迹”，从而揭示了易经的时空特征和历法功能，赋予了时间更为深刻的价值和意义。余世存先生认为“时间就是地球绕太阳运动所具有的能量，时间不可能独立存在，其运动有参照，其能量释放大致均匀。”因此，这本书没有采用文王后天卦序即《周易》卦序，而是取伏羲先天卦序，以冬至这个节气起始，并按照时间节气、释卦、时空节点、时空禀赋、释爻的顺序进行阐述。自成一家之言。

现在所说的时间，或我们早就习以为常的时间，只是广义时间的一种，即人文时间，是人们根据宇宙和自然规律逐步设定的，如一年四季、二十四节气，一天二十四小时或十二个时辰等，是先人们观察、认识和把握自然规律的结果。其实，原初的时，即在人类尚未认识这些自然规律的时候，是非时间性的，并不具有现在时间的含义。从本质上说，它只是一种永恒的存在，并集中表现在相应事物的因果关系上，而不是现行的时间顺序上。也就是说，在非时间性条件下，过去、现在和未来，昨天、今天和明天等，具有同样的意义，相对于物质世界而言，都是一种存在。那么，这与人文时间有什么不同呢？

一是“间”。这个“间”不是时，而是时的间隔，是时的区别，是对时的意义性中断，也是事物循环发展的节点。比如我们按照自然规律把一年间隔为春夏秋冬，然后再具体间隔为二十四节气，并逐步形成了相应的劳作方式，以适应自然规律。再如我们按照太阳和月亮的运行规则，把一

① 余世存：《大时间——重新发现易经》，生活·读书·新知三联书店 2015 年第 1 版。

天间隔为十二个时辰，即现在的二十四小时，并逐步形成了昼作夜息的生活方式，以及与此相适应的一系列行为习惯。可以说，没有这个“间”，就不会有现实意义的时，“间”的目的，既是为了认识时，也是为了区别时；没有这个“间”，原初的时依然是混沌一片。

二是“照物”。时作为一种永恒的存在，如果没有相应的事物作对照，便没有任何意义了。比如我们说过去，总是相对于某种曾经的存在而言的；我们说春天，总是相对于冬天、夏天和秋天而言的；我们说今天如何如何，总是相对于昨天的存在或明天的预想而言的，等等。从这个意义上说，时间就是为了区别事物存在状态的一种表述，只不过它是纵向的、一去不复返的、不可重复和不可逆转的。

正因为如此，我国自古就有尊时重时的观念。既有“凤鸟乘风，圣人乘时”的理想追求，也有“分时用民，应务适时”的治国理念。《战国策》有云：“时势者，百事之长也。”尤其是对政治、经济和军事活动，都特别强调时异则事异，事异则备变。主张察时而备、因时而为、守时以观、待时而动、当时而做、乘时而用、与时俱进、违时而没。特别值得一提的是，我们的祖先很早就有了“惜时”的观念。《淮南子·原道训》曰：“故圣人不贵尺之璧，而重寸阴，时难得而易失也。禹之趋时也，履遗而弗取，冠挂而弗顾，非争其光也，而争其得时也。”还有元代高明的：“光阴如箭催人老，日月如梭趱少年。”唐代颜真卿的：“黑发不知勤学早，白首方悔读书迟。”晋代陶潜的：“及时当勉励，岁月不待人。”“盛年不重来，一日难再晨。”明代文嘉的《今日诗》《明日诗》，等等。至今都有重要的价值和意义。联想到现如今不惜时、不守时的人和事，实在令人扼腕，不仅浪费了自己的时间，也枉费了别人的时间，而分分秒秒中的生命价值，就在这毫无意义的等待中消失了。

我们说，时相对事物而存在，时因间隔而区别，其价值和意义之一，就是使我们在认识和改造自然、在经济社会实践中，确立了序和节的概念，因序而不乱，守节而不废，什么时间做什么事，什么节气干什么活，从而使人类的实践活动和行为方式，更加贴近自然规律。如果我们违背了这些序和节，就会出问题了。从这个意义上说，任何意义上的时、序、节，都必然是某个地点、某种事物或某种条件下的时、序、节，而不是抽象的、混沌的。因此，对时间的表述总是与一定的空间密切相关；我们观察、认识和判断事物，总是以一定的时间、地点和条件为转移，总要看事物是在什么时间、什么地点和何种条件下发生的，这是个基本法则。

比如我们常说的历史观，首先就是这样一个时空概念。我们讲《论语》、讲《老子》、讲《庄子》等，乃至评说秦始皇、汉高祖、隋炀帝、朱元璋等历史人物，首先要搞清楚这些巨著宏论、这些历史人物，是在什么样的时空条件和社会条件下产生或形成的，那时候的生产力、生产关系、经济基础和上层建筑，以及科技水平等，都是什么样子。尤其是那些历史人物，他们为什么会那样做，而不这样做。因为任何一种思想理论的提出和形成，一个人的所做所为，尤其是一位政治家的战略选择，一定是他们所生活时代客观现实的反映，也一定受到那个时代具体条件的支持或限制。如果离开对这些具体条件的分析和把握，只说结论或结果，甚至完全以今天的立场、观点和方法肆意评说、随意丑化，不仅无法搞清楚这些思想理论和历史人物，也丧失了对祖先的基本尊重。今天的人，无论如何都不应忘记，我们正生活在祖先们耕耘过的土地上，分享着他们的作为与创造。

话再说回来，理解易经中的时，阴与阳是个基本概念。这应当是祖先们在非时间性条件下，最先形成的“时间”概念，或可称为大时间的初始。因为在没有时间、没有历法、没有文字的条件下，人们最容易感知的时间性变化，就是白天和黑夜。当白天和黑天需要被表达的时候，也就逐步形成阴与阳的概念，并成为古代历法的基础。至于日、月、年、节气等一系列时间概念，都是在这个基础上逐步形成和完善的；当这些时间性表达与事物空间性相结合的时候，也就逐步形成了诸如时机、时势、时局、时事、时宜、时务和时运等一系列时空概念，成为人们表述某种事物在相应时空条件下的特征和状态。

当然，阴与阳也是易经用于表达事物性质的基本概念。这一点历代经典多有论述，可以说是个比较清楚的问题了。相比之下，阴与阳作为易经的时间性概念，却少有阐述或述之不详。应当说，这是个尚需进一步参研和探讨的课题。不过从总体上说，人作为时空条件下的存在，什么时间做什么，或者说什么时间能做什么事、不能做什么事，应当是一个基本的生存法则。因为阴阳不仅决定着时空的性质，也决定着事物的性质，并以太阳年为周期，呈现出循环往复的规律性特征。

接下来我们再说易经中的势。所谓势，就是事物在一定时空条件下相对稳定或有明确趋向的状态。易经的每一卦都呈现着一种势，易经的每一爻都表达为一种时势，无论是强势还是弱势，无论是态势还是趋势，都是事物在运行过程中呈现的状态。而凶吉悔咎只是某种势可能发生的相对性结果。

从本质上说，势是一种能量，或者说是一种能量场，因而它必然是一定历史条件和具体时空条件下的产物。相对于人类历史长河而言，某种势的存续时间是短暂的，是一种始终处于变化的状态，因而也是极难把握的。我们说势是一个能量场，就表明任何意义上的势，都必然有其相应的要素、结构和机制，也都必然以一定的时空为条件，无论其多么短暂、变化得多么快，都不可能离开相应的时空条件而存在。所以，认识和把握势的基本条件就是时。这正如古人所说，时者，势也；势者，时也。此一时彼一时，势也。

从具体层面上看，势这种能量场，一方面具有不以主观意志为转移的客观性。因为任何意义上的势，都是由多种因素和相关条件构成的，有国内的也有国外的，有自身的也有外在的，有现实的存在也有过去的遗留，而任何一种条件都是能量要素。就个体而言，无论哪个层面的个体，都无法改变某种势的所有条件，更无法消解势的所有能量要素。所以面对势，古往今来多强调顺势而为、乘势而上、避其锋芒、待机而进，表现出对客观条件的科学态度。

另一方面，面对势这种能量场，人也具有强大的主观能动作用，尤其是在相对弱势或劣势的状态下，这种主观能动作用就显得更加重要。因为人本身就是构成某种势的能量之一，离开了人这个主体，以及人所追求的价值和意义，也就无所谓势了。虽然我们知道，人的追求并非构成势的唯一能量要素，但毫无疑问，任何一种势都是由人的追求所生成的，其他能量要素也都是围绕人的追求而不断整合的，也同样会因为人的追求而变化。所以对于势，古往今来也多有强调去势、造势的。处于弱势或劣势的一方，要充分发挥自身的主观能动作用，想办法既要削弱对立方的强势，也要去其自身的弱势，以便扭转被动局面。或在整体态势不明朗或对立双方势均力敌的情况下，要动员一切力量和资源，去营造和撬动某种对己有利的态势，以掌握主动权，改变力量对比，促进事物朝着于己有利的方向发展。

势既然是一种能量，就要发生作用。与单一能量的作用相比，势的这种能量作用，是多要素综合性的整体作用，它既会形成一个相应的场，即能量场，又总是在这个场的范围内发生作用。虽然这种作用也会波及势的外围，但其作用的能量毕竟是不同的。因为任何一种能量场，都必然会形成相应的核心区、辐射区、外围区。由于不同区域所聚集的能量不同，势所发挥的作用也是不同的。所以，势作为一种主客体互动生成物，其作用既不是封闭的，也是不均衡的，有些还是不可分享的。更为重要的是，某种势的作用增强，必然会削弱另一种势的作用；某种势的生成，也必然会造就另一种势的产生，并在相互作用中或趋向统一、或暂时并存、或我强你弱。而我们常说的势均力敌，不过是一种暂时的现象。如果要把这种观念落到实处，就必须对势这种能量场的要素、结构和机制，以及运作方式，做一番具体事物具体分析的功夫，不能大而化之。这个问题我将在后面谈到。

在这里要特别强调的是，势的能量作用不同于自然能量的作用，或者说不能机械套用物质能量的作用方式，来分析和阐述势的能量作用。因为势的能量主体是人，而不是山和水。尽管人也是一种物质存在，也是自然的一部分，但人是一个价值和意义实体，人是有主观能动作用的，也是有追求的。所以，以人为主体的势能作用方式，要比自然物质能量作用更为复杂、更为多样、更为多变。这种势能，并不是机械地、孤立地发生作用，而总是以对立方为参照、在相应的能量场内，灵活多样地发挥着作用，很多时候让人难以捉摸、难以把握。尽管全球有那么多智库和研究机构，那么多的专家学者，但能够把握大势的能量作用，尤其是趋势能量作用的成功案例，实在有限。大多数研究报告都属于“马后炮”，或对“大势已去”的经验总结和成因分析。这其中的主要原因，就是势的能量结构和作用方式的不确定性，尤其是性质的不确定。而这种不确定性又来自要素的多变性，且随机性极强，定性极难。

对于决策者来说，对某种大势尤其是趋势的判断和把握，以及相关战略对策的制定，固然需要大量的数据参考和支持，但更为重要的，是这些数据是否具有势的价值和意义，即是否可以由此定性。这其中的道理就在于，无论面对何种问题，决策者首先要搞清楚的是：问题的性质是什么，关系的性质是什么，变化的性质是什么，然后才能做出准确而科学的决策。毫无疑问，在大多数情况下，势的变化或不确定性可以用数据来反映、来表达，但真正的问题在于，数据本身和数据变化，并不能完全表明势的性质改变，其中有些数据可能表明势的量在变化，有些则可能表明势的结构已经或正在变化，只有那些极限或边界意义的数据，才具有表明势的性质改变的意义。比如 GDP 的增长是 10% 还是 6%，从数据上看变化比较大，但它同样不能表明经济发展基本态势性质的改变。所以说，对势及其能量作用的科学把握和驾驭，固然需要充分的数据支持，但也不要陷入“数据崇拜”。正如理论不是万能的一样，数据也不是万能的，更需要智慧，尤其是那种察微识机的智慧。而这种智慧，在我国传统文化中是相当丰富的，只要你能静下心来读几本书，都会有不同程度的收获。

如果做进一步分析，我们还必须把抽象的势，放入具体的关系中来考察，以便更好地把握势的本质和作用。

首先说形与势。现在我们所说的形势，在古代是两个各自独立的单音节词，或各自独立的概念，偶有连用。形，一般用于表达事物外在的状貌，是可见可视可测量的，也是易于表达和描述的。比如我们说某物形状高低大小、方圆粗细等，只表明此物是什么样子，并不具有势的含义。只有某种形被赋予相应的价值和意义并与势连用的时候，它才具有了势的含义。正所谓：自然之形，用则为势。比如我们说某山高而险，这只是说山的形貌，当这座山被用作战场或别的什么用途，它的每块石头、每棵树、每个高地或山坡，就具有了价值和意义，战争双方都会充分利用山的一切条件，最大化地歼灭敌人。这时，山和人与其他要素就构成了一定的势。这种势又反过来指导或制约双方对战局的把握，或调整布局或改变战术，或增减力量，以便使形成的势能朝着有利于己的方向演化，并最终决定战争的胜败。

再比如，现在很多地方建大园林、文化公园，其共同特点就是投资巨大、规模巨大，门庭冷落。如果是政府投建的，就只能靠财政补贴过日子；如果是民企投建的，那只能是拆东墙补西墙，苦苦支撑。其根本原因就是有形而无势。园子建得很好，山水花草、雕梁画栋、小桥映雪，极尽物形之能事，但就是缺内容，虽然老板们都说这些建筑有内容，但你进入园中除了看，便无事可做，以人为核心的要素整合机制远未形成。没有了内容和人这两个基本要素，也就没有了势以及由此产生的势能；没有了势能，物只能是那个物，形也只是那个形。人们看一遍也就索然无味了。尽管老板们可以侃侃而谈，说自己的园林多么多么好，但却忘了一条古人极重要的智慧：

物形之，势成之。

就是说，园林或文化园里的那些物，只能成为园林之形。要成之，就必须在这些“死物”中注入鲜活的内容，并以此为平台整合各种要素，形成相应的势，势成则事成。这其中的道理就在于，势与形相反相成，势是不可见不可视的，也是较难表述和描述的。我们只有通过事物外在的形貌，及其功能和运动变化的状况，来认识和把握它所形成的势。这里需要特别注意的是，形与势并非总是一致的，这里面有个“势差”的问题，就是势的改变往往滞后于形的变化，无论是向好亦或向坏，都是如此。比如有的事物从形貌上看，是很好的、很健全的、很完善的，但这并不表明其势也必然是向好的，即势去则形散的可能性是存在的。反过来也是一样，事物的形貌或状态看上去不太好，但透过这些外形的表现深入分析，其势依然是向好的，即大势所趋则形转的可能性也是存在的。要做到这一点，关键是对势能的分析和把握。

其次说时与势。这个问题我们在前面已经提到过，时势一般是指当下的势。但当我们把时与势作为两个各自独立的概念来使用时，它便具有了更为深刻的含义，即一切势都是一定时间条件下的势，无论是过去的、现在的，还是未来的势，都不能脱离相应的时间而存在。因此，当我们说到某种势的时候，它一定是某个时间条件下的势，而不能笼而统之，不分时间一切皆可曰势。与此相对应，对空间的忽视也是普遍的。比如评说形势或走势的时候，往往只说成绩或问题如何如何，而不给出空间条件。即这种形势或走势，亦或说这些成绩或问题，究竟是局部的还是全局的，是行业性、区域性，还是全国性，乃至全球性的，是主导性、决定性的，还是非主导性、非决定性的。这就很容易使公众对形势产生误判。尤其是媒体，为了吸引眼球，往往把一时一地之事放大为举国皆是，很容易造成思想上的混乱，可见责任之重大。所以说，无论是我们自己分析和判断形势，还是看媒体报道的形势，都必须有一个确切的时空概念，首先要搞清楚这是什么时间的势，这是什么范围的势，然后再去作其他方面的分析，切不可听风就是雨。

在易经方法论中，时势还有一层含义，即“时变”。因为时本身就是个流逝的过程，时移则事变，事变则势移。所以，势本身就存在于时间的流变之中，没有一成不变的势，也没有一劳永逸的势，更没有脱离时间条件的势。今年的形势不可能是去年的翻版，明年的形势也不可能是今年的重复，一切都在时间中改变。从这个意义上说，形势本身也是一个变化的过程，这个形势可能是一个月的势，可能是一年的势，也可能是三五年的势。但无论如何，它们都会随着时间的流逝而发生着这样或那样的变化，切不可拘泥于一时的分析与判断。

其三再看道与势。这里的道就是规律和法则。相比较而言，势是随时而变的，与时空条件密切相关，而道是相对稳定的，具有超越时空条件的普遍性和持续性。那么这二者是什么关系呢？从一般意义上说，形势是事物运动规律的反映或呈现，是事物发展规律在一定时空条件下的外在趋向，但势本身不是规律，也不具有规律的功能与作用。因而我们在分析和判断形势时，切不可把某种势的呈现，作为客观规律本身来对待，或者把某种势尤其是趋势，作为事物演进和发展的某种必然。当然，我们不否认势尤其是趋势里面具有某种必然的因素，但这同样是客观规律的反映，而不是势本身的必然，一种势要成为必然的果，还需要其他条件的共同作用。

从特殊意义上说，在某些特定的时空条件下，就某些特定的事件而言，势并不完全是客观规律的反映，有时甚至是逆规律的或违规律的。比如我们后面专门讲到的造势和去势等。也就是说，当某种力量处于相对劣势的时候，它所处的形势一定是很差的，甚至连向好的趋势都看不到，但从客观规律所决定的长远发展大势来看，它又是一定会强大、一定会取得最终胜利的。这其中的道理只有一个，那就是其发展虽然会有挫折和困境，但在本质上是符合客观规律的，是代表最广大人民根本利益的，因而一时之失、一时之势，改变不了客观规律所具有的必然性，也改变不了发展的基本大势。我们在伟大复兴的过程中或某个阶段上，也许会出现这样的态势，如果我们不能用这样的观点，来认识和把握面临的一个又一个势，就会产生动摇，就会丧失信心，甚至会迷失前行的方向。在残酷的战争年代，就会脱离革命力量，甚至会当叛徒，而这种行为却常常被冠之以“识时务者为俊杰”。而在建设年代，这种对时势的误判，轻者会丧失发展机遇，重者则必将导致严重挫折，很多走向衰落或破产的企业，都与此有关。

我们之所以强调这一点，并不是为了证明势无足轻重，而是为了使大家形成这样一种思维逻辑，当我们面对一种状态时，不仅要分析它的形，更要把握它的势；不仅要把握它的势，更要探究它的道即规律，然后反过来，用事物发展的客观规律去运势、造势或去势。如此势变则形化，时势也就会沿着向好的态势演进了。这就要求我们，在复杂多变的形势面前，不仅要有遵循客观规律的高度自觉，也要有深入探究客观规律的理论勇气，更要有正确把握和运用客观规律的科学方法，推动事物沿着正确的方向发展。在当前的经济形势之下，这一点显得尤为重要。尤其是那些身在经济发展前沿的企业家们，如何强化这种思维方式，从相对的意义上说，是有决定性作用的。

人类历史已经无数次证明，当一个社会呈现出由乱到治、由衰转盛的过程中，所给出的机遇要比平常状态下多的多，而且易予把握，任何一种力量都可能会借此机遇做强做大，很多在平常状态下不可能的事，往往会顺理成章地成为现实。其中的关键，就在于对势及其客观规律的科学把握。一国一地的经济运作和发展也是如此。离开了对法和规律的把握，势也就成了断线的风筝，任意飘流，无从掌控了。

其四再来看权与势。从对时势把握和运化的角度说，权与势是密不可分的，没有相应的权力支撑，也就失去了对势的现实运作力。这无论从正面说还是反面看，都是如此。历史上像桀纣这样的暴君，虽然天下大势必除之而后快，但权力却掌握在他们手里，老百姓也只能忍受。亦或说，正因为他们掌握了权力，他们才有条件任意而为。而周文王等人虽然是顺应了天下大势，却也不得不先用武力推翻纣的统治，使权力归于自己，而大势有了权力的支撑，周文王的治国理念和理想，才有可能得以实现。

儒家主张贤人治国理政，而孔子等已非一般的贤人，而是圣人了。在当时，他们的学说和理想不能说不好，但却既不能为天下所接受，也无法主导天下大势。为了改变这一劣势，他们不辞辛劳游说列国，以寻求权力支撑，但始终未能如愿。客观地说，孔孟等圣贤对天下大势的认识，虽有过于理想化的成份，但他们既不缺少理论，也不缺乏人才，他们所缺的就是主导和运作大势的权力。所以他们只能“抱恨”终生了。这表明，权力本身作为一种结构性存在，本身无所谓好坏，关键在于掌握在什么人手里，以及由此形成和主导的势。但翻过来看，既已形成的势或我们通常所说的大势所趋，也会对权力形成限制或制衡的作用，甚至会因大势之力而导致权力的更替，这样的案例古代很多。也就是说，相对于势能而言，权力并不是万能的、绝对的，而大势也不是任由权力玩弄的木偶。当某种势得以形成，并积聚到一定能量的时候，即使像秦始皇这样拥有天下大权的人活着，也无能为力了。势能的力量有时也是不可逆转的。

比如，对于大秦帝国究竟为何二世而亡的问题，司马迁和贾谊都曾从权力和人才的角度做过分析。他们认为，如果子婴能够具有一般君主的能力和权力，或者能够得到中等才能大臣的辅佐，崤山以东虽然叛乱，秦国故地还是可以保全的，宗庙祭祀也不会断绝。这虽然是秦亡的一个因素，但却不是问题的根本所在。所以班固不同意他们的看法。班固认为，秦的衰败局面是长期积累而形成的，这种天下土崩瓦解的大势一经形成，即使有周公这样的大才，也无法再施展他的聪明才智了。如果以此去责备一位即位短暂的君主，或评价天下大势，那是错误的。这表明，对于掌握权力的人来说，既可以运用手中的权力去运化和主导大势，促进势态向着有利于人民有利于进步的方向演化，也必然要受制或顺应天下大势的趋向。因为任何意义上的势，都是在相应的客观条件下形成的，都有自己的土壤和根基，而不是凭空产生的。更为重要的是，某种大势一经形成，便具有了不以人的主观意志为转移的客观性，权力可以运作它，也可以主导它，但却不能从根本上改变它的基本趋向。正所谓天下纷繁、大势归一。这是任何权力都无法从根本上改变的。

下面再说易经中的位。我们知道，易经的每一爻都是一个位。如以阴阳论，每一爻不仅表明一种态势，而且也在内外卦中寻求阴阳两两交融的对应性，以呈现出某种因果或趋势。如以实义论，这个位既有宏观空间方位的含义，也有因人因时因事具体位置的含义，否则便不能成卦。从现实意义上说，我们可以从以下三个角度来把握。

一是这个位表示事物发展过程的秩序性，各爻位之间既不可跨越，也不可替代，初爻之位只能表示初位的态势，而不能也无法表示上爻之位的态势；阴爻只能属阴数之位，阳爻只能居阳数之位，这称之为得位，得位即吉。如果阴爻居阳数位或阳爻居阴数位，那就是不得位，不得位即不吉；从内外卦的关系看，初爻之位对应四爻之位，二爻之位对应五爻之位，三爻之位对应上爻之位，以得阴阳之和，这叫有“应”，是为吉。除乾坤两卦合为阴阳之论，如果阴爻阳爻无对，则为无“应”，即为不吉。由此可见，无论是自然之位，还是社会之位，乃至人生之位，都是极为严谨而重要的。因为它的本质是一种秩序性，而这种秩序性又有它相应的客观依据。所以，古代用秩来表示官吏的官阶、品级和俸禄，以及为人处事的序。

二是这个位也体现了以中为贵的价值取向。我们知道，易经每一卦都是由上下（或内外）两个经卦组成的，那么下卦的二爻即为中位，上卦的五爻也是中位，而这两爻也是多吉之位。虽然从总体上说，得位未必得中，但得位其二、五之爻即为得中，得中即为得位。这个中除了柔中、刚中之外，还有中正、中道、中行、时中、大中和行中等含义。可见，中在表达和界定位的时候，其意义是非常深刻的。正因为如此，中华民族很早就有了“以中为尊”的观念，并由此演化和延伸出“持中而行”“秉中而用”“尚中以政”“奉中以济”等观点，对古代政治、经济、哲学和艺术的发展，产生了非常重要的影响。所以说，这个中是我们正确理解位的紧要之处，有兴趣的读者可以结合上一章来综合把握。

三是这个位也表明人类以自我为基点，观察、分析和判断外部世界的思维方法，即人文时空观已经得到广泛应用，并且已相当发达。因为任何意义上的方位、位置，都是以相应的基点和参照物为条件的，东西南北中或我在哪里等问题，都是相对成立的，一种方位或位置的确定，也就表明与其相应的空间成立了。而对于人类来说，具体方位或位置条件下的空间，总是与一定的时间密不可分。因而，这个位不仅是空间的位，也是时间的位；不仅是时空的位，也是一定条件下人的位。亦或说，正是因为有了位的观念，人类才得以确立并不断优化以自我为基点的思维方法，并以此为条件去认识自然、认识万物，认识人与人之间、部落与部落之间、国与国之间的关系。而这种认识离开了自我这个位，便无法形成任何有意义的判断。所以说，任何意义上的位，都是以主体为基点，也都是具体的、相对的和有条件的，并且具有可运作的现实意义，否则它只能是一个抽象空洞的概念。确切地把握这一点，对于我们理解和把握现实中的位，是非常重要的。

那么，我们说位是具体的、相对的和有条件的，其意义就在于位的本质就是关系。因为它不仅是时空的，也是人伦的和礼秩的，而把握后者的意义更为重要；既是过程中的位，也是依条件变化而变化的位，因而位也是一体多样的，即同一主体在不同条件下的位又是不同的。也就是不能用孤立的、静止的和绝对的观点来理解位。比如一个人在家里，你的上位是父母和祖父母，你的下位是子女，你的同位是妻子，前后左右位是兄弟姐妹。那么相对于父辈而言你是下位，相对于子女来说你是上位，相对于妻子和兄弟姐妹而言，你是同位中的异位。而当你来到工作单位时，上述的序位即暂时放下，取而代之的是单位里各种位的关系。正如每个人在家里都有自己的位一样，每个人在单位里也都有自己的位，哪怕是几个人的小公司也是一样。相对于领导来说你是下位，相对于同事来说，你处在同位，如果你是个中层管理者，那相对于你的属下你又是上位，而对于客户和合作伙伴而言，你则是同位中的异位，这会相对复杂一些。

这就引发出一个非常普遍而现实的问题，即为人处事，要在当位。因为每个人无论在家、在单位，还是在社会，都有一个相应的位，以及与这个位相对应的责任和义务。如果你在其位而谋其事，把自己职责范围内的事做好了，那就是当位；如果你连自己职责范围内的事都没做好，那就是失位；如果你做了原本不该由你做的事，那就是错位；如果你越级做了原本应由领导做的事，那就是越位。因为一般来说，一定的位总是与一定的责任和义务相联系，在其位谋其事，才能名正言顺、处事亨通，而失位、错位或越位，都会给工作造成这样或那样的损失。反过来说也是一样，不在其位硬谋其事，不仅于工作无益，还会给自己带来不必要的烦恼和痛苦，实在是无益而为。历史表明，一代人有一代人的事业和目标，一代人有一代人的责任和义务，一代人有一代人的做法，一代人有一代人的活法，是对是错、是好是坏，总会有相应的社会实践来检验，也总会有相应的历史来证明，无须不在其位的人事事操心。因为无论如何，人类社会总是向前发展的。我这么说，当然不是反对大家来关心国家大事，天下兴亡，匹夫有责，这是任何一个炎黄子孙都应当具有的情怀。但无论我们怎样来关心，都有一个具体时空条件下位的问题，如果大家没了这个位的观念，那么这种“操心”也可能会出乱子。

如果进一步来分析，这个位就是为人处事的本分，守住自己的位，也就守住了自己的本分。在易经和传统文化中，人的本分是极被看重的，它既是人生的基本定力，也是人生的道德底线。一个人无论身处何位，也无论做什么事，都不能突破自己的本分，突破了这个本分是一定要出问题的。而当一个人已经不知道自己是谁的时候，后果是相当可怕的。因为一旦没了做人的本分，很多规矩也就挡不住了，就像破堤的洪水一样，一泄难收。

所以，无论我们是做什么的，也无论我们多么伟大或多么平凡，更无论你是多大的老板、多有钱的富人，如何守住本分，都是极为现实而重要的。切不可任性，任性就会失去本分。古今中外那么多案例，都反复证明了这一点。而更多的人生经验则告诉我们：你守住了做丈夫的本分，你就不会去外面惹事生非；你守住了做官的本分，你就不会去贪污受贿；你守住了一名党员的本分，你就不会视政治纪律为无物。你的生活也许会因此而平淡，但你得到的却一定是心安、恬静、幸福和健康。

最后，说说易经中的果。这个问题在上述几章多有涉及，这里需要特别说明的是，易经无“果”，即无绝对的结束之“果”。比如从易经每卦六爻之间的关系来看，是“无果”的，它只是个过程；每卦的上爻只表明事物运化的某种状态，也不是结果。我们再从整个六十四卦的大循环来看，易经也是无“果”的，虽然看上去似乎有了结果，但它的“果”依然是“既济”而“未济”。

那么，我们应该怎样理解和把握这个问题呢？这主要在于易经是一门关于变化的方法论，虽然它并不否定事物发展过程中的相对稳定性或阶段性，如每一卦都是一种相对稳定的状态，不如此我们便无法认识任何事物。但同时我们也要知道，易经的核心观点是一切都在变化之中，世间万物的存在都是一个过程，所谓的“果”，也不过是事物变化的阶段性起点或新的开始。而彖辞和象辞所给出的分析与判断，也同样应该理解为是对事物运化状态或特征的描述，而不是结果或结论。因为任何结论只适合对事物稳定状态的表述，而无法回答事物变化中的状态。因此，“果”就是始，结束就是开始。这是我们理解和把握“果”的基本观点。

以上我们分别对时势位果进行了分析，这是为了表述和理解的方便，而在现实中它们是同处一体或某一过程的，是紧密联系而不可分割的。在下面的阐述中，我们会体会这一点。

二、审时度势

时势位果在现实中的应用，以对势的判断和把握最为普遍、也最为重要。因为无论是对一个领导人，还是对一个企业家，都必然要面对这个问题，而且无法一劳永逸。这其中，要数“审时度势”最是个硬功夫，它要求你必须在纷繁复杂、瞬息万变的状态下，迅速捕捉到问题的关键、根本或要害，从而把握局势，做出判断，以达到“时势出方略、大势定长策”之目的。所以说，“审时度势”是个非常复杂而实际的问题，我们要真正理解和把握它，就必须借助相应的案例进行分析，并从中找到相应的规律和法则，更好地指导我们的现实工作。

从历史上看，诸葛亮的“隆中对”以及从三国鼎立到天下归晋的过程，是一个比较典型的案例，同时也是大家比较熟悉的一段历史。接下来，我们先把“隆中对”全文引出，然后再进行分析，以求对“审时度势”的整体把握。

自董卓以来，豪杰并起，跨州连郡者不可胜数。曹操比于袁绍，则名微而众寡，然操遂能克绍，以弱为强者，非惟天时，抑亦人谋也。今操已拥百万之众，挟天子而令诸侯，此诚不可与争锋。孙权据有江东，已历三世，国险而民附，贤能为之用，此可以为援而不可图也。荆州北据汉、沔，利尽南海，东连吴会，西通巴、蜀，此用武之国，而其主不能守，此殆天所以资将军，将军岂有意乎？益州险塞，沃野千里，天府之土，高祖因之以成帝业。刘璋暗弱，张鲁在北，民殷国富而不知存恤，智能之士思得明君，将军既帝室之胄，信义著于四海，总揽英雄，思贤如渴，若跨有荆、益，保其岩阻，西和诸戎，南抚夷越，外结孙权，内修政理，天下有变，则命一上将将荆州之军以向宛、洛，将军身率益州之众出于秦川，百姓孰敢不箪食壶浆以迎将军者乎？诚如是，则霸业可成，汉室可兴矣。[①]

我们从诸葛亮与刘备的上述对话中不难看出，早在刘备三顾茅庐之前，诸葛亮虽然“躬耕陇亩”“好为《梁父吟》”，但显然他对天下大势已做了长时间的观察和思考，甚至很可能做了大量的调查研究和“实地考察”，并与名士崔州平、徐元直等人做过充分的讨论和研判。因为诸葛亮是人不是神，也不会像《三国演义》描写的那样卧高堂而知天下事。就当时复杂多变的形势而言，诸葛亮如果没有一番深入细致的调查研究，没有深厚扎

① 司马光：《资治通鉴》卷六十五。

实的理论功底，以及敏锐的眼光与智慧，是不可能说出这么一番话的，更不可对天下大势做出如此系统而准确的判断，以致这之后的全局走势，除了兴复汉室这一根本目标没有实现，总体上确是按照他的判断演进的。就当时的信息、交通和其他技术条件来看，这确实令人钦佩并深深折服。

因为在东汉末年的时代，人们对信息的掌握和分析，几乎没有任何技术条件可言，完全是人力的。而对今天的人来说，如果没有足够的信息支持，就能对时局做出判断，是不可想象的。这表明，任何意义上的“审时度势”，都必须建立在充分的信息基础之上，也都要经一番深入调查研究的硬功夫，这应当是“审时度势”的首要原则，切不可相信所谓的马前占课、能掐会算和先知先觉那一套。所不同的是，有些人的功夫下在明处，而有些人的功夫下在暗处，他的调查研究不为人所知，诸葛亮应当属于后一种。这一点从他“每自比于管仲、乐毅”，便可窥其一斑。

“审时度势”，首先要立足现实，着眼大局，把握大势。就是要把自己所处的态势，放在全局中做一番考量，看看天下大势是一个什么样的格局，各种势力是个什么关系，下一步会朝着何种趋势演进，而自己在全局中处于何种位置，与各种势力处于何种关系，或将来可能处于何种关系，自己能在这个大局中做什么，谋求什么利益，达到什么目标等，都要有一个清晰的认识和判断。因为你离开一定时空条件下的大局，不仅会失去应有的方向感，而且也无法找准自己的位置；不仅无法判断自己处在何种关系之中，也无法找到进入这个格局的门径，更谈不上什么审时度势了。而诸葛亮的“隆中对”正是从审视大局开始，即“自董卓以来”，廖廖数语，对于亲身经历且至今仍身在其中的刘备来说，自然是心领神会了。

事实上，当时曹操已基本清除了袁绍等势力，北方已经安顿好了，并成为整个华夏最强大的军事集团。在曹操眼里，真正的对手只剩下江东孙权了，一统华夏指日可待。至于刘备，虽也视他为英雄，但实际上并未把他当回事。在这种形势下，无论是曹操还是孙权，亦或行将就木的刘表，都未曾想到会出现天下三分的大格局，最坏的结果也就是天下二分，曹操与孙权划江而治，而连这一点也是曹操所不能容忍的。当时，只有诸葛亮在行将一统的大局中，看到了出现三足鼎立的可能性，以及刘备集团在这一进程中的地位、目标和追求，并为此提出了相应的纲领、路线和战略，及一系列方针政策。可谓是独具慧眼。我猜想，对诸葛亮这个仅有二十七岁年轻人的判断，不仅是关羽、张飞不相信、不高兴，就连刘备本人也肯定是半信半疑的。因为他虽然胸怀大志，但毕竟寄人篱下，无一分立足之地，眼看曹操就要南下了，自家性命尚难预料，何敢奢望呢？但他当时除了相信和依靠诸葛亮，也真是没有别的办法了。好在后来的事实证明，诸葛亮对大局的判断是正确的。否则，真的枉费了三顾之情。

这表明，敏感而强烈的大局意识，深度审视和把握大势的能力，无疑是“审时度势”的首要条件。诸葛亮与曹操、孙权和刘备相比，高明之处恰恰就在这里。亦或说，无论面对何种复杂形势，只有把大局搞清楚了，把自己在全局中的位置找准了，把自己的目标和追求与大局相统一了，才能有机动灵活的策略和行动。那种无视大局、闭门造车、只讲自身利益、只顾眼前得失的思维方式，是不可能审时也不可能度势的。因为任何意义的时，都是一定条件下的时；任何意义的势，也都是一定时空条件的局；而局是格，势为力，离开了具体的局，便无法把握势。这一点，对于身处商海的企业家来说尤为重要。商场如战场，错综复杂，瞬息万变，信息如洋似海，问题千头万绪。但无论什么时候或什么条件下，都要心系大局、眼盯大局、手抓大局，牢牢把握住大局的基本走势，并善于从中发现和抓住机遇，不断发展壮大。我们常说要抓住国内外两个市场，其实从根本上说，就是要把握住国内外两个大局。这才是企业家真正应当具备的眼力和智慧。

“审时度势”另一个重要问题，就是力量对比与分析，这是因时因势而定长策的基础。我们在前面已经说过，势是一种能量，即势能。势能的主体是人，但又不能仅仅局限于人，还要从天时、地利以及资源条件等方面，去捕捉和把握这种能量。更为重要的是，势能的构成要素是多样的、相互作用的，因而也是不断变化的，而其中的根本是利益，即势能的主体规定性。今天是友，明天为敌；今天合作，明天恶斗；今天我付出，明天我索取，一切力量的对比与变化，皆因利益导向而为之，一切势能的形成与演化，皆由利益而起，皆由利益而运，皆由利益而化。各方为谋取利益而发生的一切行为、所运用的所有资源、所形成的一切关系，都是势能得以形成的要素，也都是势能得以变化的条件。所以说到底，力量对比就是利益格局的对比，力量分析就是利益格局的分析。离开了利益这个根本，力量对比就会陷入空洞，就会失去根基，就会孤立僵化，因而也就会失去对大局的把握，导致战略上的重大失误或失败。而诸葛亮正是在这一点上高人一筹，看到了刘备乃至曹操和孙权都没有看到的关键之点。

下面，我们看一下他在“隆中对”中，是怎样分析曹操的势能构成：一是首先肯定了曹操的雄才大略，指出曹操能够乘势而起、以弱胜强和平定北方，绝非仅仅是靠老天爷帮忙，而是“抑可人谋也”，看到了曹操集团的真正力量所在。应当说，作为对手这不仅是冷静的、客观的、智慧的，也是难能可贵的，这不仅仅是认识水平问题，也是一个政治家的胸怀。相比之下，那些面对对手只会骂娘的人，失败就是必然。

二是在军事力量对比上，指出了“今操已拥百万之众”的客观现实。就是说，当时曹操虽然不一定真的拥有百万之师，但其军事力量之强，无疑是当时的老大，而无论是各级将领、谋士，还是士兵的素质，乃至军队装备等物质条件，都是刘备、孙权等无法相比的。况且当时曹操是得胜之师，士气高昂，正欲挥师南下，一统华夏。面对这样的军事力量，诸葛亮并没有装着看不见，或抬高自己、贬低别人，而是得出了“此诚不可与争锋”的结论，奠定了对势的基本方略，那就是短期内尽量不要与曹操正面交锋。应当说，在当时的形势下这是客观而明智的。

三是在政治势力的比较上，指出了曹操“挟天子以令诸侯”的政治格局。虽然是“挟”，但皇帝毕竟在曹操可控之下，这意味着他可以代表朝廷、代表国家，必要的时候还可以让皇帝出来说话，或发诏书。如果你不遵守皇帝的诏令，那就是叛逆的大罪，这就使曹操具有了出师有名、名正言顺的政治优势。在当时的社会条件下，这种优势是极为重要的，尤其是在吸引和招揽天下人才方面，作用尤为突出。因为当时追随曹操，就相当于效忠皇帝、效忠朝廷、效忠国家，这对当时的知识分子和英雄豪杰，是极具吸引力的。所以曹操很早就看到了这一点，及时把皇帝抢到了手里。而当时最有这个条件的袁绍，却显的相当麻木。这充分说明，干不了大事、成不了大业的人，千万不要怨天尤人。还是先审视一下自己。正因为如此，在三国整个存续时间内，曹操集团始终占据着人才优势。以致我们不得不面对这样的历史事实，诸葛亮六次伐魏，几近无功。这并非孔明一人之过，或者说这并不属于战略上的错误，实在是手下没什么人才。因为两国交战，仅靠统帅一人之力之智，是远远不够的。当诸葛亮去世后，魏国邓艾、钟会率军一举而灭蜀国，整个过程显得很轻松。应当说，政治优势以及由此形成的人才优势，才是曹操集团势能的核心部分。

正是由于这三个势能上的优势，使曹操拥有了相当大的资源支配权和利益协调能力，并最终站在了时代的最高峰。

接下来我们再看诸葛亮对孙权集团势能的分析。他首先指出并强调了孙权集团在江东的历史地位，“已历三世”，也就是相当有根基、有声望的，不是可以轻易撼动的。这话显然是有所指向的，并作为后面提出的战略铺垫。因为刘备从起兵之日起，今天依附你，明天投靠他，东躲西藏，南征北战，却始终没有一块属于自己的地盘，而孙权集团经营江东已有三世了，老百姓都很拥护他，具有强大的政治动员能力和稳定的资源供给能力。由此江东的贤能之士也自然都归附于他了。这恰恰是刘备集团所无法比拟的。

其次，诸葛亮提到了“国险”，也就是长江之险。虽然他并没有进行详细分析，但这实在是孙家可历三世的天然保障。因为孙吴的对手曹操及部队，大都为北方人，不习水战，战船设备等也不及孙吴的适用，以致发生了赤壁之战的惨败。这在当时生产力和科技水平条件下，着实是个不可忽视的势能。所以，诸葛亮对孙权集团的基本方略是，“此可以为援而不可图也”。

这表明，诸葛亮已经认识到，孙刘两家虽非一党，但在对付曹操的大局上，双方却有着共同利益。虽然将来必有一战，但至少眼前利益是一致的。曹操既是刘备必须面对的强敌，也是孙权必须面对的强敌。

如果把他对曹操集团的分析联系起来看，那诸葛亮为刘备提出的基本方略就是“联吴抗曹”。从这个意义上说，“隆中对”确是一个政治纲领、而非军事战略。也正因为有了这个政治纲领，刘备集团才真正得以确立，才可能真正成为一支新兴的政治力量。由此我经常在想，与其说诸葛亮是一位伟大的军事家，不如说是一位卓越的政治家，他治理蜀国的才华，显然高出他在军事上的才能，他对政治大势的判断和把握，显然高于他对军事形势的判断和把握。那么，以他的政治眼光，之所以六出祁山，不断伐魏，以至死于军旅之中，刘备对他的“托孤之重”，无疑是一个重要原因。这在他的前后“出师表”中说的分明。而正是这个“托孤”，使极重道德的诸葛亮承受着沉重负担，他只能在“明知不可为而为之”的矛盾中鞠躬尽瘁，死而后已。从这个意义上说，他在军事上的“失败”，恰恰为我们留下了一个崇高的道德境界。

至于刘备所具有的势能，诸葛亮虽然没有在“隆中对”中提及，但双方早已心知肚明了。

接下来，诸葛亮开始为刘备谋划未来了。从总的思路上看，他的谋划分为三步，一是先找块地方立足，建立根据地乃至建国称帝；二是下功夫把根据地或国家治理好，“西和诸戎，南抚夷越，外结好孙权，内修政理”，待机而动；三是待“天下有变”，则兵分两路，南北对进，兴兵伐魏。而这三步的目标就是“则霸业可成，汉室可兴矣”。

这其中，在根据地的选择上，显示出诸葛亮对天下大势的把握能力，确实有过人之处。他在“隆中对”中提出了两个地方，一是荆州，这不足为奇，因为荆州自古就是兵家必争之地，诸葛亮看到了这一点，曹操和孙权也同样看到了。所以诸葛亮出山后的第一个大战役，就是联合孙权在这个地方打的，一战而定三足之势。但比这更具战略眼光的，是他选择了益州。因为他一定知道，荆州这个兵家必争之地，只可过渡不可久居，久居必两面受敌，后来果然被孙权占有。而益州则不同，不仅地势险要，沃野千里，天府之土，乃汉高祖龙兴之地，而且益州的实际统治者，“刘璋暗弱，张鲁在北，民殷国富而不知存恤，智能之士思得明君”。更为重要的是，在当时的政治军事格局中，益州可算得上是个盲区，不仅没有纳入孙权的战略布局，就连曹操在整体战略布局中，也没有对益州给予应有的重视。因此这块地方真的如诸葛亮所说：“此殆天所以资将军”，就像是老天爷专给刘备留下这么个地方，亦或说，当时几乎再没有第二块比这更合适的地方了。这是诸葛亮在“隆中对”中最具战略价值的一步棋。可以说，假如刘备没有占据益州这个地方，也许就不会有三足鼎立的大势，也就不会有后面的精彩了，而这一切都源于诸葛亮对势能的准确把握。

当然，纵观诸葛亮一生，霸业虽成而汉室未兴，但他也真是用尽了全部心血和精力，能做的都做了，不能做的也勉力为之了，而历史发展大势绝非某个人所能扭转。所以说，诸葛亮是成也在势、“败”也在势。这其中一个重要原因，就在于他对三分天下后发展趋势的判断和把握，过于简单也过于乐观了，以至于给出“百姓孰敢不箪食壶浆以迎将军乎”的结论。然而，不仅刘备没有看到这一天，诸葛亮自己也没有看到这一天。更有意味的是，三国打了几十年，你争我夺，相互残杀，但到头来，天下既没有三归蜀，也没有三归吴，最终也没有三归魏，而是三归晋。这就是势，这就是势能的力量。这不仅是曹操生前所无法想象的，也是诸葛亮生前所无法预料的。历史终究按着自己的规律，踏着三国的废墟而走向自己的归宿。

这表明，势作为一种能量，也同样是客观规律和法则的反映，亦或同样受客观规律的制约。我们虽然不能忽视和否定人的主观能动作用，但也不能过分夸大人在大势中的作用。我们虽然可以认识、判断和把握势能，甚至也可以造势、去势、破势，但这一切都有一个不可逾越的前提，那就是必须符合或遵循客观规律和历史规律。违背了这些规律，虽然可得一时之势、一时之利，但终究是要失败的。三国时的总趋势或历史发展的基本规律，就是“分久必合”，而由谁来一统，则是势的问题了。所以，谁最终把握住这一历史趋势，谁就是最后的赢家。

至于有学者认为，诸葛亮的作用不仅没有推动历史的发展，反而成为了华夏一统的阻碍。就是说如果没有诸葛亮这个人，亦或他站在曹操的阵营一边，那天下早就一统了。这虽然不失为一种评说，但当时的客观事实是，天下已经分裂，而由谁来一统，历史并没有也不可能作出规定，曹操、孙权可以站出来担此重任，刘备和诸葛亮亦或其他人当然也可以站出来。当时的社会现实并不具有唯操而排他的客观条件，而群雄并起、逐鹿天下才是客观。在这种情况下，就看各位对势能的把握和运用了。而刘备作为当时最弱的一股力量，居然能一役而三分天下，成为任谁都不能忽视的一国，则恰恰表明了天下大势之必然，其行为本身是符合历史规律的。因为诸葛亮的价值追求和最终目标，也是“汉室复兴”、天下一统。他并没有分裂天下、阻碍一统的主观故意和行为追求。至于最终的结果，以及历史发展过程中的偶然与必然，则不能也不该仅仅从某个人身上寻求答案。我之所以讲到这个问题，目的不是为了评说诸葛亮的历史功过，这不是我关注的问题，而是为了让大家更好地理解势能与规律的关系，这也是解析“隆中对”的主要目的。

和诸葛亮有差不多经历而结果不同的历史名臣，还有元未明初的朱升。此人备受毛泽东赞赏。朱升是元未举人，做过元朝的池州学正，后因天下大乱，辞官隐居石门。他与诸葛亮一样，也是当地的名人，被学界称为“枫林先生”，广有赞誉。1357 年朱元璋率军攻克安徽徽州（今歙县）后，其大将邓愈向朱元璋推荐了朱升。于是朱元璋亲至石门向朱升请教夺取天下的方略。朱升根据当时的客观形势，向朱元璋提出了“高筑墙、广积粮、缓称王”三策，史称“九字国策”。朱元璋听后深以为然，当即“命预帷幄密议”。那么，这“九字国策”是什么意思呢？所谓“高筑墙”，就是要建立牢固的根据地，经略好已经打下的地盘，不要因进一步扩张而忽视已有辖区的巩固与发展；所谓“广积粮”，就是要重视和发展辖区生产，活跃经济，打造应付长期战争的物质基础和资源条件：所谓“缓称王”，就是朱元璋虽然取得了一些胜利，打下了一些地盘，但切不可因图虚名而成为众矢之的，具有韬光养晦的意味。

毫无疑问，朱升这“三策”的提出，也同样是对天下大势的洞悉和把握，而身在其中的朱元璋等人却难以认清。那么当时是个什么形势呢？

从总体上看，应该说比三国时更为复杂。当时，朱元璋虽然连拔数城，并于1356年三月攻克集庆（今南京），改名应天府，以韩林儿的名义设江南等处行中书省和行枢密院，朱元璋自任平章兼枢密同知。表面上看好像是胜利在望了。但只要我们打开《中国史稿地图集》便会发现，当时他面临的形势远非乐观，而实则凶险。在应天府的东面，老对头张士诚已攻克平江（今苏州），并建为国都，其势力已延伸到常州一带，直接威胁应天府的安危；在他的西边，徐寿辉的红巾军也东山再起，迁都汉阳，并将兵锋推进到池州，欲与朱元璋争夺地盘；在他的南边，是另一个老对头陈友谅，也在鄱阳湖一带磨拳擦掌。而元军部队则分别从镇江、宁国、扬州、徽州、处州、衢州等多个方向，对朱元璋的地盘形成了合围之势。可以说，当时的朱元璋是四面受敌，各种势力犬牙交错，处境相当危险，稍有不慎，便可能满盘皆输。这就是朱元璋当时面临的势。应当说，朱元璋作为一军统帅，久经战阵，对自己所处的态势无疑是清楚的，但在如何应对和破解的问题上，尚未形成一个完整的战略认知。而朱升的“三策”，恰恰直中时局要害，在纷繁复杂的形势下，抓住了主要矛盾和矛盾的主要方面，真正挠到了朱元璋的痒处，所以他才完全接受、全部采纳了这“三策”。

那么从“审时度势”的角度说，朱升的这“三策”给了我们哪些启示呢？

一是这“三策”是建立在各方力量对比分析基础之上的。朱升认识到，当时各方力量正处于“相对均势”的状态，谁也吃不掉谁，谁也不敢走得太远。就朱元璋而言，无论是在地理、物质条件上，还是在军事力量上，都没有什么太大优势，而在有些方面甚至处于劣势，比如张士诚占据苏州和浙西等富庶之地，在经济和物质条件上就比朱元璋要充裕些；而徐寿辉则处于长江上游，具有顺流而下、直击应天的地理优势，对朱元璋的威胁并不亚于张士诚。在这种条件下，朱元璋当时几乎不具备双线或三线同时作战的能力，即使具有这种能力，多线作战也历来是兵家大忌。朱元璋平民起家，南征北战，不能不懂这个道理，所以这“三策”对他来说，可谓一点就透，马上接受。

二是这“三策”是建立在对各方矛盾关系分析之上的。也就是说，无论是朱元璋，还是张士诚、陈友谅和徐寿辉，在大的目标上是一致的，都是为了推翻元帝国的统治。但在具体目标上，也就是谁当老大、将来谁当皇帝的问题上，则是针锋相对、你死我活的。他们之间既有一致的因素，也有对立的因素。而在元帝国已现败落的条件下，一致的因素日益脆弱或淡化，对立的因素则日益强化和扩大，因为这毕竟是各方的根本利益所在，必然是寸步不让，不可共存。很显然，朱升充分认识到了这一点。

更为重要的是，元帝国虽陈兵镇江、扬州、衢州一带，对应天府大有合围之势，但实际上朝廷并未确定谁是主要对手，或者说应该先对谁作战、先消灭谁，他们也在观察时局的变化。因为此时张士诚的部队也在附近，而且对元军的威胁更大些。在这种情况下，如果朱元璋冒然称王，不仅张士诚、徐寿辉甚至韩林儿不能容忍，也必将引起元帝国的注意，并将他列为首先和重点打击对象。如此，朱元璋也就成为众矢之的，很难在多种势力的共同打击下生存下来。从这个意义上说，“缓称王”之策在当时的条件下具有根本性意义。而朱元璋对当时自己的家底、对自身的力量，也是心知肚明的。所以，他在攻克集庆的当月，放下称王的念头，集中力量一举拿下镇江这个东南门户，随即又接连克广德、宁国、常州等地。这之后，朱元璋又将驻守在浙东地区的元军作为主要打击目标。几经争夺，江浙西部的元统治区已尽归朱元璋所有，成为他补充兵源和军需物资的基地。应当说，到了这个时候朱元璋才真正成为一支任谁都不敢小看的割据势力，也才真正具备了称王的基础条件。

三是从上述分析中不难看出，这“三策”的核心思想，就是蓄势待发，在不断巩固和强大自身的同时，等待局势的变化、尤其是敌人内部的变化，抓住有利时机，一击而中，成就霸业。而这正是易经方法论的重要观点：即势之弱养之，势不足蓄之，势成则动之。养势、蓄势乃势能之根基。

难得的是朱元璋对朱升建议的全盘接受，一方面在不断巩固应天周边地区的同时，设置营田使，负责兴修水利，实行屯田，发展农业生产，鼓励经济活动，收到了意想不到的成效。因为对于长期流动作战的各方势力来说，这是很难想象、也很难做到的。但朱升想到了，而朱元璋做到了。“高筑墙、广积粮”，不仅解决了当时最大的困难即粮食问题，也为朱元璋日后战胜群雄，增强了经济实力和可靠的根据地。另一方面，在朱元璋集中力量扎实根基的过程中，敌对势力内部果然发生了大变化。先看张士诚，他占据了浙西富庶之地后，便开始过“小日子”了，怠于政事，不思进取，斗志渐消，几乎没有什么大作为，被消灭只是个时间问题了。次看徐寿辉就更惨了，他不仅被陈友谅所杀，而且部队也分化了。而陈友谅虽然当上了老大，但他为人处事骄横自专、残暴无情，导致内部严重不和、内讧不断，其实力和战斗力严重削弱，自然已不是朱元璋的对手。再看元军，在朱元璋的接连打击下，损兵折将，丢城而逃，而此时元朝廷已无力大举增兵江南，只能眼睁睁地看着朱元璋他们在那里争斗。这个时候，朱元璋的大势已成，手里有兵有粮有根据地；机会也来了，削平诸雄、推翻元朝、建立大明的“果”，只是个时间问题了。

600多年后的1969年，那是个“备战备荒为人民”的年代，也是人心慌恐的“文革”时期，那些年咱们国家的日子不好过。所谓备战，主要是指当时面对美苏两霸的核威胁，咱们总得有所准备呀，总不能人家打上门了，咱们还是两手空空。所谓备荒，就是当时虽然已度过了挨饿的年代，但吃饭仍然是全国的大问题，再次发生大饥荒的可能性依然存在，更何况当时战争的乌云笼罩，备战焉能不备荒，兵马未动粮草先行，兵者之要也。正是在这种形势下，毛泽东重读《二十四史》，受朱升“三策”的启发，提出了“深挖洞，广积粮，不称霸”的主张，以应对美苏两霸的核威胁，以及可能发生的战争。于是全国人民迅速行动起来，机关、企业、学校乃至家庭，都挖防空洞，至今一些老楼还保留着当年的防空洞。虽然后来美苏的核大棒并未打下来，战争也没有发生，但依当时咱们国家的实力以及错综复杂的国际关系来看，毛泽东的“三策”无疑是必要的，也是有意义的，尤其是“不称霸”，对于咱们国家构建新型外交关系，争取更长的和平建设时间，发挥了重要作用。

在上述两例的分析中，我们对时势位果在“审时度势”中的体现和应用，应当有了一个大概的了解和把握。在此基础上，我们有必要提出一个更为重要的问题，那就是“审时度势”虽然非常重要，但它并不是目的，任何意义上的审时度势都不是。搞清和把握这一点，极具现实意义。因为在现实中，把手段当目标（或目的）、或把目标（目的）当手段的问题非常普遍。这对于老百姓来说，也许并无大碍，但对于治理一方的领导干部以及企业家来说，则是马虎不得的，一旦搞错了，要么付出沉重代价，要么失于阴谋诡计，后果往往更严重。

那么“审时度势”的目的是什么呢？这要分层次来分析，因为目的或目标既不是一蹴而就的，也不是一成不变的；人们在“审时度势”的时候，既要与短期目标、阶段性目标相联系，也要与长期目标、最终目标相联系；既不能只顾短期目标和眼前利益而忽视阶段性目标和长远目标，也不能只瞄着长期目标而忽视或不顾现实条件和目的。所以，从基本层面上说，“审时度势”的目的就是要落到“策”上，这个“策”既是战略，也是政策。诸葛亮如此，朱升如此，以及更多的案例都是如此。因为战略和政策作为人们思维活动的结果，本身就是对时势的反映，正确的决策或对策，就是对时势的客观反映或科学反映，势与策是密不可分的，在某些语境下，势就是策，策就是势。所以，古代圣贤无不强调，“时势出方略，大势定长策”。方略也是一种“策”，相对而言，它是一种效用和功能较短的策，与一定时空条件下的时势相对应。长策则更多的指基本国策、总政策、总方略等，具有极强的战略意义，与一定历史时期的大势相对应。

那么政策是什么呢？我们从中外政策学的著作中，可以看到几十种大同小异或完全不同的定义。但归根到底，政策首先是一种价值和意义导向，从而引导人们朝着它规定的目标聚合和前行；其次政策也是一种措施，从而引导或劝阻人们的社会行为尤其是经济行为的选择；再次政策又是一种准则和规范，从而告诉人们能做什么、应当做什么，不能做什么、不应当做什么，亦或说国家鼓励人们做什么、反对人们做什么。由此可见，无论是小政策还是大政策，也无论是短策还是长策，都极具现实性和实操性，因而都必然与老百姓乃至每个人的利益密切相关，最是马虎不得的。

因为在社会经济总量或社会总体格局相对不变的条件下，某种政策功能的释放，必然会使某些人或某个阶层、某个群体因此受益，而相应地导致另一些人或阶层、群体少受益、不受益，甚至因此而受损。从本质上说，政策就是对损益之间的平衡。如果以一定时空条件为标准，或从一个具体事件而言，所有的政策都是如此。虽然从过程或总的目标来说，大家都会受益，但从阶段性或渐进性的角度看，损益之辨证又是必然的。

所以在现实中，我们应注意防止极易出现的两种情况，一是有势无策。就是说势已成、势已显，并正在持续产生效能，但本应拿出对策的方面，都迟迟不见动静，等到问题成了堆，或问题严重了，或领导批示了，又慌忙出对策，急火火去解决、去协调，尽管也忙了、也努力了，但大都于事无补、费力不讨好，严重一些的则是成事不足、败事有余。之所以出现这种情况，要么是当事者虽已知势但不作为，多一事不如少一事，做和尚撞钟，应付了事，压根就没想去拿什么对策；要么是“审时度势”的能力比较弱，虽然也看到问题出来了，也知道问题严重了，但却无法从纷繁的表象中抓住问题的实质、把握问题的关键和演化趋势，因此也只能干着急、拿不出应有的对策。这种状况的长期存在，与一些地方不重视调查研究、不重视智库建设，有很大关系。自己没有这个能力，又不相信别人，到头来只能是既误自己又误事业。

二是大势小策或小势大策。就是说无论是经济现象、社会现象，亦或是国际政治现象、军事现象，并非总是像我们看到或听说的那样真实可靠，有时候看上去挺大挺严重的问题，其实质并非我们看到的那么严重；相反，有时候看上去是个很小的、局部的问题，反倒是不可忽视的大问题。这其中的关键不在于我们看到什么、听到了什么，而在于对其本质和演化趋势的研判和把握。既不要临大势而出小策，也不要临小势而出大策，努力寻求和保持策与势的相对性、协调性和均衡性，才是因势出策的重中之重。

为了帮助大家更深切、更全面地感受“审时度势”的现实价值和意义，我们接下来再分析两个历史案例，一个是官方的，一个是民间的。

官方的是明朝最后一个皇帝崇祯的事。他接班以后面临的局势，确实是非常糟糕的，东边有满清努尔哈赤、皇太极的铁骑劲旅，西边有农民起义军李自成的“百万之师”。在这种已成东西夹击的状态下，崇祯皇帝可以有两种选择：一是分兵抗击，东西作战。但分兵必然分力，分力必然弱势。以明朝当时的经济实力和军事实力来看，这无疑是下策。但事实上，崇祯皇帝正是这样做的。到头来，不仅丢了江山社稷，也丢掉了自家性命。

另一个选择，是大臣李明睿向崇祯皇帝提出的，那就是避其锋芒，放弃已成东西夹击之势的北方，迁都南京，并以左良玉统帅的几十万大军作为支撑，固守长江天险，蓄势以待良机。即为反成之道，以一时之失而得相成之势。从实际情况看，我国幅员辽阔，战略纵深很大，回旋余地也很大，且当时南方几无战事，经济条件也很好，这无疑是个上策。为什么这么说呢？因为崇祯皇帝和朝廷一旦迁往南京，北方必然会出现权力真空，皇太极和李自成都失去了作战对象。这时候，主要矛盾和基本态势就会发生根本变化，即由皇太极和李自成与明朝廷之间的矛盾，转化为皇太极集团与李自成集团之间的矛盾，他们必须面对了。而二者要解决的核心问题，就是谁来填补北方的权力真空，谁入主紫禁城以统治北方。这是无法通过谈判协商解决的根本问题，结果只能是二者大战于北方了。

俗话说，两虎相争必有一伤。无论是皇太极集团打败了李自成集团，还是李自成集团打败了皇太极集团，胜利的一方都会受到极大的耗损，一时间难以形成南下的力量。而此时在南方养精蓄锐的崇祯，可乘胜方疲惫之时，挥师北上，收复失地，再统华夏的可能性，无疑是存在的。但遗憾的是，崇祯皇帝并没有采纳李明睿的上策，而固执地坚持自己的下策。很多学者都认为，崇祯是个工作勤奋、生活俭朴的好皇帝，我也有同感。但勤奋和俭朴并不能弥补他在把握大势上的短见。

民间的就是南方的方腊起义和北方的宋江起义。先说方腊起义。方腊原本是安徽歙州人，后迁居浙江睦州清溪，即现在的淳安。当时封建剥削非常严重，老百姓终岁劳苦，不得一饱。尤其是“花石纲”的掠夺，更是苦不堪言。在这种情况下，方腊利用明教动员组织民众，并于宋徽宗宣和二年（1120 年）秋发动起义，兵锋直指大宋王朝。于是，东南震动，纷起响应，声势浩大。从《中国史稿地图集》上看，当时方腊起义军，向北已进至嘉兴、广德、泾县一线；向南已进至溢州、龙泉、广丰一线，并先后占领了杭州、歙州等六州五十二县。

再看几乎同时在北方起义的宋江，在方腊起义时已拥有了以梁山泊为中心的广大地区。《中国史稿地图集》显示，当时宋江起义军的活动地区，远非《水浒传》所描述的那样，而是东至大海，南到淮安，北至临清，西至濮阳、单县一带。对大宋京都（开封）构成了直接威胁。

而此时的北宋朝廷，北有辽寇，西有夏敌，南有大理，东有宋江，其政权可以说是风雨飘摇、岌岌可危。假如此时方腊与宋江能够认识并把握这一大势，联手行动，南北对攻，分进合击，取宋而代之。然后乘兵锋之盛，南和大理，北击辽金，西图西夏，华夏可再度一统。遗憾的是，方腊和宋江都不具有这样的远见卓识，也不具有如此胸怀，而他们身边又没有像诸葛亮那样的雄才大略之辅。事实上，方腊只想划江而守，“渐图尽取”；宋江一心只想朝廷招安，给兄弟们一个荣华富贵。结果，不仅被朝廷分别击破，而且互相残杀。两首领也死于非命。

我知道，历史没有“假如”。权作谈资。

三、顺势乘势

我们要真正把握易经中的时势位果，还必须对顺势和乘势作一番探讨。相对于“审时度势”而言，顺势和乘势更多是一种行为或行动，具有很强的实践性，亦即在“审时度势”基础上对行为或行动的选择。探讨这个问题同探讨“审时度势”一样，都必须放在相应的案例中进行，单纯的理论阐述很难说得清楚。

纵观历史人物和事件，应当说汉高祖刘邦的顺势而为颇为典型。他从农民到皇帝，以及对国家的治理，基本上是一个顺势而为的过程，线路相当清晰，对于想探讨这方面问题的人，具有较高的参考价值。

当然，我们这么评价，并不是说刘邦在每件事上都具有高度的主观自觉，他之所以选择这么做，在很大程度上取决或受限于当时当事的客观条件，有些顺势也是不得已而顺之。但他的高明之处，在于他不是消极而顺，而是顺之有为，即使在迫不得已的情况下，也是如此，这恰恰是很多人做不到的。由此可以看到，在他顺势以求的背后，一定具有刚毅的意志和定力。对此，司马迁虽然没有给出评价，但我们从《史记》中可以看到，刘邦从聚众起事以来，胜少败多，经常被打得七零八落，只身逃命的次数也不少，但他虽然屡战屡败，却也坚持不懈，终登大位，终得大果。这显然不是所谓“运气”能说得清楚得。

那么刘邦究竟是个什么样的人呢？严格说来，他并非真正出身农民，因为他不愿意而且也从未从事过劳动生产；他虽作过亭长，但按当时官制，也不是官，而是吏，而且是个不太合格的吏。司马迁虽然说他仁慈宽厚，乐于施舍，胸襟开阔，怀有远大抱负，但同样也记下他喜酒好色、游手好闲、戏弄官吏，喝酒不给钱，弄垮了两家酒店等劣迹。而他一生的铁哥们萧何，对刘邦的评价则是“多大言，少成事”，就是爱吹牛皮。即使太史公说的那些优秀品格，如果放在当时的社会条件下来看，也夹杂些侠士之风和哥们义气。所以他在官场上下都混得很热，在当地也很吃得开。说他胸怀大志，也不过是看到秦始皇的出巡车驾而心生羡慕和感慨：“嗟乎！大丈夫当如此也！”那么，就是这么一个人，是怎样从小吏到皇帝呢？接下来，我们把这一过程的几个关键点抽出来，作些具体分析，以更好把握顺势的本质。

第一个关键点是刘邦起事。在这件事上，刘邦与陈胜、吴广有些相似，但在时间上更早一些。刘邦作为亭长，奉县衙之命押送徒役去郦山，中途不断有人逃跑。刘邦据此估计，等到了郦山这些人也跑得差不多了，而自己的失职之罪断是难逃，与其缚身就罪，还不如先跑吧！于是把徒役们全放了，自己也一走了之。而这些徒役也知道，即使回家也是个罪，干脆就跟着刘邦走吧！这中间在路上遇到一条大蛇，刘邦趁着酒劲挥剑斩之，也就有了后来高祖斩白蛇而起的说辞。等到陈胜在蕲县起义后，刘邦家乡的沛县令很害怕，就把刘邦的几百人队伍召回来守城壮胆。但事到临头又怕刘邦危害自己，闭门不纳，想杀掉萧何、曹参。二人无奈只得翻墙投奔老熟人刘邦去了。于是，刘邦就鼓动城中的老百姓杀了县令，众人立他为沛公，如此他才有了起事以来的第一块根据地，站住了脚根，开始了对秦的征伐。

从上述过程我们不难看出，一是刘邦聚众起事反秦，并非出于某种信念或目标的主观自觉，而是迫于无奈的本能选择，只是想活命、为了活命，否则他也不会丢下老婆孩子而四处奔波。二是刘邦从起事到占领沛县乃至以后很长一段时间，始终没有明确的目标、纲领、路线和战略，他甚至不知道下一步应当做什么、应当怎么做，自己的出路在哪里，而一直被反秦大势裹挟着东奔西跑、四处拼杀，甚至一度与陈胜的部队作战。一会投奔张三，一会投奔李四，直到遇见了项梁和楚怀王，才算有了个稳定归宿和具体目标，并从此在楚怀王的旗帜下效力，担负起向西攻城略地的任务。其兵锋直指关中，目的也只是在关中做王。由此可见，此时懵懵懂懂、似明非白的刘邦，就这样顺着大势之趋走向了自己的辉煌。亦或说，他当时虽然不知势，也不懂势，更不会把握势、运作势，但他具有本能顺势的强烈意识。当然，这样做也有多种可能性，并非顺势就一定成功，也同样是有危险的，比如身败名裂、战死疆场，如陈胜、吴广者。从这个意义上说，刘邦是相当幸运的，而幸与不幸只在毫厘之间。

像刘邦这样一个从小吏起家的人，其视野和经历都无法支持他对当时大势作出判断，这是很正常的，既无需美化，也不必苛求。这也告诉我们了一个常识，对时势、大势的认识和把握，并非是与生俱来的，也不是神仙般的信手拈来，更何况于运作大势了。对一个统帅来说，关键不在于你识不识、懂不懂，而在于你能否用比自己更懂的人，并听得进别人的意见和建议，在于你能否在实践中不断地总结反思，吸取经验教训，自觉提高把握大局的本领，而这恰恰是刘邦的过人之处。而对大多数人来说，在某种大势已成而趋势不明的情况下，顺势仍不失为一种选择。

更为重要的是，顺势既不是闭着眼睛跟着跑，也不是消极无为地随大流，大多数人干啥咱就跟着干啥，别人咋做咱就跟着咋做，这是“从众”而不是顺势。因为顺势本身有价值和意义在里面，包括顺历史潮流而动，还是逆历史潮流而动，是进步的还是反动的，等等。显然，刘邦的顺势是前者而非后者，也许这并非他的主观自觉，但客观上的确如此，因为他在顺势中的作为，已经充分证明了这一点。

第二个关键点是鸿门和解。在这之前，刘邦奉楚怀王之命及当时的约定：“先入定关中者王之”，一路向西进军，虽波波折折、有胜有败，但总体上还算顺利。这期间有两件事，对于刘邦攻占关中意义重大。一个是郦食其劝刘邦袭击陈留，以获得保存在那里的大批粮草。这件事历来被汉史专家所看重，因为刘邦在西进的行动中，粮草始终是个令他头痛的大问题。战乱时期生产秩序严重破坏，百姓饥寒交迫，根本没有余粮养活部队，烧杀抢掠是经常的事，而刘邦要获得关中百姓的认可，就必须约束部队，保持良好形象。而此前刘邦和他的部属并不知道陈留有那么多的粮草，陈留也并不在他进军的计划之中。在这种情况下，郦食其的建议无疑是雪中送炭。

另一个是对宛城的战略选择。在刘邦西进的道路上，宛城并非必争之地，但它是个大郡，粮草很充足，人口也多，更重要的是它处于刘邦进攻方向的侧背，是个很大的威胁。因此，在攻取南阳城邑之后，张良建议转过头来先打宛城，以解除被秦军前后夹击的危险。于是，刘邦率军包围了宛城，待机发动进攻。就在这个时候，南阳郡守的舍人陈恢翻过宛城城墙，来到汉军中见刘邦，建议他招降而非攻战。理由是强攻必然招致宛城军民死守，如此便会造成双方严重伤亡；如果长时间攻不下来，就会失去先入咸阳的机会；如果招降并妥善处置，在西进中就会有更多的守军投降。这个建议意义重大，它不仅极大地减少了部队和百姓的伤亡，而且获得了宛城守军和大批粮草。更为重要的是，招降宛城的示范效应，扫除了西进沿途的障碍，大大加快了进军的步伐，为抢先占领咸阳提供了支持和保障。难得的是，刘邦接受并采纳了来自“敌人”的建议。顺势之要，可见一斑。

刘邦占领咸阳、平定关中之后，听从谋士建议，马上派兵把守函谷关，意在阻挡项羽等诸侯军队入关；对内则约法三章，安抚百姓，征集军队，整顿军备，以抵抗项羽等诸侯可能发动的进攻。很显然，刘邦对关中是做了长期打算的，是真想在关中称王的。然而，尽管这之前在楚怀王那里有过约定，但这个现实项羽是无论如何也接受不了的。于是，大怒之下的项羽立即派兵攻破函谷关，进占戏水，楚汉大战一触即发。就在这关键时刻，刘邦再次显示出顺势而为及策略上的灵活性。因为他知道，以他当时的力量是无论如何也打不赢项羽的，真开战了，他会因此而输掉以前获得的一切。于是他放低身段，亲赴鸿门向项羽表示歉意，寻求和解。项羽不战而得关中，当然乐见其成。接着又借封王之机，把刘邦封个汉王，赶到汉中了事。

从表面上看，此时的刘邦确实是服软了，乖乖地听从了项羽的摆布，老老实实去巴蜀上任了，而且为表心志还烧毁了栈道，项羽也放心地回彭城做他的西楚霸王了。但从大势上看，这正是项羽走向失败、刘邦走向胜利的开始。因为刘邦的顺势不仅保全了自己的力量，赢得了进一步发展壮大的时间和空间，更为重要的是，他的顺势也赢得了人心。《史记》上说，当时项羽只同意他带三万士兵去汉中，但仰慕刘邦的楚国和其他诸侯国的士卒有几万人，愿意追随他去汉中。这就是人心和民意，而人心和民意是项羽阻挡不住的。

从这个意义上看，项羽在把握大势上，确实不如刘邦高明。因为在当时的条件下，项羽不仅可以顺势，也可以有为。说他可以顺势，是说他可以按照事先的约定，承认刘邦先入关中的事实，封个关中王给刘邦，照当时的情况看，也不过是个顺水人情，对他的自身利益并没有损失，整体利益格局也不会有很大的改变。更何况，男子汉大丈夫一言九鼎，既然有了约定，事到临头又反悔，无疑是不得人心的。当事者人人心中有杆秤，只是不说而已。说到底，项羽赌的不过是一口气。说他可以有为，那就是听从亚父的建议，或集中力量消灭刘邦的部队，或借鸿门会面之机除掉刘邦。从当时的力量对比看，项羽做这两件事并没有多难。项羽当时有四十多万部队，且已破关而入，而刘邦只有十万多人，且是疲惫之师，真打起来，刘邦必败无疑，几乎没有悬念。鸿门是项羽实际控制的地盘，刘邦来会面也只带了一百多人，真要杀他，易如反掌。实际情况并不像戏剧里表现的那样。但这两件事项羽都没有做，既不顺势也不作为，只是一味地义气用事，只要解气解恨就行。

这表明，顺势不仅需要胆识、智慧和谋略，更需要气度和胸襟。相比之下，刘邦可谓“从谏如流”，无论贵贱亲疏，不管是谁，说对了都采纳，该封的封，该赏的赏，从不无端猜疑，心胸和气度很大。我们看，建议他打陈留、夺粮草的郦食其既不是高官，也不是他的部下，而是高阳城的守门人；建议他招降宛城的陈恢是他的敌人，而此前建议他攻打宛城的，则是他的首席谋士张良，这可是个一言九鼎的人物，但刘邦照样采纳了陈恢的建言；建议刘邦与项羽讲和的项伯是项羽的人，他同样虚心受教，等等。纵观历史，有此等胸怀和气度的帝王确实不多。

所以，刘邦能够顺势而为的核心素质，就是知道自己不行但能用也敢用比自己行的人。这正如他自己总结那样：“夫运筹帷帐之中，决胜于千里之外，吾不如子房；镇国家，抚百姓，给馈饷，不绝粮道，吾不如萧何；连百万之军，战必胜，攻必取，吾不如韩信。此三者，皆人杰也，吾用之，此吾所以取天下也。项羽有一范增而不能用，此其所以为我擒也。”可以说，总结得相当到位、相当深刻，至今足为我辈鉴。

如今也是一个道理，人在一个单位工作，不怕领导严厉，也不怕领导督察，最怕的就是那种不懂装懂、不行强行的领导。此等人自己不行还特怕别人行，自己不懂还特怕别人比他懂，不要说采纳别人意见，就连一句不合胃口的话都听不起，任谁不相信，总之就是天下老子最行、最能。说到底，此等人还是心胸太小、气度太窄、器局不够，虽可称霸一时，但终究难成大事。因为从谏就是顺势。

第三个关键点就是刘邦出关。刘邦到了汉中以后面临两个选择，一是从此安下心来经营汉中，这个地方险要，易守难攻，又沃野千里，天府之地，虽得不到天下，当不上天子，但做个灯红酒绿、歌舞升平的土皇帝，则是富富有余了。二是苦练人马，待机出关东进，与项羽再夺天下。那么究竟应当怎样选择呢？说到底还得从顺应大势上找出路，来不得半点感情用事、意气用事。

从刘邦集团内部看，士卒思乡、军心不稳是个大问题。因为他带去的部队，包括将领、军中官吏和士卒都是崤山以东的人，父母兄弟、老婆孩子都在故地，到了完全陌生的汉中，表现出相当的不适应，日夜翘首盼望回到自己的家乡，而且已出现了大批逃跑的士兵。这种状况如果持续下去，必将严重威胁刘邦集团的生存，这是个无法回避也拖不起的问题，刘邦必须做出选择。

从外部条件看，此时项羽所处的形势也已发生了重大变化。项羽先废义帝再杀之，当初把各路诸侯力量聚集起来的旗帜没有了，精神涣散了，诸侯和众将心生寒意、渐渐地叛离而去。而项羽虽然搬掉了他从未瞧得起的义帝，自己当了老大，但却激起众怒，成为天下痛斥的对象，已失去当年大封诸侯时的基础。诸侯接连被叛，田荣反了，彭越叛了，赵王也不听话了。没办法，项羽又和众诸侯打成了一锅粥，难分难解，你死我活。

在这种情况下，刘邦再次顺势而为，举兵出关，挥师东进，一路上以讨伐杀害义帝者为旗帜，该打的打，该招降的招降，人心所向，大势所趋，很快便成为诸侯的核心，力量不断壮大。而此时的项羽已是孤家寡人，四面楚歌，彻底失败只是个时间问题。

从上述史实中我们不难看出，顺势而为首先要有势可顺，无势则必须待势。而某种势的形成是有条件的，也有个酝酿生成的过程，并不是举目可知、俯首可拾那么简单。所以，当某种势尚未形成或相关条件尚未成熟的时候，无论你多么着急、多么期盼、多么委屈，乃至有多么大的雄心壮志，都得忍着，而且要忍得住、忍得明白。这就是待势。待势的核心就是一个忍字，而这一个忍字又何其了得。它既是一门硬功夫，也是一种胸怀；既是一种智慧，更是一种境界。普天之下，又有多少人能忍得住、忍得明白。而刘邦明白这个道理，鸿门之会可以说是他人生的奇耻大辱，拼死拼活打下了关中，而且和老百姓有了约法三章，按事先的约定，他理所当然地做关中王。但面对当时态势，刘邦忍了下来，不仅拱手让出已占领的关中，而且乖乖地去当了汉中王，因为他知道，势未成。他当时的唯一选择就是忍。

所以，待势在很多时候既要忍得住冷落，耐得住寂寞，要坐得住冷板凳，不要怕被人瞧不起，不要怕门庭冷落，更不要怕别人说三道四，宁可失了面子，也要守住里子，安下心来，扎扎实实做好自己的事。当然，所谓待势并不是消极等待，也不是自甘无为，整天什么事也不做，要么喝闷酒，要么听小曲，等着天上掉馅饼，这不是忍，也不是忍的功夫。虽然历史上确有不少人这样做了，但那不过是障眼之法或自保之策，并没有什么高明之处，说到底不过是“装傻充愣”而已。

相反，一个人也好、一个单位也罢，在被人冷落、被人瞧不起的时候，更应该在隐忍之下发奋图强，闷头做好自己的事。所以易经讲，凶险悔咎都是机会。人家冷落你，正是个机会，而且这个机会要比万众瞩目时的机会，更难得、更实在、更有价值。你应当利用这个谁都不正眼瞧你的机会，发愤学习，转危为安，由弱到强，等到大势形成的时候，你才有资本、有条件、有能力奋起一搏，如越王勾践等。虽然《史记》没有记载刘邦到了汉中之后，究竟想了什么、做了什么，但我想他肯定没闲着，否则便不会有后来的楚汉之争了。还是那句话，顺势的关键在于有为，待势也是一样。

因为无论顺势也好、待势也罢，都是一个充满变数的过程，这其中可能有成功，也可能有失败，干扰、挫折、苦闷、彷徨等是少不了的。这就需要极强的定力，而这定力主要来源于坚强的信仰和对事业的信念。如果你没有这种信仰和信念，或你经受不了待势的冷落甚至是折磨，那肯定是待不住势的、也是顺不了势的，其结果将会是这样，要么有了点成功，就得志便猖狂，以为天下唾手可得，一切都不放在眼中，一切都不在话下。如此，你便离倒霉的日子不远了；要么一经挫折或失败，就怨天尤人，什么都是别人的错，老天为何如此不公，进而焉头耷脑、一蹶不振，昏昏噩噩了此残生，还谈得上什么待势顺势；要么一听人家说三道四或恶语相加，便气愤满门、暴跳如雷，进而左思右想，苦闷彷徨，意志动摇，信心不再。当此时，既使势成了，机会来了，你又能有什么作为呢？因为你的精神垮了，信念也垮了，就算拱手送你一个大势，恐怕也难有作为了，更何况天上从来不会掉下馅饼的。

从这个意义上看，定力在待势和顺势中是至关重要的。也就是说，只要是符合历史潮流的，只要是有利于推动人类进步的，只要是自己有能力做而且看准了的，就必须构筑坚韧不拔的定力，任你风吹浪打，任你闲言碎语，无论困难和挫折，也无论是冷落或寂寞，我自岿然不动或若闲庭信步。

这是一种自信，也是一种坚韧；这是一种意志，也是一种境界。正如我们党一再强调的理论自信、道路自信和民族自信，说白了，就是要在复杂多变的世界格局中，保持这份定力。无论你是“威胁论”，还是“唱衰论”，无论你是围堵也好，还是扰局也罢，中华民族依然高举自己的旗帜，沿着既定的道路，按照相应的战略，坚定不移地发展下去。世界这么大，总有我们的发展空间，总有我们的朋友和合作伙伴，围是围不住的，唱是唱不衰的，打是打不垮的，历史终究是向前发展的。不管怎样，还是和平共处、合作双赢的好。

反之，没有了这份定力和信念是成不了大事的。当年刘邦之所以下决心出关，与项羽一争高低，与其说是他个人的定力和信念，当然这也是事实，不如说是他的团队尤其是骨干力量，如张良、萧何、韩信等人的集体定力和信念。当刘邦尚犹豫不决之时，韩信等人的屡屡建言发挥了重要作用。从这个意义上说，统帅的定力和信念固然是第一位的，但一个领导集体、一个团队的定力和信念，同样是不可忽视和极其重要的，尤其是在遭遇重大挫折、面临重大挑战、面对重大抉择的时候，后者常常具有决定性意义。

所以说，越是在错综复杂的条件下，越是在困难与挫折的时候，越是在干扰和诱惑的氛围中，越是要保持自己的定力和信念。既不要被一时之困所动摇，丧失坚定不移走下去的信心，也不要被一时之功所遮目，头脑发热，得意忘形，盲目而为；既不要被一时之利所诱惑，贪利忘义，义利两失，因小失大，失去人格，也不要因一时之错而手忙脚乱，失去方寸，或遮遮盖盖，不愿承认和改正。只要我们的定力和信念在，困难是可以克服的，弊端是可以改正的，挫折是可以战胜的，胜利和成功终究是属于我们的。这不是盲目自大，也不是妄自菲薄，更不是自说自话，人类历史已经无数次地证明了这一点，并将继续证明这一点。

接下来，我们再说乘势。与顺势相比，乘势有两个基本特征，一是大势已成，有势可乘，无需待势，主要是如何乘的问题。二是比顺势具有更明确、更强烈的主观自觉，是一种更积极的行为选择，而且大都具有明确的价值目标和意义追求。在这方面，曹操一生的作为是比较典型的，我们以此为案例，对乘势做个分析。

与刘邦不同的是，曹操出身贵族世家，祖上曹参是汉朝的相国，父亲曹嵩官至太尉。曹操小时候虽然不被众人看好，但他二十岁的时候，还是被举为孝廉，任命为郎、校尉之类的小官，从此走上了极为艰辛却也充满辉煌的仕途之路。

那么，曹操初入仕途时面对的是一个怎样的形势呢？这得从两个视角来分析，一是朝廷内乱引发天下大乱。灵帝去世后，太后临朝听政。大将军何进为了诛杀宦官、压制太后，就令董卓带兵进京帮助。没想到董卓是来了，而此时何进已被杀。董卓便如出笼的野兽，废黜少帝，另立献帝，诛杀大臣，烧毁宫殿，挟持皇帝回长安去了。于是各地刺史和太守纷纷起兵，结成同盟，以袁绍为盟主，意欲与董卓对抗。但大家见董卓兵势强盛，又不敢率先进击，只得驻足观望。而此时的曹操不过是一位代理将军，还算不上是一支力量。但他慧眼独具，知道这是一次乘势而为的难得机遇。他认为："举义兵以诛暴乱，大众已合，诸君何疑？向使董卓闻山东兵起，倚王室之重，据二周之险，东向以临天下，虽以无道行之，犹足为患。今焚烧宫室，劫迁天子，海内震动，不知所归，此天亡之时也。一战而天下定矣，不可失也。"从这段话中我们不难看出，曹操对时势的认识是相当清晰的。他见诸军天天聚众宴饮，不思进攻，于是便向张邈借了一些士卒，独自向西进军，打响了反抗董卓暴乱的第一枪。后来虽因兵少而败，曹操本人也受了箭伤，却也因此而名噪一时，成为各路人马不敢小视的人物。

二是黄巾起事。当时，狼烟四起，遍及八州，尤以青州为甚，一百多万黄巾军涌向兖州。而此时的兖州牧刘岱由于战略战术上的错误，导致兵败，他本人也为黄巾军所杀，青州大乱。在各路军马驻足观望之际，曹操再次乘势而上，接受鲍信等人的请求，率军进驻兖州，并在鲍信等人的协助下，击败了黄巾军，并一路追杀。这一战下来，曹操不仅收获了威名，更为重要的是收编了三十多万黄巾军士兵，组成了自己的主力部队"青州军"，终于有了自己的班底。后来，"青州军"一直跟随曹操南征北战，为曹操一生的事业发挥了重要作用。

这表明，在天下大乱的纷繁运化中，曹操善于抓住任何一次机会，乘势而上，全力作为，虽然屡屡失败，多次负伤，但却从不动摇，坚定不移地向着自己的目标奋进。对于这一点，我们可以从皇帝在册封曹操为魏公的册文中，有个比较系统的了解。当然，依当时曹操的势力和威望，册文中难免有些恭维和浮夸之词，但其中的实事却也可证可考。概括起来大体说了十一件事，如率先讨伐董卓；在打败黄巾军的过程中发挥了重要作用；

清除了韩暹、杨奉对朝廷的专擅，迁都许都，恢复宗庙祭祀；打败了桥蕤，袁术斃命，党羽溃散；诛杀吕布，张绣来降；官渡之战，以少胜多，击溃袁绍；平定四州，消灭袁谭、高干，海盗奔逃，黑山归顺；远征乌丸，击败袁尚，安定塞北；南征荆州，刘琮降伏；兵锋西指，击垮马超、韩遂，安抚戎狄，和好异族，安定边境；鲜卑、丁零、单于、白屋臣服纳贡。

如果我们仔细读《三国志》，就会发现，册文里所说的这些事，大都是曹操乘势而为之，表现出极强的主动进取意识。也就是说，曹操做这些事，大都不是皇帝的命令，也不是什么人非要他做，更不是受小人蛊惑或出于某种私欲而为之，完全是凭借他对时势的洞察以及强烈的主观自觉，主动地去识势、知势、顺势，并能抓住有利时机，充分利用各种条件，乘势而为。虽然《三国演义》和传统戏曲，把曹操描写成“奸相汉贼”，后世也有人评价他是“治世之能臣，乱世之奸雄”，也许曹操在那动乱复杂的时局中，确实搞过些阴谋诡计，但至少他是有所作为的。人无论富贵贫贱，总该活出一种精神来。好了，我们还是回过头来，看看曹操在官渡之战中对局势的把握，也许能更好地理解这个问题。

当时的态势是，袁绍不仅是朝廷任命的大将军，而且已吞并了公孙瓒，拥有四州土地，军队十多万人，且有黄河之险，可谓兵强马壮，战将如云。而曹操此时虽然也是朝廷任命的司空，但土地不过一州，兵卒不过万人，与袁绍的力量相比是相当悬殊的，连他的首席谋士荀攸都认为：现在我军兵马太少，不是敌人的对手。但曹操还是下决心进击袁绍。因为他懂得，势可顺，亦可乘；势可造，亦可破。自己已然乘势而起，就不仅要造自己的势、壮大自己的势，还必须去敌人的势、破敌人的势。而在当时的整体局势中，只要打垮了袁绍，破了他的势，不仅可以极大增强自己的势力，而且也会造成“普天之下无人能敌”的大势。所以虽有风险，但这险是值得一冒的。因为后来与他三分天下的孙权和刘备，此时还都不成气候，孙权偏居江东，刘备寄篱于袁绍军中。当然曹操无法知道，此时的诸葛亮正在偏僻的乡野之中，谋划着三足鼎立的天下大势。

更为重要的是，曹操不仅参透了局势，而且也参透了局势中的人，尤其是关键人物。他之所以敢冒险去打袁绍，很大程度是他摸准了袁绍这个人，“吾知绍之为人，志大而智小，色厉而胆薄，忌克而少威，兵多而分画不明，将骄而政令不一，土地虽广，粮草虽丰，适足以为我吾奉也。”

应当说，这段话分析得非常透彻。因为，那些在一般人看来都是优势和有利的东西，曹操却看到了它的反面，以及优势可转化为劣势、有利可能转化为不利的相对性，兵不在多而在精，将不在勇而在用，土地粮草不在大小多少，而在于既可为你所用，也可以为我所用。可见曹操是深得反成之道的。

那么，曹操对袁绍真的看准了吗？有个小插曲足以证明。在曹操与袁绍对峙的时候，曹操决定分兵东征刘备，大家都不同意：和咱们争天下的是袁绍而不是刘备，眼下袁绍就要打来了，怎么可以分兵去打刘备呀？如果真的东征，袁绍必定会抄我们的后路，形成前后夹击之势，那结果是相当可怕的。但曹操则认为：刘备是人中豪杰，现在不打，将来一定是后患。而袁绍志大才疏，疑心极重，遇事反应迟钝，犹豫不决，必不会出手。后来的事态发展正如曹操所料，他打垮了刘备，而袁绍依然没有乘虚出击，依然在他的营帐里花天酒地，失去了一举击溃曹操的绝佳时机。这就是袁绍，而曹操正是看准了这一点，知道袁绍的势一定能破。这正应了老百姓的一句俗话，兵熊熊一个，将熊熊一窝。

古人在参研易经时，曾有过这样的体会；势无真假，确有沉浮。意思是说，任何意义上的势，都处在纷繁复杂的变化之中，其要素尤其是相互对立的要素，也都处在不断转化之中，今天是朋友，明天是敌人，今天合作，明天分裂，今天我和他一起打你，明天你和我一起打他。不断整合是势的本质特征之一。所以说，势无所谓真假，“兵无常形，水无常势”。但对于如何对待势、如何乘势，却又是有原则、有规律、有底线的，什么样的势可乘、能乘，什么样的势不可乘、不能乘等，却万万不可随心所欲或马虎大意的。否则的话，你所乘的势不仅无助你发展壮大，而且轻者损兵折将，重者身败名裂。无论是个体还是企业，无论是政治、经济、军事乃至外交，都是这么个道理。凡欲乘势而为者，不可不察，不可不慎，切不可凭一时之兴，不辨黑白，有势必乘。如此，其结果大都不会太好。

应当说，曹操在这个问题上是相当有主见的，在重大原则上把握得住。黄巾起事后，天下大乱，各地豪强纷纷聚众起兵，相互厮杀，朝廷已失去控制能力。天下之势错综复杂，真假难辨。这个时候，冀州刺史王芬、南阳许攸、沛国周旌等，四处联络地方豪杰，准备废黜汉灵帝，立合肥侯为帝，重建朝廷，以统天下。此时曹操正因拒任东郡太守一职，借托有病赋闲在家。

王芬等人干如此大事，自然会拉曹操入伙，许以厚利。而这对于曹操来说，也确是一个东山再起的好机会，可以乘势而出，干一番事业。但曹操断然拒绝了。后来，王芬等人的倒行逆施果然失败。董卓进京控制了朝廷之后，可谓权倾朝野，无法无天。为了巩固自己的地位，也想笼络曹操为己所用，于是奏表任命曹操为骁骑校尉，表示愿意与曹操共商国家大事。这次曹操不仅拒绝，而且干脆来了个不辞而别，回家变卖家产，募集义军，组织了自己的部队，准备讨伐董卓。而此后董卓的下场，是大家都知道的。还有一次，袁绍和韩馥密谋策划立幽州牧刘虞为皇帝，也派人请曹操参与，共襄大事，而此时的曹操在众豪强中，是比较弱小的一支，但他不为利诱所动，依然拒绝了。

纵观曹操一生作为，这“三拒”既不是义气用事或感情用事，也不是偶然发生的。应当说，这是他对乘势原则的一种自觉、一种坚守。因为在这“三拒”的时候，曹操都是弱势的一方，有时甚至手无一卒一将。这种情况对曹操而言，他何尝不想借势而为呢，何尝不想迅速做强做大呢，又何尝不想进入当时的核心圈子呢？但他更清楚，无论是王芬等人也好，还是董卓、袁绍之流也罢，他们的势不过是一时之浮势，看上去很强大、很热闹，但终究是要沉下去的，终究是无法成为历史大势的，归根到底不过是一片浮云，终要散去。而曹操又岂能为这一片浮势而赔上自己一生的追求呢！这就是他的原则。

从更深的层面上看，曹操一生不行篡位谋立之事，即使在身为魏王和宰相、一人之下万人之上的时候，或者说实际已没有了一人之下、他就是实际上老大的时候，也始终坚守这一底线和原则。建安十五年他在《让县自明本志令》中，特别表明自己守义为国，无意取代汉室。为了消除朝野误会，他决定让出受封的三个县，并嘱咐妻妾，他死之后无论她们嫁到哪里，都要为他说明无叛汉之心。应当说，依曹操当时的实力和权势，自己来当这个皇帝，可谓举手之劳，但到死他都守着自己的底线。正所谓，势有沉浮，唯在守德是也。

从易经的观点看，无论是待势、顺势、乘势，还是借势、造势、破势，首在正位或位正，位不正，虽得势而必失，虽得刚而必衰。

那么，从势的角度说，这个位是指什么呢？如前所述，这个位首先是一种关系，既是人与人的关系，也是人与时空的关系，亦或说，人们只有在相应的关系中，才能确认自己的位。而每个人无时不处在一定的关系之中，又因关系的不同而形成不同的位。正如易经中的吉凶悔咎，都是以一定时空之位为条件的，所谓的失位、错位、越位、位不当等，也都是就一定时空之位而言的，都是具体的位。易经中没有抽象之位、没有静止不变之位，也没有脱离时空条件而存在的孤立之位。所以，乘势而为，要在正位。这一点，对于优化我们的思维方式和思维逻辑，是很有价值的。

其次，这个位也是一种条件。除了上边说的时空条件，还包括这个位所具有的资源条件，所能提供的资源条件，所能整合到的资源条件等。从研判的角度说，位的这种资源性并不在于它的扩张性，而在于它的有限性。也就是说，当我们认识和判断某位所具有的资源条件时，不应当从最大化、最大可能性的角度入手，而是应当从最低限度和最大限制的角度入手，并进而去追求最大化和最大可能性。因为任何一个位，都有自己相对的本份，这是由相应的客观条件决定的。如果你以最大化和最大可能性为判断依据，或超过了某位资源条件的可能性和承受力，其结果必然是失位、错位或越位。如此，失败或挫折便是一种必然。

有些时候，人的位不当，而位不当则名不正，名不正则言不顺，言不顺则威不成，威不成则事衰。在这种条件下，为了成大业或可借势而正位。说白了，就是通过相应的筹谋运势和资源整合，使自己的本份得到增强，以便推动事业的发展。这在历史上是不乏案例的。

人生在世，时势位果，如影相随，不可不慎也。

第八章
盈亏之律

易曰："日中则昃，月盈则食。天地盈虚，与时消息。"《易传》也说："天道亏盈而益谦，地道变盈而流谦，鬼神害盈而福谦，人道恶盈而好谦。"核心是个盈与谦或盈与亏的关系。这个观点对后世影响很大，不仅成为儒家的重要思想，如谦谦君子等，也为其他学派所接受。那么，这其中的规律以及对今天的我们又有什么意义呢？

一、以亏持盈

在古人的语境中，盈一般是个负面的表达，也就是满和极的意思，而满就不好了，月满则亏，水满则溢，就要走向反面来，就要开始亏了；极也是不好的，盛极而衰。从一般规律尤其是自然规律上说，确实如此。盛极而衰，是大自然的不二法则，世间万物包括人本身，是没有例外的。比如月亮在最圆的时候，就开始缺了；太阳在最高的时候，就开始落了；鲜花在最盛美的时候，就开始凋谢了；人在最精壮的时候，就开始衰老了；一件事情在最高潮的时候，就已经接近萎顿和尾声了；一个企业在最强盛的时候，往往就开始走下坡路了，等等。这样的案例很多。

但是，我在参研易经的时候，总有一个想法挥之不去，即人之初，性本欲，对利益的追求伴随生命的整个过程，又有谁不渴望充盈和美满呢？况且对于短暂的人生来说，光是这样抽象地讲“水满则溢”，很多具体而现实的问题，恐怕很难解释得周全。因为无论是盈是亏，都只是事物的一个方面。它或许是事物的主要方面，但也并非事物的全部；它固然是事物发展的规律，但它同时也是事物发展的过程；它虽然是必然的果，但也一定有相应的因缘。如果我们仅仅讲一个方面，就很容易把人尤其是青年，导向消极和无奈，反正人生就这么回事了，怎么努力最终都没有个好结果，那还干什么干呀！相反，事物发展过程中的美好和幸福，也就随之淡化了。

而事实上，从古到今尽管大家都知道“盛极而衰”的道理，但又有多少人真正放下了自己的追求，隐逸之士终是极少数；尽管朝代更替、江山易帜不断重演，但又总是前赴后继、兴亡交替，人类总是向前发展的；尽管企业一个一个地死，但也一个一个地生。总之，一个不可否认的事实是，人们不能因为知道终究要死，就不再想活了；人们不能因为知道终究要溢，就不再追求了；人们也不会因为知道必然要衰，就不再做任何努力了。也许个别人能做到，但对绝大多人来说，这是不可想象的。因为人生下来不仅要生存，更要发展。如果大多数人都做到了，那也许就没有人类社会了。为了搞清楚这些问题，我在参研易经相关卦爻时，便把重点放在了这盈字上，试图回答：这个盈究竟是什么意思？这个盈究竟可持不可持？如果是可持的，那么其中又有无规律可循？

从易经的整体观点看，这个盈既有满、溢、极的含义，也有因溢因衰而生而长的含义，引申为充盈、充实、饱满、获利等含义。也就是说，当一个人或一个事物处在某种盈的状态时，这个盈可能是一种满、一种溢、一种极的程度，也有可能是一种充实、饱满或盈实而和的过程，亦或是一种获而丰的状态。而不是说，任何意义上的盈都必然是无条件的溢，或无条件的极。更何况，易经是“无果”的，因而溢和衰也不是绝对的。盈是相对的、具体的、变化的，亏和虚同样也是相对的、具体的、变化的。那么我们这样说，有没有道理呢？

首先，任何事物包括人的存在和发展都是个过程，而盈不过是这个过程中的一种状态，它既不是过程的全部，也不是过程的最终结果。因为满与溢也可以是吐故纳新、循环往复的起点，有盈就有亏，有亏则有新，都是相对的。那么，盈既然是一种状态，那它就一定是动态的、变化的，而只要是变化的，就一定具有多种可能性和不确定性，既然是可能的、不确定的，那么盈的“结果”就并非一定是溢。因为一切变化都是有条件的，而面对这些条件，人又是具有主观能动作用的，人既可以认识世界，也可以认识自己，尽管这是很艰难且并非人人都能做到的。所以，把盈与溢无条件地直接划等号，面对现实生活中的各种存在，的确有失绝对了，也不符合事物发展的本来面貌。比如月满的时候，蚌蛤的肉就充实，自然中各种阴性之物也都呈现出充盈的状态；而月晦的时候，蚌蛤的肉就空虚，自然中各种阴性之物也随之空虚。在这里，月满月晦是条件，充盈和空虚都是事物在条件作用下的状态。如果只说状态不讲条件，便显得抽象了。从事物本身看，充盈与空虚又是互为条件的，没有月晦时的空虚，就不会有月满时的充盈，而没有充盈的状态，也就无所谓空虚了。

其实，人和人类社会也是如此，始终处在盈亏之间此消彼长、循环往复的过程之中，盈是消的开始，虚是息的开始，随时而生，适时而化。在这个循环往复的过程中，有的人或有的社会阶段可能会走向自己的反面，盛极而衰，如北宋晚期太平日久，人物繁阜，垂髫之童，但习彭舞，斑白之老，不识干戈。皇帝沉迷于书法绘画，大臣们迷醉于吃喝玩乐，等待他们的结果就是“靖康之耻”，国破家亡。正所谓人阔变脸，小成即堕，小康之极，人必变异。但这种因盈而衰，大都是自己打败自己的。杜牧的《阿房赋》有云："灭六国者，六国也，非秦也；族秦者，秦也，非天下也。"

但需要注意的是，这只是盈的一种结果，而不是唯一的结果。还有一种可能，即人和社会虽处于充盈状态，但当事者能够居安思危、于达思穷、于得思失，自觉地意满则减、志得即返、损益得当；或凭借发展惯性力量继续保持充盈状态，亦或经过调整、改革或增减之后，继续在充盈的状态下向前发展。这同样是盈的一种结果。就是说，在发展过程中，只要我们能够适时顺势，科学把握好盈亏之律，某件事情或某个阶段某个过程的持盈而行是可能的。其道理就在于盈是以亏为条件的，而不是孤立存在的。有亏便可持盈。如此，如何亏便成为持盈的硬功夫了。

其次，任何事物包括人和人类社会都是有质量的，因而其变化的状态，也就必然包括量变和质变。任何一种存在的状态，都是质和量的统一，盈和亏也不例外。那么，我们通常所说的盈，究竟是一种量变的状态，还是一种质变的状态？在这个问题上，比较多的论述认为盈是一种质变的状态，其结果是必然走向自己的反面，也就是盛极而衰了。当然，正如前面所说的，从普遍规律尤其是自然规律上看，是这样的。但就其存在的过程而言，我们既不能简单地把盈视为量变，也不可机械地断为质变。为什么这样说呢？易经的观点告诉我们，盈既不是事物的原点状态，也不是沸点或冰点状态，而是量变与质变的"节点"状态。就是说，在盈的状态中量变并没有停止，而是仍在继续，或正在加强，已有了质量的因素，或者已接近质变的临界，但这并非质变本身，质变可能发生但并未发生。正因为如此，盈才具有多种可能性和不确定性，它可能致极而反、发生质变，也可能在"节点"状态上继续运行，或在亏的作用下返回一般的量变状态。一切以具体的时间、地点和条件为转移，切不可抽象而断。

这里面，人的主观自觉是个重要的条件。因为盈这个"节点"状态，并不像化学反应那样有形态、有颜色、有数据，一切清晰可辨；也不会像水那样，凝结了就是冰，沸腾了就是气。而人或社会的盈这个状态，是极难用形态、颜色、数据来描述和分析的，即使是如今的大数据技术，也无法科学而准确地做到这一点，尤其是处在"现在时"状态的盈，更是很难认识和判断的。我们现在看到或引用的盛极而衰的案例，几乎都是"过去时"。因为已经成为历史了，后人反而看得更清楚了。如果把它放回当时的环境中去，当事人未必能认识到这一点。如果当事人知道盛极而衰的结果，那他一定会想办法防止的，因为没有人愿意承受衰败的后果。那么既然如此，比较可靠的办法就是人的主观自觉了，无论是儒家的三省吾身，还是道家的内省内观，以及佛家的参悟自问，说的都是这个道理。而这些功夫单纯靠外力是不够的，也是很难有长效的，关键的要靠自觉，就是在没有外部压力的情况下，自觉地去省去悟去问。

那么省什么、问什么、悟什么呢？工作上的总结和反思自不必说，从处盈防极的角度看，反省自己的生活方式和交际方式，是一个比较有效的方法。比如，当你把奢侈生活视为平常的时候，当你把收人钱财视为应当的时候，当你把自己视为老大的时候，当你把女人视为玩物的时候，等等，都表明你差不多已到盈的“节点”了，正处在接近质变的状态，如不能自觉自省、痛改前非，那等待你的必然是法律的审判。

其三，与大自然盈亏之律的不同之处在于，对于人和人类社会来说，充盈是一种自觉的、主动的价值追求，无论是生理上、物质上的充盈，还是心理上、精神上的充盈，都是如此。而推动这种追求的基本动力是人的利益。所以，持盈的基础在于调控欲望。

大家都知道，人的欲望随着年龄的增长和社会化程度的加深，会变得日益强烈而复杂。这正如荀子所云：“人生而有欲，欲而不得则不能无求，求而无度量分界则不能不争，争则乱，乱则穷。”就是说有欲必有求，你有的我也得有，你多了我也不能少；有了一万想百万，有了小房想大房，当了科长想处长，海鲜珍禽吃腻了，又想着去吃野菜，即使当了皇帝，还盘算着怎么成为神仙，长生不老。呈现出最大化和无限性特征，且不分男女老幼，人皆原本如此。所以晁错说：“人情莫不欲寿，人情莫不欲富，人情莫不欲逸，人情莫不欲安。”有谁不希望自己长命百岁，有谁不企盼腰缠万贯，又有谁不想什么也不干而又衣食无忧呢？

这是从人的本性说。但如果把它放在社会层面上看，问题就来了，而且层出不穷。概括起来，就是欲望的无限性与资源有限性的矛盾。为了调节这个矛盾，古今中外的先哲圣贤，提出了各种各样的理论学说，形成了各种各样的宗教，开出了各种各样的“药方”。仔细看来，无论他们的主张观点有多大的不同，但在调节人的欲望这个基本点上是大体一致的。因为大家都知道，欲望的无节制扩张，必将毁掉人类自身。这正如方立天先生在《佛教哲学》一书中所言："苦谛正是人类心理上有限与无限、瞬间与永恒的矛盾的反映。'生老病死'四苦说，反映了人类对幸福、自由、永恒、无限的渴望、追求，以及对痛苦、死亡、短暂、有限的悲唱、哀叹，这也是人类在无限的宇宙和永恒的历史长河面前，对人的短暂、渺小的省悟、怅惘。"[①] 故曰：人生最无奈的是时间不可重来，而它留给你的，便是衰老和死亡。

应当说，正是这几千年的不懈努力，人类逐渐懂得，人的生存不仅是欲望和私利，人的精神也是可以高尚的，人生是可以有境界的，因而人的欲望也是可以调控的；欲望的放纵，不仅会伤害他人、伤害社会，也同样会伤害自己；人生中太过高亢、太过盈满的东西，都是不能长久的。比如一个人无论有多么高昂的歌声或喊声，最多不过几十秒，超过了这个"极"，你就会因缺氧而晕倒，而细微绵长的呼吸，却可以持久不衰，这也是一种盈；人无论跳得多高，最多也只能维持几秒钟，终究要落到地下，而慢步徐行则可致百里而不衰，无非是累了坐下来歇会，这同样是一种盈；人无论有多少钱、多富有，你也只能一天三次餐、一夜七尺床。

古人云："烈风骤雨无崇朝之威，暴涨狂澜无三日之势，催拍促调非百板之声，疾策紧衔非千里之辔。人生寿夭祸福无一不然。"这话已经讲得非常清楚而深刻了。因而最真实、最健康、最安全、最持久的生活方式，莫过于基于自然的人生常态，既不禁欲，也不纵欲；既不求大富，也不求大贵；既能知足常乐，又不失奋斗进取；既求价值之得，又看意义之重。从这个意义上说，常态就是持盈，一个人或一个社会都是如此。追求和保持这种常态生活，本质上就是一种人生的充盈。而大富大贵、大红大紫虽可得一时之盛，但终是脱离了人生常态，失去了平常，犹如烈风骤雨、暴涨狂澜，又能有几多时日？还是老百姓那句话说得好，平平常常才是真。这其中的道理也简单，因为人生任何形态的存在和发展都是有条件的，你追求的越多越大越高，所需要的条件也就越多越复杂，而这些条件有的是你具有的，有些则是不具备的；有些是靠努力可以争取到的，有些则无论怎么努力短期内都无法得到的。在这种情况下，如果你脱离了生活常态，去争取那些根本不具备条件的东西，你就会付出更多，苦闷彷徨随之而来。

---

① 方立天：《佛教哲学》，宗教文化出版社 2013 年第 1 版。

甚至在正门正路走不通的时候，你就会选择歪门邪道，虽然也可得一时之利，但到头来你必将以巨大代价来补偿你的行为。相反，那种常态生活看似平淡，过得平常，既没有大富也没有大贵，但从人生的过程来看，却又是成本最低、风险最小、收益稳定、自足而幸福的生活方式。

看到这里也许有人会质疑，难道人生不需要奋斗、不需要拼搏了吗？没有条件不是也可以创造吗？其实就算是常态生活，也同样需要奋斗、需要拼搏，人生哪有不需努力就能生存和发展呢！我这里所说的并不是需不需要，而是重在条件。因为人们的奋斗和拼搏同样是需要条件的、同样是需要成本的，即使是你所说的创造条件，也是有条件、有成本的，一切都不是凭空而来的。如果我们不顾个人的具体条件，不讲个人奋斗的成本，抽象地叫喊奋斗拼搏、发家致富，其结果必如我在前面所说的。所以，一个负责任的机构或成功人士，不仅要激励人们去奋斗、去拼搏、去争取，更重要的是要把相应条件和成本告诉大家，不能只讲自己“过五关斩六将”，不讲“败走麦城”，各有各的条件和成本。

比如国内外那些当红人士，他们确有过人的素质和智慧，他们确也经过超出常人的奋斗和拼搏，他们确也付出了我们难以承受的人生成本，但这并非问题的全部，更不是只要拼搏奋斗就能如其所愿那么简单。倘若我们打开这层神秘的面纱就会发现，他们各有各的机缘和条件，各有各的人生成本，各有各的痛苦和彷徨，只是大都不被外人所知而已。如果我们隐去这些条件和成本，只讲奋斗拼搏，恐怕误导的成份就会大了许多。尤其是对阅历尚浅的青年来说，除了让人热血澎湃之外，也是难有现实意义的。所以，这些人士无疑是时代的佼佼者，却无法成为人生的楷模。因为对大多数人来说，终其一生也无法成为他们那样的人，至少我不能。与其不能，何必强求。而常态人生则更适合大多数人。

其四，从社会和国家层面上说，持盈之道可能会更复杂一些，但也不是无章可循。比如我国古代圣贤提出的小康理念等，尽管并没有形成规模性实践，但从局部和某个时期看，也还是可资借鉴的。这些理念和主张告诉我们，一个充盈而不溢的社会，首先应当是一个基本消除贫困的社会，这也就意味着缩小了贫富之间的差距，而贫富差距的不断缩小，也就意味着中等收入群体的扩大，社会由此而充盈。

但这里面也有需要注意的问题，一是要消除的是绝对贫困，而不是相对贫困。因为相对贫困是任何社会、任何时期都会存在的，它更多地表现为一种发展的差异，而不是生存问题本身。所以相对贫困是不能被消除的，差距只能被缩小。这就如同人与人之间的个性化差异一样，我们永远都无法消除这种差异。这就是说，一个充盈的社会乃至小康社会，相对贫困依然会存在，差距依然会存在。这不仅不会影响社会的充盈，反而是一个社会持盈的动力和条件之一。

二是缩小贫富差距，不能用抑制或削减富裕的办法来解决，尽管在某些特定的历史时期有过类似的实践，但它只适用于那些特定的历史时期。因为从本质上说，在那个特定的历史时期，它并不是贫富差距问题，而是一个阶级对另一个阶级的损益，这种损益是建立在长期被剥削基础之上的。从人类历史发展过程来说，这同样是不可否认的客观存在。但在经济社会发展常态中形成的贫富差距，则不属于这种特定的性质，亦或说一部分人先富裕起来，并不是导致另一部分人贫困的必然，二者没有因果关系，也不是一个问题的两个方面。因此，消除绝对贫困、缩小贫富差距，只能用发展经济和全力扶贫来解决。在这个问题上，咱们国家是有资格发言的。改革开放以来，一方面是富裕人口持续增加，呈现出普遍富裕的发展态势，另一方面贫困人口也在持续减少，现在又进入了最后的攻坚阶段，消除绝对贫困的目标指日可待。放眼全球，在不到四十年的时间内，在一个贫穷落后的国度里，能够帮助几千万人脱离贫困，同时又使相当一部分人富裕起来，全国人民生活水平普遍提高，恐怕没有几个国家可以和咱们比肩的，至少现在没有。这是一个连我们的“敌人”都不得不承认的基本事实。尽管贫富差距仍然很大。但如果细说起来，这里面又有多少艰辛，多么不容易，国人当珍惜！

其五，一个持续充盈的社会固然需要很多条件，但中等收入群体的持续增长并成为经济社会发展的重要力量，恐怕也是个不可忽视的条件。这不仅是因为国际社会已有的经验和教训，而且在我国历史上也不乏正反两个方面的借鉴。也就是说，当一个社会呈现出稳定、发展而又充满生机的时候，它背后的社会财富也总是呈现相对均衡、中等收入群体不断增长的状态。这时侯也会有极富的人和绝对贫困的人，但他们都不是社会主流，他们的价值观和生活方式也不会成为社会主导；反之，当一个社会呈现出动荡乃至战争这种非常态的时候，它的背后也必然是土地兼并、社会财富高度集中、中等收入群体急剧减少、赤贫人口持续增加的状态，随之而来的，也必将是生产关系的严重对立和阶级矛盾的日益激化。在这个过程中，处于少数的富贵阶层不仅左右着经济命脉，而且往往会成为社会价值和生活方式的主导力量，并深刻影响着社会公众的价值取向和选择。在这种条件下，由于中等收入群体的日益弱势，社会将失去应有的均衡和活力，在由盈而满、由满而溢、致极而反、盛极而衰之后，历史进入一个新的循环。持盈也就成了下个过程的新课题。

由此可见，在一个社会的整体结构中，中等收入群体不仅是促进经济可持续发展的重要力量，也是增强经济活力、保持社会相对均衡的重要力量。这其中的道理就在于，在一个常态发展过程中，中等收入群体不仅最有可能成为富裕的人，也最有可能成为相对贫困的人，因而他们往往是一个社会压力最大、动力最强、最具活力与追求的群体。因为没有谁愿意让自己从中等收入退回到相对贫困，没有人愿意再过苦日子，他们的唯一选择，就是不断奋斗与拼搏，从而构成了经济社会不断发展的动能。中等收入群体在一个社会中的地位和作用，也由此可见一斑了。正是这一群体的不断壮大和发展，才是一个社会充盈的基础。而对于当前推动的创新创业，无论我们怎样阐释它的重大意义，也无论你持何种看法，一个不可争辩的发展趋势是，创新创业必将造就更多的中等收入者，必将成为这一群体日益壮大的强劲动力，历史必将证明这一点。

其六，从企业或集团层面说，持盈之道起码要处理好以下两个问题。一是大与强。把企业做大做强，几乎是所有企业家的梦想与追求，这原本是一件再正常不过的事了，似乎没必要在这里说三道四。但对于一个想要持盈存续的企业来说，却问题大都出现在这里。这些年我看了不少关于中外企业兴衰的书，粗略统计一下，绝大多数企业衰败的主要原因，或由盛而衰的转折点，大都在于盲目扩张、盲目求大，包括我们熟悉的世界 500 强企业和国内知名企业。有些企业虽然看上去依然庞大如初，但实际上已处于衰败之中。而真正因具体管理问题而衰败的企业，是极其少见的。所以，我在前边曾讲到，作为企业家应把更多的精力放在企业的生命管理上，而不是公司的具体业务，更不是为了自己扬名立万。所谓企业生命管理，就是整体管理、系统管理和战略管理。企业家最重要的素质，就是识大局、谋全局，这是持盈之道的根本。

那么，这个大与强又应当怎样看待呢？易经有个观点，叫“慎大”。既然大家都喜欢求大，那为什么又要“慎大”呢？我认为，企业既然是一个生命体，那它就一定是有质量的，而一定的质和量既是有条件的，也是有极限的、有边界的，并与外部环境进行着某种形式的能量交换和信息交流，而这种交换和交流，又在不断地改变着生命体的质量，或正向的、或负面的，如此循环往复，保持着生命体的有效存续。细心的读者可能已经知道，上面这段话给出了三个要素，即质、量和外部条件，正是这三个要素的相互作用，决定着企业生命的大与强。这里的量，既有生命体基础的量，也包括生命体外展和扩张的量，以及可能的最大量值。而无论是基础量还是扩张量，其最大值并不是由量决定的，而是由生命的质决定的，因为质是动能的源泉。这就像人的身体在相对量不变的情况下，你的动能是由你身体的质决定的一样，你生病了，体质下降了，动能也就减弱了。

更为重要的是，企业的质和量状况如何，又与外部条件有着极为密切的关系，而外部条件尤其是大环境，更多是你无法左右的。在这样一个相互依存、相互作用和相互制约的系统中，当企业的质及动能已经不足以支撑量的外展和扩张，或者说质和动能已达到量的最大值，也就是承受力的极限时，你既无法保持系统内的正常循环，也无法与外部条件进行正常的交换和交流，说白了，你自身的质量和动能已经不够用了，而外部条件的支撑也逐渐疲软，那么企业的衰败也就成为必然。如果这个时候你依然不肯收手，企图以再扩张来挽救因扩张而产生的衰败，那你基本上没救了。

因此，一个企业的正常发展轨迹，应当是先自强，不断增强自身的质，精心培育新动能，提升企业量级，使企业处于充盈状态，然后再适度扩张。扩张后企业必然会处于相对虚亏的状态，这时侯再转向质的提升，以及新动能的培育上。当企业的质和动能达到一定量值，也就是当动能已经呈现外溢的时候，再进行适度扩张。如此循环和螺旋式上升，企业必然会因强而大或依强做大，持盈也就在这其中了。历史逻辑表明，强者为大，而大却不一定强，做强既是做大的基础，也是做大的条件。

在这个过程中，如何评估外部条件对扩张的影响，是所有企业家都绕不过去的问题，而且随着经济社会尤其是全球化的发展，这个问题必将愈加重要。所以，企业家对外部条件的评估和把握，资源渠道和市场条件的可持续性固然重要，但更为重要的是政策条件，即政策预期和政策的可持续性。抓住这一点，对企业做强尤其是做大和扩张，是至关重要的。很多企业因扩张而衰落，很大程度上输在了对政策预期和政策可持续性的准确把握上。在经济全球化的今天，这里所说的政策不仅包括国内政策，也包括国外政策。因为在很多问题上，它们已经密不可分了。我在讲“企业生命管理”这一课时，有位企业家希望我给他的企业提点建议，我说你应该成立一个政策研究室，并作为企业核心部门。

另一个是，做生意务求双赢，而非独赢，只有双赢才能持盈。这是一个通古不变的基本法则，在很多百年老店的“法宝”中体现得非常充分。这里所说的双赢，是企业之间自觉的双赢、互为的双赢、一体的双赢，而不是无奈的双赢、被迫的双赢，更不是恩赐的双赢、给予的双赢。对于企业家来说，这既是一种极高的素养，也是一种极高的境界。有此素养和境界者，必能成其大业。因为他们从骨子里头懂得，独木可成而不可支，独树可活而不可林，独赢可成而不可久。要想使自己的企业持盈强大，双赢是个基本条件。因为大家都是相互依存的，我的存在是你得以存在的条件，你的存在是我得以存在的条件，我发展的好对你有利，你发展的好对我也有利。比如一个生产制造企业，你的上游企业发展的不好，你的原材料就有问题，你的下游企业发展的不好，你的产品流通销售同样也会有问题。从横向看，与你有竞争关系的企业发展的好，或对你的发展形成压力，实际上对你也是一种激励，为了与他竞争，你会发展的更好。而事实上，任何时候和任何条件下，独赢或一家独大都是不可持续的。

从如今的情况看，客观上的双赢是普遍的，否则我们的经济发展将难以为续。但这种双赢大多是在客观条件制约下的被动之举，或只能如此了，缺少主观自觉。这种双赢成本往往是很高的，代价也是很大的，而这些成本和代价又大多转嫁到消费者身上，推高了物价。当销售疲弱或市场出现波动时，这种成本或代价又会反过来，影响和制约企业自身的发展。不少企业正是在这种看似双赢的恶性循环中走向衰落。为什么会这样呢？因为在任何一种经济循环中，既有相生的因素，也有相克的因素，相生促进增长，相克形成竞争或消减。而这些相生相克的因素，并非只有你有或只有他有，而是大家都有的。当这些因素在交易中构成某种关系时，相生相克的作用也就随之发生了，而且有些是不以人的主观意志为转移的。所以，如果交易双方或三方缺乏双赢的主观自觉，那些相克的因素便会毫无控制地发挥作用，前面说的那种状况也就难以避免了。应当说，任何客观条件制约下的双赢，并非是双方都受益的双赢。如果从长远发展的角度看，其结果大都是双亏或双败。因为近利与远害总是如影相随，近利容易算计的明白，而远害则常常被忽视。等到远害真正降临的时候，大都救之不及，悔之晚矣，到头来落得个两败俱伤。

说起这个问题，也并非企业所独有，就连人们顶礼膜拜、发心尊崇的佛家亦不能完全避免，何况我们这些凡夫俗子呢！每当我读到"会昌法难"时，内心总有一种刺痛，不忍再读下去。唐武宗登基之后，发现国库空虚，财政几近枯竭，连皇上花钱都不舒服了。那么钱都哪里去了？"十分天下财，而佛有七八。"也就是说，当时的寺庙已成为唐帝国较大的财富所有者，僧众也自然成为富有的群体，朝廷与寺庙的财富比例严重失衡了。而高僧们凭借强大的财力，对于朝廷的政治走向、人事安排和政策取向等，形成了不可低估的影响力。于是，唐武宗在韩愈、李炎等人的支持下，发动了灭佛运动，史称"会昌法难"。皇家的力量毕竟是强大的，在这股急风暴雨中，4600多座寺庙被破坏，大量的佛教经典被损毁了，几十万僧尼被迫还俗，损失是极其惨重的，有些损失是永远无法挽回的。而唐武宗本人也在灭佛运动中因病身亡，朝廷为此也付出了沉重代价，损失也不小。这是个典型的两败俱伤的案例。

应当说，这个案例虽然发生在佛家，但对我们这些俗家也许具有更深刻的教训。无论是什么企业亦或做什么生意，要想持盈存续，就不仅要盘算自己如何盈，同时也要考虑到对方如何盈。因为对方的盈，即是达成交易的前提，也是你能盈的资源和条件。如果你只想着自己盈，而且一定要大盈、全盈，不给人家盈的空间，或要手段挤压对方的盈利空间，那么不仅生意难以做成，就连你自己的盈也是一句空话。这就是生意上的因果关系，你盈的果取决对方盈的因，对方因为有盈才和你做生意，做成了生意你才有盈的果，反之也是一样。但现实中很多企业家却不具有这样的思维方式。生意盈利了，事业有成了，主要归结于内因，认为全是自己的能力所致，而外部大环境的支撑，各方人士的帮助，竞争方的合作，自然都不在话下。而当生意做亏了，事业挫折了，那便全是外因了，诸如大环境不好了，政府不作为了，朋友不帮忙了，总之全是别人的错，委屈都是自己的。殊不知，你有你的内因，人家也有人家的内因；他对你是外因，你对他也是外因。如果大家都只找外因而不找内因，不仅生意做不成，更谈不上双赢了。所以易经强调：为人处事包括做生意，不可不得但不可全得，不可不盈但不可全盈，不可不胜但不可全胜；“三围留一”，逢胜遗路；死地则反，无路则归；过刚则不容，不容则散，散则孤，孤则亡；人取中则是，物取中则兴，等等。讲的都是这个道理。但愿那些时逢昌盛的企业以及那些名满全球的企业家，在静心品茶之时，能有所思考，持盈永续。

最后，就是要正确理解和把握损益之道。从方法论的角度说，易经所讲的损益，也是基于相互依存和一损俱损、两益相得的关系而言的，它是对立面相反相成的一种合乎逻辑的延伸，是一种互为主体、互为损益的辨证关系。在资源和财富相对不变的条件下，有益就有损，有损就有益，关键是谁受损、谁受益的问题。一部分人占有资源和财富多了，就预示着另一部分人的资源和财富在减少。即使你的收入并没有减少，你的家产并没有缩水，但从财富可变量和增值的意义上说，依然是如此。

由于历史条件的局限，易经的损益更多的是讲上与下或下与上的关系，即损下益上或损上益下，而较少涉及横向的，即群体、阶层或集团之间的损益关系。从现实情况看，我们虽然还存在着上与下的关系，也就是大家常讨论的是国富民强，还是国强民富，但从总体上看，以人民为中心，以人民利益为根本，以民生为首要，即“损上益下”已成主流，无需过多讨论。

从社会的视角看，摆在我们面前更多更突出的问题，是横向的损益关系，这要比上下之间的损益关系复杂的多，如贫富差距等。而这些问题也不是单纯的理论阐述所能说清楚的。这种损益关系的调节，固然要靠国家政策、法规来实现，但从长远看，也有待于国民素质的提高。因为这种调节的法律前提是：合法获得的财富不能被剥夺，也不能“均贫富”。所以，留给我们的选择，只能是不断推动经济社会发展和精神文明建设，不断提高广大人民群众的生活水平。

二、三代之富

每当读到“高岸为谷，深谷为陵”，“三后之姓，于今为庶”这样的诗句时，想到那原本巍峨的高山一下子跌落为谷底，而幽深的谷底又一下子升为巅峰；尧舜禹当年是何等的辉煌，而他们的后人如今也成了平民，心中总会掠过一丝凄凉，淡淡的，却也绵长。后来孔子也讲过一句相似的话，叫作“君子之泽，三世而斩”。再后来，又有了“三十年河东，三十年河西”“风水轮流转”“刻薄成家，理无久享”等等。我想，这些也许就是“富不过三代”的来源或依据吧？

那么，这“富不过三代”究竟是历史上的个别现象，还是个普遍规律？究竟是某个时代某些人的偶然，还是历史的必然，任谁也逃脱不了？如果是一种历史必然，那其中的规律又是什么？人类自身能不能克服或解决这个问题？总之一句话，富（盈）可持不可持？

首先，从自然界看，这是个不可抗拒的普遍法则。自然万物，皆有生命，都有个春而生发，夏而蓬勃，秋而凋谢，冬而眠藏的过程。大到极时即为小，小到极时即为大；好到极时即为坏，坏到极时即为好；多到极时即为无，无到极时则为有。人类也是如此，由生而蒙，由弱到壮，由壮到老，由老到死，也是个不以人类意志为转移的必然。就这一点而言，人类与自然之物是基本相同的，都受着自然规律的制约。但从过程来说，二者又是有区别的。自然之物由生到死、因季而异、运化繁衍，本身就是个自然过程，且稳定而有序，呈现出鲜明的规律性。人类作为自然界的一部分，虽然也同样要遵循自然规律，虽然也是个由生到死的过程，但他与自然之物的本质区别，就在于人类有思维、有主观能动性，有认识世界和改造世界的能力；人类虽然与动植物一样，遵从自己、依赖自然、取之自然，但人类可以在利用自然的过程中，不断地认识自然、改造自然、保护自然，以便实现人类自身的可持续发展。这是一个理性的、自觉的、自为的过程，而动植物是没有的。

由此可见，水满则溢、月满则亏、盛极而衰，虽然是不可抗拒的自然规律，但也不能机械地或无条件地套用在人类身上，尤其不能依此来机械地评析和判断人类社会的发展趋势。这其中的道理就在于，对于具有理性和能动性的人类来说，除了自然规律，还有人类自身的发展规律，以及由人类组成的社会发展规律，而人类同样要受这些规律的支配和制约。比如同样是满溢和盛极的状态，自然之物本身是没有选择的也是无法能动地改变的，只能是顺其自然。而人类却有能动的选择能力。人类在主观自觉和科学判断的基础上，可以把盈满的水从杯子里倒出来一些，与别人分享，使杯子回归到亏损的状态，也就解决了外溢的问题；依此人类也同样可以对盛极或衰极的状态，做出相应的调整、改革或加减，使经济社会发展处于充盈而又持续的状态。亦或说，满溢、盛极或衰极不仅是可以认识和判断的，也同样是可以调整和改变的。而这一切的基本前提就是对客观规律的把握。人类自身发展的历史已经证明了这一点，无论是正面的还是反面的。

如果说对某事或某个阶段的满溢、盛极或衰极是可以调整和改变的，那就得搞清楚这个“极”是什么，在什么条件下会走向自己的反面，即盛极而衰或衰极而盛。

我在前面说盈是一种状态而非最终的结果。其实这个“极”也是一样，虽然在质量上和程度上有所不同，但“极”也同样是过程中的一种状态，即不可再满、不可再高、不可再大的状态。但即使这种状态是某个节点或阶段的果，但它肯定也不是最终的结果，或一成不变的结果。我们之所以说“极”是一种状态，主要在于人事的发展和运化，本身既是一个渐进积因的过程，也是一个螺旋式演进的过程；这个过程既是分阶段、有节点的，也是有反复、有曲折、有量变也有质变（局部的）、有进也有退的，而不可能是一条直线。当人事运化和发展到某个阶段或某个节点的时候，在内外部条件的作用下，就会呈现出某种相对稳定的状态，或盈、或极，或盛、或衰。而这些状态作为一种客观存在，又反过来作用于人的认知和判断，影响、制约或促进人的生存和发展，从而使人类对相应状态的调整和改变成为可能。

我们之所以说“极”不是最终结果，主要在于它无论处在过程的哪个阶段或节点上，都不表明人事运化和演进的终结，就是不能把它看“死”了，人事的运化依然在继续着，多种可能性和选择性依然存在。也就是说，当人事处在某种“极”的状态时，它既有可能因极而反，走向自己的反面，由极而衰或由衰而盛，从而进入一个新的螺旋式演进过程。当然也就有可能经过人事的调整、改革或加减，并在吸取经验教训或调整改革的基础上，继续自己的运化和演进。这同样是人类社会的客观存在。

至于说这个“极”究竟向何种状态演变，则既有主观因素，更取决于相应的外部环境和客观条件。对于人事而言，要保持、促进或改变某种状态，尤以资源条件最为重要。因为一般来说，当资源条件比较充沛的时候，也往往是人事由弱到强、由衰而盛的过程；而当人事由强转弱、由盛而衰的时候，则往往是资源转移或资源减损乃至枯竭的过程。这其中，又以人才资源的盈亏最为要紧，因为人事的强弱盛衰，归根到底取决于人才资源的盈亏。我们在前面讲过“势”，无论是客观的势，还是人造的势，乃至权势，说到底都是“人势”。我们常说的势来如山倒，势去不如人，其实就是人心向背的问题，从这个意义上说，势就是民心、就是民意。

在现实中，那些由盛而衰或一衰再衰、衰而不起，亦或盈而不持的企业，究其竟就是个人才资源问题。或自视老大，目中无人，其结果就是人才流失或众叛亲离，成了孤家寡人；或有用人之心而无用人之德，总怕别人比自己强，生怕别人谋了他的利、篡了他的权，其结果是有人不会用、不能用；或重钱轻人，把资本看作第一要素或唯一要素，整天沉醉于资本运作之中，而谁来谁去却不放在心上。殊不知资本运作也是人来做的，而且必须是一个团队的运作。历史表明，在一定的客观条件之下，持盈的关键在于人才、在于人的主观能动作用。而人的主观能动性既需要约束，更需要激励。

其次，从代际传承的角度看。既然是说“富不过三代”，那就离不开代际传承这个问题。第三代太远了不好说，又缺少案例和资料。但至少第二代，也就是老子这代富贵了，儿女这代还能不能继续富下去，是可以探讨的。

先说父辈这一面。从富人们的致富经历和群体结构来看，大多数人是白手起家、历经艰辛而致富的。当然首先是改革开放和现代化建设给了他们这种可能，但这里面确也有个人的秉赋和机缘，这是另一个话题。而那些依靠祖荫或因贵而富的人毕竟是少数，也不是我想讨论的问题。

依我所能看到的相关资料，他们在创业和初级发展阶段，大都有这样一些特征：一是吃苦耐劳，不辞艰辛，坐硬座车、公交车，吃大排档，住小旅馆，视为常态，甚至和员工们一起劳作，一起加班，一起熬夜。说实话，有些苦是一般人难以承受的。二是大都有坚韧不拔的意志，顽强拼搏，不达目的不罢休，有些人甚至是屡战屡败，屡败屡战，大起大落，几经反复，输光了家产，依然奋发进取。有时为了一个批文、一个什么证，或为了一笔资金，可以在什么长的办公室外蹲上几天；为了能卖出自己的产品，可以在买家面前低三下四。老实说，这种毅力也不是谁都具有的。三是大都具有勤奋好学、不耻下问、勇于探索、善于创造的精神气质，为了搞清楚一个问题，为了一项技术，为了某个管理问题，他们进院校、蹲书店、翻网站、访专家、请老师、参加研讨会，直到有收获为止。在他们身上充盈着火一样的激情。当然，这期间他们中的某些人，做了些不光彩的事，或某些学者称之为“原罪”，也是不可否认的。

在这种打拼中，他们的企业渐渐做大了，人也富贵了，很多人又成了什么委员，或成了什么家，因而某些人的生活方式、工作方式和人际关系、乃至说话的口气，也随之发生了变化，创业时的精神气质逐渐疲软，价值追求和思维方式开始异化。因为他们不再需要艰苦奋斗就可以获得比当年艰苦奋斗还丰富的回报，因为他们的财富足以让他们做他们想做的任何事，因为他们认为金钱可以改变他们想改变的一切，舍我其谁的自我膨胀随之而来。就这样把自己推到了自身事业发展的对立面。这时，如果说他的企业还在发展或还处在充盈的状态，那更多的取决于他创业时锤炼的团队，而不是他本人。然而，带好一个团队是一回事，而带好自己的儿女又是另一回事了。

那么人富贵了，为什么会发生这样的变化呢？这些变化与“富不过三代”又有什么样的关系呢？媒体这方面的报道很多，各种见解也不少。我在参研盈亏之律时也作过一些思考。思来想去，觉得用易经关于“脱序”的观点来分析，或许比较贴切。六爻吉凶，在序则解。

所谓“脱序”，引申出来的意思是，宇宙有宇宙的秩序，自然界有自然界的秩序，人生有人生的秩序，经济社会也有经济社会的秩序，都是不可以违背、抗拒和破坏的。一个人如果生活在相应的秩序中，并遵循相应的法则和规律发展，便是“在序”的常态人生。反之，如果因一己私欲或某种目的去违背和破坏秩序、法则和规律，那就是“脱序”的人生状态。而这种“脱序”，又以牺牲自己、他人包括亲人的利益存续为代价。说白了，就是要生活在人之中，而不是生活在钱之中；要生活在事之中，而不是生活在物之中；要生活在更多人的互动之中，而不是生活在少数人之中。这就是“在序”与“脱序”的区别。

这是从一般意义上说，由此推演，便可发现他们的某些“脱序”现象。

一是富贵起来的人喜欢自我封闭，把自己搞得很神秘，而且越是富贵人生的圈子越小，除了身边的几个人，任谁都难得一见，到头来也就真正成了孤家寡人。而圈子越小，你与外部的能量和信息交换就少。缺少这些能量和信息，自身的衰减便不可避免。

这种事见的虽然不少，却也始终难于理解。按理说，企业越大、财富越多，人的活动空间就该越大，所涉及的资源也就越多，而与此相关的秩序、法则也就越复杂。一个企业家要保持企业充盈，恰恰需要更大的活动范围，更多的关系空间，更复杂的管理体系。因而也就需要你走出小圈子，去接触更多的人，接受更多的新鲜事物，吸收更多的营养，协调更多的关系，更多的关心和培养自己的员工，等等。可又为何偏偏喜欢把自己封闭在小圈子里呢？如果说太忙，做过企业的人都知道，总不至于忙到这种程度吧？更何况还有个忙什么的问题，至少忙不是唯一理由。如果说是为了安全，对于身价过亿的人，确也应当防范，但也不至于任谁都想图你的钱、害你的命吧？如果说怕人找你办事或投资，这也是“生意秩序”的一部分，人家找到你总有他的道理，而投与不投在你，况且很多机会就在这里面。对于一个企业家来说，无论大小，多接触一些人和事，终归是个好事。如果你脱离了“人生常态”这个序，这个序总有一天会反制你。同则相从，反则相距。

二是富贵起来的人大都具有“思维脱序”的特征。有人说这是自信，有人说这是特立独行，也有人说这是独创性品格。不错，无论什么职业的人，有自信、有独特品格，都是好的。凡事不与人同也好，特立独行也罢，也都无可非议，能创造性或独创性开展工作，更是难能可贵。但凡事都有个度、都有个对象，也都有个条件，自信或特立独行也是一样。如果超出了应有的度，或不分对象、不讲条件，那自信或特立独行就会成为“过度自我”，而“过度自我”便会造成不同程度的“思维脱序”，其观察、分析和判断问题的立场、观点和方法，就会常常出现不同程度的极端和偏激，也就是我们说的“脱序”。其现实结果是，要么你很难容人，要么别人很难容你，而更多的人则很难理解你，也很难与你相处，更谈不上什么合作共赢了。

从客观上说，富人们“思维脱序”的形成也是有原因的。因为他们在创业打拼过程中，大都或多或少经历一些挫折和磨难，比如失误、受骗或朋友反目等，尤其来自所信任的人欺骗或误导。而这些经历往往使他们的防范心理日益增强，所能信任的人也越来越少。于是，遇事先思七分假，处人先持三分疑，正所谓一朝被蛇咬，十年怕井绳。但尽管如此，生意还得做，该合作的还得合作，该投的资还得投，怎么办？在持疑不解或无人可信的情况下，只能相信自己了，也只能靠自己拿主意了。这个过程的不断重复和强化，便逐渐形成了唯我是信、自我认定的思维定势，也就是过度自我的“思维脱序”。

这种“脱序”的基本特征，便是对外部意见，包括亲朋和助手的意见，表现出一种习惯性，甚至是无意识的防范、反感和拒绝。他们也许知道大家都是好心为他，也许知道某些意见是对的，是有价值的，但同样是难以认同或接受的，其结果只能是企业管理上的独断专行。在这种条件下，如果你有足够的学识和智慧，也有足够的资源和资本，那么“思维脱序”下的企业或许还可以生存和发展，乃至做强做大。但是假如你的学识和智慧都不算很够，或遇到了某种重大变故，再或你有个什么大病小灾，那企业的生存和发展就成问题，不要说富过三代，恐怕一代都难以维持了。

为什么这样说呢？因为在“思维脱序”条件下形成的经营和管理模式，是很难被大家真正从心里认同和接受，更无法真正转变为大家的信念、价值与追求。你能主事的时候，大家无论是否认同，都得听你的，因为你是老大；而当你不能或无法主事的时候，便会很快出现破裂，甚至一盘散沙、崩溃解体。这时候，即使你的儿女们想帮你“重整河山”，也很难。因为他们和你也不在同一个“思维秩序”上。当然，如果在问题出现时，你能及时认识到问题的症结所在，能有个自知之明，能有个自我反思，甚至来个自我否定，放下身段，虚空心态，认真听听大家的意见，那事态也许会出现转机。在写这一章的时候，我反复看吴晓波先生的《激荡三十年》，发自内心地为那些曾经叱咤风云的企业家们感到深深的惋惜，这其中也有我认识的人。我不止一次地设想，假如当初他们少一点自以为是，多一点持盈之道，或许能坚持走到今天。而今天犹如当年他们那样强盛的企业家们，对此又会有何感慨和思考？也许没有，因为他们在意的是眼下的“伟业”，没人愿意反思那些曾经的失败。人们的眼光更愿意投向那些身披光环的人，而盛衰之变也就在这当中悄然运化着。等到衰败已定或无药可救的时候，人们便急不可待地把眼光投向新的光环。而那些衰败了的富人们，就只能留在历史的封尘之中。

接下来再说儿女这一面。在这里，我们先得排除血统论意义上的传承观念，诸如什么“老子英雄儿好汉”、“虎父无犬子”等等。虽然有这样的案例，但这不是普遍规律，也不具有贫富传承的必然性，所以不能把它作为讨论这个问题的理论和逻辑依据。

在现实中，这个问题是相当复杂的，有些是老子很厉害，一番打拼成了富人，但儿女却很平庸，尽管也有西方名校的学历，或什么委员、代表的光环，但依然难以撑起家业；有些是老子并无过人之处，靠机缘和朋友帮助成了富人，但儿女却很优秀，不仅能支撑起家业，而且还会把企业做得更好；有些是老子绝对称得上精明的企业家，无论是生产经营、企业管理，还是资本运作，都称得上“专家型”，但儿女却另有所好，对企业这一套根本不感兴趣，任你如何辉煌，他只做自己喜欢的事；有些是老子做制造业或服务业富起来的，而且具有了某种程度的行业优势，但儿女却喜欢做别的行业，根本就不想接你的班，无奈之下你只能给他钱，支持他去重新创业，这无疑就增加了财富传承的变数，当然这当中也不乏成功案例。至于那些纨绔子弟，无论他们的老子多么强盛、多么富有，则肯定是富不过二代的，更不要说三代了。这些都表明，能否富过三代，根本就无法用血统论的观点说清楚。因为两代人之间，不仅有遗传信息的一致性，更有成长环境和时代条件的差异性，而后者是具有决定作用的。搞清楚这一点，是我们正确认识能否富过三代问题的关键。

科学研究已经证明，人的身体作为一种物质的有机体，可以实现遗传学意义上的复制，但人的精神是无法复制的，代际传承也是极其有限的。而一个人一生喜欢什么、做什么事、走什么路，主要不是由血缘传承决定的，而是在一定时代条件下，由相应的价值和意义决定的。因为人的精神构造，只能依托一定的时代条件并通过个体的认知和实践来完成，别人包括自己的父母都无法替代。所以，人的精神必然是一定时代条件下的产物。尽管不同时代的青年，在生理发育和心理基础上具有相同特征和过程，但青年永远是时代的青年，每一代青年都有自己独特的成长环境和社会条件，以及与之相应的人生价值和意义。不要说古代社会条件下的青年与如今互联网条件下青年的不同，就连我们这些听广播看报纸成长起来的人，与互联网条件下成长起来的这一代比，其社会化过程以及由此形成的价值和意义上的差异，也是非常显著的。

从人成长发展的一般规律来说，青年虽然与父辈有着共同血缘，但由于所生活的时代条件不同，其自身社会化要素、机制和过程，也必然会出现差异。这种差异往往表现为，在社会化过程中某些条件的过度、纵容，或限制、稀缺。比如信息的轻易获取和过度供给、相关条件的纵容，以及实践渠道的错位、发展机会的功利化等等。这就使他们在社会化过程中，更愿意选择与父辈不同的方式和途径，去认识社会、参与社会和融入社会；去探索和实践与父辈不同的人生价值和意义，以便更加适应时代的需要；去尝试与父辈不同的活法和做法，以便获得自我认同的生活方式和工作方式。

这种由时代差异所构成的成长条件和发展方式，是任何一位优秀的父辈都无法控制和改变的。你所能做的，就是尽其所能去影响和引导他，比如提供一个良好的成长环境，对信息来源和渠道适度控制，对伙伴关系给一些建议。但最重要的还是作父母的自身要正，如果你自己都歪歪扭扭、一身毛病，那你的影响和引导只能是负面的。大家常说父母是孩子的第一位老师，但几千年来我们的父辈一直在重复同一个错误，即总是以自己的理念、理想和经验，去要求孩子的现在，去设计孩子的未来，总是希望孩子能成为像自己一样的人，或成长为超过自己的人。但这无论怎么说，这只不过是你的主观愿望而已，这个愿望能否实现，还有赖于更多的条件。

因为从血缘上说，他是你的孩子，但从本质上说，他又是个独立的社会人，社会给他的影响和导向，往往大于你和家庭，而且随着年龄的增长而持续强化。在这个过程中，很多事不是金钱所能解决的，也不是父辈的社会地位所能左右的。我们在现实生活中常常看到，某些优秀企业家或单位领导，可以管理指挥千军万马，可以把公司和单位搞得非常出色，但却管不好自己的孩子，万般的强势和精明，到了孩子身上都变成了无奈；有些名满华夏的教育家，给别人讲孩子教育语出惊人，但在自己孩子面前同样拿不出半点方法，虽也千辛万苦、百般努力，到头来也只能“顺其自然”了。公正的说，这并非父母的过错，也不是父母不作为，哪个父母不望子成龙、望女成凤呢？但一个时代所给出的条件，以及由这些条件所构成的成长环境，又岂是某个父母所能左右的。当然，这同样不能成为无所作为的理由，小环境还是可以构建和营造的。比如平等和谐、书香墨气的家庭环境，以及善良互助、学比竞长的伙伴关系等，尤其是在孩子成长过程中的若干节点上，是万万不可忽视的，也是可以有所作为的。

我在研究机构工作的时候，曾对此做过一些案例分析。有个青年是富家子弟，从小就喜欢看战争题材的电影和书籍，长大了便立志像岳飞那样，精忠报国，马革裹尸。但因身体原因没有当上兵，于是他满脑子挥戈疆场、杀敌立功的想法便无处可用，只能在他力所能及的范围寻找发泄。渐渐地成了这一片的孩子王，也找到了他内心深处所渴望的那种感觉，从此一发不可收拾，竟成了打群架的老大。当我在管教所采访他时，他竟迫不及待地问我，像我这样的还能上前线去杀敌立功吗？满眼都是期待和急切的目光，真的叫人欲“恨”不能。后来我在梳理他的社会化过程时发现，能否当上兵是一个转折点，或可称之为社会化过程节点，以这个节点划一条线，前后判若两人。但当时他的父母并没有把这当回事，也没有给予必要的引导和疏解，只是给他一份工作就行了，反正家里有的是钱。这个节点上父母的缺位，促使他只能向外寻求安慰和出路，而他生活的环境里还有一些和他一样，既没参上军也没有工作的同龄人。于是，相同的苦闷、相似的彷徨把他们聚到了一起，接下来他们能够做些什么，便可想而知了。可见，单就这个案例而言，他原本可以走另一条道，即使当不上兵，他同样可以找到用武之地。也就是说他后来走上违法道路，并非必然，是可以避免或至少降到最低程度的。但遗憾的是，爱子如命的父母在这个节点上缺位了。

这就涉及到了社会化过程的同化与异化问题。我们都知道，从自然人向社会人的演化是个过程。在这个过程中，人的自然属性可能会被某些社会因素所同化，也可能被某些社会因素所异化，而不可能只同化而不异化，或只异化而不同化。反过来说也一样，即可能被好的因素所同化或异化，也可能被坏的东西所同化或异化。当一个人的世界观、人生观和价值观尚未形成，或还没有好坏是非判断能力的时候，无论是好的同化或异化，还是坏的同化或异化，都具有同样的诱导性和互动性，只要具备了某种条件，便会发生同样力度的作用，而并非只有好的同化或异化才会发生作用。人的自然属性中并不具有这样的辨别力，除非对他的肉体造成痛苦或危及生命安全，但这种情况在社会化过程中并不普遍。

那么，在主体尚未形成好坏是非判断能力的条件下，他又是怎样接受某种同化或异化的呢？从普遍意义说，这中间主要有两个介子发挥着经常性作用。一个是信息重复有效性，即某种信息一而再再而三地被重复、被肯定或被否定，从而在主体大脑中形成某种条件反射，进而形成相应的价值定势，再进一步形成相应的思维定势。这时候，某种观念、理念或价值意义的认知模式，便趋于稳定并逐步形成了主导作用。这可以视为正向同化或异化的过程（以具体内容而定）。还有一种可能，就是由于某种信息一而再再而三地被重复、被肯定或被否定，从而在主体大脑中形成某种逆反力，乃至对相同信息的重复出现排斥拒绝、不可忍受，并产生反抗心理，从而造成某种关系（如父子母子师生等）的对立。这种对立又会使主体反向求索，进一步加重逆反和对立，最终便可能走上与父母主观愿望相反的道路。这可以视为负向的异化或同化（以具体内容而定）。

另一个就是行为模仿。这里面不仅包括不断重复的行为方式，也包括偶尔发生或隐密条件下发生的行为方式，而后者对自然属性的同化或异化作用，最为强力而显著。因为好奇心是孩子的天性，越是平时看不见而偶尔一见的行为，对孩子的刺激愈强、记忆愈深、影响愈大，诱导性和模仿性也就越强，对孩子的同化或异化作用就越大。这种作用也同样可以朝两个完全不同的方向导进，即要么由好奇而模仿，由模仿而认同，并进一步形成主体的行为模式，影响其一生的价值选择；要么由好奇而逆反，由逆反而异化，并进一步形成与之相反的行为模式，这种模式也同样会影响他的一生。

更为重要的是，信息影响也好，行为模仿也罢，大都在潜移默化中、细雨润物般地发挥着作用，而习以为常的父辈们，却在不知不觉中被孩子的成长边缘化了。等到我们意识到孩子长大了、管不了了，也就一切都成为过去了。无论是能继续富下去，还是不能继续富下去，只能由他们去了。因为无论多富贵的人，终有什么也管不了的一天。正如古人所说：无奈最是伤心处。

看到这里大家可能会有些悲观，其实不必如此。因为易经的观点告诉我们，既没有绝对的盛，也就没有绝对的衰；既没有绝对的好，也就没有绝对的坏。太阳落山了第二天会照样升起来，月亮亏缺了下个月还会圆满，鲜花凋谢了第二年还会绽放。人类也是一样，你非要管的事，不一定能管好，你管不了的事，也不一定就会坏。儿女接了你的企业不一定就能继续富下去，没有接你的企业、或你的企业不行了，儿女也不一定就会成为穷人，一切都在过程或循环中变化着、演进着。一代人有一代人的使命，一代人有一代人的事业，一代人有一代人的活法。

如果我们把以上讲的归结为一点，那就是代际相传，可盛可衰；三富之功，首在育人。因为无论是由强到弱、由盛而衰，还是由富致穷，归根到底都是人的问题、都是人才问题。一个强盛的时代，必定是人才充盈的时代；一个优秀的企业，必定是人才济济的企业；一个持盈的家庭，也必然是人才辈出的家庭。反之则必定凋零。古今中外，概莫能外。

那么，既然人才是持盈之本，又怎样才能代有人才出呢？关于这方面的思想和观点古今中外很多，我这里只想引用《盛世危言》作者郑观应的观点，因为他既是个高人、也是个富人，更是个大贵之人，与李鸿章、左宗棠、张之洞皆为挚友，并一起办过“洋务”。所以，听听“过来人”的看法，对于今天的富贵之人来说，应当比孔孟等先贤之论来得更为贴切、更为实际。

看过《盛世危言》[①]一书的读者都知道，郑观应先生是在学贯古今尤其是在深入研究西方发展利弊的基础上，提出了自己的一系列观点。毛泽东曾对斯诺说过：“《盛世危言》激起我想要恢复学业的愿望。”而此时的毛泽东尚在少年。那么，是什么样的观点激起了毛泽东恢复学业的愿望呢？从国家的层面说，郑观应先生认为：“横览环球名邦，其国运之隆替，莫不系乎人材，而人材之盛衰，莫不关乎教育。”“国无不垦之地则粟米不胜食，国无不学之人则贤才不胜国，国之盛衰系于人。”“是故人材众则百事兴”。

这样的观点在今天的人看来，也许不足为奇。但如放回以科举取才且大多数国人为文盲的晚清，则被时人称为“透视中国、睁眼看世界的第一人”。因为当时咱们国家尚无真正意义上的现代教育。他举例说，普国被法国拿破仑打败之后，“举国为之臣妾”。国王和众臣痛定思痛，一起反思总结失败的原因和复兴之法，说来说去，最后集中到一点，根本的是教育。贤相施泰因认为：“欲雪此耻辱非先教育国民发扬其爱国之心不可。”这说的是对国民的思想教育。将军毛奇认为：“普国制胜邻国之功宜最归之小学校教育！”这说的是国民教育。而普王则表示：“今后尽力于国民教育是朕所深望。”

那么，这样的选择和战略定位的结果如何？郑观应先生告诉我们：

---

① 郑观应：《盛世危言》，内蒙古人民出版社 1996 年第 1 版。

“诚哉此言，普为法败后六十余年，不独国能自立，且能胜法，实由于教育之普。”此时普国有各类学校七万三千多所，教师十万一千多人，学生六百九十八万余人。从政府乃至企业和家庭的层面说，郑观应先生认为，对于教育“上有所重，下必有甚焉矣。上之所轻，下必有不屑为者矣。”“其教养有道者，勃然而兴；教养失道者，忽然而亡。”因为“上失教养之方，下无奋兴之士。”而对于一个家庭或企业来说，无奋兴之士又何以持盈，不持盈又焉能富过三代。所以郑观应先生主张：无事非学，无人不学，四民之业无不有学。其道理就在于：“学业渐衰，国势因亦不振。此由强而弱、由大而小者，皆学与不学之明证也。”现在不少企业提出建设学习型企业、打造学习型团队，有些地方政府亦提出建设学习型社区、学习型家庭，其意义也在于此。

从个体层面说，郑观应先生作了一个形象的比喻，“夫质犹田，而学犹开垦也，虽有膏腴不垦则荒，虽有才良不学则废。”而其价值和意义就在于：“无事不学则今日之所学即异日之所行。”也就是说，作为自然人，每个人都是一块田，无论你的先天条件多么好，无论你的家庭多么富贵，也无论你的父母多么优秀，“垦田”之力是任谁也逃不掉的，问题的关键或区别就在于如何垦这块田。我之所以舍去那么多教育家的言论，而独引郑观应先生的观点，实在是想激起当代富人们的思考，同为富贵之人，面对你的孩子，您思考过郑观应先生提到的这些问题吗？应当说，想明白这些事，能否富过三代的问题，也就清楚了。

从普遍上看，现在的父母对孩子的知识、技能尤其是学历，是相当重视的，“不要让孩子输在起跑线上”，成为很多家长的追求。于是，从幼儿园开始，便不断参加各种培训班，追求校内外的各种第一。如果与我小时候所受教育的状况相比，这无疑是一个巨大进步，无论这里面有多少需要改进或完善的地方，大家对教育的重视总是好事。

但我这里要说的是，这是进步而非全部。因为无论是知识、理论还是技能，也无论你学的多么多、多么好，它都要为人所用、靠人运用和由人主导。知识、理论和技能只是人的工具，而不是人的本身。所以，这就引出一个比学习知识更深入的问题，那就是人与学习的关系，包括为什么学、如何用和怎么用。亦或说，我们在重视知识、理论和技能教育的同时，也要为孩子培养一个驾驭和运用知识的“师帅”，以及人生应有的境界，如此才能更好地用其所学、施其所才，才能盛得下相应的财富。这同样是家长和学校应有的责任。那么，这个“师帅”和境界是什么呢？从易经的观点看，就是德，即所谓“厚德载物”；就是人的器局或格局。

但说来也怪，如今某些人一说到德，便满脸的不屑一顾，以为是大话空话，更不要说对孩子的道德培育了。其实这是个天大的误解。德对人生而言，就如同你的生命、气血乃至利益一样，如影相随，须臾不离，只要人活着，每时每刻都有个德与你相伴，无论你有意识还是无意识，也无论你承认不承认，它都必然地存在于你的生活之中，并对你的行为发挥着相应的作用，左右着你的价值选择。为什么这样说呢？因为道德在本质上就是社会关系的准则和规范，亦或说是人们共同生活及其行为的准则和规范。如此又有谁能不与任何人、任何事物发生关系，而孤立地生活在这个地球上呢？只要你与他人存在这样那样的关系，就必然有个道德问题。所以，家有家庭道德，单位有职业道德，社会有社会公德；官有官德，师有师德，商有商德，恋爱婚姻有恋爱婚姻的道德；圣人有道，盗亦有道，连小偷也得有自己的规矩。没人能置德于度外，它就是你生命的一部分，也无论你愿意不愿意，它都与你相随，因为你还活着。所不同的，只是德厚、德薄、德高或缺德而已。

那么，什么是道德呢？古今中外的论说太多了，大部头专著就可以列出几百本。那为什么直到今天还有那么多人对此不屑一顾呢？我认为，关键之处就在于道德与利益的关系没有摆清楚，或者说虽然在理论上摆清楚了，但社会的价值导向并未真正形成，亦或说虽然价值导向形成了，但相关的政策导向尚未真正发挥效力。而在市场经济条件下，无论我们主张什么、强调什么，如果离开了相应的政策支撑和利益驱动，大都只能流于形式或成为空谈。如果你不信，我们可以把道德与学历放在一起比较一下。现在的家长无论贫富，对孩子的学历没人敢忽视，倾其所有，全力以赴。尤其是富人们，把十几岁的孩子送到国外上学都嫌晚了，无论花多少钱，没一个说心痛的，甚至辞职舍家去国外陪读。家长们如此重视、如此努力，可你见过哪个组织对此开展过教育了吗？根本就不需要。因为追求高学历的背后是对自身利益的精细考量，而这种考量的依据则是现行政策。也就是说，学历的价值不仅在于孩子的成长成才，更具体到孩子将来做什么工作、在什么地方工作、收入几何、未来发展空间有多大，等等。它的实用性，几乎无处不在。对此，又有哪个家长会不重视呢？

相比较而言，对孩子的道德大多说说而已，真下功夫的不多。学校和社会上的各种道德教育虽然不少，但由于缺乏相应的政策支撑和利益驱动，也大多流于形式。这固然与道德难以量化、难以衡量有关。但更为重要的，还是道德的价值体系以及相应的政策支撑没有形成，道德的有用性与价值追求还是两层皮，没能在个体的发展中实现统一。那种讲道德就不能讲利益，讲利益就是不道德，亦或讲道德就是为了淡化利益，就是为了不要追求利益、不要争取利益，反之就是道德有问题的看法，是比较普遍的。硬是人为地把二者割裂开来。在这种条件下，更多的人为了更好的生活，无疑会选择最大化地争取自身利益。尽管我们也要求德才兼备，但道德价值还极少在相关政策中得到体现，也很少像学历那样，与人的自身利益互为因果。而对于现实中的人来说，又有谁会在意那些与利益无关的“说教”呢。我们不能期待所有人都是孔子。这也许就是问题的症结所在。

那么，道德对于人生究竟有用没用呢？或说句比较功利的话，道德能不能给人带来实际利益呢？对此，《管子》有曰：“德者，道之舍也，物得以生生，知得以职道之精，故德者，得也；得也者，其谓所得以然也”。[①] 东汉王弼在《老子注》中也认为：“德者，得也。常得而无丧，利而无害，故以德为名焉。”这其中道理就在于道德作为一种意识形态，其根本作用就是使人高尚、使人和谐。而一个高尚而和谐的人，必然会有一个丰富而和谐的人际关系和社会关系；而丰富和谐的人际关系和社会关系，必然会带来更多的机缘和资源；而更多的机缘和资源，又必然会极大地提高成功的概率，自身利益的实现也就在其中了。反之，你也许可以得到某种利益，但终究是不能长久的。

退一万步说，假如你既不追求高尚也不想和谐，只想发财、只追求个人利益，道德对你也是有用的，也是不可缺少的。正如《国语》所云：“夫德，福之基也，无德而福隆，犹无基而厚墉也，其坏也无日矣。”“惟厚德者能受多福，无德而服者众，必自伤也。”“无德于人，而求用于人，罪也。”[②] 也就是说，德至少在你追求利益的过程中，可以不断规范你的行为，减少你的风险，降低你的成本，使你的行为合理合法，不至于因追求个人利益

① 阎韬主编：《诸子群书》，中国青年出版社 2000 年第 1 版，第 247-248 页。
② 魏良弢：《史著英华》，中国青年出版社 2000 年第 1 版，第 103-104 页。

而失足，甚至进入大牢。从这个意义上说，道德同样是你获取利益的保障；有道德的行为，也同样是利益最大化的基本条件。道理很简单，古今中外没谁愿意跟一个缺德的人做生意，即使是奸商，也得有起码的道德底线，否则你连奸商都做不成。令人欣慰的是，诸如社会诚信体系、负面清单等政策已相继出台，并日益发挥出应有的作用。道德与利益的关系已在政策层面上得到体现。

故曰：德不厚，何以载富；德不久，何以持盈；德不传，何以富过三代。

三、盈在竞创

易曰：独阴不生，孤阳不长。阴阳和合而生，阴阳和合而盈。从这个意义上说，人和企业的充盈状态，只能在不断地竞争和创新中实现。因为持盈既不可能独立地实现，也不可能孤立的存续；持盈既离不开相应的社会条件，也离不开自身与对立面的矛盾运动。可见，搞清楚与对立面的关系和价值，对于把握持盈之律是非常重要的。

我们在前面讲到，盈与亏都是事物发展过程的一种状态，而非终极结果。那么你要想保持或改变这种状态，就不能仅仅在自己身上下功夫，或者孤立地看待自身的状态，而要把自身放在相互依存的关系中来认识。比如你在行业体系或产业链中处在什么位置，以这个位置为基点，再看有哪些要素或企业是你持盈的必要条件，哪些要素或企业是关联条件，哪些要素或企业是应当争取的条件，哪些要素或企业又是你持盈的前提条件，尤其要搞清楚持盈的边界条件。再如，你与资本市场的关联度有多强多深，其市场波动值与你的持盈指标又是怎样的关系；你与银行或基金的关联度有多大，其利率变化与你的持盈指标又是怎样的关系；你上游的原材料定价权由谁掌控，形成机制是什么，而你对价格变动成本的消解机制又是怎样的；你下游的市场需求与你的供给能力，整体上处在一个什么样的水平上，你的企业是否具有创造需求的能力，等等。这些都是和你相互依存的要素与条件，离开或忽视了哪个要素和条件，都会直接或间接地影响你的持盈状态，甚至导致你由盈转亏。

这表明，持盈不仅是个要素众多、结构复杂、机制多样的系统工程，更为重要的是，与你相互依存的这些要素和条件，又总是不断变化、不断整合的。它们就像个顽皮的孩子，总是安静不下来，不断地冲击或挑战你相对稳定的持盈状态。今天作为你持盈的关联条件，明天可能转化为你的必要条件；今天的必要条件，明天可能转化为你的关联条件；今天的关联条件，明天又可能转化为你的边界条件；今天的边界条件，明天也可能转变为你的前提条件，你必须睁大眼睛、绷紧神经，及时应对与转变。在这个过程中，某些条件的转换预示着某种事物在数量、规模上的变化，而有些条件的转换则表明事物性质的变化；有些条件的转换预示着上游供给机制的变化，而有条件的转换则表明下游市场的变化。

麻烦的是，搞清楚这些要素和条件转变究竟带来怎样的问题与挑战，并不是一件容易的事，也不是某个企业家所能独立做到的，无论你多优秀。对它的系统把握，必须依赖一支卓越的研究团队。而对于国内企业而言，这恰恰是我们的软肋，因为大部分企业并没有这样的团队，似乎也没认为这是必须做的事。

假如你认为，企业的持盈确实存在这些条件，而这些条件又是不断变化与整合的，那么如何判断条件变化的性质，就至关重要了。比如是偶然的变化还是必然的变化，是客观的变化还是人为的变化，是局部的变化还是全局的变化，是政策性变化还是需求性变化，是国内的变化还是全球性变化，等等。把握了条件变化的性质，找到应对之策也就不难了。被西方誉为“现代管理学之父”的彼得·德鲁克先生非常看重这一点。他认为，对于一个正常发展的企业来说，其显现或隐蔽的问题，大都是由相互依存的条件变化引发的。对于这些问题，一个优秀的企业家应当懂得，首要的不是匆忙决策和应对，而是要下功夫明辨变化的性质，抓住由此引发的主要问题，并采取相应的对策。这样就可以避免用解决全局问题的办法去解决局部问题，或用解决根本问题的办法去解决偶然发生的问题，或用解决内部问题的办法去解决外部问题，反过来也是一样。

如果顺着这个思路说下去，我们在明辨性质的基础上，还应进一步搞清楚条件变化的范围、程度和力度，尤其要深入研究条件变化所引发的相互关系的变化，以及关系变化带来的问题、挑战和机遇，并依此提出相应对策。因为任何一种存在都是一种关系，而任何一种关系都是因条件而存在、而改变的。所以条件性质的变化，就必然会引发相应关系的改变，尽管其变化的方式和程度不尽相同，如隐性的、显性的、直接的或间接的等。而关系的改变，又必然会对你生存发展的基本格局带来影响。

我之所以反复强调变化性质的重要性，其道理就在于，条件变化每天都在发生，但其性质各不相同，而因性质的不同，其变化所引发的问题也就不同，或是表象问题，或是本质问题，或是局部问题，或是全局问题。而引发的问题不同，我们所采取的对策也就不同，解决问题的方式也就大不一样了。所以，作为一名企业家或者具有决策职责的人，当你面对某种变化时，首先要搞清楚条件的性质、条件变化的性质，以及由此引发的关系变化，而这恰恰是在竞争和创新中持盈的基本问题。

明白了这个道理之后，我们便可以继续探讨竞争和创新对持盈的作用了。

其一，要善于在竞争中持盈。我们说“要善于”，是从参研和修为的角度而言的。而事实上无论是企业还是个人，都只能在竞争中持盈，或者说，要持盈就得竞争。这不仅因为前面所说的相互依存，没有了对立面的存在，也就无所谓盈亏了，对立就意味着竞争。更为重要的是，世间万物不进则退、用进废退，也是个任谁也无法抗拒的自然法则。所以，易经方法论不主张盈满，也不主张守盈，而讲持盈，就包含了在竞争中积极进取的价值导向。盈可持而不可守，守是守不住的。

对此，章太炎先生在《訄书》中认为：竞争是生存进化的原动力。一方面生物要与自然环境竞争，“沧热燥湿之度变，物之与之竞争，其体亦变”，“物苟有志，强力以天地竞，此古今万物之所变。”另一方面，生物之间也存在物种的竞争，其程度更为激烈，从而促进了物种的进化与发展。亦即达尔文的物竞天择，适者生存。[①]

比如自然中的植物链，树与树之间、草与草之间、草与树之间，相互竞争着水份和养料，以保持自己的成长和充盈。庄稼和野草之间也是一样，种庄稼的地方必有野草相伴而生，与庄稼争水份、争肥料，而且往往比庄稼的竞争能力更强。人们要保住庄稼并有个好收成，就得人为地把野草铲除，但第二年它们照样疯长。所以，有经验的农民都懂得，不长野草的地

① 崔之清、陈蕴茜主编：《学林新篇》，中国青年出版社 2000 年第 1 版，第 26 页。

肯定不是好地，适合野草生长的地，也必然会适应庄稼生长。因而，庄稼地里长野草并不是坏事。再看自然界中的食物链，有吃草的动物，有吃肉的动物，也有肉和植物都吃的动物。植物被动物吃掉的同时，也促进了植物的更新和成长；动物之间相互捕杀，不仅保障了动物的生存与繁殖，而且也促进了动物的进化。为了生存，它要跑得比你更快，你要比它更善于伪装。因为只有更强壮，才能获得更多的生存资源和空间。这就是自然界的竞争，并在这种长期竞争中形成了相应法则。

章太炎先生认为，人类和其他生物一样，既要不断因应自然环境变化而变化，也必然存在着人与人、乃至国与国之间的竞争。“人之相竞者，以器”，“竞以礼，竞以形”。他引用严复先生的话说：这种竞争的本质特征，就是“合群进化”。更为重要的是，这种基于“器”的竞争，会导致拉马克所说的“用进废退”。因此，竞争必然是一个“蜕其故用而成其新用”的过程。

比如人小的时候争食，尤其是过去家里孩子多的时候，吃饭真的如风卷残云，饿肚子的只能是父母。而能争抢吃得快的孩子，也就比别的孩子吃的多，因此长得也更壮实一些。等上了学，便进入了学习上的竞争，各科成绩全班排第几名、全校排第几名，力争“学霸”；在班里或学校当个什么学生干部，或者在体育、文艺方面一争长短；上边这些都不行的，只能靠胳膊粗拳头硬、能打架，也得争个“老大”当当。参加工作以后，竞争便更为激烈。大家来自天南地北，有的有靠山，有的没靠山；有的有门路，有的没门路，但无论如何、想与不想，你都得去争。什么先进呀、第一呀、能手呀；什么科长呀、中层啊、高管呀，就像一个强大的磁场，吸引着大家参与竞争。而支撑这个磁场的核心力就是每个人的切身利益。比如要养家糊口，或赡养父母，或要光宗耀祖，或一展身手，或要实现理想和抱负，等等。无论什么理由，你都不得不去参与竞争。亦或说，正是由于每个人的利益自觉，也就构成了竞争这个大磁场的客观吸引力，没人强迫你，但你又身不由己。即使是古代的隐逸之士也不能例外，他依然要竞争，他要和自然竞争，要和自己竞争。

毫无疑问，正是这些林林总总的竞争，正面的也好，负面的也罢，正当的也好，恶性的也罢，推动着人类自身的不断进化，推动着人类社会的不断发展，推动着人的成长、成才和成功。如果你愿意回顾一下自身的历程，又有谁不是如此这般地走过来的呢？只要你活着，就得竞争，即使年老体衰无事可争，你的精神还得与你的身体竞争。因为对持盈的追求，是人还活着的基本精神特质之一，否则便失去了活着的价值与意义。在这一点上，耄耋老人与青春勃发的年轻人并无本质不同。

竞争既然对持盈、对人生如此重要，那么如何对待竞争、怎样进行竞争，就成为每个人、每家企业，都必须面对的终生课题。

这方面古今中外论说很多，我觉得还是老子说得好："祸莫大于无敌"。就是没有比无敌更大的祸了。把这句话反过来说，就是有个"敌人"比较好。有了"敌人"，你就必须更好地发展壮大，并在竞争中最大化地减少灾祸。当然，这里的敌人并非仅仅指你死我活的敌对力量或军事力量，也不是过去那种所谓的阶级敌人，其现实意义更多是指一种竞争关系，其方法论基础就是前面说过的相反相成。"敌"就是相反的存在，"无敌"就是相反的一面或自己的对立面没有了，那么与之相成的一方也就不存在了。失去了保持均衡的反成之基，没有了与之竞争相成的对象，你的存在也就必然呈萎缩之势，直至消亡。

也许有人会说，"无敌"是好事呀，怎么说是祸呢？更何况，谁愿意整天有人跟自己对着干，整天听那些唠唠叨叨批评或反对的意见呢？对此，且不说"无敌"在事实上是否真的可能，即使真的"无敌"了，其结果定会是这样的：无敌则无畏。没有了对立面，没有了"敌对"力量，也没有了牵制或制约的"敌人"，天底下也就没有什么可怕的，一切可以高枕无忧了，因而原来"有敌"时的那种惕励、忧患和勤奋，也必将随之淡化或置之脑后；无畏则自大。既然没有了"敌对"力量，身边也没有了"敌人"，那自然是老子天下第一了，想说什么说什么，想干什么干什么，随心所欲，恣意而为，也就成了常态；自大者必骄。既然老子天下第一了，那还有什么能放在眼里呢？唯我独尊，专横跋扈，独断专行，个人意志压倒一切；骄则必败。纵观古今中外，凡无畏自大、骄横跋扈之人，其结果必然是众叛亲离，外无盟友，内无众助，焉能不败。翻开史书，此类人等，可谓俯首可拾。

写到这里，我的脑海中不断闪现唐太宗与魏征的故事。这虽然是个"老掉牙"的往事，但这里面有两点依然可为我辈之鉴。一是唐太宗并不喜欢魏征，既不是旧部，也不是哥们，而且客观地说，魏征在军事谋略和治国理政方面，也没有什么过人的才能，比起长孙无忌、房玄龄等人，并非没他不行。二是尽管唐太宗有难得的容人之量、纳谏之德，但两人也有干翻了、忍无可忍的时候，唐太宗确实动过要杀掉魏征的念头，而魏征也确有拂袖而去、归隐山林的打算。对于这样一个人，唐太宗之所以始终留在身边，目的只有一个，那就是留一个能犯颜直谏的“敌人”在身边，以便在重大问题上能有个不同声音，能有人提出不同意见，使自己保持清醒，惕励而为。这既是唐太宗的胸怀，也是魏征一生的价值。即使有人告诉他魏征“谋反”，唐太宗也一笑了之。以至魏征去世后，唐太宗在东征失败的回京路上，还在想如果魏征在会是怎样的结果呢？而唐太宗在位期间，之所以始终能保持惕励充盈的状态，魏征这个“敌人”的作用无疑是个重要因素。

我们之所以如此说，其实道理很简单，却也经常被忽视，那就是人都会犯错误。“诸葛一生唯谨慎”，却错用马谡，痛失街亭；“吕端大事不糊涂”，却经常在一些小事上犯错。其实，无论多聪明、多谨慎、多小心的人，错误总是无法完全避免的。尤其是担负一定领导职务的人，涉事纷繁复杂，纵横交错，头绪如麻，因而犯错的机率就会比一般人多一些、成本也会高一些，后果可能会更严重些。而在这些错误中，有些是自己可以察觉的，无论事中还是事后，但更多的是自己难以察觉的。有时即使察觉了，碍于面子等因素，也往往不愿承认，更不想听别人的批评，其结果往往是错上加错，等到出了大祸，想扭转局面，也就困难了。即使事后错误得到了纠正，其错误成本和高昂的代价，也是难以挽回的。

在这个过程中，假如班子中能有个把“诤臣”，身边能有几个“诤友”，敢于说真话，指出你的错误，敢于当面批评，剖析你错误的因由，而你又能虚心听取，择其善者而从之，那么大部分错误就会在萌芽状态得以纠正，最大化地减少因错误而付出的成本与代价。这无论对工作还是对个人，都是一件好事。所以，无论是作为企业家、还是领导干部，乃至平民百姓，要想保持自己的事业充盈、人生充盈，都应格外珍惜身边那些敢于直言、敢于批评的“诤臣”“诤友”，不仅要尊重他们、保护他们、使用他们，而且更要让他们得到应有的价值。

我们都知道，在遵纪守法的基础上，党内生活也好，班子决策也罢，乃至朋友相处，批评与自我批评都是一种不可或缺的纠错机制。尽管一段时间以来，这已成为一种“稀缺资源”，难得一见，但为了我们的企业充盈，为了我们的国家和民族充盈，也为了我们的人生充盈，都应当努力为之。而如此的前提，就是要容得下“敌人”，容得下批评。要知道，作为同事、朋友，尤其是部下，能够对你提出批评，也是很不容易的，私下里不知经过多少次思想折磨，不知反复想过多少遍，才鼓足勇气讲出来。话说出来了，又担心你不高兴，或打击报复，弄得吃不好、睡不着。他们的心情，比你更难受、更煎熬。在此情况下，你如果是一批就火，一火就拍桌子，事后更是白眼相加，处处刁难，那不仅会给人家造成极大伤害，以后还会有谁再敢提出批评呢？这时你如果出现了错误，大家只能站在旁边看，最后倒霉的还是你自己。从这个意义上说，“敌人”的存在，或者说“诤臣”“诤友”的存在，就是最直接、最有效的竞争。这种竞争尽管不像国家与国家、企业与企业之间那样显而易见或复杂多变，但从本质上说，它对人的激励、警醒、鞭策乃至纠错和充盈的作用，都是一样的。

从一般意义说，企业间的竞争是一种必然，尤其是同行业、同类型的企业，更是其生命存续和充盈的基本动力。所以，社会竞争性越强，企业生命力往往越旺盛、发展动力越大、精神气质越好。因此，优秀的企业家并不回避竞争，也不惧怕竞争，而是主动参与竞争，充分运用竞争，并以此来促进企业发展，保持企业的活力与充盈。相反，那些畏惧竞争、远离竞争的企业，大都萎靡不振，难以做强做大。但事实上，竞争是回避不了的，“谦让”也解决不了问题，畏惧更是无济于事，因为每个企业都必然地生存于相应的竞争环境中，市场经济是这样，计划经济也是如此，区别在于程度和方式不同而已，这就像我们必须面对刮风下雨一样的正常。也就是说，竞争不是企业的一般业务，也不是某个部门的职能，而是企业生存发展的基本形态和基本战略。更为重要的是，竞争也不是一种被动应付的战略，而是一种主动性战略，是一种自强战略，它应当而且必然要成为董事会的基本职责、全体员工的精神气质。

这表明，企业竞争的基本价值取向是自强与双赢，即通过竞争来提高自身效率和效益，强化自身能力，优化企业素质，塑造企业品牌，保持企业充盈，并在双赢中不断推动企业升级发展。所以，企业的竞争行为表面上看是外向的，是企业间的互动，但它的基本功能和真正价值则是内向的，是为了自强。自强是主体，双赢是客观结果。一个企业只有这样来认识和定位竞争，才可能正确而有效地运用竞争，并通过竞争实现增强和充盈自身。

因此，企业竞争最忌讳的是相互拆台、相互抹黑、相互杀价、互挖墙角；最可怕的是“窝里斗”。外面的企业已大举进入市场，用户不断增强，品牌日益美化，风生水起，红红火火，而我们有些企业想的不是在竞争中自强，依然是相互斗法，目的就是为了搞垮对方而后快。你在这斗得昏天黑地，人家在那大把赚钱。其结果只能是两败俱伤，谁也没有好日子过。说到这“窝里斗”，就是看不得人家好，人家的企业比自己好了，心里就不舒服，不舒服就想办法去搞人家，你搞我了，我岂能逆来受顺，也得想办法搞搞你。就这样你搞我、我搞你，搞来稿去，企业搞垮了，人也弄得声名狼藉。写到这里，我想到了刘伯温说过的话：“大其心容天下之物，虚其心爱天下之善，平其心论天下之事，潜其心观天下之势，定其心应天下之变。”刘伯温虽然是针对争天下、治天下讲的，但做企业的能把这几句话琢磨透了，对于正确认识和对待竞争，也必有大用。因为无论什么样的竞争，归根到底都取决于自身、取决于自强，而不能把赢得竞争的希望放在对方的失误上。如果这样，即使你在竞争中胜出了，但仍失去了双赢的宗旨，而你必将面对更大、更残酷的竞争。

其二，要在持续创新中持盈。对于一个相对成熟的企业来说，要在持续创新中持盈，就必须始终以创业精神和理念对待创新。每个企业家只要想想白手起家时是怎么做的，你从小到大、从弱到强是怎么走过来的，你为了获得一笔投资，你为了卖出你的初级产品，你为了企业的每次危机、每个问题、每次挫折，又是怎样的呕心沥血、坚韧不拔的，如此你便懂得了今天应该怎样对待创新了。创业精神不仅是那些想创业的人应当具有的，更应当是那些已经成功、企业已经做强做大的企业家，所终生不能缺失或丢掉的。丢掉了这种精神，也就丢掉了你的根，也就失去了你的基本气质和精神追求。反之，你如果以创业时谦虚谨慎和奋发自强的心态去对待创新、对待你的竞争对手，并以这样的理念参与竞争，那么双赢便是必然的结果。现在我们讲“大众创业”，无论其成功率有多大，从根本上说这并不是问题的主要方面，重要的是创业精神的培育与弘扬。因为我们无论做什么工作，身处何种岗位，如果大家都能以创业精神来对待它，实乃民族之大幸！所以，在中华民族伟大复兴的征程中，创业精神是不可或缺的。

从这个意义上说，企业竞争能力的形成，虽然有竞争对手的压力因素，但归根到底还得从自身获取，还得靠自己创新。那么，企业怎样从不断创新中获取自身竞争能力并保持充盈呢？从全球视野看，那些始终保持强大竞争力企业的理念和追求，或许可以给我们一些启发。

创新立业。立业靠创新，发展靠创新，做大做强也靠创新，创新始终是贯穿企业生命过程的立业之基和核心价值。亦或说，企业因创新而成立，又因创新而存在，他存在的全部价值和意义就是为了不断创新，它存在的每一天都充盈着创新气质，企业的每一双眼睛都牢牢地盯在创新上，似乎他们之所以存在就是为了创新，他们的生命属于创新。更为重要的是，这种精神与气质，不仅是企业所具有的，也是每个员工的内在追求。在这样的企业里，虽然也有上下之分、岗位之别，但唯有创新是无界限、无区别的。无论是什么岗位、什么级别，人人皆可创新，人人追求创新，人人以创新为荣。只要你的创新转化为成果，你就可以得到应得的一切，哪怕你只是个清洁工或保安。正因为如此，这样的企业不仅鼓励支持每一个人创新，而且宽容任何人的每一次失败，必要时甚至奖励失败，以激发更多人的创新勇气。

在有些人看来，创新只是那些专家、院士们的事，与普通员工无关。可是如果我们翻开人类创新史的榜单，大量的创新成果都出自普通人之手，甚至是那些连大学都没有上过的人，如爱迪生等人；而有些创新大师原本就是工人、农民或普通的知识分子。对于今天的企业来说，这里面还有个比创新成果更重要的问题，值得我们深思与探究。那就是这种创新精神的更大价值，也许并不在于创新成败和成果多少，而在于这种精神所铸就的企业共同价值和不懈追求，以及由此获得的强大生命力和竞争力，尤其是员工普遍具有的创造性工作的高度自觉，那这样的企业又岂能没有创新成果呢？意在言外，其妙无穷。优秀的企业家大都懂得其中的奥妙，并以终生之力坚持不懈。

上游创新。从人类创新的轨迹看，创新是全方位的、全过程的，每一个环节、每一种工作、每一岗位、每一个产品，都具有不断创新的可能性空间。而每一种创新，无论其实际应用或市场价值有多大，都是有意义的。尽管有些创新成果并不为时代所认同，或暂时无法形成生产力，也无法转化为现实价值，但从人类发展的历史长河看，也同样是有价值有意义的。

如果从企业竞争力的视角看，那些优秀的企业家则更关注产业链上游的创新，抓产业源头创新。因为这种创新的任何一种成果，都必然会向产业链中游和下游以及产业链关联方逐级传导。而这种传导又必然会对中游和下游企业提出新的要求，或形成挑战。也就是说，上游创新的一个客观效果，就是直接或间接地促进中下游企业创新，你不创新就会被淘汰出局；只有创新才能活下去，并获得更大的发展空间。就这样，一个创新往往会带动整个产业链的转型升级或逐次整合，甚至是重新洗牌。这其中的关键，就在于企业自身的创新意识和创新能力。

如此看来，任何一个聪明的企业家，又有谁会不关注、不抓住产业链的上游创新呢？但业有轻重，事有缓急，利有长远，行有专工。企业家最应该做的，就是登高望远、把握大势，抓住上游、推动中游、引领下游；做到大局在胸、需求在手，鞭指创新、马行市场，以纵横天下。

所以，我们看那些优秀的企业，其背后都有一个优秀的研究机构或研发团队，他们也许并不像市场和销售部门那样为人们所熟悉，但他们才是企业真正的发动机。这支队伍的状况如何，是评价一个企业的主要指标之一，因为他彰显和表达的是企业未来；是否重视这支队伍的建设，也是评价一位企业家素质的主要指标之一，因为他代表的是你的格局和境界。当然，由于各产业的性质、功能和结构不同，其上中下游的结构、要素和机制也会有所不同，但上游创新则是所有产业的共同课题。我们现在讲供给侧改革，从根本上说也得靠创新。

终端创新。我们都知道，无论是工业产品，还是服务产品，亦或精神产品，只有被消费了才有价值，才能有利润。那么怎样才能达到企业家所期望的消费水平呢？这里面有个根本性问题，需要我们去深刻体会和科学把握，那就是当人们在消费某种产品时，他究竟消费的是什么？这个问题如果在物质匮乏、供给不足甚至挨饿的时候，也许并不突出，或者说这并不是个问题，就像我们小时候的生活那样，能吃饱就是幸福。但现在大不一样了，物质非常丰富，可选择的空间很大，国内的不好就去国外消费，此地不好就去彼地消费，这个店不舒服就去别的店消费。

也就是说，在供大于求的条件下，消费已不仅仅是吃得饱、穿得暖了，更多的是在选择中体验价值、在体验中追求意义了。那么消费者依据什么选择或主要选择什么呢？国内外众多机构的调查数据显示：除了产品的功能和价格之外，品牌是个极重要的因素，同样的产品首先选品牌。那么品牌又是什么呢？教科书和专家们有很多定义，但说白了就是放心，买品牌就是买个放心。而对于那些具有“品牌情结”的消费者来说，还有个心理依赖问题，用时间长了，有了很强的自豪感和满足感，你也就很难改变他们的消费取向了。那么放心又表明什么呢？从表面看，是一种安全感，是一种购买和使用过程中的心理轻松，即不被产品驱使而任意挥洒的消费自由。这固然是真实的，但如果再往深一步看，这种放心或心理依赖，则是一种相对稳定的价值认同，包括它的品牌、功能以及长期体验所形成的意义。说白了，就是从各个方面看，这种交易都划算，因而其消费也必然会持续。

对企业更具意义的是，某种产品的持续消费，会在一定程度上固化或改变人的行为方式，使人的某种消费成为习惯，并进而影响人的生活方式。如今最典型的就是智能手机了，普及的时间虽然不过几年，但比较数据表明，“低头族”的行为方式、生活方式乃至情感表达和人际交往方式，已经或正在发生深刻变化，其中有些变化，恐怕是智能手机研发者也始料不及的。

所以，近几年有些外商来中国投资，既不建厂，也不做渠道，而是收购兼并参股中国企业，并消解原有的品牌体系，换上外资的品牌，在国内外销售。对外商来说，这种品牌性投资是相当划算的，以最小的代价，一夜之间让你的企业、你的员工、你的产品、你的渠道都成我的，而改变的不过是一个品牌，顶多再加上销售方式。放眼如今市场，改革开放之初那些赫赫有名的民族老品牌，已所剩无几。很多出口商品是中国制造、外国品牌。这就向我们昭示了一个重要理念：终端创新。因为无论把品牌定义为知晓率也好，还是定义为美誉度也罢，说到底它不过是一种价值综合体，或者说是一种价值征服力。我们看到，很多产品很少在电视和报刊上发广告，但人们就是喜欢它。价值或只有价值才具有这种能力。

因此，作为一家企业或一个企业家，关键的不是你能生产出什么样的产品，而是你能塑造出什么样的品牌；重要的不是你能生产出多少种产品，而在于你的品牌市场融合能力，一个品牌下的产品多样性已不少见；难得的不是你一时的市场占有率，而是市场对你的品牌依赖度和持续认同。这样说，也许会有绝对之嫌，但我们也应当看到，一些极具创新力的企业已经不再生产产品，而只生产创意和品牌，中间的生产环节由制造和加工企业负责。因而他们既占据了产业链的上游，也控制着产业链的下游。所以，他们既无原材料价格之忧，也无环境污染之弊，还拿着利润的大头，而承担着价格和污染等多重压力的加工企业，则只能拿到很小的利润。想想看，你拿什么和他竞争。唯有创新。

其三，从长期战略上说，要依靠软实力持盈。软实力是个比较宽泛的概念，包括前面说的研发创新、科技力、员工素质等等。但这一切都建立在一个共同的基础之上，那就是企业文化。所以说，企业文化是企业软实力和硬实力的共同根脉。一个企业有什么样的文化，就会有什么样的研发团队和管理团队，以及相应的决策机制和管理方式，也就会塑造出什么的员工，而有什么样的研发团队、管理团队及员工队伍，也就从根基上决定了企业的持盈能力。

企业文化既不是与生俱来的，也不可能一蹴而就，更不是企业老板随便概括几条，写在纸上、挂在墙上、会上讲讲、会下聊聊、媒体上宣传宣传那么简单。它要靠长期积累、精心培育、共同打造才能形成。但它一旦形成，便会产生长期而巨大的力量。为什么这样说呢？因为企业文化的主体是人，而不是物。人既是企业文化的创造者，又是企业文化的践行者，更是企业文化的受益者。离开了人即员工，光是那些冰冷的厂房和机器，又何谈什么企业文化呢！我们可以说，忽视员工在企业文化中的主体性，以及他们对企业文化建设的参与，是一个普遍的问题。且不说这些企业有没有文化，即使有文化，也只能是企业的“贵族文化”，或高管以上的文化，跟企业员工没什么关系，这同样是一个普遍问题。

因而，这样的企业持盈能力大都是脆弱的，平日员工跳槽不断，很难留住骨干，一有风吹草动、经济波动、金融危机什么的，立即给你猢狲散，各奔前程了，对不起，烂摊子你自己收拾吧。有媒体在报道员工频繁跳槽时多有指责之意，可是反过想一想，有谁愿意离开温暖如家、激励成才、上升通道畅达的企业呢？频繁跳槽固然有每个人的原因，但共同的问题是，企业缺少其成长成才的文化土壤。

有人认为，某些企业老板本身就没什么文化，何谈什么企业文化。其实这并不必然，老板没文化并不代表企业就一定没文化；老板是否受过高等教育，也与企业文化没有必然关联，很多农民出身的企业家，企业文化照样搞得很好，而有些海归企业家，其企业文化也是一锅糨糊。问题的关键在于你是否把企业作为一个生命体来对待，是否把企业文化作为生命力的基础要素来对待。这就像人活着，人要强壮就必须吐故纳新、上下通畅、循环往复一样，企业生命的运行也是这个道理。

因为企业如同人的生命，促进和保障生命质量和竞争力的文化，同样是不可或缺的。

第九章
识人之智

对人的关注，是易经的根本。无论其运用了多少借喻、比喻，归结到底说的都是人和人事。从某种意义上说，易经就是古代一部以自然为坐标的“人学”。既有对人性的观察和分析，也有对人事的推论和判断，元亨利贞、吉凶悔咎，说的都是人事，其核心思想就是“顺乎天应乎人”。这是我们在参研易经时须臾不可偏离的主题。

一、大人小人

大家知道，在《周易》里面，无论是卦辞、爻辞，还是彖辞、象辞，都有直接对人和人事的分析和判断，所涉之广，几乎与今天没有多大区别，只是称谓不同而已。比如有整体或抽象意义的“民”“邑人”（即同地居住之民）“妇”“童”等；也有指个体或具体的王、君王、圣人、君子、大人、先人、丈人、同人、武人、友人、夷主（即相类相得的伙伴）、幽人（即隐居之士）、眇人（即盲人），以及小人、匪人等。都有其相应的卦象和爻位分析，并依据一定的自然法则，以定其吉凶悔咎。

这其中，我感兴趣的是关于大人、小人的问题。那么什么是大人呢？在我读过的一些书中，大都把大人与王、侯、君子、圣人、贤人等同起来。这固然有其道理，但也要注意他们之间的区别，这也许更有现实意义。因为在六十四卦的彖辞和象辞中，大人有时是单独出现的，如“利见大人”；有时则与君子、贤人等并列出现，而且君子出现的次数要比大人多。显然他们之间并非同指一类人，尽管其含义有时非常接近，都以德为据，但大人更具抽象意义。南怀瑾先生和徐芹庭先生所著的《周易》一书，援引孟喜的注释曰：“周人五号：帝，天称，一也。王，美称，二也。天子，爵号，三也。大君者，兴盛行异，四也。大人者，圣人德备，五也。”《乾凿度》一书也认为：“圣明德备曰大人。”可见，君子与大人是有区别的。

作为易经十翼之一的《文言》有曰：“夫大人者，与天地合其德，与日月合其明。与四时合其序。与鬼神合其吉凶。”这大体上可以反映出孔子等先贤对大人的描述。接着又讲到了圣人，“知进而不知退。知存而不知亡。知得而不知丧。其为圣人乎？知进退存亡而不失其正者。其唯圣人乎。”一个“为”字和一个“唯”字，道出了圣人的条件。与大人的含义也是有所不同的。南怀瑾先生和徐芹庭先生据此认为：“事实上，在古代所谓大人的意思，多半是用于对在上位的人而言。”到后来，更演化为彼此之间的一种尊称，场面上人们相见，互道一声“大人”以示尊重，其实际含义已与官秩和德性没多大关系了。

我之所以引述这么些话，其目的并不在于考证什么。而实际上，无论是从当时的语境看，还是从现在的语义看，把大人理解为君子，或把君子理解为大人，虽有区别，但也没有什么根本性不同。我的目的是希望读者对易经中的大人，不应简单地理解为一定是具有某种官职的人，诸如王、大君等，这就像易经中说的小人，也不一定都是职位低下或身份卑微的人一样。易经中的大人可能是有官职的人，也可能是无官职的人；可能是大官，也可能是小吏，甚至是平头百姓。易经中的小人也可能是身居高位的大官或富甲一方的商人，等等。总之，就是不能以官职、身份和穷富来理解和界定所谓大人或小人。否则，将会导致我们对卦义卦理的误解。

进一步看，假如我们暂时抛开彖辞、象辞这些后人加注的内容，而直接从卦象和卦义上看，所谓大人的本义，应当是指那些能够给予你实际帮助和支持的人，与我们今天所说的“贵人”意义相同。而这样的人，无论是做什么的，也无论是官是民、是贫是富，只要他肯无私地帮助别人，那他一定是道德高尚的人。所以你去见他，是有利的，是可以得到帮助的，也是可以去凶化吉的，从而揭示了道德在人类生活中的普遍价值。“圣明德备”者，并非贵族或为官者所独有、所独享。

如果在这个意义上再引伸一步，所谓大人也许并不是指某个具体人，而是表达了古人对道德理想的追求，为那些逢凶遇悔的人，提供了光明和希望，指出了机会和出路的所在。用今天的话说，就是世上总是好人多，无论多困难总会遇到好人。这就从方法论的角度，为人生的迷茫和彷徨，提供了一种积极的、建设性的思维方式，即向前走，“利见大人”。

那么，古人的这种思维方式或观点，源自何处，基础是什么，有没有依据，有没有道理呢？从易经的整体架构和基本理念来看，其来源恰恰是对自然法则和规律的认识及把握，并在这个基础上推论和阐释人类本身，即效天地之德以言人事。天地容纳万物、养育万物而不求回报，万物养育人类而不求自肥，而人类就应当效法天地之德以文明其身。从这个意义上说，大人就是天地之德的化身，就是古人对天地之德的追求与运化。应当说，这样的思想观点和思维方式，不仅是有基础的，也是有依据的；不仅对古人认识和改造自然、建设和谐社会发挥了重要作用，即使对今天的我们，依然是很有价值的。假如我们真的能以自然为本，与天地合其德，守本固基，积极自为，那么，我们这个社会的“大人”就会越来越多，迷茫彷徨的人就会越来越少，社会就会越来越和谐。

以上说了大人，那么小人又当如何理解呢？如果我们运用前面讲过的相反相成观点来理解，小人就是大人的反面。或者说，大人是相对于小人而言的，小人也是相对于大人而言的，二者相比而立、相反而成。总之，无论是在易经当中，还是在传统文化的语境下，小人虽然不一定是巨恶大奸或土豪强盗，但也不是什么好人，是那种缺德败事之类的人。但这里面需要注意的是，易经中的小人不是敌人。用今天话说，小人一般不属于“敌我矛盾”那类人。虽然他们干的事也许会破坏团结、排除异己、贪污腐败、结党营私，甚至有可能导向“敌我矛盾”，但在他们尚未触犯法律之前，本质上大都属于“人民内部矛盾”那类人，或者说是以正面形象、看似“好心”而专干坏事以利私的那类人。大家在古书上或现实生活中多少都会遇上这样的人，自然是各有各的体会，各有各的判断，似乎无须过多描述，也没有必要专门给小人下个什么定义，如此反而会限制我们的思维和判断。因为在实际生活中，这是个极复杂的问题。

易经对小人的基本态度和立场是明确的，即“小人勿用”。后来被发展为“近君子，远小人”，并成为历代王朝用人的基本理念和原则，其事例不绝于史，尤其是那些帝师或忠臣良将劝导皇帝时，大都少不了这句话。而我感兴趣的问题是，为什么这个朝朝讲、代代讲甚至天天讲的问题，不仅没有杜绝小人的滋生，反而是朝朝都有，代代相传，其中很多小人更是相当得志，权倾朝野，只手遮天，残害忠良，坏事干绝。产生和养育这些小人的土壤究竟是什么？小人为什么会得志？这正是我想借助易经方法论着重探讨的问题。这对当下的反腐倡廉乃至识人用人等，或许会有些启发。

对这个问题首先要明确的，就是大人、小人都不是天生的，不是与生俱来的，也不是“终身制”或一成不变的，天底下没有谁生下来就是小人或大人，更没有谁志愿去当小人，或自我标榜为小人，那种龙生龙、凤生凤、老鼠儿子会打洞的说辞，也无法解释何为小人或大人。因为历代王朝皇帝中，也有不少是典型的小人，有些忠臣良将的后人也出了不少小人。所以，对小人不能贴标签，不能搞对号入座，也不能搞血统论那一套，更不能以貌取人，说某某长的样子就像小人。因为归根到底，所谓的大人也好、小人也罢，都是一定社会条件下的产物，都是在社会化过程中形成的。没有绝对的大人或君子，也没有绝对的小人。君子做小人之事，小人行君子之德，虽为偶尔为之，却也是有的。

也许有人会用儒家或法家人性论的观点来分析和评断大人或小人。这个问题我在前面“自然为本”中已有所涉及。就是说，从“人之初”的意义上看，尽管人在遗传和先天条件上会有某些差别，但就本质而言，成人后的大人或君子，与成人后的小人是基本一样的，并无实质性的差别。小人有欲望，大人或君子也有欲望，区别在于后者能有效节制自己的欲望；小人利己爱财，大人或君子也利己爱财，区别在于后者坚守的是“取之有道”。所以也不能简单地用是否有欲利己来分析小人产生的土壤和条件，也不能以是否有欲利己来作为评断小人的标准。

那么一个人怎么就成了小人呢？这还得从人的社会化过程来分析。请注意，这里所说的社会化是广义的，与前面所说的青少年社会化过程有所不同。广义的社会化，主要指人一生与社会环境和条件的互动过程。因为社会环境和条件是不断变化的，为了不断适应这种变化，无论是青少年、中年还是老年，都要不断地与社会进行互动，以便更好获得社会资源，提高生活质量和生命价值。所以说，人的社会化是一辈子的事，并非只是青少年的专利。比如现在的互联网、智能手机、微博、微信什么的，老年人不适应，但为了保持与社会的互动，怎么办，也得去学呀。

如果把小人放在这个过程来观察，我们就会发现，有两个因素对人一生的影响、对小人产生的作用，是比较明显的，应当引起我们尤其是用人者的关注。

一个因素是选择与成本，或者说人一生多次反复的选择与成本。大家都知道，选择的本质是价值和意义。无论是上学、职业、婚姻、朋友、项目、市场及合作伙伴等这些显性选择，还是怎样做人、怎样获利、怎样升官及怎样讨得领导欢心等这些隐性选择，说到底都是某种价值和意义的选择。而对其中的某些人来说，价值就是利益，意义也是利益，不断或反复选择就是为了利益的最大化。因为在一定社会条件下或发展阶段中，利益与价值和意义总是密不可分的。当然，人生确有超越某些具体利益的价值与意义，这同样是不能否定和怀疑的。

如果从选择与利益的关系来分析，这就引出了选择与成本、成本与获利的问题。因为人生的大多数选择都是有条件、有成本的，并不是任意而为的，而且往往是你的选择越高、越复杂，所付出的成本也就越大。但这种成本付出的效益和获利，在通常情况下只能是个预期。这与交易不同，没有人会为你的人生选择事先支付利益或收获，更没人会为你选择的失误而支付成本。比如，很多青年都想去哈佛、牛津大学去学习，但你必须为此支付高额成本，这并不是每个家庭都能支付得起的。即使砸锅卖铁、借钱负债实现了你的选择，但你毕业后是否能如愿获利，则是无法确定的，更不要说你能不能学下来了。

在这种选择与成本的铁律之下，如果你能从你或家庭的实际条件出发，按照你的成本支付能力，做出人生某个阶段或某件事上的选择；或虽然条件差一些，支付能力也不太够，但如果你能刻苦学习、勤奋工作、顽强拼搏，也会不断接近实现你的人生价值和意义，这当然是最好的。我们可以把它称之为“正向选择”。假如你明知自己不具备相应的选择条件，也不具备相应的支付能力，却一定要选择、一定要得到、一定要实现，不达目的不罢休。这种情况对于那些“走正道”的人来说，可以理解为坚持不懈、奋发自强。但我们也不得不承认，对于那些既想选择、想得到，但又不想吃苦拼搏的人而言，就会去找一条“捷径”，或走歪门邪道，投机取巧，极尽钻营之能事。这条路尽管有时成本也很高、付出也很大，但收益快，回报也大。虽然其中不乏违纪违法之事，但他们大都能巧妙化解，不到东窗事发，他们大都不会去算计这种因失德或违法而付出的“成本”。有人说，选择即命运。其实更多的表现为一种后果，即一定的选择必然意味着一定的后果，尽管这种后果在选择时还是某种预期，它的显现同样是一个过程，并非一定要等到最后。这表明，任何一种选择都存在相应的利害关系，以最小成本而获取利益最大化，本是人之常情，但这种利害算计也同样会成为产生小人的土壤和条件，世间万物和人事大都逃不过相反相成的定律。

另一个要素是异化。异化既是一个生物学问题，也是个哲学问题，很多学科也借助这一概念，因而不同学科就会有不同的解释和阐述。如果我们用易经相反相成的方法来分析，那么异化既是自我反成的过程，也是自我反成的结果。即在某些外部条件作用下，用自己的力量走向了与自己的对立，或使原本从属的力量转化为支配自己的力量。它是你的，但又不是原本那个你的；它支配你的思想和行为，但又不是你原本自然的习性；它转过来为你所用，但又往往成为你的反面；它渐而成为你的常态，但在熟人眼中又是那么陌生而疏离；从外貌上看，你还是原本的你，但在内涵上你已经不是原本的你。

异与同相对而立，相反而成。比如我们说某某人变了，就是指与过去的不同；我们说某某人没变，也是指与过去的相同。这就引发出一个重要问题，即异化的坐标是什么，亦或说它的参照物是什么？当我们说某事物异化了，或某某人变化了，其根据是什么，你是以什么为坐标、以何为参照来评断的？如果我们以“人之初”为坐标、为参照，那成长中的每个人都在异化，或现实中的每个人都被异化了，这对分析小人何以产生，显然没多大意义。由于异化说白了就是与过去的不同，那我们还得从人的社会化过程、人的成长经历、相应的历史条件和生存环境，尤其人在职务、地位、贫富上的变化中，来进行分析和把握。这其中又以职位和财富对人的异化作用最为明显。

那么这其中又具有怎样的机制呢？

概括地说，就是相互利己、小人得志；亦或说，小人的存在是一种需要。稍有常识的人都不难发现，古今中外屡受诟病的小人从未绝迹，而且屡屡得志。这是为什么呢？易经方法论告诉我们，凡是不断反复且有效出现的问题，其背后必有其相应的规律和法则。由此推断，小人屡屡出现并得志，是因为有需求、有市场，有人需要小人就一定会有小人产生。这就像买卖市场一样，凡是有人想买的东西，就一定会有人生产、有人卖。更为重要的是，对于这种需要，应当从需求者和小人两个方面来分析。也就是说，这种需要不仅是需要小人的人的需要，也是小人自身的需要，只有这两种需求碰到一起，才可能满足小人产生的条件，小人的存在和得志才能成为现实。就像齐桓公与竖刁、易牙等小人那样的相互需要。齐桓公虽然听从了管仲的临终之言，把这几个小人赶出了宫，但自己却吃不香、睡不好。没办法，只得又把他们请了回来，这是一种“重度依赖”的需要。但我们不能因此而认为齐桓公也是小人。可怜一代霸主，最后竟被这帮小人给活活饿死了。其鉴如血，当为我辈惧之、戒之！

从需要小人的人来看，大都与有权势和富贵的人有关，因为老百姓既不需要，也无法满足小人的需要。有人说，古代的小人多与昏君相伴而生，有昏君就有小人，昏君是小人生存得志的土壤。翻开历史，确有此类。但也不尽然，像一统华夏的秦始皇，开创文景之治的汉文帝、汉景帝，贞观之治的唐太宗，以及康乾盛世的康熙、雍正、乾隆等，总不能说他们也是昏君吧，但其身边都不乏宵小得志之辈，有的甚至成为国家之患。这又怎么理解呢？这些盛世明君岂能容小人存在？朱子对此有个说法：“盖君子于细事未必可观，而材德足以任重；小人虽器量浅狭，而未必无一长可取。”这就是说，小人虽然缺德，但未必缺才或都是无能之辈。历史上那些有名有姓的小人，其中很多人不仅有能力，也很有才华，而这些能力和才华又是皇帝所需要的。因为帝王也是人，他也有自己的需求和利益，有些事君子能做，有些事是君子做不来的，但事总得有人做呀，于是善长此道的人便应运而生了。这里需要指出的是，仅从为帝王做事这个角度看，并无君子小人之分，大家都是为皇帝服务的，皇帝让你做你敢不做吗？根本的问题在于怎么做，也就是德的问题，是以德御事，还是以欲以利御事的问题，这就出现了君子与小人的区别了。

但对于昏君和贪官来说，就不这么简单了。因为他们是主动自觉地去寻找和使用小人，目的也不仅仅是为了做事，而是为了谋利、或满足自己的私欲、或排除异己。在通常情况下，那些见得了阳光的事，他会让君子去做去担当，那些见不得阳光又有利可图的事，则必须由被视为知己的小人去做了，如此他会放心、会觉得安全。所以，小人们必须能办事、会办事，尤其是那些上不了台面或阴暗丑陋的事，不仅要办得好，而且要办得私密、安全，其中有些事还必须办得冠冕堂皇、有声有色，让老百姓感激涕零、千恩万谢。小人们能有此“作为”，就必须脑子好使、聪明过人，办事干练，善于应变，尤其要精于利害算计，趋利避害的能力非常人所及。当然，昏君和贪官们用小人，也不像他们说的什么“不拘一格用人才”、“大胆提拔能人”，这不过是自我标榜、掩人耳目而已。

更为严重的是，小人们也不会白干也不能白干。昏君和贪官使用小人是为了利己，小人们为昏君和贪官卖命也是为了利己，要么为了权，要么为了钱，而色也就在其中了，是一种相互利己的关系。当然了，在这种交易或分赃中，也不可能是平等的。因为昏君和贪官出卖的是权力，具有交易的主导性，所以他们永远拿大头；而小人出卖的是才干或灵魂，具有依附性，所以只能拿小头。但无论是大头还是小头，昏君和贪官与小人之间的交易必须是相互利己的，如此才能实现各自的目的，而依附关系才能长久。也就是说，无论你的贪心有多重、多么舍不得，或有多大的难度，都必须给依附你的小人以实际利益，或给他们看得见、摸得着的好处，如此才能长期为你所用，并不断地为你谋取更多的私利。假如你什么好处都独吞，拔一毛如同要命，那你就要小心了，此时小人的嘴脸就会暴露无遗，反过来成为你的心腹大患。因为小人们为人处事是没什么原则、没什么感情可言的，他们的宗旨就是唯利是图。如果你满足不了他的私欲私利，那他会毫不犹豫地翻脸无情，把你的老底子和见不得阳光的事抖落出来，反咬一口，致命一击，其手段也是相当厉害的。所以，小人们对昏君和贪官也并不像他们所标榜的，什么“为了老大可以牺牲一切”，什么“对皇帝一片忠心”，什么“有福同享，有难同当”，不过是获取信任和私利的说辞而已。昏君和贪官们好像也没什么人相信这套鬼话。

就这样，在相互利己的交易机制下，昏君和贪官们获利了，小人们得志了。而且为了最大限度地掩盖和保持这种交易，昏君和贪官们必须继续使用小人，提拔小人。而小人得志后，自是不敢忘“恩”，一次又一次的交易也将继续进行，而小人们也自然会从中渔利。几千年来，一批又一批贪官被法办，又会有新的贪官出现；一批又一批小人被清除，又会有新的小人产生，这其中更深刻的机制，有待后人探究。

那么，究竟什么样的人是小人呢？概括起来历史上的小人大体上具有以下三种特征。

得志便猖狂。虽然说人有两面性甚至多面性，但小人的一大本事就是极善伪装，得志前后判若两人。在未得志的时候，其为人处事极为恭顺，可谓能屈能伸。在皇帝和上司面前，恭恭敬敬，先笑后言，点头哈腰，曲意逢迎，给人一种老实听话的感觉。这种人大多有一定才能，其中不乏精明强干者。他们的嗅觉极其灵敏，精于算计，阴柔而有韧性。

但是，这种人一旦得志，便立刻变脸，原来的恭顺、听话、老实一时消散，整个人一下子变得不可一世。无论是悉心培育的师长、曾经提拔重用的上司，还是同甘苦共患难的同僚，乃至光屁股一起长大的朋友，统统不在话下。这就是祖先以血的代价告诉我们的“中山狼”。

有奶便是娘。这种人最典型的特征，就是为人处事无信仰、无原则、无是非，一切唯利是图。为了一己私利，可以不分是非、不择手段，甚至不惜出卖自己的灵魂。只要有利可图，什么都可以做，什么都可以卖，什么都可以骗。历史上的汉奸便是此类之一。《荀子》以梧鼠为喻，说明此类人贪而无德，虽有五种才能而不成技：能飞而不能上屋，能缘而不能穷木，能游而不能渡谷，能穴而不能掩身，能走而不能先人。也就是说，从表面上看这类人似乎有些才能，能干点事，但终究是个绣花枕头，成不了什么大事。但他们有一种能力，却也非常人所及，那就是有奶便是娘，尤其善于投机钻营。

需要指出的是，有奶便是娘的人，其行为是高度自觉的，也是积极主动的，从出发点到落脚点都是相当明确的，并非是势逼无奈，也不是什么人强迫他做的；他们不是不知道做人的信仰与道德，也不是不懂得做事的原则与是非，但这些与他的私利相比，都是次要的，都是虚无缥缈的，唯有私利才是真实可靠的；他们不是不知道历史对此类人的评价，也不是不懂得周围人对他们的看法，但在他们看来，这些既不是奶，也不是娘，当不得饭吃。只要有利可图，有奶的才是娘。所以说，“有奶便是娘”本质上也是一种交换，是一种自觉选择。正因为其自觉，其破坏力尤大，实乃用人之大戒，不可不警惕。

有枪就是草头王。漫长的封建社会和皇权专制统治，使我们的传统染上了一种恶劣的顽疾，那就是“诸侯意识”和“地盘崇拜”。人人都想当皇帝，人人都想占地盘。当不上皇帝的就去当诸侯，当不上诸侯的就去当狱头，当不上狱头的就去当土匪，占山为王。几千年来杀来杀去，造就了一批又一批大大小小的诸侯，出现过无法统计的草头王，形成了各式各样的“地盘”。直到新中国成立后，才得以遏制。

这类人最显著的特征，就是无论管一个人，还是一群人；无论是当里长，还是当县令，只要有人管，他就一定要当老大，他就必须说得算。他所管的地方或部门，就是他的“家天下”，就是他的“地盘”。什么朝廷文件，什么上司批示，乃至法律法规，所有的事他不点头，都是不算数的。

从历史上看，这类人经营自己的“地盘”，最擅长的就是营造利益链或利益集团。不管你是做什么的，也不管你愿意不愿意，只要他需要，就先用利益把你套住，逐步结成一个小圈子，为他所用。大家是一根绳上的蚂蚱，谁也别想跑，一起经营老大的“地盘”。比如什么事交给谁办，由谁出头，如何运作，里面都有很深奥的利益算计。总之是我这个小圈子必须受益，肥水不流外人田。当然，这一切都会有一套冠冕堂皇的说辞。但实际上，一个以草头王为核心的利益链就这样形成了。而外面的人，永远也搞不清里面发生的事。所以，从与老百姓的关系上说，这些草头王的危害性着实不可忽视。

这里需要强调的是，无论大人也好，小人也罢，都不是绝对的、一成不变的，由大人而成小人，由小人而成大人的事，历史上也并不少见。这其中有因事而论的，有因然而果的，也有相对而言的，当然也有自甘堕落的。但无论如何都不要把人看死了，大人永远是大人，小人永远是小人。时代在变化，社会条件和人文环境在变化，人也同样在变化。

在变化中辩人、识人、知人、用人，是易经的重要观点之一。

二、识人古鉴

前边我们大体上了解了易经中的大人、小人，那么在实际用人时，又如何辩人、识人和知人呢？应当说，关于这方面的理论和专著国内外都很多，具体的识人、用人办法也不少，政党、国家或企业各个层面也都有自己的相关规定，无需逐一引述。我这里主要介绍一下古代识人、知人的智慧和方法，因为这些在时间上和易经的观点更近些。

那么既然是辩人、识人、知人，首先就有个标准问题。虽然如今与古代社会差别很大，其标准也不可能完全一样，但人还是人，那些具有普遍意义的思想和观点，依然是有价值的。这其中的道理就在于，任何一个人既不可能是绝对独立的，也不可能是真空的。归根到底，人既是自然的，也是社会的；既是时代的，也是具体的；每个人既有他的自然本性，也有他特定的生存环境。这是识人、知人的大前提。

从有文字记载以来的历史看，德才兼备、以德为先是主流标准，尽管并不是每个朝代或每位帝王都能做得到、或做得好，但这一主流标准始终没有改变。比如《管子》的审三："一曰德不当其位，二曰功不当其禄，三曰能不当其官。此三本者，治乱之原也。故国有德义未明于朝者，则不可加以尊位；功力未见于国者，则不可授以重禄；临事不信于民者，则不可使任大官。故德厚而位卑者，谓之过；德薄而位尊者，谓之失。"还有慎四："一曰大德不至仁，不可以授国柄。二曰见贤不能让，不可与尊位。三曰罚避亲贵，不可使主兵。四曰不好本事，不务地利而轻赋敛，不可与都邑。”[1]从较早的荐贤访圣到举孝廉，乃至后来的九品中正制，基本上都是以德为先的。即使隋唐以后的科举制，虽然增加了对才能的测试，但人的德性依然是极重要的。

那么我们的祖先为什么会有如此的主张和坚守呢？其道理就在于，大人与小人是无法用才能来辩别的，正人君子不一定个个才华横溢，卑鄙小人也不一定都是无能之辈。而事实上，那些怀小人之心而持经世大才的人，几乎每个朝代都能找出几位。他们既可以治国安邦、经略一方，也可以助纣为虐、频生动乱、危害一方。他们之所以能够如此翻手为云、覆手为雨，条件之一就是他们有这个本事、有这个才能，尤其是能够取得皇帝信任的本事。小人得志、大奸似忠，才之助也。而这个本事恰恰是很多正人君子所不在行的。

比如大清乾隆朝的和珅，就是这般人物，不仅才华横溢，人也风度翩翩。以乾隆帝之精明老道、识人之精，怎么会不知道和珅都干了什么、又是个什么人呢？但直到驾崩，始终没有动他。原因固然是多方面的，但和珅的才能尤其是理财和排除异己的能力，无疑是“朕之所用”的条件之一。更何况，无论你和珅贪了多少，无非是个皇家库房而已，暂时在那保管一段时间，嘉庆帝上台后的一道圣旨，立即收归皇家，首富大贵顿时化为乌有。正因为如此，尽管举报和珅的经久不断，乾隆始终不为所动，那是留给儿子的钱。

才能是个相对中性的概念，它有个为谁而用、为什么用、怎么用的问题。它既可以为私欲私利所用，也可以为国家民族所用；既可以用来做好事，也可以用来办坏事；既可以用来开发创新，也可以用来进行破坏。这里面的关键是用什么来驾驭才能的问题。我们祖先的主张和坚守是：以德御才。这也是以德为先的基本依据。因为德与才的不同之处，在于它不是中性的，它不仅包括人的信仰、信念、理想、志向，也包括人的立场、价值和品性，而这些所要解决的恰恰是人生观以及才为何所用的问题。当你确定了某种信仰和意义的时候，你的才能便会随其发力和运用，并不断创造“和其德”的业绩。

因而，由于德的有无、厚薄之不同，便呈现出才为何所用的差别乃至

① 《管子》：李山译注，中华书局 2009 年第 1 版，第 37/38 页。

正反之分。如果离开了信仰、意义这些德性的驾驭，你的才能便会成为一艘失去方向的船，迷茫而彷徨。此时如有相应的利益诱惑，你的才能就会为其所用，甚至超越“取之有道”的界限，而损害他人的利益，或成为国家和民族的罪人。在这种情况下，你的才能越强，破坏性也就越大，后果也就越严重，以至无法回身。我们看那些古今贪官，哪个是没才能的，也都有相当的“业绩”可资，可为什么走上这条路，他们缺的不是才能，而是驾驭才能的德，才能也因此脱离了正道。古今中外的这类事，大体如此。这也是祖先们为什么把“立身”放在“立业”和“立言”的前面，置为人生之首的道理。立身就是立德，立德就是给你个一生受用的方向盘和刹车制动，让你懂得你的才能为谁用、怎么用，该刹车的就要刹车。有德者未必有大才，但至少保你平平安安地度过这一生，别发生什么大灾小难的。

如前所述，现代人轻德，究其根源，不过是“道德无用论”。道德既不能帮我赚钱买房子、买车子，也不能我帮提拔升职，德性好坏又如何，当个道德楷模又能得多大好处。这固然与社会上某些价值导向有关，但归根到底还是没活明白。且不说那些大德大才之人的事，就是我们这些平头百姓，如果缺了做人做事的德性，你就不可能有和谐的人际关系，领导不信任你，同事不愿搭理你，因而你就没朋友、没客户、没渠道，没有了这些资源，你又能做成什么事，因此你升不了职、赚不到钱，又能怪谁呢？你可以忽悠人家，人家也信了，也帮了你，可时间长了终究要漏底的，毕竟谁也不是傻子。所以说，无论是做大事的，还是养家糊口的，我们要想活得好，活得有尊严、有价值、有意义，至少是活得平安，才能可以有强有弱，钱可以有多有少，唯独这个德是不能缺的。它没有贵贱之分，也没有老少之别，德对于每个人的意义和价值都是一样的。

当然，我们讲这些并不是轻视人的才能。因为辩人、识人、知人都是为了用人，用人为了什么，用人是为了做事，做事或做成事都离不开相应的才能。所以古人主张德才兼备。兼备者，即不失、不偏、不邪，尤其是不可失德以重才。但光有德而无可用之才，也同样是不行的。所以在现实中，识人之德才兼备者难，能发现和使用德才兼备者尤难。正因为难，才会有几千年的不断探索、丰富和发展。

在这个问题上，三国时期的曹操值得我们研究，这方面的书也不少，各种看法也很多。但无论如何，曹操在三国鼎立中的相对优势确是人才，也因此而打败了诸多对手，统一了北方，并为进而一统华夏奠定了基础。更为难能可贵的是，他不仅凝聚和使用了一批又一批文臣武将，追随他南征北战，而且还广收天下文人才俊，视为文友，“洒笔以成酣歌，和墨以资谈笑”，开启了光耀史册的“建安文学”。这在历史上是少见的。

曹操识人用人的基本主张，用他自己的话说，就是“唯才是举”。无论你是什么出身，是贵是贱、是贫是富，也无论你原来是干什么的，是文是武、是敌是友，只要你有才能，能帮我打天下，都可以量才使用。真可谓“不拘一格降人才”。这里的“格”既是标准，也是层次和等级。不拘一格，就是要打破唯一标准和身份等级的限制，最广泛地发现和使用人才。

从当时的历史条件来看，这无疑是极具社会价值和进步意义的人才观，即使在今天仍不失其重要意义。但就曹操一生的经历来看，可以说成在“唯才”，败也在“唯才”。因为在当时残酷的战争环境中，曹操的“唯才是举”，正是他内心躁动并急于求成的现实追求。一方面他深知人生苦短、来日无多；另一方面，他又希望在较短时间内一统华夏，实现自己的人生抱负。在这种矛盾的心态下，其“唯才”就难免会鱼目混杂了，投奔他的有贤人、有能人，也有投机钻营的小人，以及混吃混喝的人。从总体上看，他身边缺少的恰恰是那些以德御才的贤人。即使有，由于曹操人格或价值取向上的偏失，又往往不能容得下，于是就有了杀孔融、诛杨修，借刘表之手杀祢衡，为历代所诟病。

那么，“唯才是举”这一主张，为什么会在曹操身上出现如此严重的价值分裂呢？周永亮先生在《江山永续》一书中的看法，是中肯而深刻的。他认为：曹操会看才而不会看人，他身边大都是一些能力很强的人，但缺少贤人。而刘邦则不同，用才的同时更会用人。其背后的根源则在他的实用主义价值观和人才观。用现在的话说，就是“道德无用论”，只要能帮我打天下、只要能帮我赚钱就行，德性好坏无关紧要。

这里面极具现实意义的是，“识才与识人、用才与用人”的联系与区别。二者的联系在于，所谓的才都是人的才，离开了人就无所谓才，而离开了才也就无所谓人才。二者的区别则在于，才并非人的全部，也不是人的唯一，人除了才还有德及其他要素。如果我们在识人用人时，仅仅满足于识才用才，而不看人的德性和其他方面，就会导致偏失。如此，尽管可以得一时之用，但终究要出问题的。就像曹操竭尽一生之力打下的天下，到头来还是被他“唯才是举”的司马氏取而代之。这不能不说是个历史悲剧。当然，这并非说司马氏不能当皇帝。帝王者，有德者居之。这是几千年的价值认同。问题在于司马氏集团本身以及取而代之的手段，都是相当残酷的，并无德胜可言。正因为这样，从古到今大家都讲用人，而较少讲用才；讲用人即“首言在德”，讲用才则“唯才是举”。这里面的道理是相当深刻的。现如今德的问题，远比古代复杂得多，用人者对此不可不知、不可不察，亦不可不慎也。

写到这儿，我想起曾子关于用人的主张：“用师者王，用友者霸，用徒者亡。”这里面的“师”，并不说要用自己的老师，而是指具有大德大才，并可以帮助自己打天下治天下的人，敬之以师或以师待之。比如商汤用伊尹、周文王用姜太公等。姜太公不仅不是周文王的老师，而且素未谋面，但文王却像对待父师那样敬重他，尊之为尚父，请他为自己谋略天下，以定王业。而太公一把年龄受此敬重，自然会鞠躬尽瘁、死而后已。这表明：欲得大德大才者，必先阔其胸怀，你的心胸必须能容得下这样的德才。而那些心胸狭小或武大郎开店的人，注定终生与贤人无缘，因为此类高人并非金钱可以得到；欲用大德大才者，必以德感之、以德御之。那种只靠势力或给好处的办法，是无法用好如此德才之人的。

这里面的“友”，也不是指亲朋好友或哥们义气什么的，而是说要像对待朋友那样对待帮助自己打天下治天下的人。比如齐桓公与管仲、刘备与诸葛亮等。齐桓公和管仲原本不仅不是朋友，而且曾一度是生死仇敌，齐桓公对管仲恨得牙根痒痒，属于那种置于死地而后快的关系。但齐桓公也知道，欲图霸业，管仲不可不用，不仅要用，而且还得像老朋友那样的尊重、信任和放手使用。而管仲也不负所望，不仅搞得民富国强，而且帮助齐桓公实现了一代霸主的梦想。这其中最具价值的是，齐桓公和管仲二人都不计前嫌、化敌为友，而且终生不疑，即使到管仲临终之时，齐桓公还请管仲举荐“接班人”，并一一落实。这是什么，这就是德。齐桓公视管仲为友、虚心受教、放手使用是德，管仲全心全意、竭尽所能、死而后已也是德。可以说，齐桓公成就一代霸主，首胜在德；管仲成就一番伟业，首胜也在德。刘备和诸葛亮的关系也是如此。

关于这里的“徒”，各代的注释不尽相同，大体上有三层意思：一是指同一派别的人。就是只使用提拔自己小圈子的人，用现在的话说，就是搞团团伙伙。其标准不要说德了，就连才也不讲了，只有“圈子里的人”用得才放心。其结果必然是不辩德才、排除异己，从而失去了大多数士子的认同与支持，五湖四海也就变成了水洼小溪。水不流则腐，如此用人者焉能长久。如有些朝代的“党争”等。二是指比自己低的人，如学生、门徒等，有点武大郎开店的意思。这在古代似乎很普遍，也很奇特。比如你某年某科榜上有名了，那当年的主考官就是你的座师了，你就是他的门徒了，而且终身依附。但实际上他连个字都未教过你，甚至此前根本不认识，但还得是师生关系，或相应的依附关系。这是历代“党争”的一个重要根源。而那些真正教你识字、教你明理、教你诗文的老师，便从此没了踪影，没见谁中进士后先回去拜真正的老师。说到底，拜个当官的假老师，不过是一种政治依附，找个靠山，形成个圈子，以利于自身的仕途。而家乡的真老师多为穷秀才，对自己的仕途又有什么用呢？每每想起，令人心寒。所以，很多书上说咱们有尊师的传统，似乎应做具体分析，不可一概而论。我们在古书上看到的尊师案例，师者大多是当官的，或隐逸高人，较少有穷秀才。即使像孔子这样的“至圣先师”，其晚年的日子也不好过，天天盼着有弟子来看他。我也当过大学老师，自然也有我的体会。因而，现在设立“教师节”，大力倡导尊师重教，确是非常必要的。三是指小人，前面已经讲过了。

如果你有时间，把古代史大体捋一遍，就会发现“用师者”少的可怜，数得过来就那么几位；“用友者”和“用徒者”是大多数，而在有些朝代或一个朝代的中后期，往往是“用徒者”占了主流、成了主体，这时候离这个朝代的灭亡，也就不远了。可以说，用人的轨迹和规律，大体上就是朝代兴衰更替的轨迹和规律。因为人既是历史的主体，也是朝代兴衰的主体，其规律也就在其中了。

以上是从普遍意义上讲的标准，即德才兼备、以德为先。那么从具体上看，因各代学者关注和探究的视角不同，也会形成一些各有侧重的标准，并提出自己的识人、用人主张。比如唐代赵蕤写过一本《长短经》（也叫反经），被南怀瑾先生收录在《历史上的智谋》一书，并加以阐释。赵蕤在《长短经》中提出正臣、反臣及相关标准。仔细参研下来，觉得这一提法及标准，其直接来源和依据正是易经的大人、小人。难得的是，经过他的梳理和阐释，原本抽象的大人、小人具像了，离现实近了，方便我们在现实中的理解和应用。这也是我对此加以引述的道理。

我们先看他提出的六种正臣及其标准：

夫人臣萌芽未动，形兆未现，昭然独见存亡之机，得失之要，豫禁乎未然之前，使主超然立乎显荣之处。如此者，圣臣也。

虚心尽意，日进善道，勉主以礼义，谕主以长策，将顺其美，匡救其恶。如此者，大臣也。

夙兴夜寐，进贤不懈，数称往古之行事，以厉主意。如此者，忠臣也。

明察成败，早防而救之，塞其间，绝其绝，转祸以为福，君终已无忧。如此者，智臣也。

依文奉法，任官职事，不受赠遗，食饮节俭。如此者，贞臣也。

国家昏乱，所为不谀，敢犯主之严颜，面言主之过失。如此者，直臣也。[①]

从传统文化的视角来看，这“六正”是有高下、有层次的。圣臣的层次最高，其主要特征是独见机先，决事于未然。这是相当了不起的大智高人，但史上少见（小说除外）。排在第六位的是直臣，也就是现在说“诤臣”，敢于犯颜直谏、当面对领导提出批评的，也是相当了不起而且极其难得的。那么赵蕤为什么会这样排序呢？这就涉及到识人、用人的标准了。因为赵蕤在这里并不是以职务高低或道德厚薄为依据的，而是按实际作用以及这种作用所产生的实际效果为依据的。也就是说，虽然都是正臣，但还得看你究竟能为主上做什么，解决什么问题，做的效果如何。但由此而分高下层次，并不是说排第六的直臣，就一定比圣臣职位低或才能差。

从整个古代看，如此分别和阐述的还比较少见，其主要价值就是把抽象普遍的标准，演化为现实具体的评述，摆脱了德与才的人为对立。当然，后人也有对此持批评态度的，认为赵蕤重才轻德。其实既然说的是正臣，又何须论德，无德又何以曰正。因为古人早就说过，正者，德也。正臣就是有德性的人。从赵蕤本人的情况看，他一生隐逸不仕，终身治学。这样一位高士岂能轻德。

我们再看他在《长短经》中提出的六种反臣以及基本特征。

① 南怀瑾：《历史上的智谋》，复旦大学出版社 1991 年第 1 版。

安官贪禄，不务公事，与事沉浮，左右观望。如此者，具臣也。

主所言皆曰喜，主所为皆曰可，隐而求主之所好而进之，以快主之耳目，偷合苟容，与主为乐，不顾后害。如此者，谀臣也。

中实险诐，外貌小谨，巧言令言，又必疾贤，所欲进则明其美，隐其恶；所欲退则彰其过，匿其美。使主赏罚不当，号令不行。如此者，奸臣也。

智足以饰非，辩足以行说，内离骨肉之亲，外妒乱于朝廷。如此者，谗臣也。

专权擅势，以轻为重，私门成党，以富其家，擅矫主命，以自显贵。如此者，贼臣也。

谀主以佞邪，堕主于不义，朋党比周，以蔽主明，使白黑无别，是非无间，使主恶布于境内、闻于四邻。如此者，亡国之臣也。[①]

我们在理解和把握这“六反”时，有几个问题需要注意：一是这里的“反”是相对于前面的“正”而言的，无正则无反，无反也就无正可言了，也是一个相反相成的存在，而不能理解为某种反动、反叛或造反。就像前面所讲到的，当这些反臣或小人尚未触犯法律之前，他们并不是敌人，我们可以对其进行道德谴责，却不能像对待罪犯那样，将其绳之以法。二是赵蕤所说的反臣与他所说的正臣不同，反臣没有高下之分，也没有层次之别，只有程度之差。我们可以说某某更坏一些或手段更残忍一些，但不能认为某某比某某的层次更高一些。更为重要的是，这六种反臣的特征也并非是各自独立、互不相干，而往往是几种特征集于一身，或某种特征更突出、更鲜明一些。假如我们以六种类别的人来对待，或者分别对号入座，便可能因误解而误人。三是要善于从本质上把握反臣或小人。因为任何一种概括或描述都有其局限性，都与现实中的反臣有着这样那样的差别，赵蕤的论述也不例外。因为实际上没谁会打着反臣的小旗招摇过市，他们也会以君子、忠臣的面目出现，打着一切为了皇帝的招牌，且足智多变，进退自如，极善伪装，让人极难识别。所以必剥其伪善而直刺本质。那么这个本质是什么？就是违背道德乃至法律的利益交换。因为他们所做的一切，归根到

① 南怀瑾：《历史上的智谋》，复旦大学出版社 1991 年第 1 版，第 105-108 页。

底就是为了私利的最大化。正如姜太公所言：小人只做对自己有利的事。抓住这一点，辩识小人或反臣也就不难了。

如果再进一步剖析，那就得说说桓范《世要论》中的“防邪之道”了，后人把它概括为识人用人的“九虑”。它的主要价值是把识人、知人和用人作为一个过程来对待，而不是平时不管不问，等要用人了就去考察一下，等任用以后又不管不问了。《世要论》认为，这样是无法真正知人、识人的，当然也就很难用对人。必须把想用的人放在相应的过程来辩识，才能真正看清一个人。那么如何辩识呢？

臣有立小忠以售大不忠，效小信以成大不信，可不虑之以诈乎？
臣有貌厉而内荏，色取仁而行违，可不虑之以虚乎？
臣有塞同侪以专朝，塞下情以壅上，可不虑之以嫉乎？
臣有进邪说以乱是，因似然以伤贤，可不虑之以谗乎？
臣有因赏以偿恩，用罚以作威，可不虑之以奸乎？
臣有外显相荐，内阴相除，谋事托公而实挟私，可不虑之以欺乎？
臣有事左右以求进，托重臣以自结，可不虑之以伪乎？
臣有和同以谐取，苟合以求进，可不虑之以祸乎？
臣有悦主意以求亲，悦主言以取容，可不虑之以佞乎？[①]

与《长短经》不同的是，《世要论》的这“九虑”，用的都是问号，那“难道不该……”的句式，很显然这是一种劝戒，也就是你想用的人、亦或已经使用的人，都应当在观察的过程中注意到这些问题。比如对那些不断表忠心并时不时整出点动静的人，你就应当在大忠上察其真伪，尤其是在重大问题、重大事件和重要关头乃至逆境中，察其是否忠心。再如那些整天在你身边转悠，变着法让你高兴，想方设法和你亲近，甚至不惜舍点个人利益的人，你就应当考察一下他的动机和目的，他为了什么才会如此这般？你接受了他的好处，能满足他的要求吗？满足了是什么后果，满足不了又会是什么后果。还有对那些极善搞关系的人，“和同以谐取，苟合以求进”，你就应当去察看一下他的立场和原则，乃至在重大问题上的理性坚守。

---

① 南怀瑾：《历史上的智谋》，复旦大学出版社 1991 年第 1 版，第 109-115 页。

以上是一些大的原则。那么在实际中究竟应当怎样识人呢？易经的基本观点是以自然之法观人察性，且以察性为枢机。也就是老百姓说的“江山易改，本性难移”。本性即人的欲和利。人纵欲而亡，官纵欲而失。因此，自然之法乃识人之镜，尽照天下之正反顺逆。在此基础上，圣贤先哲大都主张“识人为善任之首要”，不识人便无法善任。因此，要善于在过程中多角度观察、多方面考量、多时空（环境）辩识，由此知性之长短，依德而任之，量才而用之。反对“一知而用”或任而不察。

比如荀子曾提出“四观”，作为识人的门径。即校之以礼，而观其能安敬也；与之举措迁移，而观其能应变也；与之安燕，而观其能无流慆也；接之以声色、权利、忿怒、患险，而观其能无离守也。

后来唐代魏征又提出了“六观”：贵则观其所举；富则观其所养；居则观其所好；习则观其所言；穷则观其所不受；贱则观其所不为。与荀子不同的是，魏征主要是从德的角度命意的。

历史上比较有名的，还有诸葛亮提出的“七观”：闻之以是非而观其志；穷之以辞辩而观其变；咨之以计谋而观其识；告之以祸难而观其勇；醉之以酒而观其性；临之以利而观其廉；期之以事而观其信。很显然，这“七观”更具体、更实际，也更具操作性，而且是兼德才而两之。

此外，还有不少散见于古书的识人之法，我尝试做了个归纳，权作“七察”，还望史家指正。

察其不富而奢者，此人必虚荣外显，嫌贫爱富，张扬虚狂，好大喜功，其心必野；

察其不才而逞者，此人必内虚外厉，无能逞强，急功好利，志大才疏，其心必骄；

察其无德而显者，此人必虚德实利，张扬逞事，哗众取宠，舍小不为，取大无能，其心必贪；

察其无位而尊者，此人必眼高手低，贪图虚荣，自视为过人，藐视群小，外厉而内虚，其心必伪；

察其无友而行者，此人必生性孤傲，冷酷无情，一言不和，即成死敌，独行可成，聚众必败，其心必毒；

察其无事生非者，此人必心胸狭小，鼠目寸光，出语巧言令色，行事宵小无状，挑拨是非，唯恐不乱，其心必诈；

察其无思而言者，此人必心浮气躁，言虚而夸，华而不实，行事无序，投机取巧，其心必杂。

如果我们把上述“古鉴”结合实际情况再梳理一下，以下三点是比较有现实意义的。

一是既要观其显，也要察其潜。就是说，每个人都有显和潜两个方面。从总体上看，公众自我和职业自我是属于显的一面，是比较容易认识的；个人自我属于半显半潜的，认识上的难度虽然比较大，但依然可为；隐私自我则属于潜的一面，极难认识和把握。但识人辨人的关键恰恰就在这里，不察潜，难以真正知人。

所谓的潜，一般多指人的欲望、动机和自我盘算，以及个人隐私、私密生活、人际小圈子等。这其中，有些是别人看不到，且是个人故意或竭力掩盖的；有的是永远不为外人所知的；有的虽然可知，但范围极小且利益相连，极难外泄。而所谓显，则更多是人在公众场所和工作中的表现。这其中，有些是自然显现的，如多年形成的行为习惯、公共道德和职业操守对言行的约束等；有的则是个人故意或努力显现的，尽量让大家知道自己的才华和业绩。这里面虽然有“演”的成分，但也必须以素质和实力为基础，所以总体上是相对真实的。

这就给我们识人提出了一个大课题，如果我们的考察仅仅满足于显的一面，而这又恰恰是当事人努力表现的，那无论考察程序多么严谨，考察内容多么细致，考察范围有多大，都无疑是“正中下怀”，除非他本人是个庸碌之辈，但这样的人也难以进入考察范围。这样的考察结果，只要你想用他，大都是优秀的，因为他潜的一面你既不了解也未考察。所以有些人提拔时的评价都很优秀，且多为才能和业绩上的表现，而当他受到处理时，其评价大都是负面的，且多为德这方面的问题。在这个正反相变的过程中，固然有环境影响、职务异化和权力失控等因素，但也不能排除某些人原本就是这样的人，才能是真的，缺德也是真的，只不过没有去考察潜的一面而已。当然，这并不是说非要去揭人家的隐私，或去干扰人家的私生活。

易经方法论告诉我，识人方法应当是：显观其才，潜察其德。即公开的、组织的考察以才能为主，因为这既是当事人努力表现的，也是他周围的人能看得见、说的清的，而且很多业绩也是可以量化分析的，有没有才能或是否胜任，是可以判断出来的。而对德性的考察，却既不是个别谈话，也不是民主投票所能完全解决的，它必须在相应的过程中才能逐步显现，并为我们所把握。这正如英国哲学家弗·培根在《论人的天性》中所说的："人的天性在私生活里最易看出，因为在那种生活里是没有虚饰的；在热情里也最易看出，因为热情使人把平时的教训忘了；在一种新的事情或尝试之中也最易看出，因为在这种情形里是无惯例可援的。"

对此，古人的办法是听其言而观其行，且重在行。言行者，人之枢机也；枢机者，发动之要也。一个人无论德性好坏，总是要说话、要行动的，而言行中必显其潜意，尤其是在非公开场所，或在自己的小圈子里，其言行更显"真性情"，多为一种自然流露而无所顾及，真正的德性也就容易识别了。所以说，人需于内而必显于外，或言或行，也无论怎么显，总是要显的，不显就无法实现。其中的道理就在于人的习性，越是想隐藏自己的欲望和需求，对外界类似的事情也就越关注，关注度越高，显现的机会也就越多。

更为重要的是，观其行，重在行一。就是要看他的一贯行为或行为的一贯性，而不是一时一事的行为，或在某种条件下的偶然行为。因为只有这种一贯的行为，才能比较真实地反映他的德性，亦或说，行为的一贯性与德性的稳定性，往往是互为表里、相辅相成的。所以，把握住了行为一贯性的基本特征，也就大体上了解了人的德性。但问题是，这种一贯性及其特征，并非一日可见或一日之功，它需要足够的时间和实践。因此，对德的考察和把握必然是一个由浅入深、由表及里、逐渐接近的过程。亦或说，识人是为了用，而任用只是识人的开始，而非结束。如何在使用中继续识人，仍然是个硬功夫。古今识人之难，主要是难在这里。

二是既要近察，也要远观。有句老话叫"熟视无睹"。讲的就是对身边熟悉的人和事，反而不上心、不关注了，往往像没有看见一样。而我们对一个人的认识，又大都从身边开始，时间久了，彼此熟悉了，反而看不清楚了，有时会把缺点当成优点，有时又会把优点当成缺点。更为重要的是，熟人环视往往会阻碍你对更多人的认识。这就好比你站在一群人中间，能看清的也就周围的几个人，而无法看清更多的人。如果你能走出这群人，站在他们的外面，或登高视之，反而看得更清楚了。同样的道理，如果你老是站在他们的前头，就无法看清后面的人；如果站在他们的后头，就容易看清他们的表现和作为了。所以，当领导的要经常下去走走看看，也就是经常从后面看看你想用的人。当然，能“微服私访”效果最好。

咱们还有句老话，叫“旁观者清”。就是：“不识庐山真面目，只缘身在此山中。”越是身在其中的事越是看不清，如果你能抽身登高、旁观远视，也就会逐步看清楚了。所以，当领导的要想用好身边的人，不妨把他放在远一点的地方，或放在你的“前面”，或放在老百姓里，再看看。在这个过程中，多听听旁观者或局外人的意见和看法，也许会得到更多新的认识。其实，这也是对身边人的真正爱护。那么，把他放远一点观什么呢？咱们的祖先也有说法，比如观其和志者之多寡，利益和诱惑面前之离守，大事危局临身之进退，直言冒犯之容量，以及出言之诚伪、取财之道义、谋事之阴阳。还有，小事看雅量，大事看眼光，悲喜看胸怀，荣辱看担当，难事看意志，好事看淡泊，败事看自信，贫富看德性，冷暖看性情，等等。这都是经验所凝成的识人之智。

尤其重要的是，识人用人要有大境界、大视野，善于在基层、在百姓中间发现和使用人才，畅通基层人才的上升渠道，以激励和凝聚更多更大的力量。易经的观点是，行大事者，必得众而志。怎么得众呢？就得靠志同人、情凝众、行聚力。而这里面的关键在于用人这个“指挥棒”。

三是既要识人，也要识境。这里的境，主要是指人的生活环境和人际关系。大家都知道，任何一个现实中的人都不是抽象的，而是具体的、历史的，因而每个人都有自己相应的成长环境和生活环境，以及一定的人际关系，而这些环境和关系又会对人的成长和发展产生重要影响，有些甚至是决定性的影响，并形成相应的思想品德和行为特征，有些东西是终生不可磨灭的。

我们同样懂得，人既是社会的人，也是时代的人。一个时代的基本特征，也往往是人的生活方式和行为方式特征。尤其是在时代潮流的裹挟下，人们往往会在“被选择”中，追赶或保持与时代的同步，以获得某种心理平衡和成就感。正是在这种“不自觉”的过程中，每个人都在悄然地发生着变化。

这表明，要想真正了解一个人，尤其是了解一个人的真性情、真德性，就离不开对其生活环境和社会关系的把握。这正如《管子》所云："审其所好恶，则其长短可知也；观其交游，则其贤不肖可察。"假如一个人的私下交往，大都是谈生意、谈项目，或花天酒地、吃喝玩乐，那他早晚要出事的。如果此时你仅凭才能和业绩提拨了他，那等待你的只有后悔了。这样的案例已经不少了。也就是说，在一定社会环境和人际关系的影响下，人在工作之余喜欢什么、追求什么，都会有所偏好的。这在正常情况下无可非议。但是当这种喜好和追求与权力结合在一起时，便会生出是是非非。

过去是现在的历史，现在是未来的历史；过去是现在的基础，现在是未来的基础；过去包含着现实的走向，现实包含着未来的趋势。任何一个人都无法脱离这一历史规律。所以，只有在时间和空间的结合上，才可能真正把握人生轨迹。

如果从更高的境界上说，识人用人并非仅仅是给其位、用其身，而用人的思想和智慧，同样是一种用人，而且是更高层次的用人。比如，老子一生只做过周王朝的守藏室之史，算不上什么官；孔子虽然当了几天官，但终究与仕途无缘；庄子虽然受到高官厚禄之请，却终生不仕；韩非虽心向仕途，但终未成志。但他们的理论和思想，却被历代所用，尤其是孔子创建的儒学，更是居西汉以降历代王朝之尊。又有谁能说这不是用人的一种方式呢？

这其中的道理就在于：古今的官位都是有数的、有限的，因而能用之人也必然是有限的。无论多么爱才的皇帝或领导，都无法把所有合适的人都用了。而用其人的思想和智慧，则是没有数量和职位的限制，其时间和空间是极其广阔的。只要你的理论和思想有利于治国安邦、有利于经济社会发展，哪怕只是某个观点、某个方法，古人的可以用，今人的可以用，外国人的也可以用。

所以，凡是有志于为国家和民族做点事的人，不一定都要去做官，这并非唯一途径。潜心研究点学问、研究点问题，出点成果，或有所发明创造、有所创新，自主创业，或当个大工匠，此时你虽无官职，也就等于国家用了你，其价值和意义并不比做官低。从长远看，甚至比做官的价值和意义还要高。这应当成为更多人的追求。

三、自知最难

前面我们讲的是知人、识人和辩人，那么谁来知人呢？自然是用人者知人。这就提出了一个问题，前面讲的那一大套既然都要由用人者来实施，那用人者的自身素质或是否有自知之明，就成为关键的关键了。

也就是说，要真正做到知人善任，首先得看用人者是否有知人之智、善任之能。如果你虽有用人之权，却无自知之明和知人之智，那知人善任也就是一句空话，这就像虽有千里马而非伯乐不可得之一样。所以，老子在说“知人者智”的同时，还要强调“自知者明”；在说“胜人者力”之后，还要强调“自胜者强”。其意都在表达“用人者必先自知”的道理。

在这里，自知有两层含义，一是你是否具有知人的能力与智慧，如果没有就去请个伯乐，或让更多的人来参与决定，多听听大家的意见；二是要清楚地知道，你究竟需要什么样的人，用来做什么，这与你的宗旨、任务和目标直接相关。很显然，相比之下前者更为重要，也更为艰难。因为不自知焉能知所用之人。这正如刘伯温所言：“夫大夫能左右天下者，必先能左右自己。”

我们都知道“人贵有自知之明”这句话，那么“贵”在哪呢？就贵在自知之难、能自知者稀缺这点上。北宋的程子就说过：“人有过而能自知者鲜矣；知过而能内自讼者尤鲜。能内自讼，则其悔悟深切而能改必矣。”“鲜”就是少见、就是稀缺。可见，古往今来能有自知之明者，确实不多，而正因不多，我们才要去不断追求。比如有的人能运筹帷幄、洞察秋毫、决胜于千里之外，却偏偏无知于自身之短；有的人能纵横疆场、排兵布阵、取上将首级如探囊取物一般，却又偏偏无知于自身之不能；有的人穿着光鲜、奔驰宝马、招摇过市，却随地吐痰、大声喧哗，动辄粗口成脏，不以为耻，反以为荣；有的人既无断事之智，又无运化之能，却非得千方百计弄个官当当，到头来大家都不得好。这些人缺的就是个自知。

自知如此之难，那么什么是自知呢？虽然自知者古今“鲜矣”，但总还是有案可鉴的。

汉高祖刘邦取得天下后，召集群臣总结成功经验，并向大家提出了个问题：项羽比我强，却被我打败了；我不如项羽，却取得了天下，这是为什么？群臣中自然不乏阿谀之人，于是便吹捧加歌颂，大大地赞扬了刘邦一番。好在刘邦是个有自知之明的人，知道自己的长短强弱，所以并没有跟着歌功颂德的路子走，而是说出了自己的一番道理，就是前面说的“三不如”。如果把后面的话连起来看，也可以概括为刘邦自知的“三弱一强”。事实也确实如此。刘邦没什么文化，更没受过什么高等教育，对于兵法韬略、用兵布阵、抚民筹粮等，要么是知之甚少，要么是没那个耐心去做，尤其是对学问更是不屑一顾。但他却有个常人难有的强项，那就是自知不行而用人、会用人，尤其是敢于用那些反对自己、仇恨自己，甚至是敌人的人，这在那个时代是极其难得的。再加上刘邦对自己不懂的事，能听得进别人的意见，尤其是不同意见，心胸比较宽阔，有容人之量。所以他才能用好人，充分发挥别人的作用。

相比之下，项羽正好是“三强一弱”。他有谋略、会带兵、能征贯战，但恰恰是缺少自知之明，或知长不知短。所以是既不容人，也不会用人，更用不好人。他的“三强一弱”最终输给了刘邦的“三弱一强”。对此，古今有不少评析的文章，探究其根源。其实说来也简单，天下事都是人为的，任何事都得靠人去做，都得靠胜任的人去做，正所谓：无人不成事，成事要在人。一个缺少自知之明且不会用人、不得人心的人，焉能成事。刘邦、项羽成败得失的根源也就一目了然了。刘邦虽有“三弱”，但“一强”以补之、以胜之；项羽虽有“三强”，却“一弱”以失之、以败之。何者，失其自知也。

更为可贵的是，刘邦不仅知道自己什么长、什么短、什么强、什么弱，而且对此并不隐藏、也不装。能够承认自己之不足，并用人之长以补己短，自己不行的就靠能行的人来做，说白了就是有自知之明。这对封建专制条件下的皇帝来说，确实是不容易做到的。而项羽却到死还在恨天怨地，终究没弄清自己败在什么地方。他不仅不知自己之短，也不承认自己之短，更不识别人所长，对于那些敢于谏言的人，更是无法忍受。所以从根本上说，项羽并非败给了刘邦，而是败给了自己，是他的无自知打败了他的过于自信。

我们再来看唐太宗李世民。由于他是靠“政变”当上皇帝的，来路不太正，所以他登位之初还是比较谨慎的。但他内心是相当自负的，有点舍我其谁的味道。因为他不仅战功显赫，而且很有人缘，大家都愿意跟着他干。在他眼里，对于治理国家、安抚百姓，似乎也不是什么太难的事。然而一件偶然的小事，让李世民有所警觉和反思。有一次，李世民偶然路过制造兵器的作坊，对于靠弓马打天下的人来说，自然有兴趣去观看把玩一番。但在和工匠一番交谈后，自以为熟透天下兵器的李世民，感到了自己的不足与盲目，一把弓箭尚有许多他所不知的道理，更何况治国安邦这样的大事，怎可能靠一己之智而虑之，或一己之力而担之。作为一国之君尚不能自知之不足，又焉能用长以补之，国家又怎么能治理得好。更具现实意义的是，李世民如无自省之慧，又何得自知之明。正因为如此，李世民在用人上是很有一套的。用他的话说，就是“智者用其谋，愚者取其力，勇者取其威，怯者取其慎。”人尽其才，用其所长。不自知，焉能如此。

还有一种情况，就是虽有自知之明却无改过之心，分明知道不该这么做或不能这么做，但却不能改或不想改，甚至不认为是过。这里面的情况比较复杂，原因也很多，不能简单地用是非好坏来评价。

其中尤以明知不可为而为之的比较典型。比如诸葛亮是个令人崇敬的历史人物，尤其是他那鞠躬尽瘁的精神，已成为中华民族的优秀传统和智慧化身。纵观他的一生，尤其是刘备白帝城托孤之后，他对天下大势以及蜀国国情的认识，是相当清晰的，他知道蜀国的长短强弱，也知道自己应该做什么。以诸葛亮之智，他甚至已经知道六出祁山的结局。但他有个心结打不开，也放不下，那就是先帝的知遇之恩、托孤之重。你想啊，人家三顾茅庐把你请出来，又把不成器的儿子和江山社稷交给了你，你能不玩命吗？这种心理压力，是非当事者无法体会的。于是，诸葛亮明知当时的蜀国无法与魏国抗衡，但还是一次又一次地伐魏；明知自己的身体已油尽灯枯、一天不如一天了，可还是不放弃自己的追求，不惜客死异乡。他如此作为，客观上已向世人告白：我应该做的、能做的都做了，我走了，但我问心无愧，对得起先帝的重托了。这既是自知条件下的无奈，也是自知不能条件下的自为。无论成败，其精神是令人感慨的。

这些案例告诉我们，自知之明是人的优秀品质之一，也是人成就大业的必要条件之一，而自知之难或知过难改，又恰恰是人生的最大软肋。纵观古今，有多少圣贤伟人，最终都是输给自己；有多少英雄豪杰，最终都被自己所打败；又有多少才子佳人，最终死在自己织就的樊篱。自知之难、知过难改，几乎在所有的历史悲剧中都可以找到它的身影，今人亦不能幸免。

那么，自知之难究竟难在何处？其根源又是什么？

从客观条件上说，任何一个人都有其自身的局限性，诸如时空条件的局限、信息条件的局限、生理条件的局限、智能条件的局限，以及工具条件局限、理性有限，等等。这其中，有些局限在借助某种工具的条件下，是可以改善或克服的，而有些局限即使借助工具也是无法克服的。因为谁也不是神仙，你既不可能包打天下，也不可能掌握所有信息；你既不可能什么都懂，也不可能什么都会，更不可能什么都正确。从另一个视角来看，人的局限性又恰恰是人类认识自然和改造自然的动力之一，比如各类工具的发明和应用，既是人类对自身局限认识的结果，又是人类突破自身局限的努力。正因为我们知道了自身的局限性，我们才有了使用工具来突破自身局限的动力。

比如，从生理局限上说，人的眼睛可以看东西，但唯独无法看到自己的脸，所以人要照镜子。其实，现代科学已经证明，即使用镜子，人也无法完全准确地看清自己的脸。因为无论多精致的镜子，本质上都是一种反映，也都有一定的误差。镜子里的脸，并不是你完全真实的脸，这就如同人永远看不见自己的后背一样。人的眼睛只能看到视力所及的东西，再远就得借助工具了。更为重要的是，无论是亲眼所见，还是借助工具，我们所能看到的都是现象表象，或某种事物的“有”，即形，而无法看到它的“无”，即功能，以及相应的本质和规律。其功能只有在用的过程中才能体验，本质和规律也只有在反复用的过程中，并通过相应的思维活动才能把握。大千世界，芸芸众生，千变万化，万般遮掩，有真象也有假象，有幻象也有错象，仅凭一人之眼是很难看清事物的，“眼见”之误非常普遍。所以，古人反复强调：要做一个用心而非用眼睛看事物的人。也就是不可过分相信眼睛，而更多的要依靠思维来分析和判断。

再如人的耳朵就更有限了，只能听到特定时空和技术条件下的信息，或人与人的对面交流。国外有统计数据显示，人通过耳朵获取信息的过程中，“错码率”是最高的，人与人之间因为听错了而产生的误会也是最多的，更不要说那些道听途说或二传手、三传手的话了。即古人所说的“风言”。

而人却偏偏有这样一个习性，特别喜欢听传言和小道消息，尤其是那些所谓的“坏话”和桃色新闻，而且一听就信，你当面和他说的话却不一定全信。在互联网普及的今天，此类尤甚。我们之所以这样说，是因为耳朵虽有听觉，却不具有辩析真伪的功能，也不能帮助我们进行分析和判断，它能告诉我们的只是“知道了”，而“知道了什么”、“为什么”，则要靠大脑的思维来解决。如果你一听就信、一信就做，那肯定是比较愚蠢的，用老百姓的话说，叫“没脑子”或“直肠子”。所以，古人主张“兼听”，“兼听则明，偏听则暗”。所谓兼听，就是对同一人事要多听、从不同角度听、听不同人的意见，且要具有包容性，其目的就是为了克服人的局限性。因为偏听则误，轻则误人误事，重则误国误民。为政者不可不察。

由此可见，正是这些局限，使我们常常看不清自己，虽然做了错事或错误仍在进行中，却不能自知。不自知，就难以知人知事，不知人知事，就会使错误的边界扩大，而且与你的权力成正比，即职务越高、权力越大，其所导致错误的范围也就越大，以致产生错误的结果，甚至是严重的后果。这样的案例在历史上并不少见。

从人的社会性上看，理性有限也是人难以自知的原因之一。这个问题，在前面已有阐述，可参考阅读。概括起来说，就是人不仅是理性的动物，也是有情感的动物；人不仅是个体存在，还必然有相应的血缘关系、亲情关系和社会关系；人们对事物或问题的分析判断，也不仅要依据社会共同准则，也同样会受自身性格、偏好或情绪等因素的影响；人们对利弊得失的权衡，同样不仅会考虑整体、集体和他人的利益，也必然会把个人利益引入其中，并往往以个人利益为主导进行考量。在断事的权衡上，人们也往往会被情感因素所左右，三亲六故、亲朋好友，老领导请你帮忙的，老朋友拜托你照顾的，家里人直接参与的，等等，哪一样都会让你在理性面前摇摆。这其中，如果情感压力和利益诱惑足够大，但又无法正常获取且权力约束明显不足的时候，其情感因素往往会突破理性的坚守，做出“现实的实用”选择，损害他人或国家利益。

从个体的角度说，自知之难往往与人的自恋情结和过度自信密切相关。

自恋，是自我意识的一种畸形表现。自我意识是指人对自己及自己和周围事物关系的认识，也是人认识自己和对待自己的统一，包括自我观察、自我评价、自我体验、自我监管、自我教育和自我控制等，它是在人的社会实践和人际交往过程中形成或变化的。而自知正是建立在自我意识基础上的。

那么，在自我意识中为什么会出现自恋这种扭曲呢？除了性格因素外，主要在于人对自己与周围事物关系的评价上。如果用佛洛伊德的观点看，人格是由相互联系不可分割的三个部分构成：即本我、自我和超我。自我既是从本我中分化出来的，又构成了超我的基础和屏障。其主要功能在于，自我一方面要调节本我的需要和冲动，使之符合环境要求和现实原则；另一方面，自我又要调节本我与超我之间的冲突，抑制不能为超我所接受的需求。反过来看，处于本我与超我之间的自我，又不断受到来自双方的反作用，促使自我发生这样或那样的变化。当本我或超我的某种作用足够大的时候，自我便会失去原本的相对平衡，出现某些偏向或扭曲，自恋便是其中的一种状态。

从个体的现实意义上看，自恋是一种过度肯定的价值感或扭曲的满足感。其主要特征：一是无限夸大自以为是的长处或价值，如自以为长得漂亮或英俊、有一技之长，或有某种家庭优势等。因而虚荣心强，极好面子，极喜欢表现自己，甚至会有些夸张和怪诞，从而使其行为超出了他的实际能力和水平，但却不能容忍一点点来自别人的“非议”。二是自恋的人总是拿自己的长处去比别人的短处，甚至总是能说服自己把别人的长处看成短处，而把自己的短处看做长处，自我安慰或自我满足的能力极强。因而，他们在行为上往往妄自尊大、目空一切，无论身处何时何地，自己都是最漂亮、最优秀、最应该得到的，也是最应该被尊重的，那自然也就可以随心所欲、任意而为了。至于如何去尊重别人，那是连想都没想过的。三是自恋的人从来不在意别人、周围乃至社会价值与意义，对于社会舆论提出的某些批评和劝诫，他们总认为是说别人的，而与自己无关。更为令人费解的是，他们对自己那些违反公共秩序和公共道德的行为，表现出相当的泰然，脸不红、心不跳，就好像根本没有发生一样。此时如果有人出来制止他，他便会给你讲出一大堆道理，不以为耻反以为荣；如果你要罚他 50 元，他会拿出 100 元，问你够不够，似乎这是一件相当了不起的事，真的是令人无语。

如此自恋之人，焉能自知？不自知，便一定是自恋的。

在很多情况下，过度自信与自恋就像一对孪生兄弟，如影相随，相伴而生。

这里需要指出的是，自信是一种极为宝贵的品格；自信心是一种极为重要的力量。人无自信，不足以立人；人无自信，不足以成事。人的一生，没谁能够一帆风顺的，万事如意，不过是良好的祝愿；也没谁天生就是当领导、当老板的，都有一番打拼和艰辛。这其中，自信是非常重要的素质和力量。不自信，何以自为。

个人是这样，一个国家也是如此。如果把自己的国家看得一无是处，连月亮都是外国的圆，那我们何以立身于世界民族之林，更不要说什么发展了。我们现在强调要有理论自信、道路自信和民族自信，这既是中华民族几千年实践的科学总结，也是面对艰难险阻和面向未来的理性判断；这既是我们在实践基础上的自知，也是中华民族的力量所在。

但世间万物和做人做事，都是有“界度”的，自信也是一样。超出了相应的“界度”，事物的性质也就随之而改变了。所以对一个人而言，过度自信往往会导致人的盲目、封闭和自恋，从而失去自知之明，造成行为上的刚愎自用。究其根源，大都由于脱离现实、脱离实践而形成的。

从思想层面上看，过度自信的人，一方面大都具有较好的理论素养，凡事都有自己的独立见解。另一方面，也大都思想封闭、固执己见，其根源就在于我比你们都强。从思维方式上看，过度自信的人往往是线性思维，按老百姓的话说，就是“一根筋”，他认准的事，无论对错，极难改变。即使被实践证明是错了的，他也不会承认是自己的错，那是你们或属下做错了，我是不可能做错事的。从心理素质上看，过度自信的人看上去很强大，但心理却很脆弱，也就是易经讲的过刚而虚、过刚而弱。比如在工作中遭受了挫折或犯了什么错误，又往往一蹶不振，由过度自信而自卑，由自卑而更加封闭，从而陷入更深的过度自信，与周围和社会关系也就更加对立，怀疑一切，不相信任何人、任何事，哪怕是自己的亲人和挚友。严重者往往会导致某种程度的自残。由于失去或扭曲了与外部的良性互动，割断了与他人的对错体验，失去了自我意识与外界共识的比对，自知的基本条件也就没有了，没有了自知的自我，便会无限制膨胀，以致自己都无法控制自我了。

那么怎样才能增强自知的意识和能力呢？这方面的理论和学说也不少。如果从易经方法论的角度说，主要应从两个方面进行修为：一是“观”；

二是“比”。

先说“观”。从自知的角度说，“观”就是自我反观，就是自己看自己，自己认识自己，自己评价自己。故曰：自知之道，要在反观。那么在现实中应当怎么“观”呢？

一是观上下，知我位。我们在前面已经说过，在现实中每个人都有自己特定的“位”，即一定时空条件下的“我”。而每个位又都有相应的权利、责任和义务，都有自己的特殊性。因此，观上下就是要把自己放在家庭中、放在工作的集体中、放在相应的社会关系和条件下，来反观自己。从而搞清楚自己在家庭、在单位、在社会，分别处于什么位置，承担什么责任和义务；什么事是必须做的，什么事是应该做的，什么事是可取舍的，什么事是坚决不能做的。在此基础上，以我位为基准，再看看自己应尽的责任尽到了没有，应尽的义务尽到了没有；该做的事是否做了，是否做好了；不该做的事是否做了，如果做了，有什么后果；在利弊得失的取舍上，是否有失位、错位或越位的问题，是否存在过度或越界的举措。由此，你也就知道了你是不是合格的儿女，是不是合格的夫或妻，是不是合格的父母，是不是合格的员工或领导，是不是合格的社会公民。合格的方面继续做好，不合格的方面加以完善和改正。故曰：知其位者，其道明矣。失其位者，以道正己。

二是观我身，知长短。古人曰：金无足赤，人无完人。凡人必有其长短强弱，这是个常识，任谁都知道的。但问题的关键在于，如何准确地知道自己何处为长、何处为短、何处为强、何处为弱。进一步说，假如你真的知道了自己的长短强弱，又敢不敢直面你的问题、缺点和不足，尤其是面对那些被别人指出来的问题和缺点，能否在心底里“自愿”承认它，并下决心去改正它。这是一个极难的事。这其中比较常见的是，要么总是“原谅”自己的缺点和不足，以为不是什么大事；要么总是以长掩短，以自己的长处和强项来掩盖其短处和弱项，或责怪别人为什么总看我的短处和弱项，而看不到我的长处和强项；要么就是没有决心和恒心去改正它，或明知故犯，知而不明。

从另一个角度说，既然是知长短，那就不能只知短而不知长，短与长是相比而立的，知己之长同样是非常重要的。很多人以为，所谓自知之明主要是知短，而且与知短相比，知长并不是一件困难的事，而且常常夸大自己的长处。这固然是一个方面，但这并非全部。知长同样是自知不可偏废的一面。因为在现实中，人有其短必有其长，反之亦然。所以，自知贵在“执两知中”，不可偏废。更为重要的是，人的长处和能力与他所从事的工作，并非总是对称的；亦或说，有些人所从事的工作，并不能把他所有长处和能力都展现出来、发挥出来，用非所长、使之所短的现象同样是普遍的。所以，大多数人都有某种潜能的真实存在，而这种潜能，不仅别人不知道，连自己也不清楚。由此，终其一生也没能让自己的潜能发挥出来。从这个意义上说，观自身、知长短，也是一个挖潜能以扬其长的过程。如此，就可以在实际工作中扬长避短、尽能而为。更为重要的是，这里的“知”只能是一个不断深化的实践过程。

三是观我生，知进退。人生是一个过程，而过程是分阶段的。人生处在什么阶段，应当持何种理念和态度，应当做什么事，也是有规律可循的。比如人在参加工作之前，主要任务是学习，因而知进退就要围绕学习这个核心来展开。所以，早恋、早婚、早就业都是不科学的。再如人退休了，就该以一种散淡清雅的心态，经营好退休后的生活，不要再去想工作上的事，更不要老去干涉单位的工作。就像徐志摩的诗：“轻轻的我走了，正如我轻轻的来；我轻轻的招手，作别西天的云彩。”难道这不是一种美妙的人生境界吗？

对于正处在工作状态的人而言，则要善于适时停下前行的脚步，一杯清茶一炷香，静心顺气，扪心自问，想一想上个阶段的人生：你所做的是否符合你的初衷；你所为的是否符合你的信仰和追求；你所行的是否符合你的职业道德和社会公德。上个阶段取得了哪些业绩，有什么进步；还存在哪些问题和不足；有何善行，又有何义举；是否伤害过别人，哪怕是无意之中。下个阶段又该怎样去做，哪些是应该坚持或坚守的；哪些是应该调整和优化的；哪些是应该完善和改进的。而这一切，都与你的人生观和人生目标有着密切关系。应当说，如果我们在人生过程的每个阶段，都能如此而为，自知便在其中实现了。这正如年有春种冬藏、天有昼夜一样，人也不可能永远前行。适时停下来的总结与反思，知进退之反成，同样是自知之明的重要之举。

从方法论上说，还有唐太宗李世民的“三镜”说，最为贴切实用。即“夫以铜为镜，可以正衣冠；以古为镜，可以知兴替；以人为镜，可以明得失。”

其中，尤以“以人为镜”最为重要。正因为如此，当唐太宗听到魏征死去的消息时，流着眼泪说：“我痛失一镜也。”那么如何“以人为镜”呢？这就涉及到“比”了。

关于“比”，子夏对《易经》比卦的阐释是：“地得水而柔，水得地而流，比之象也。”以地和水之比，告诉我们“比”对于人生的重要意义，即物相比而立，人相比而知。这表明，“比”是个相对应的概念，可以引申为比较、比量、比照和反比、类比等。就是说，一个人是好是坏、是强是弱，有何长处、有何短处、有何优点、有何缺点等，不是你自己认为就行的，还有个与别人相比较的问题。因为“自己认为”并不等于正确的自知，“自己认为”的还必须有个比量的过程，才能自知其长短强弱。即“不比则不知”。包括一事物的功能、有用无用、有什么用，以及发展过程的质量等，都有个比较，才能得出科学准确的判断。所以，“比”也是个“由彼而知”的过程。你和高的比，才知道有低；你和长的比，才知道有短；你和别人的优点比，才知道自己的缺点；你和比你强的人比，才知道自己的弱项。当然，这里面也有个与自己过去比的问题。更为重要的是，“由彼而知”是一个不断发现、不断探索、逐步完善的过程，必须持之以恒，方可奏效。因为“由彼而知”既不是一次性消费，用过扔掉，也不可能一蹴而就，或通过一两次“会战”所能解决问题。事物在发展，人也在变化，“比之恒也”。而在易经看来，最忌讳的就是平时自恋自大，等到出了大问题或穷途末路了才去比，即“比之于绝”。当此时，比虽然也是有益的，但其凶险大都无法完全避免。

那么在现实中怎么比？易经的基本观点是“内省外审”。内省即“比之于内，不自失也”。就是你想要去外比，首先得有个主观自觉和需求，想去比、自愿去比，有比的动力。在此基础上，通过对自身及行为的梳理和分析，来反思内观、烛照自省。这既可以对自身特征和行为方式做个系统的自我评价，也可以对自身行为结果进行分析和认识，从而为外审奠定“比”的基础。

外审即“外比于贤，以从上也”。就是在外比的时候得有个参照物，或人或事，以此为坐标来审视自己的内心世界，尤其是心灵深处那些不能对人言、不为人所知的东西，通过与“贤”的比较来发现自己的缺点、不足和优点及长处。也就是通过认识他人而认识自己，拿别人当镜子来照自己，在别人身上看到自己的形象。还可以“有孚比之”，即用那些已被实践证明了的价值和意义作为自己比的对象，从而把自身行为放入人生的价值和意义中来比较，突破单纯的是非对错、长短强弱的局限，以达到更高层次和更为深刻的比。而这里的“上”，不是指领导、老板，而是那些比自己强、比自己优秀，并具有先进或进步意义的人和事。

这里面有两个问题需要注意。一是“比之匪人，不亦伤乎”。这里的“匪”即“非”，就是比错了对象，亦或说以什么作为“比”的对象极为重要。就像咱们老百姓，整天和亿万富翁比，比人家的房子、比人家的车，比人家的吃喝，那就是比之非人了，结果只能是越比越自卑、越比越妒忌，甚至做出蠢事来。这本身既不是自知之举，更无法达到自知的目的，只能是越比越糊涂。当然，此比如能激发你的斗志，从而发愤进取、顽强拼搏，发家致富，无疑也是一件好事。但这同样是有条件的，光靠比是不行的。如果你和他们比自由、比闲适，那他们可能就有不如你的地方。如果你再和那些不如你的人比，你便会有某种价值感和满足感。正如百姓常言：比上不足比下有余。还有你作为一名基层干部，整天和大领导比，其结果也是很不愉快的。尽管我们说，不想当元帅的士兵不是好士兵，但如果所有士兵都想当元帅，恐怕也是很麻烦的事。我这么说，并非主张大家都往下比，或都消极地比，而是强调要客观科学地确立比的对象，既不过也无不及，应具有实践意义上的可比性，具有普遍的社会价值和意义，符合自身特点和需要。更为重要的是，无论与谁比，“要在从上”，而非消极自卑。如此之比，方能有助于自知之明的形成。那种不顾自身实际和客观条件，盲目攀比，或怨老天、骂不公的比，不仅无助于内省自知，相反会让自己陷入更加深重的迷茫，使自己的内心更加焦躁不安，人生的幸福感也就无从谈起了。

二是“比”本身不是目的，“比”的目的是为了自知。所以必须始终坚持“内省为王，不失本位”。不能混淆了手段与目的的关系，无论是内省还是外审都是为了获得自知之明。所以，这里的“比”不具有比赛、竞争的含义，也无须要分出个高下强弱，或一定要比出个老大老二，这不是“比”的目的和意义。正确理解和把握这一点，同样是很重要的。

对于领导者或公司老总们而言，自知之明之所以如此重要，根本之处就在于：知己之短方能用人所长，知己之弱方能用人所强，知己之虚方能用人之实，知己之实方能用人之虚；以自己之不能用人之所能，以自己之无为用人之有为，以自己之位而用人之势，以自己之势而用人之时，从而形成和谐而强大的团队，以及可持续发展的根本动力。